Monetäre Anreize und Finanzierungsmöglichkeiten zur Optimierung des Bodenschutzes

Europäische Hochschulschriften

European University Studies
Publications Universitaires Européennes

Reihe II **Rechtswissenschaft**

Series II Law

Série II Droit

Band/Volume **5644**

Anke Anger

Monetäre Anreize und Finanzierungsmöglichkeiten zur Optimierung des Bodenschutzes

PL ACADEMIC RESEARCH

Bibliografische Information der Deutschen Nationalbibliothek
Die Deutsche Nationalbibliothek verzeichnet diese Publikation in der Deutschen Nationalbibliografie; detaillierte bibliografische Daten sind im Internet über http://dnb.d-nb.de abrufbar.

Zugl.: Frankfurt (Oder), Europa-Univ., Diss., 2014

Gedruckt auf alterungsbeständigem,
säurefreiem Papier.

D 521
ISSN 0531-7312
ISBN 978-3-631-65235-0 (Print)
E-ISBN 978-3-653-04853-7 (E-Book)
DOI 10.3726/ 978-3-653-04853-7

PL Academic Research ist ein Imprint der Peter Lang GmbH.
Peter Lang – Frankfurt am Main · Bern · Bruxelles · New York · Oxford · Warszawa · Wien

Diese Publikation wurde begutachtet.

www.peterlang.com

Vorwort

Die vorliegende Arbeit wurde 2013 von der Juristischen Fakultät der Europa-Universität Viadrina als Dissertation angenommen.

Herzlich danken möchte ich dem Erstberichterstatter Herrn Prof. Gerard C. Rowe für seine Betreuung, Herrn Prof. Dr. Wolff Heintschel von Heinegg für die bereitwillige Übernahme und zügige Erstellung des Zweitgutachtens sowie dem Vorsitzenden der Prüfungskommission Herrn Prof. Dr. Sigurd Littbarski.

Ebenfalls danke ich dem Dekan der Juristischen Fakultät Herrn Prof. Dr. Matthias Pechstein für seine Unterstützung.

Mein weiterer Dank gilt Frau Dr. Vera Klüppel für die kritische und kompetente Durchsicht des Manuskripts.

Besonderer Dank gilt meinen Eltern, die mich auf meinem gesamten Bildungsweg und bei der Anfertigung dieser Arbeit stets ermutigt und vorbehaltlos unterstützt haben. Ihnen ist diese Arbeit gewidmet.

Potsdam, Juni 2014 Anke Anger

Inhaltsverzeichnis

Abkürzungsverzeichnis

a. A.	andere Ansicht
ABl	Amtsblatt
AbfBodG	Brandenburgisches Abfall- und Bodenschutzgesetz
AbfAG	(Landes-) Abfallabgabengesetz
AO	Abgabenordnung
Aufl.	Auflage
AVV	Abfallverzeichnis-Verordnung (Verordnung über das Europäische Abfallverzeichnis)
AW	Antwort
Az.	Aktenzeichen
BAnz	Bundesanzeiger
BauGB	Baugesetzbuch
BauO	Bauordnung
BauR	Baurecht (Zeitschrift)
BayAbfAlG	Bayrisches Abfallwirtschaftsgesetz
BayNatSchG	Bayrisches Naturschutzgesetz
BayVBl.	Bayrische Verwaltungsblätter
BB/Bbg	Brandenburg
BB	Betriebs-Berater
BbgNatSchG	Brandenburgisches Naturschutzgesetz (Gesetz über den Naturschutz und die Landschaftspflege im Land Brandenburg)
BBR	Bundesamt für Bauwesen und Raumordnung
BBodSchG	Bundes-Bodenschutzgesetz (Gesetz zum Schutz vor schädlichen Bodenveränderungen und zur Sanierung von Altlasten
BBodSchV	Bundes-Bodenschutz- und Altlastenverordnung
BE	Berlin
BewG	Bewertungsgesetz

BFH	Bundesfinanzhof
BFH/PR	BFH-Richter kommentieren für die Praxis
BGBl	Bundesgesetzblatt
BGB	Bürgerliches Gesetzbuch
BGH	BGH
BGHZ	BGH in Zivilsachen
BImSchG	Gesetz zum Schutz vor schädlichen Umwelteinwirkungen durch Luftverunreinigungen, Geräusche, Erschütterungen und ähnliche Vorgänge
Bln	Berlin
BMU	Bundesministerium für Umwelt, Naturschutz und Reaktorsicherheit
BMUB	Bundesministerium für Umwelt, Naturschutz, Bau und Reaktorsicherheit
BNatSchG	Bundesnaturschutzgesetz (Gesetz über Naturschutz und Landschaftspflege)
BodSchG	Bodenschutzgesetz
BodSchAG	Ausführungsgesetz zum Bundes-Bodenschutzgesetz
BR	Bundesrat
BRH	Bundesrechnungshof
BReg	Bundesregierung
BSG	Bundessozialgericht
BStBl	Bundessteuerblatt
BT-Drs.	Bundestagsdrucksache
BNatSchG	Bundesnaturschutzgesetz (Gesetz über Naturschutz und Landschaftspflege)
BVB	Bundesverband Boden
BVerfG	Bundesverfassungsgericht
BVerwG	BVerwG
BVL	Bundesamt für Verbraucherschutz und Lebensmittelsicherheit
BW	Baden-Württemberg

BWGZ	Die Gemeinde (Baden-Württemberg)
BY	Bayern
DB	Der Betrieb
DBU	Deutsche Bundesstiftung Umwelt
DDR	Deutsche Demokratische Republik
ders.	derselbe
Difu	Deutsches Institut für Urbanistik
DIW	Deutsches Institut für Wirtschaftsforschung
DM	Deutsche Mark
Dok.	Dokument
DÖV	Die Öffentliche Verwaltung
DST	Deutscher Städtetag
DStZ	Deutsche Steuer-Zeitung
DVBl	Deutsches Verwaltungsblatt
EGV	Vertrag zur Gründung der Europäischen Gemeinschaft
ErbStB	Der Erbschafts-Steuer-Berater
ErbStRG	Gesetz zur Reform der Erbschaftssteuer- und Bewertungsrechts (Erbschaftssteuerreformgesetz)
EP	Europäisches Parlament
EStG	Einkommenssteuergesetz
FAG	Finanzausgleichsgesetz
ff.	fortfolgende
FFH	Fauna-Flora-Habitat
FMK	Finanzministerkonferenz
FWW	Die Freie Wohnungswirtschaft
G	Gesetz
GA	Große Anfrage
GBl.	Gesetzblatt
GewArch	Gewerbearchiv
GrStG	Grundsteuergesetz
GrEstG	Grunderwerbssteuergesetz

GUVG	Gesetz über die Bildung von Gewässerunterhaltungsverbänden
HAbfAG	Hessisches Abfallwirtschafts- und Altlastengesetz
HAGBNatSchG	Hessisches Ausführungsgesetz zum Bundesnaturschutzgesetz
HAKA	Kreislaufwirtschafts- und Abfallgesetz Hessen
HAltBodSchG	Hessisches Altlasten- und Bodenschutzgesetz (Hessisches Gesetz zur Ausführung des Bundes-Bodenschutzgesetzes und zur Altlastensanierung)
HAltlastG	Hessisches Altlastengesetz
HB	Bremen
Hbs.	Halbsatz
HE	Hessen
HLUG	Hessisches Landesamt für Umwelt und Geologie
HmbGVBl	Hamburgisches Gesetz- und Verordnungsblatt
HMUELV	Hess Ministerium für Umwelt, Energie, Landwirtschaft und Verbraucherschutz
Hrsg.	Herausgeber
HSondAbfAbG	Hessisches Sonderabfallabgabengesetz
IfO	Institut für Wirtschaftsforschung
ImmoWertV	Immobilienwertermittlungsverordnung (Verordnung über die Grundsätze für die Ermittlung der Verkehrssätze von Grundstücken
InsO	Insolvenzordnung
jurisPK	Juris PraxisKommentar
JUS	Juristische Schulung
JZ	Juristen Zeitung
KAG	Kommunalabgabengesetz
KGG	Hessisches Gesetz über kommunale Gemeinschaftsarbeit
KJ	Kritische Justiz
KOM	Europäische Kommission
KommJur	Kommunaljurist

KommZG	Bayerisches Gesetz über kommunale Zusammenarbeit
KrWG	Kreislaufwirtschaftsgesetz (Gesetz zur Förderung der Kreislaufwirtschaft und Sicherung der umweltverträglichen Beseitigung von Abfällen)
KStZ	Kommunale Steuer-Zeitschrift
LAbfG	Landesabfallgesetz
LAbfWAG	Landesabfallwirtschafts- und Altlastengesetz
LAF	Landesanstalt für Altlastenfreistellung Sachsen-Anhalt
LaNU	Sächsische Landesstiftung Natur und Umwelt
LANUV NRW	Landesamt für Natur, Umwelt und Verbraucherschutz Nordrhein-Westfalen
LBodSchG	Landesbodenschutzgesetz
LG	Landschaftsgesetz
LKV	Landes- und Kommunalverwaltung
LfU	Bayrisches Landesamt für Umwelt
LUBW	Landesanstalt für Umwelt, Messungen und Naturschutz Baden-Württemberg
LW	Zweckverband Landeswasserversorgung
MAZ	Märkische Allgemeine Zeitung
MUGV BB	Ministerium für Umwelt, Gesundheit und Verbraucherschutz des Landes Brandenburg
MUNLV	Ministerium für Umwelt und Naturschutz, Landwirtschaft und Verbraucherschutz des Landes Nordrhein-Westfalen
MV	Mecklenburg-Vorpommern
mwN	mit weiteren Nachweisen
NatSchAG	Naturschutzausführungsgesetz
NatSchG	Naturschutzgesetz
NatSchGBln	Berliner Naturschutzgesetz
NI /Nds	Niedersachsen
NZM	Neue Zeitschrift für Miet- und Wohnungsrecht

NJW	Neue Juristische Wochenschrift
NVwZ	Neue Zeitschrift für Verwaltungsrecht
NW	Nordrhein-Westfalen
NWB	Neue Wirtschaftsbriefe für Steuer- und Wirtschaftsrecht
NWG	Niedersächsisches Wassergesetz
NWVBl	Nordrhein-Westfälische Verwaltungsblätter
OFD	Oberfinanzdirektion
o. g.	oben genannte
ÖkokontoVO	Ökokonto- und Kompensationsverzeichnisverordnung (Verordnung über das Ökokonto, die Einrichtung des Kompensationsverzeichnisses und über Standards für Ersatzvornahmen) Schleswig-Holstein
PM	Pressemitteilung
PNN	Potsdamer Neueste Nachrichten
Rd.	Randnummer
RGBl.	Reichsgesetzblatt
RL	Richtlinie
RNE	Rat für nachhaltige Entwicklung
ROG	Raumordnungsgesetz
RP	Rheinland-Pfalz
RS	Rundschreiben
Rspr.	Rechtsprechung
SächsABG	Sächsisches Abfallwirtschafts- und Bodenschutzgesetz
SächsNatSchG	Sächsisches Naturschutzgesetz
SH	Schleswig-Holstein
SL (Saarl)	Saarland
Slg.	Sammlung
SMUL	Sächsisches Staatsministeriums für Umwelt und Landwirtschaft
SN	Sachsen

SNG	Saarländisches Naturschutzgesetz
SRU	Sachverständigenrat für Umweltfragen
St Anz.	Städtischer Anzeiger
StC	SteuerConsultant
StGB NRW	Städte- und Gemeindebund Nordrhein-Westfalen
StMUG	(Bayerisches) Staatsministerium für Umwelt und Gesundheit
ST (LSA)	Sachsen-Anhalt
StB	Der Steuerberater
StBA	Statistisches Bundesamt
SteuK	Steuerrecht kurz gefasst
SteuerStud	Steuer und Studium
StAnz	Staatsanzeiger für das Land Hessen
TEHG	Gesetz über den Handel mit Berechtigungen zur Emission von Treibhausgasen (Treibhausgas-Emissionshandelsgesetz -TEHG)
TH	Thüringen
ThAbfAG	Thüringer Abfallwirtschafts- und Altlastengesetz
ThürNatG	Thüringer Gesetz für Natur und Landschaft
ThürVBl.	Thüringer Verwaltungsblätter
TMLNU	Thüringer Ministerium für Landwirtschaft, Natur und Umwelt
UBA	Umweltbundesamt
u. a.	unter anderem
UFZ	Zentrum für Umweltforschung (Helmholtz)
UM BW	Ministerium für Umwelt, Naturschutz und Verkehr Baden-Württemberg
UmweltHG	Umwelthaftungsgesetz
UPR	Zeitschrift für Umwelt und Planungsrecht
USchadG	Umweltschadensgesetz (Gesetz über die Vermeidung und Sanierung von Umweltschäden)
UVP	Umweltverträglichkeitsprüfung
UVR	Umsatzsteuer- und Verkehrssteuer-Recht

UWSF	Umweltwissenschaften und Schadstoff-Forschung
v.	vom
VBlBW	Verwaltungsblätter für Baden-Württemberg
VG	Verwaltungsgericht
VGH	Verwaltungsgerichtshof
vhw	Bundesverband für Wohneigentum und Stadtentwicklung e. V.
vgl.	vergleich
VV	Verwaltungsvereinbarung
WasEG	Wasserentnahmeentgeltgesetz (Gesetz über die Erhebung eines Entgelts für die Entnahme von Wasser aus Gewässern des Landes Nordrhein-Westfalen)
WertR	Wertermittlungsrichtlinien (Bekanntmachung der Neufassung der Richtlinien für die Ermittlung der Verkehrswerte)
WG	Wassergesetz
WertV	Wertermittlungsverordnung
WSA	Wirtschafts- und Sozialausschuss
vtw	Verband Thüringer Wohnungs- und Immobilienwirtschaft e. V.
VwVfG	Verwaltungsverfahrensgesetz
ZEV	Zeitschrift für Erbrecht und Vermögensnachfolge
ZfBR	Zeitschrift für deutsches und internationales Bau- und Vergaberecht
ZfIR	Zeitschrift für Immobilienrecht
ZfU	Zeitschrift für Umweltpolitik und Umweltrecht
ZKF	Zeitschrift für Kommunalfinanzen
ZPO	Zivilprozessordnung
ZuG	Zuteilungsgesetz
ZUR	Zeitschrift für Umweltrecht

Einleitung

Der Boden, als obere Schicht der Erdkruste einschließlich der flüssigen und der gasförmigen Bestandteile gesetzlich definiert[1] und durch die gesellschaftliche Nutzung geprägt[2], wurde und wird als Umweltmedium aufgrund des fortschreitenden Bodenverbrauchs im quantitativen wie qualitativen Ausmaß immer stärker wahrgenommen[3]. Der unbebaute, in seiner ökologischen Funktion bestehende Boden ist eine begrenzte Ressource. Die natürlichen Bodenfunktionen sind aufgrund der hohen Nutzungsintensität durch menschliche Einflussnahme erheblich belastet. Diese Einsicht führte zu einem neuen Verständnis, wonach der Bodenschutz[4] die Erhaltung der natürlichen Bodenfunktionen[5] beinhaltet[6]. So gewinnt der Bodenschutz aufgrund des fortschreitenden Bodenverbrauchs[7] und beschleunigter Degradationsprozesse[8] sowohl

---

1 Vgl. § 2 Abs. 1 BBodSchG v 17.03.1998 (BGBl. I S. 502), geändert durch G v 09.12.2004 (BGBl. I S. 3214). Zur Herausnahme des Gewässerbettes Peine, DVBl. 1998, 159; Peine, NuR 1999, 124f.

2 Arnold, Geospektrum 1998, 38f. Die verschiedenen Nutzungen und Funktionen des Bodens sind nicht immer leicht in Einklang zu bringen, vgl. Joneck, UWSF-Z. 1997, 419.

3 Der Boden wurde erstmals im Jahre 1971 durch das Umweltprogramm der BReg in die „Zieltrias" Boden, Wasser, Luft aufgenommen. Vgl. BT-Drs. 6/2710, S. 6ff.

4 Der Begriff des Bodenschutzes umfasst in diesem Zusammenhang die Bodenerhaltung, insbesondere die natürlichen Bodenfunktionen i. S. § 2 Abs. Nr. 1 BBodSchG sowie die Bodensanierung, sofern es zu schädlichen Bodenveränderungen gekommen ist, § 2 Abs. 3 bis 8 BBodSchG.

5 Die natürlichen Bodenfunktionen nach dem BBodSchG bestehen in der Lebensgrundlage und in dem Lebensraum für Menschen, Tiere, Pflanzen und Organismen; als Bestandteil des Naturhaushalts sowie in dem Abbau-, Ausgleichs- und Aufbaumedium für stoffliche Einwirkungen.

6 Vgl. hierzu § 2 Abs. 2 Nr. 1a-c BBodSchG sowie Peine, DVBl. 1998, 157f.

7 Die Bodenversiegelung zählt zu den quantitativen Bodenbelastungen, da die Inanspruchnahme der Bodenflächen durch Bauwerke, Verkehrsanlagen oder Deponien erfolgt, so dass eine Beeinträchtigung der natürlichen Bodenfunktionen vorliegt, Vgl. Schlabach, UPR 1996, 1; Peine, DVBl. 1998, 160.

8 Zu den Degradationsprozessen gehören die Erosion, der Rückgang der organischen Substanz, die Bodenkontamination, die Bodenversiegelung, die Bodenverdichtung, der Rückgang der biologischen Vielfalt im Boden, die Versalzung sowie Überschwemmungen und Erdrutsche.

im europäischen[9] als auch im nationalen Kontext immer mehr an Bedeutung. Die zentrale Fragestellung ist, mit Hilfe welcher Instrumentarien der fortschreitende Bodenverbrauch und die Bodenverunreinigungen gestoppt werden können. Diese Problemstellung ist eng verbunden mit der Finanzierung und Steuerung solcher Ziele und Maßnahmen. Die Arbeit hat daher zum Ziel, Maßnahmen der Bodenerhaltung und -sanierung und ihre finanziellen Auswirkungen zu untersuchen und zu bewerten. Schwerpunkt wird hierbei der Einsatz von Abgaben im Bereich des Bodenschutzes sein.

Um die Zielsetzungen des Bodenschutzes zu erreichen, finden verschiedene planerische und ordnungsrechtliche Instrumentarien Anwendung. Die Arbeit beschäftigt sich in ihrem ersten Teil mit den rechtlichen Rahmenbedingungen, die das Bauplanungs- und Naturschutzrecht für Maßnahmen der Flächenerhaltung vorgeben und überprüft diese auf ihre Wirksamkeit sowie die Kostenfolgen. Der fortschreitenden Bodeninanspruchnahme wird ein gezieltes Flächenmanagement entgegengesetzt, das vor allem in der Schaffung von Flächenpools[10] seinen Niederschlag findet. Diese Maßnahmen sind meist kostenintensiv und eine Refinanzierung ist derzeit nicht immer möglich[11].

Des Weiteren werden die nachsorgenden bodenschützenden Maßnahmen beleuchtet, die maßgeblich die Erfassung und Beseitigung von Bodenverunreinigungen beinhalten. Diese Maßnahmen werden allerdings nicht im gebotenen Umfang durchgeführt, so dass die Anzahl von verunreinigten Flächen und Verdachtsflächen nur schrittweise verringert wird. Grund für die nur zögerliche Umsetzung von bodenschützenden Vorgaben sind die hohen Kosten, die insbesondere durch die Sanierungsmaßnahmen entstehen[12]. Die Sanierungskosten werden für die Europäische Union mit etwa 2,4 bis 17,3 Mrd. € jährlich bewertet[13]. In der Bundesrepublik Deutschland sind etwa 271.000 Flächen als altlastenverdächtig erfasst, deren Kosten in die Milliarden Euro gehen[14]. Ein umfassender nachsorgender Bodenschutz steht und fällt daher mit einer gesicherten Finanzierung. Wie eine solche Finanzierung erfolgen kann, welche zusätzlichen Finanzierungsmittel zu Verfügung stehen, wird ebenfalls Gegenstand der Untersuchung sein.

---

9 Vgl. Mitteilung KOM v 16.04.2002 „Hin zu einer spezifischen Bodenschutzstrategie" sowie Mitteilung KOM v 27.09.2006 „Thematische Strategie für den Bodenschutz".

10 Vgl. hierzu Näheres unter B.III.3.

11 Vgl. hierzu Punkt B.III.4.

12 Vgl. Näheres unter Punkt C.IV.

13 Mitteilung KOM, Strategie für den Bodenschutz, S. 4.

14 BMU, Bodenschutz und Altlasten Situation (2011).

In der Praxis reichen die planungs- und ordnungsrechtlichen Instrumente nicht aus, um die fortschreitende Flächeninanspruchnahme und die Bodenverunreinigungen zu reduzieren. Es bedarf weiterer Anreize und Finanzierungsansätze, um einen umfassenden Bodenschutz zu gewährleisten, die zu untersuchen ein weiteres Anliegen der Arbeit ist.

In diesem Zusammenhang sollen vor allem die Einsatzmöglichkeiten von Abgaben in Bezug auf ihre Steuerungsfunktion und als Finanzierungsquellen für einen wirksamen Bodenschutz untersucht und bewertet werden. Der Abgabenbegriff unterscheidet kompetenzrechtlich zwischen Steuern und nicht steuerlichen Abgaben, wie Gebühren, Beiträgen und Sonderabgaben[15]. Hierbei ist zu klären, ob durch Abgaben Anreize für den vor- und nachsorgenden Bodenschutz gesetzt werden können. Dies bedarf einer Ausgestaltung der Abgaben zugunsten des Bodenschutzes. Im steuerlichen Bereich liegen verschiedene Reformmodelle der Grundsteuer vor, deren Vor- und Nachteile im Hinblick auf einen wirksamen Bodenschutz hin verglichen und diskutiert werden sollen. Im nicht steuerlichen Bereich sollen die Gestaltungsmöglichkeiten bei Gebühren und Beiträgen sowie den Sonderabgaben mit Bezug auf den Bodenschutz geprüft werden. Als Alternative bzw. Ergänzung zum abgabenrechtlichen Instrumentarium werden die Flächenausweisungs- und Versiegelungsrechte als besondere Ausgestaltung der Zertifikatslösung auf ihre Wirkung zur Verringerung der derzeitigen Flächeninanspruchnahme hin untersucht.

Neben der Möglichkeit, durch Abgaben Anreize für einen wirksamen Bodenschutz zu setzen, ist auch die Finanzierung des vor- und nachsorgenden Bodenschutzes zu gewährleisten. Daher sollen Finanzierungsmöglichkeiten im Rahmen der haushaltsmäßigen Ausgaben für Sachaufgaben und Finanzausgleichsleistungen zum Schutz des Bodens erörtert werden. Hier stellt sich insbesondere die Frage, wie durch Finanzierungsprogramme und Fördermodelle Maßnahmen im Bereich des vorsorgenden Bodenschutzes und der Altlastensanierung gezielt durchgeführt werden können. In diesem Zusammenhang wird auch die Eignung von Fondslösungen, die sich vor allem aufgrund ihrer Zweckbindung im Umweltbereich besonders bewährt haben, für die Finanzierung von bodenschutzrelevanten Projekten diskutiert.

15 Vgl. hierzu Teil 2.

Teil 1: Handlungsbedarf und derzeitige Maßnahmen zur Reduzierung der Bodenbelastungen

A. Ausgangslage

Um den derzeitigen Handlungsbedarf zum Schutz des Bodens zu verdeutlichen, werden zunächst die Ausmaße der Bodenbeeinträchtigungen und die damit verbundenen finanziellen Auswirkungen unter Beachtung der rechtlichen Rahmenbedingungen dargelegt.

I. Problemlage

Der Zustand der Böden in Deutschland sowie in ganz Europa ist besorgniserregend. Die Beeinträchtigung des Umweltmediums Boden hat direkte Auswirkungen auf die Qualität der anderen Ökosysteme und Umweltmedien[16] und kann auch grenzüberschreitende Folgen haben[17]. Bevor auf die Ausmaße der Bodenbelastungen und -gefährdungen sowie ihrer Auswirkungen eingegangen wird, sollen kurz die Begrifflichkeiten, die mit dem Bodenschutz im Zusammenhang stehen, erläutert werden.

Unter dem Begriff Boden wird die oberste Schicht der Erdkruste verstanden, die von mineralischen Teilchen, organischen Substanzen, Wasser, Luft und lebenden Organismen gebildet wird[18]. Die Struktur des Bodens ist sehr komplex und hat große Auswirkungen auf seine jeweiligen Funktionen[19]. Bei den Bodenfunktionen wird gemäß § 2 Abs. 2 Nr. 1–3 Bundes-Bodenschutzgesetz (BBodSchG) unterschieden zwischen den natürlichen Funktionen als Lebensgrundlage, Bestandteil des Naturhaushalts und als Abbau-, Ausgleichs- und Aufbaumedium für stoffliche Einwirkungen, der Funktion als Archiv der Natur- und Kulturgeschichte sowie den Nutzungsfunktionen des Bodens, zu denen die land- und forstwirtschaftliche Nutzung, die Nutzung für Siedlung und Verkehr oder als Rohstofflagerstätte gehören.

---

16 Hierzu gehören Wasser und Luft.

17 Vgl. Mitteilung KOM, Strategie für den Bodenschutz“ S. 3.

18 Mitteilung KOM, Strategie für den Bodenschutz, S. 2.

19 Mitteilung KOM, Strategie für den Bodenschutz, S. 3.

Zum Schutz, vor allem der natürlichen Funktionen des Bodens, gehören quantitative und qualitative Elemente. Der quantitative Bodenschutz umfasst die Verringerung der Versiegelung des Bodens, worunter „die dauerhafte Abdeckung der Bodendecke mit einer wasserundurchlässigen Schicht" verstanden wird[20]. Der qualitative Schutz beinhaltet den Erhalt der Qualität des Bodens, die z. B. durch Schadstoffeintrag, Verdichtung oder Erosion vermindert wird bzw. verschlechtert werden kann[21]. Zum Schadstoffeintrag zählen der Eintrag von Stoffen über den Luftpfad, der Einsatz von Dünge- und Pflanzenschutzmitteln aus der Landwirtschaft, die Verunreinigung durch Abfälle oder das „Auf- und Einbringen von Materialien auf oder in den Boden"[22]. Auch durch Versiegelungen kann die Bodenqualität nachhaltig geschädigt werden. Die Schädigungen des Bodens werden gemäß § 2 Abs. 3 BBodSchG als Beeinträchtigungen der Bodenfunktionen definiert, die „geeignet sind, Gefahren, erhebliche Nachteile oder erhebliche Belästigungen für den einzelnen oder die Allgemeinheit herbeizuführen."

Im Folgenden wird die gegenwärtige Problemlage im Bereich des quantitativen wie qualitativen Bodenschutzes dargestellt.

1. Ausmaße der Flächeninanspruchnahme

Im Rahmen des quantitativen Bodenschutzes ist vor allem die fortschreitende Flächenversiegelung ein noch ungelöstes Problem[23], deren Folgen besorgniserregend sind. Der Boden ist als knappes natürliches Gut nicht vermehrbar, so dass verstärkte Nutzungskonkurrenzen auftreten. Infolge der Flächenversiegelung wird ein Großteil der Funktionen des Naturhaushaltes dauerhaft beeinträchtigt oder sogar zerstört. Daher liegt ein wesentlicher Schwerpunkt der Arbeit auf der Verringerung der Flächennutzung.

Die Versiegelung hat, insbesondere durch die Ausweitung städtischer Gebiete, im europäischen Raum deutlich zugenommen[24]. Von der Gesamtfläche der Bundesrepublik Deutschland, die 357.031 km² umfasst, werden im Vierjahresdurchschnitt

---

20 Art. 2 des Vorschlages für eine RL des EP und des Rates zur Schaffung eines Ordnungsrahmens für den Bodenschutz und zur Änderung der RL 2004/35/EG v 22.09.2006, KOM (2006)232 end.

21 Mitteilung KOM, Strategie für den Bodenschutz, S. 2.

22 Storm, DVBl. 1985, 319; Schlabach, UPR 1996, 1; Peine, DVBl. 1998, 161.

23 SRU, Umweltgutachten 2004, S. 169.

24 So lag der Anteil der Flächen, die im Zeitraum von 1990 bis 2000 versiegelt wurden, in den Mitgliedstaaten zwischen 0,3 % und 10 %. Vgl. Mitteilung KOM, Strategie für den Bodenschutz, S. 3.

87 Hektar (0,87 km²) pro Tag für Siedlungs- und Verkehrsflächen in Anspruch genommen[25]. Demgegenüber liegen schätzungsweise bis zu 150.000 Hektar (1500 km²) brach, die einer Wiedernutzung zugeführt werden könnten[26]. Der Siedlungs- und Verkehrsanteil betrug Ende 2009 bundesweit 13,3% und liegt damit auf dem oberen Level der am stärksten besiedelten Länder in Europa[27]. Obwohl die tägliche Flächenneuinanspruchnahme von 120 ha (1993–2006) auf 94 ha (2006–2009) aufgrund des verlangsamten Bevölkerungs- und Wirtschaftswachstums zurückgegangen ist[28], ist das Ziel der Bundesregierung, die Flächenversiegelung bis zum Jahr 2020 auf 30 ha pro Tag zu begrenzen, bei Weitem noch nicht erreicht (siehe Grafik Nr. 1). Verstärkte Nutzungskonkurrenzen entstehen nunmehr vor allem durch die Ausweitung der Flächennutzung für energetische Zwecke[29]. Die Begrenzung der Flächeninanspruchnahme ist daher thematischer Schwerpunkt der Nationalen Nachhaltigkeitsstrategie Deutschland[30].

Neben der Versiegelung selbst ist die Zerschneidung und Fragmentierung der Landschaft ein ernstzunehmendes Problem. So werden nur etwa ein Drittel der neuen Siedlungsflächen in die bestehende Siedlungsstruktur eingegliedert[31]. Unzerschnittene verkehrsarme Räume mit einer Fläche von mehr als 100 km² sind selten geworden[32]. Erschwerend kommt hinzu, dass ein Drittel der Siedlungs- und Verkehrsflächen aus bauplanerischen bzw. verkehrspolitischen Gesichtspunkten auf Böden mit hoher natürlicher Ertragsfähigkeit entsteht, deren Anteil nur

---

25 StBA, Indikatoren zur nachhaltigen Entwicklung in Deutschland 2010, unter (Zugriff am 21.11.2011): https://www-genesis.destatis.de/genesis/online/data;jsessionid=1A3EA1D7BC708FB318276EA7E2B3B855.tomcat_GO_1_1?operation=abruftabelleBearbeiten&levelindex=2&levelid=1324645794965&auswahloperation=abruftabelleAuspraegungAuswaehlen&auswahlverzeichnis=ordnungsstruktur&auswahlziel=werteabruf&selectionname=91111-0001&auswahltext=&werteabruf=starten.

26 StBA, PM v 6.10.2010, unter (Zugriff am 21.11.2011): http://www.destatis.de/sowie BReg, Fortschrittsbericht 2008, S. 143.

27 BReg, Fortschrittsbericht 2008, S. 145.

28 Die zusätzliche Inanspruchnahme von Flächen für Siedlung und Verkehr betrug im Zeitraum von 2006 bis 2009 rund 63 ha pro Tag in den alten Bundesländern und rund 31 ha in den neuen Bundesländern, UBA, Siedlungs- und Verkehrsfläche (November 2011).

29 BReg, Entwurf des Fortschrittsberichts 2012, S. 233f.

30 BReg, Fortschrittsbericht 2008, S. 15; 143f. sowie Entwurf Fortschrittsbericht 2012, S. 229 ff.

31 BReg, Fortschrittsbericht 2008, S. 145.

32 BReg, Fortschrittsbericht 2008, S. 145.

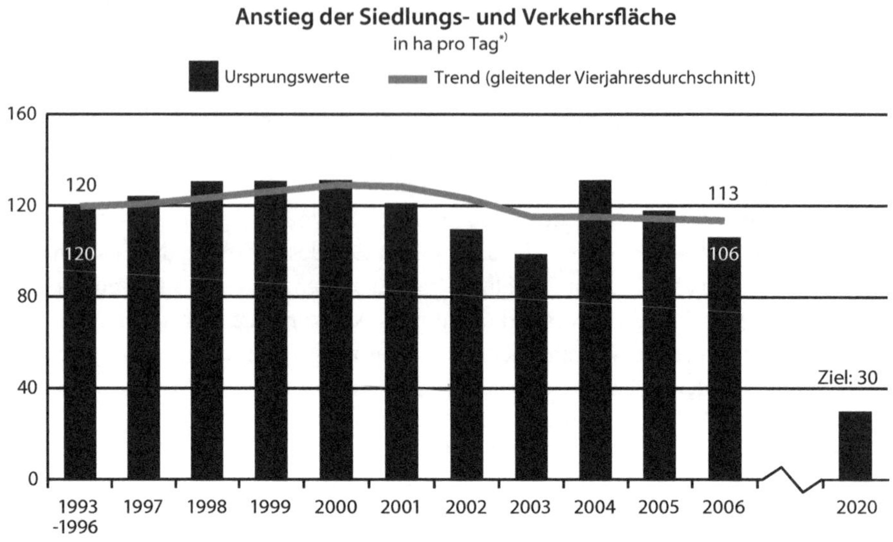

*) Die Flächenerhebung beruht auf der Auswertung der Liegenschaftskataster der Länder, die die tatsächliche Flächennutzung dokumentieren. Aufgrund von Umstellungsarbeiten in den amtlichen Katastern (Umschlüsselung der Nutzungsarten im Zuge der Digitalisierung) ist die Darstellung der Flächenzunahme in dem betreffenden Zeitraum verzerrt.

Quelle: Statistisches Bundesamt, Bundesamt für Bauwesen und Raumordnung

18% der Gesamtfläche Deutschlands beträgt[33]. Demgegenüber nehmen die Siedlungsbrachen weiter zu. So können etwa 45 % der Kommunen in Deutschland „wohnwirtschaftlich verwertbare Wiedernutzungspotentiale" anbieten, die allerdings größtenteils nicht bauleitplanerisch bearbeitet werden[34]. Hiervon könnten knapp zwei Drittel einer gewerblichen Nutzung und ein Viertel einer Wohnnutzung zugeführt werden, der Rest stände einer Naturentwicklung zur Verfügung[35]. Als Grund für die teilweise nur zögerliche Revitalisierung von Brachflächen werden insbesondere bei kleineren Gemeinden zu geringe Vermarktungschancen angegeben, die auch in der ungenügenden Finanzausstattung der Kommunen für Grunderwerb, Sanierung und Erschließung begründet sind[36]. Besonders in den neuen Bundesländern werden die oftmals regional bedingte fehlende Nachfrage

33 BReg, Fortschrittsbericht 2008, S. 145.

34 Dabei verteilen sich die Potenziale mit 39 % auf die alten Bundesländer und mit 59 % auf die neuen Bundesländer. BBR, Bauland- und Immobilienmärkte 2004, S. 48ff.

35 BBR, Bauland- und Immobilienmärkte 2004. S. 48ff.

36 BBR, Bauland- und Immobilienmärkte 2004, S. 48.

sowie vorhandene Altlasten als Hemmnis einer Wiedernutzung genannt[37]. Mit einem negativen Imageproblem von Brachflächen, vor allem bei der Ausweisung von Wohnraum, haben auch die kleinen Landgemeinden in den alten Bundesländern zu kämpfen[38]. Die Gemeinden sehen jedoch durchaus Potential für eine Wiedernutzung von Brachflächen, im Wohnungsbau, beim Gewerbe wie auch bei der Naturentwicklung[39]. Zu der Wiederverwertung von Flächen, dem sog. Flächenrecycling, wird daher in einem nachfolgenden Exkurs Stellung genommen.

Infolge der Flächenversiegelung wird ein Großteil der Funktionen des Naturhaushaltes dauerhaft beeinträchtigt oder vollständig zerstört[40]. Dies macht den dringenden Handlungsbedarf deutlich, um auch in Zukunft den Boden in all seiner Nutzungsbreite und vor allem in seiner ökologischen Funktion zu erhalten. Um den Folgen dieser Entwicklung entgegenzuwirken, sind vor allem planerische und finanzielle Maßnahmen erforderlich, zu denen im Rahmen dieser Arbeit Stellung genommen wird.

2. Gegenwärtiger Stand im Bereich der qualitativen Bodenbelastungen

Neben der Flächeninanspruchnahme bilden die Verunreinigungen des Bodens einen weiteren wichtigen Problemkomplex. So sind in der Bundesrepublik mehr als 271.000 Flächen von Verunreinigungen betroffen[41]. Die Schätzungen bei der Anzahl von verunreinigten Verdachtsflächen in der EU-25 liegen bei ca. 3,5 Mio.[42] Bei den Verunreinigungen handelt es sich um qualitative Bodenbelastungen durch Schadstoffeintrag[43]. Diese qualitativen Bodenbelastungen entwickeln sich zu schädlichen Bodenveränderungen mit Gefährdung für den Einzelnen oder die Allgemeinheit, den sog. Altlasten[44]. Unter dem Begriff Altlasten werden Altablagerungen und Altstandorte[45] zusammengefasst, die zu

37 BBR, Bauland- und Immobilienmärkte 2004, S. 70.
38 BBR, Bauland- und Immobilienmärkte 2004, S. 52.
39 BBR, Bauland- und Immobilienmärkte 2004, S. 69.
40 SRU, Umweltgutachten 2004, S. 170.
41 Information des BMU, Bodenschutz und Altlasten Situation (2011).
42 Mitteilung KOM, Strategie für den Bodenschutz, S. 3.
43 Siehe hierzu Punkt A.1.
44 Den Begriff „Altlasten“ hat der SRU in seinem Umweltgutachten von 1978 geprägt.
45 Unter Altablagerungen werden stillgelegte Abfallbeseitigungsanlagen sowie sonstige Grundstücke, auf denen Abfälle behandelt, gelagert oder abgelagert worden, gezählt. Altstandorte umfassen Grundstücke stillgelegter Anlagen und sonstige Grundstücke, auf denen mit umweltgefährdenden Stoffen umgegangen worden ist (ausgenommen Anlagen nach dem Atomgesetz), vgl. § 2 Abs. 5 Nr. 1 und 2 BBodSchG.

schädlichen Veränderungen des Bodens führen oder von denen Gefahren für den Einzelnen oder die Allgemeinheit ausgehen[46]. Hierzu zählen Beeinträchtigungen der natürlichen Bodenfunktionen bzw. der Funktionen als Archiv der Natur- und Kulturgeschichte[47], aber auch die durch Altlasten verursachte Verunreinigung von Gewässern[48]. Die Sanierung, die in erster Linie der Beseitigung oder Verminderung der Schadstoffe bzw. schädlicher Bodenveränderungen dient[49], geht nur langsam voran[50] und macht das Ausmaß des Altlastenproblems und die Notwendigkeit des Handlungsbedarfs ersichtlich.

Die ökonomischen und finanziellen Folgen stellen für den Einzelnen und für die Gesellschaft eine hohe Belastung dar. Der Anteil von ermittelten Verdachts-Altstandorten, d. h. Grundstücken stillgelegter Anlagen, bei denen der Verdacht besteht, dass mit umweltgefährdenden Stoffen nach § 2 Abs. 5 Nr. 2 BBodSchG umgegangen wurde, ist sehr hoch. Allerdings variieren die Angaben in den einzelnen Bundesländern und die Kategorisierung ist nicht immer einheitlich[51]. Die nachfolgende Übersicht[52] zeigt das Ausmaß an verunreinigten (Verdachts-) Flächen auf dem Gebiet der Bundesländer.

Bundesweite Kennzahlen zur Altlastenstatistik – Teil 1[53]

Kenngröße	**BW Stand: 12/10**	**BY Stand: 03/11**	**BE Stand: 07/11**	**BB Stand: 07/11**	**HB Stand: 06/11**	**HH Stand: 01/11**	**HE Stand: 07/11**	**MV Stand: 12/10**
Altlastverdächtige Flächen	13.840	16.795	5.240	19.738	3.557	1.815	1.040	5.835

46 Definition des § 2 Abs. 5 BBodSchG.

47 Vgl. zu den Bodenfunktionen § 2 Abs. 2 BBodSchG.

48 Oerder, in: Oerder/Numberger/Schönfeld, § 4 Rd. 36.

49 Es handelt sich hierbei um sog. Dekontaminationsmaßnahmen, § 2 Abs. 7 Nr. 1 und 3 BBodSchG. Daneben sind Sicherungsmaßnahmen möglich, die eine Ausbreitung der Schadstoffe langfristig verhindern oder vermindern, ohne die Schadstoffe zu beseitigen, vgl. § 2 Abs. 7 Nr. 2 BBodSchG.

50 Dies zeigt der Vergleich zwischen den altlastverdächtigen Flächen und den bereits abgeschlossenen Sanierungsvorhaben in den Ländern. UBA, Ergebnisbericht zur Altlastenstatistik der Länder, Stand 07/2011.

51 UBA, Ergebnisbericht zur Altlastenstatistik der Länder, Stand 07/2011.

52 UBA, Ergebnisbericht zur Altlastenstatistik der Länder, Stand 07/2011.

53 UBA, Ergebnisbericht zur Altlastenstatistik der Länder, Stand 07/2011.

Kenngröße	BW Stand: 12/10	BY Stand: 03/11	BE Stand: 07/11	BB Stand: 07/11	HB Stand: 06/11	HH Stand: 01/11	HE Stand: 07/11	MV Stand: 12/10
Gefährdungs-abschätzung abgeschlossen	15.228	5.088	k. A.	4.279	951	3.093	1.922	267
Altlasten	2.219	1.051	937	1.476	408	533	436	999
Altlasten in der Sanierung	620	966	71	131	42	147	236	359
Sanierung abgeschlossen	2.624	1.658	191	4.073	621	426	880	1.155
Über-wachungen	435	85	72	234	167	140	51	396

Bundesweite Kennzahlen zur Altlastenstatistik – Teil 2[54]

Kenngröße	Nds Stand: 06/11	NRW Stand: 01/10	RP Stand: 07/11	SL Stand: 05/10	SN Stand: 05/11	ST Stand: 05/11	SH Stand: 12/10	TH Stand: 03/11
Altlastver-dächtige Flächen	93.825	75.370	12.497	1.977	19.785	16.682	13.781	12.570
Gefährdungs-abschätzung abgeschlossen	4.714	17.969	6.516	379	6.638	3.662	2.472	4.506
Altlasten	3.482	k. A.	296	456	627	186	320	783
Altlasten in der Sanierung	381	k. A.	168	35	434	71	66	191
Sanierung abgeschlossen	1.597	6.158	128	156	2.927	1.680	974	837
Über-wachungen	535	k. A.	58	64	1.474	50	54	71

Die Kennzahlen der Länder zeigen auch, wie zögerlich mit der Gefährdungsabschätzung und Sanierung umgegangen wird. Grund sind die oftmals hohen Kosten, die mit der Erfassung und Sanierung von Altlasten verbunden sind. Im Folgenden soll ein kurzer Überblick über die Kostenfolgen bei der Flächeninanspruchnahme und Bodenverunreinigung gegeben werden.

54 UBA, Ergebnisbericht zur Altlastenstatistik der Länder, Stand 07/2011.

3. Kostenfolgen von Bodeninanspruchnahme und Bodenkontamination

Bodeninanspruchnahme und Bodenverunreinigung bleiben nicht ohne Kostenfolgen. Diese sind erheblich und bestehen u. a. in der Wiederherstellung von Nutzungsflächen und naturnahen Räumen, in der Reinigung von kontaminierten Flächen und der durch Böden belasteten Gewässer, aber auch dem Wertverlust von Grundstücken, die selbst verunreinigt sind oder sich in der Umgebung verunreinigter Standorte befinden.

Die Kosten der *Bodeninanspruchnahme* entstehen im Rahmen der räumlichen Planung, wie der Bauleitplanung oder der Verkehrs- und Infrastrukturplanung. Hier sind neben den Ausgleichs- bzw. Wiederherstellungskosten, die unter Punkt II.C. einer näheren Betrachtung unterzogen werden sollen, die sog. Schattenkosten, die aufgrund überdehnter Infrastrukturen sowie Flächenausweisungen entstehen, zu berücksichtigen[55]. Der Rat für nachhaltige Entwicklung regt an, die natürlichen, technischen und finanziellen Ressourcen in die Planung als Kostenfaktor mit einzubeziehen und künftige Kosten, wie Unterhaltungskosten, ebenfalls zu berücksichtigen[56]. In diesem Sinne wurde auch im Rahmen des Forschungsfeldes „Fläche im Kreis – Kreislaufwirtschaft in der städtischen/stadtregionalen Flächennutzung“ (2003 bis 2007) der Vorschlag einer Kosten-Nutzen-Betrachtung zur Bilanzierung investiver und langfristiger Kosten von Flächenneuausweisungen positiv bewertet[57]. Am besorgniserregendsten wird die fortschreitende Zersiedelung vor allem in ländlichen Gebieten bewertet, da die Kosten pro Einwohner und für die technische Infrastruktur bei geringer Siedlungsdichte deutlich höher ausfallen als bei hoher Siedlungsdichte[58].

Im Fall der Beseitigung von *Bodenverunreinigungen* gilt – neben der Verpflichtung aus dem Eigentum und der tatsächlichen Inhaberschaft- in erster Linie das Verursacherprinzip, nach dem der Verantwortliche zu Sanierungspflichten herangezogen werden kann[59]. Allerdings ist der Verursacher einer Bodenverunreinigung oftmals nicht mehr auffindbar oder nicht leistungsfähig oder die Kommune selbst

55 Empfehlungen des RNE an die BReg, S. 18.

56 In diesem Zusammenhang wird der Begriff „Planungswahrheit“ geprägt. Vgl. Empfehlungen des RNE an die BReg, S. 18.

57 BReg, Fortschrittsbericht 2008, S. 147f.

58 BReg, Fortschrittsbericht 2008, S. 145.

59 Vgl. § 4 BBodSchG sowie die Jahresberichte des UBA 1995 und 1996, S. 66 und S. 33; Oerder, NVwZ 1992, 1033.

ist verantwortlich, so dass die Behörden die Sanierung aus eigenen Haushaltsmitteln bestreiten müssen[60]. Dies geht zu Lasten eines effektiven Vollzuges, da die Finanzierung aufgrund der knappen Haushaltsmittel oftmals nicht gesichert ist[61]. Insgesamt werden die Sanierungskosten in der Bundesrepublik Deutschland mit 30 bis 100 Mrd. € veranschlagt[62] mit Tendenz nach oben, und bilden oftmals ein Investitionshemmnis. Zu den Einzelheiten der jeweiligen Sanierungsverantwortlichkeiten wird in Kapitel 4 Stellung genommen.

Im Hinblick auf die ökonomischen Auswirkungen in der Europäischen Union hat die Kommission in ihrer Folgenabschätzung ermittelt, dass die Verschlechterung der Bodenqualität in der EU-25 insgesamt jährlich bis zu 38 Mrd. € kosten könnte[63]. So wird beispielsweise der Verlust organischer Substanzen mit 3,4 bis 5,6 Mrd. € jährlich beziffert, die Kosten der Bodenverunreinigung betragen zwischen 2,4 bis 17,3 Mrd. € jährlich[64]. Die Finanzierungsproblematik beim nachsorgenden Bodenschutz wurde durch die Kommission in Art. 13 Abs. 3 des Richtlinienentwurfes aufgenommen[65].

II. Rechtliche Rahmenbedingungen und Grundsätze

Bodenschützende Ansätze waren verhältnismäßig früh in verschiedenen Regelwerken und Programmen auf nationaler wie europäischer Ebene enthalten. In Deutschland wurde der Boden erstmals im Jahr 1971 durch das Umweltprogramm der Bundesregierung in die ‚Zieltrias' Boden, Wasser, Luft aufgenommen[66]. Eine stärkere Betonung des Bodenschutzes erfolgte durch die Bodenschutzkonzeption der Bundesregierung vom 7. März 1985, in welcher der Bodenschutz als

60 Schink, DÖV 1995, 224f.

61 Schink, DÖV 1995, 224f.

62 Kobes, NVwZ 2000, 261.

63 Mitteilung KOM, Strategie für den Bodenschutz, S. 5.

64 Es handelt sich hierbei um Schätzungen. Vgl. Mitteilung KOM, Strategie für den Bodenschutz, S. 4.

65 Die Mitgliedstaaten sind danach, vorbehaltlich des Verursacherprinzips, zur Schaffung geeigneter Mechanismen zur Finanzierung der Sanierung der verunreinigten Standorte verpflichtet. Die KOM hat den Fall geregelt, dass, wenn einzelne Verursacher nicht festgestellt werden können, die Kosten nach dem Gemeinlastprinzip zu tragen sind. Es fehlt jedoch an einer Klarstellung, dass auch weitere Pflichtige wie der Eigentümer (Zustandsstörer) des Grundstückes heranzuziehen sind.

66 BT-Drs. 6/2710, S. 6ff.

Querschnittsaufgabe des Umweltschutzes herausgestellt wurde[67]. Das Umweltprogramm sah die „Minimierung von qualitativ oder quantitativ problematischen Stoffeinträgen" sowie eine „Trendwende im Landverbrauch" vor. Auf der Grundlage dieses Programms, das durch den Maßnahmenkatalog zum Bodenschutz vom 12. Januar 1988 konkretisiert und fortgeschrieben worden ist[68], kam es in der Folgezeit zum Erlass weiterer Boden schützender Normen, die in die bestehenden Gesetzeskomplexe integriert wurden[69]. Hervorzuheben sind die im Raumordnungs-, Bauplanungs- sowie im Naturschutzrecht enthaltenden bodenrelevanten Regelungen, auf die im nachfolgenden Kapitel gesondert eingegangen wird.

Die rechtliche Anerkennung des Bodens als eigenes schützenswertes Umweltmedium erfolgte dagegen relativ spät[70]. Dieses späte Bewusstsein war auch dem Umstand geschuldet, dass sich der Boden überwiegend in Privateigentum befindet und damit unterschiedliche, wenn nicht sogar gegensätzliche Interessen ausgeglichen werden müssen. Mit der Verabschiedung und dem am 1. März 1999 vollständig in Kraft getretenen Bundes-Bodenschutzgesetz (BBodSchG)[71] wurde in der Bundesrepublik erstmalig eine einheitliche Grundlage für den Bodenschutz geschaffen. Es handelt sich bei dem Gesetz in seiner Diktion vor allem um ein „Altlastengesetz" mit einem anthropozentrischen Ansatz[72]. Dies bedeutet, dass es vorwiegend auf den Schutz der natürlichen Grundlagen des Menschen ausgerichtet ist und nicht auf den Wert des Bodens an sich[73]. Es beschränkt sich – neben Begriffsbestimmungen und Abgrenzungen zu anderen Gesetzesbereichen - überwiegend auf die Bodensanierung mit ihren Zuständigkeiten und Verfahrensmöglichkeiten[74]. Die Bodenvorsorge bezieht

---

67 BT-Drs. 10/2977, S. 5ff.

68 BT-Drs. 11/1625.

69 Vgl. Punkt 4 in der AW der BReg auf die GA der Grünen, BT-Drs. 11/8410, v 07.11.1990, S. 4–8.

70 In Deutschland kam es erstmals im Jahr 1992 zur Vorlage eines BBodSchG (Entwurf v 23.07.1992), das nach mehreren Referentenentwürfen durch das Gesetz zum Schutz vor schädlichen Bodenveränderungen und zur Sanierung von Altlasten vom 17.03.1998 (BGBl. I S. 502), geändert durch Gesetz vom 09.12.2004 (BGBl. I S. 3214) in Kraft getreten ist. Peine, UPR 1997, 53; ders., NuR 1999, 121; Erbguth/Stollmann, NuR 1994, 320; Rid/Petersen, NVwZ 1994, 844.

71 BGBl. 1, S. 502.

72 Bückmann/Lee, Europäischer Bodenschutz, S. 10; Oerder, in: Oerder/Numberger/Schönfeld, § 1 Rd. 3.

73 Niederstadt S. 98.

74 Aufgrund der speziellen Regelungen geht der Anwendungsbereich des BBodSchG hinaus, z. B. über die des USchadG (BGBl. I, S. 666) und ist damit vorrangig

sich auf individuelle Vorsorgepflichten[75], ohne konkrete Maßnahmemöglichkeiten zu benennen. Vorsorgemaßnahmen sind lediglich dann geboten, wenn wegen der „räumlichen, langfristigen oder komplexen Auswirkungen einer Nutzung auf die Bodenfunktionen die Besorgnis einer schädlichen Bodenveränderung" gemäß § 7 S. 2 BBodSchG besteht[76]. Den Ländern bleibt aufgrund der weitgehenden Ausschöpfung der konkurrierenden Gesetzgebungskompetenz[77] nur ein relativ geringer Regelungsumfang für ihre Ausführungsgesetze[78]. Die Mehrzahl der Länder hat jedoch die Vorsorgeregelung des Bundes-Bodenschutzgesetzes dahingehend konkretisiert, bei Planungen, Baumaßnahmen und sonstigen Vorhaben öffentlicher Träger vor der Inanspruchnahme von nicht versiegelten oder unbebauten Flächen zu prüfen, ob eine Wiedernutzung von ehemals genutzten oder bereits versiegelten, baulich veränderten oder bebauten Flächen möglich ist[79].

---

anwendbar. Scheidler, NVwZ 2007, 1114; Becker, NVwZ 2007, 1108. Vgl. auch § 1 USchadG (Verhältnis zu anderen Vorschriften). Das USchadG folgt dem Verursacherprinzip und umfasst Schäden an umweltspezifischen Gemeingütern, wie Schäden an Arten und natürlichen Lebensräumen, an Gewässern und am Boden, § 2 USchadG. Das USchadG ist abzugrenzen zum UmweltHG v 10.12.1990 (BGBl. I 1990, S. 2634), geändert durch G v 23.11.2007 (BGBl. I S. 2631), das den zivilrechtlichen Ausgleich von Individualschäden regelt.

75 Diese Pflichten obliegen nach § 7 BBodSchG dem Grundstückseigentümer, dem Inhaber der tatsächlichen Gewalt über ein Grundstück und demjenigen, der Verrichtungen auf einem Grundstück durchführt oder durchführen lässt.

76 Nähere Ausführungen zur Bodenvorsorge unter Punkt A.II.1.

77 Vgl. hierzu insbesondere BVerwG in: DVBl 2000, 1353–1356.

78 Gemäß § 21 BBodSchG können die Länder zur Ausführung des zweiten und dritten Teils des Bundes-Bodenschutzgesetzes „ergänzende Verfahrensregeln" erlassen und haben davon Gebrauch gemacht. In den Ländern BW (BodSchG v 24.06.1991, GBl. BW 1991 S. 434, geändert in GBl. BW 2001 S. 605); BE (BodSchG v 10.10.1995; GVBl. S. 646, geändert am 24.06.2004, GVBl. S. 250) und SN (SächsABG v 15.06.1999, SächsGVBl. Nr. 9 v 15.07.1999, S. 261, geändert am 29.01.2008; SächsGVBl. S. 138) sind bereits vor dem Inkrafttreten des Bundes-Bodenschutzgesetzes eigene Landesbodenschutzgesetze geschaffen worden, die im Nachgang jedoch angepasst wurden. Die Ausführungsgesetze enthalten – neben den Mitwirkungspflichten der Verantwortlichen – Ausgleichs-, Entschädigungs- und Kostenregelungen. Vgl. auch König, Bodenschutzrechtliche Vorschriften und ihre Bedeutung für die Bodennutzung, Vortrag vom 23.02.1999.

79 Vgl. § 2 LBodSchAG BW v 14.12.2004 (GBl. 2004 S. 908, geändert durch G v 17.12.2009, GVBl. S. 809), wonach Behörden und öffentliche Planungsträger insbesondere zu prüfen haben, ob bei vorgesehener Inanspruchnahme von nicht versiegelten,

1. Vorsorgemaßnahmen nach § 7 BBodSchG

Als wichtiges Prinzip des Bodenschutzes findet der Vorsorgegrundsatz Anwendung, nach dem „schädliche Bodenveränderungen“ gar nicht erst entstehen sollen[80]. Die Vorsorgepflicht nach § 7 normiert in erster Linie eine individuelle Vorsorge, die auf Verantwortlichkeiten beruht. Der in § 7 Abs. 1 S. 1 BBodSchG genannte Verantwortliche hat bei einer Überschreitung der Vorsorgewerte nach Anhang 2 Nr. 4 der Bundes-Bodenschutz- und Altlastenverordnung (BBodSchV)[81] Maßnahmen durchzuführen, um „weitere durch ihn auf dem Grundstück und dessen Einwirkungsbereich verursachte Schadstoffeinträge zu vermeiden oder wirksam zu vermindern, soweit dies auch im Hinblick auf den Zweck der Nutzung des Grundstücks verhältnismäßig ist“, § 10 Abs. 1 S. 1 BBodSchV. Hierzu gehören nach § 10 Abs. 1 S. 2 BBodSchV auch technische Vorkehrungen an Anlagen oder Verfahren sowie Maßnahmen zur Untersuchung und Überwachung von Böden. Danach hat der Pflichtige Schadstoffeinträge auch im Wege der Änderung von Anlagen oder Verfahren zu vermeiden oder wirksam zu vermindern[82].

Vorsorgemaßnahmen nach § 7 Abs. 1 S. 2 BBodSchG sind geboten, wenn „wegen der räumlichen, langfristigen oder komplexen Auswirkungen einer Nutzung auf die Bodenfunktionen die Besorgnis einer schädlichen Bodenveränderung besteht.“[83] Hierdurch sollen vor allem Distanz- und Summationsschäden verhindert werden, wobei der Grundsatz der Besorgnisproportionalität

---

nicht baulich veränderten oder unbebauten Flächen z. B. die Flächeninanspruchnahme des Projektes bedarfsgerecht ist oder eine Wiedernutzung von bereits versiegelten, sanierten, baulich veränderten oder bebauten Flächen möglich ist. Siehe auch § 1 Abs. 2 Bln BodSchG v 24.06.2004 (GVBl. S. 250, geändert durch G v 18.11.2009, GVBl. S. 674); § 2 Abs. 2 BremBodSchG v 27.08.2002 (GBl. S. 385, geändert durch G v 24.11.2009, GBl. 535); § 1 LBodSchG NW v 09.05.2000 (GV NRW. 2000 S. 439, geändert durch G v 17.12.2009, GV NRW. 863), das Vorsorgegrundsätze festschreibt und den Erlass von Rechtsverordnungen vorsieht; § 2 i. V m. § 4 LBodSchG RP v 25.07.2005 (GVBl. S. 302, geändert durch G v 27.10.2009, GVBl. S. 358); § 1 Abs. 1 und 2 SBodSchG v 20.03.2002 (Amtsbl. S. 990, geändert durch G v 21.11.2007, Amtsbl. S. 2393); § 1 BodSchAG LSA v 02.04.2002 (GVBl. S. 214, geändert durch G v 16.12.2009, GVBl. S. 708), das ebenfalls Vorsorgegrundsätze vorsieht.

80 Vgl. § 7 BBodSchG sowie Schlabach, UPR 1996, 2.

81 BBodSchV v 12.07.1999 (BGBl. I, S. 1554), geändert durch G v 24.02.2012 (BGBl. I S. 212) m. W. v 01.06.2012.

82 BVerwGE 123, S 247–261 (Rd. 28).

83 Zu den einzelnen Begrifflichkeiten Bachmann/Thoenes, S. 43ff.

gilt[84]. Je langfristiger eine Einwirkung erfolgt ist, umso geringere Anforderungen sind an das „Besorgnispotential" vor der Durchführung von Maßnahmen zu stellen[85]. Gemäß § 7 i. V. mit § 8 Abs. 2 BBodSchG sind „Anordnungen zur Vorsorge gegen schädliche Bodenveränderungen" im Rahmen der Vorsorgewerte nach Anhang 2 Nr. 4 der Bundes-Bodenschutz- und Altlastenverordnung zu treffen. Behördliche Anordnungen zur Durchsetzung der Vorsorgepflicht dürfen nur dann erfolgen, soweit in der Bundes-Bodenschutz- und Altlastenverordnung konkrete Anforderungen an diese Verpflichtung festgelegt wurden[86]. Grundsätzlich ist bei Überschreitung der in Anhang 2 Nr. 4 BBodSchV festgelegten Vorsorgewerte unter Berücksichtigung von geogenen oder großflächig siedlungsbedingten Schadstoffgehalten davon auszugehen, dass die Besorgnis einer schädlichen Bodenveränderung besteht[87]. Anordnungen werden somit gemäß § 7 BBodSchG i. V. mit § 10 Abs. 1 BBodSchV dann erforderlich, wenn hinreichende Anhaltspunkte dafür bestehen, dass die maßgebenden Vorsorgewerte nach Anhang 2 Nr. 4 BBodSchV beispielsweise aufgrund von luftverunreinigenden Schadstoffen überschritten sind. Es handelt sich nach § 7 S. 3 BBodSchG hierbei um eine nutzungsbezogene Vorsorge, damit die finanzielle Belastung entsprechend des Verhältnismäßigkeitsgrundsatzes für den Verantwortlichen im angemessenen Umfang gehalten werden kann. Unterhalb der normierten Anforderungen obliegt es der Entscheidung des individuell Verantwortlichen, in welchem Umfang er Vorsorgemaßnahmen zu treffen gedenkt[88].

Der Landwirtschaftsbereich bleibt nach § 7 S. 4 BBodSchG hiervon unberührt[89]. Stattdessen ist die „Gute fachliche Praxis in der Landwirtschaft" gemäß § 17 BBodSchG als Bestandteil der Vorsorgepflicht einzuhalten, die eine „nachhaltige Sicherung der Bodenfruchtbarkeit und Leistungsfähigkeit des Bodens als natürlicher Ressource" gewährleisten soll[90]. So hat das *Oberlandesgericht Naumburg* in seinem Urteil vom 29.08.2002 ausgeführt, dass eine ordnungsgemäße Bewirtschaftung vorliegt, wenn sie den „einschlägigen technischen und

84 BT-Drs. 13/6701, S. 36.

85 Riedel, UPR 1999, 94.

86 Nies, in: Landmann/Rohmer, § 7 Rd. 3 BBodSchG.

87 Vgl. auch BVerwGE 123, 247–261 (Rd. 27f.); VG Magdeburg, Urt. v 09.04.2008, Az.: 3 B 53/08, Rd. 28.

88 Sofern er nicht durch andere Gesetze, wie z. B. § 5 Abs. 1 Nr. 2 BImSchG i. d. F. v 26.09.2002 (BGBl. I S. 3830) geändert durch Art. 8 G v 08.11.2011 (BGBl. I S. 2178) verpflichtet ist.

89 Vgl. hierzu die Ausführungen von Peine/Spyra/Hüttl, S. 102.

90 Vgl. die Anforderungen gemäß § 17 Abs. 2 Nr. 1–7 BBodSchG.

wirtschaftlichen Regeln“ entsprechend „Substanz erhaltend durchgeführt wird“[91]. Eine ordnungsgemäße Bewirtschaftung sei nicht mehr gegeben, wenn „sie als Raubbau am Boden angesehen werden muss oder das Gesamtkonzept der Bewirtschaftung zu einer Erschöpfung der Böden bzw. zu einer nachhaltigen Minderung der Ertragsmöglichkeiten führt“[92]. Die Ausführungen des Gerichts zeigen, dass vor allem der wirtschaftliche Aspekt eine erhebliche Rolle bei der Bodenvorsorge im landwirtschaftlichen Bereich spielt. Die Ertragsfähigkeit der Böden soll erhalten bleiben. Dem Vorsorgerecht kommt dabei lediglich Appellcharakter zu, ohne dass die notwendigen Instrumente zur Durchsetzung der Vorsorgeanforderungen geregelt sind[93].

Eine andere Betrachtungsweise ergibt sich für die Fälle, in denen sich landwirtschaftliche Flächen in bestehenden Schutzgebieten befinden, wie Flächen der Fauna-Flora-Habitat-Richtlinie (FFH-Richtlinie)[94]. Hiernach können die Landwirte verpflichtet werden, zur Erreichung der Schutzziele Bewirtschaftungsauflagen auf ihren Flächen umzusetzen. Gemäß Artikel 8 Abs. 3 der FFH-Richtlinie sind die finanziellen Mittel zur Umsetzung der Richtlinie zu ermitteln und bereit zu stellen. Dieser Verpflichtung wird durch die deutschen Bundesländer nur zögerlich nachgekommen, wie auch der Fall für das „Sülzetal bei Sülldorf“ in Sachsen-Anhalt gezeigt hat[95]. Der Managementplan sieht eine Kostenschätzung für das neue FFH-Gebiet der ersten sieben Jahre vor[96]. Zu den Bewirtschaftungsauflagen gehören u. a. die Beweidung, die Streuobstwiesenpflege oder die Mahd[97]. Allerdings standen nach dem Managementplan für die Feststellung als FFH-Schutzgebiet[98] keine Fördermittel für landschaftspflegerische Maßnahmen innerhalb der bestehenden Schutzgebiete zur Verfügung[99].

---

91 OLG Naumburg, Leitsätze abgedruckt in: Neue Justiz, 2003, 154.

92 OLG Naumburg, Leitsätze abgedruckt in: Neue Justiz, 2003, 154.

93 Peine/Spyra/Hüttl, S. 104.

94 RL 92/43/EWG v 21.05.1992 zur Erhaltung der natürlichen Lebensräume sowie der wildlebenden Tiere und Pflanzen, ABl. L 206 vom 22.07.1992, S. 7, geändert durch RL 2006/105/EG v 20.11.2006, ABl. 363 S. 368.

95 Managementplan für das FFH-Gebiet „Sülzetal bei Sülldorf“, Punkt 9.3.

96 Managementplan für das FFH-Gebiet „Sülzetal bei Sülldorf“, Punkt 8.

97 Mögliche Entschädigungszahlungen wurden nicht beziffert.

98 Gemäß Art. 6 Abs. 1 der FFH-RL sind für die besonderen Schutzgebiete durch die Mitgliedstaaten die nötigen Erhaltungsmaßnahmen festzulegen, „die gegebenenfalls geeignete, eigens für die Gebiete aufgestellte oder in andere Entwicklungspläne integrierte Bewirtschaftungspläne (= Managementpläne) umfassen“.

99 Managementplan für das FFH-Gebiet „Sülzetal bei Sülldorf“, Punkt 9.3.

2. Überblick zur Bodennachsorge nach dem BBodSchG

Den Schwerpunkt des BBodSchG bildet der nachsorgende Bodenschutz. Das BBodSchG enthält daher vor allem Grundsätze zur Gefahrenabwehr, die aus schädlichen Bodenveränderungen resultieren. Mit der Einführung von speziellen Altlastenregelungen auf Länderebene[100] wurde zugleich der Begriff der „Gefahr für die öffentliche Sicherheit" als Voraussetzung für das Vorliegen einer Altlast aus dem allgemeinen Polizei- und Ordnungsrecht übernommen[101]. In dem BBodSchG wird sich bei den Sanierungspflichten auf den „alten" Gefahrenbegriff[102] bezogen, soweit eine Gefahr für den Einzelnen oder die Allgemeinheit aufgrund von Beeinträchtigungen der Bodenfunktionen besteht[103]. Es übernimmt damit die klassischen Prinzipien der Gefahrenabwehr, nach denen die Verantwortlichkeiten geregelt sind. Gemäß dem Verursacherprinzip hat der Verursacher einer schädlichen Bodenveränderung oder Altlast diese nach § 4 Abs. 2 BBodSchG zu sanieren[104]. Daneben hat der Eigentümer bzw. Inhaber der tatsächlichen Gewalt eines belasteten Grundstücks Maßnahmen zur Abwehr der von seinem Grundstück ausgehenden Bodenverunreinigungen nach § 4 Abs. 2 BBodSchG zu ergreifen. Der Umfang der Sanierungspflichten ist in § 4 Abs. 3 BBodSchG geregelt, der sich ebenfalls an den bis dahin geltenden Regelungen der Bodenschutz- und Altlastengesetze der Länder orientiert[105]. Der zivilrechtliche Anspruch besteht in einer verschuldensunabhängigen Beseitigungspflicht nach § 1004 Abs. 1 S. 1 BGB, die eine weitreichende Wiederherstellung des belasteten Grundstücks beinhaltet[106]. Danach kann der

---

100 Die Mehrzahl der Länder regelte den Umgang mit Altlasten in ihren Abfallgesetzen, das Land HE verabschiedete ein eigenständiges Altlastengesetz.

101 So ausdrücklich in den Ländern BY, BB, MV, NI, NW und dem SL. Die Ländern BW, HE und TH gingen von einer „Beeinträchtigung des Wohls der Allgemeinheit" aus, die sich ebenfalls an dem Gefahrenbegriff orientiert.

102 Eine „Gefahr für die öffentliche Sicherheit" im ordnungsrechtlichen Sinne liegt vor, wenn bei „ungehindertem Ablauf des Geschehens ein Zustand oder ein Verhalten mit hinreichender Wahrscheinlichkeit zu einem Schaden an einem geschützten Rechtsgut führt". Vgl. u. a. Denninger, in: Lisken/Denninger, Teil E Rd. 39; Kniesel, in: Lisken/Denninger, Teil D VIII Rd. 18; Oerder, NVwZ 1992, 1033.

103 Vgl. die Definition des BBodSchG nach § 2 Abs. 3.

104 Vgl. hierzu Punkt C.I./II.

105 Vgl. u. a. Art. 26 Abs. 4 BayAbfAlG a. F. v 09.08.1996 (GVBl. S. 396, ber. S. 449); § 3 Abs. 4 Bln BodSchG a. F. v 10.10.1995 (GVBl. S. 646); § 2 Abs. 5 HAltlastG a. F. v 20.12.1994 (GVBl. I, 764); § 25 Abs. 4 LAbfWAG RP a. F. v 30.04.1991 (GVBl. S. 374) § 16 Abs. 3 ThAbfAG a. F. v 31. Juli 1991 (GVBl. S. 273).

106 BGH Urt. v 04.02.2005 in: NJW 2005, 1366–1369.

Eigentümer, der eine Beeinträchtigung seines Eigentums selbst beseitigt hat, von dem nach § 1004 Abs. 1 S. 1 BGB an sich hierzu verpflichteten Störer Ersatz der zu der Störungsbeseitigung erforderlichen Aufwendungen verlangen, weil er ein Geschäft des Störers besorgt hat (§§ 683, 684 BGB)[107]. Bezüglich der Beurteilung der durchzuführenden Untersuchungen und Maßnahmen sind die Prüf-, Maßnahmen- und Vorsorgewerte der Bundes-Bodenschutz- und Altlastenverordnung heranzuziehen. Soweit die Komplexität der Altlast ein koordiniertes Vorgehen erfordert, ist nach §§ 13, 14 BBodSchG ein Sanierungsplan zu erstellen. Zu den Einzelheiten des nachsorgenden Bodenschutzes wird in Kapitel C Stellung genommen.

3. Gemeinschaftsrechtliche Regelungen

Auf Gemeinschaftsebene finden und fanden sich einige Aspekte des Bodenschutzes in verschiedenen Vorschriften des gemeinsamen Besitzstandes, wie für Wasser, Abfälle, Chemikalien, Naturschutz oder der reformierten gemeinsamen Agrarpolitik. In Anbetracht der besorgniserregenden Lage der Böden in Europa hat die Europäische Kommission die Notwendigkeit erkannt, eine einheitliche Grundlage für den Bodenschutz zu schaffen und eine thematische Strategie für den Bodenschutz entwickelt[108] sowie eine Richtlinie zur Schaffung eines Ordnungsrahmens für den Bodenschutz vorgelegt[109]. In dem Richtlinienentwurf sind allgemein gehaltene Vorsorgemaßnahmen und Sanierungspflichten enthalten[110]. Seine Vorsorgeregelung in Art. 4 ist ausgeprägter als die des Bundes-Bodenschutzgesetzes, da sie Maßnahmen der Vorsorge bei Beeinträchtigung der Bodenfunktionen vorsieht[111]. Die Richtlinie eröffnet den Mitgliedstaaten einen großen Umsetzungsspielraum, um den regionalen und lokalen Besonderheiten gerecht zu werden. Im Bereich der „Risikovermeidung und -minderung, Wiederherstellung" sieht sie jedoch mit der Bestimmung und Bewertung von Risikogebieten und darauf aufbauenden Maßnahmenprogrammen konkrete Zielsetzungen vor, die mit Kosten verbunden sind[112].

---

107 BGH Urt. v 04.02.2005 in: NJW 2005, 1366f.

108 Mitteilung KOM, Strategie für den Bodenschutz; siehe auch Mitteilung KOM „Hin zu einer spezifischen Bodenschutzstrategie".

109 Vorschlag für eine RL zur Schaffung eines Ordnungsrahmens für den Bodenschutz.

110 Vgl. Art. 4, 5 (Vorsorge) sowie Art. 13, 14 der RL (Sanierung).

111 Vgl. Art. 4 der RL sowie Bückmann/Lee, Europäischer Bodenschutz S. 39f.

112 Diese Kosten werden von der KOM für die EU-25 hinsichtlich der Bestimmung der Risikogebiete mit insgesamt unter 2 Mio. € jährlich veranschlagt und hinsichtlich der

Bislang wurde kein gemeinsamer Standpunkt im Rat der Europäischen Union zu der Richtlinie gefunden[113]. Unter den ablehnenden Ländern befindet sich auch Deutschland[114]. Die ablehnende Haltung wird damit begründet, dass die Vorgaben der Richtlinie eine Überregulierung zur Folge hätten, ohne Vorleistungen der Mitgliedstaaten zu berücksichtigen und erhebliche Zusatzkosten für Personal- und Sachaufwand von den Ländern und Kommunen zu erbringen seien[115]. Die Kommission argumentiert damit, dass sie den qualitativen Nutzen den Kosten gegenüber stellt. Durch die Einrichtung eines Systems zur Bestimmung und Bewertung von verunreinigten Flächen sei der Bodenschutz „systematisch, effektiv und effizient" durchzuführen[116]. Aufgrund der Anreizwirkung für die nachhaltige Nutzung von Böden könnten mit der Regelung wesentlich mehr Kosten eingespart werden, als durch die Richtlinie entstehen[117]. Grundlage ist jedoch, dass das Engagement der Mitgliedstaaten vergleichbar ist[118], um die gesetzten Ziele flächendeckend zu erreichen.

Der Bundesrat hat des Weiteren eine Verletzung des Subsidiaritätsprinzips durch die Richtlinie geltend gemacht. Dieses Prinzip, das in Art. 5 Abs. 3 EU-Vertrag[119] seine Regelung gefunden hat, beschränkt die Befugnisse der Union, die nicht in ihrer ausschließlichen Zuständigkeit liegen, auf Maßnahmen, die „wegen ihres Umfangs oder ihrer Wirkungen auf Unionsebene besser zu verwirklichen sind." Der Bundesrat begründet seine Einschätzung damit, dass der Bodenschutz im Gegensatz zur Luftreinhaltung und zum Gewässerschutz

---

Erstellung eines Verzeichnisses verunreinigter Standorte auf ca. 51 Mio. € jährlich (während der ersten fünf Jahre) beziffert. Mitteilung KOM, Strategie für den Bodenschutz, S. 7.

113 UBA, Boden und Altlasten; Council of the European Union, Doc 7100/10 v 10.03.2010.

114 Beschlussempfehlung BR v 16.02.2007, Drs. 696/06. Ihre ablehnende Haltung hat die BReg in ihrer AW auf die KA der Fraktion Bündnis 90/Der Grünen, Drs. 17/8295 am 25.01.2012 bekräftigt („Aktivitäten der BReg zum konsequenten Schutz des Bodens auf nationaler, europäischer und internationaler Ebene", S. 2).

115 Beschluss BR v 15.12.2006 und 16.02.2007 zum RL-Vorschlag der KOM unter (Zugriff am 22.11.2011):http://www.umwelt-online.de/cgi-bin/parser/Drucksachen/drucknews.cgi?texte=0696_2D06B&marker=EU-Bodenschutzrichtlinie#marker.

116 Mitteilung KOM, Strategie für den Bodenschutz, S. 8.

117 Mitteilung KOM, Strategie für den Bodenschutz, S. 8.

118 Stellungnahme des europäischen WSA zu dem Vorschlag für eine RL Bodenschutz.

119 Vertrag über die Europäische Union i. d. F. aufgrund des am 1.12.2009 in Kraft getretenen Vertrages von Lissabon (konsolidierte Fassung, ABl. EG Nr. C 115 v 09.05.2008, S. 13).

eine lokale und regionale Angelegenheit sei[120]. Hierzu hat die Europäische Kommission im April 2007 Stellung genommen und begründet, dass die erheblichen Unterschiede zwischen den nationalen Bodenschutzregelungen eines ganzheitlicheren Ansatzes zum Bodenschutz bedürfen[121]. In der Literatur wird das Subsidiaritätsprinzip in zwei Komponenten unterteilt: dem Erforderlichkeitskriterium und dem Effizienzkriterium, die beide kumulativ vorliegen müssen[122]. Das Erforderlichkeitskriterium bildet das sog. Negativkriterium, wenn nach Art. 5 Abs. 3 erster Halbsatz EUV die Ziele auf der Ebene der Mitgliedstaaten weder auf zentraler noch auf regionaler oder lokaler Ebene ausreichend verwirklicht werden können. Das Effizienzkriterium ist dann erfüllt, wenn die Ziele wegen ihres Umfangs oder ihrer Wirkungen besser auf Unionsebene erreicht werden können[123]. Die Kommission hat danach auch zu prüfen, ob die Mitgliedstaaten die tatsächlichen und finanziellen Mittel zur Erreichung des jeweiligen Gemeinschaftsziel zur Verfügung haben, sowie die Effizienz der angestrebten Gemeinschaftsmaßnahme selbst[124].

Entgegen der Ansicht des Bundesrates, wonach der Vorschlag der Kommission nicht mit dem Subsidiaritätsprinzip[125] zu vereinbaren wäre, ist die Schaffung eines einheitlichen Rahmens für den Bodenschutz in der Europäischen Union zu befürworten. Als Kompetenzgrundlage kommt Art. 191 Abs. 1 des Vertrages über die Arbeitsweise der Europäischen Union (AEUV) in Betracht, um die Zielsetzung des Art. 192 Abs. 1 AEUV zu erreichen[126]. Die Wechselwirkungen mit anderen Umweltmedien, wie Luft und Wasser erfordern einen medienübergreifenden Umweltschutz, der auch den Bodenschutz beinhaltet. Dies wird

---

120 Beschluss BR v 15.12.2006 und 16.02.2007 (Drs. 696/06) zum RL-Vorschlag KOM.

121 KOM zu einer BR- Stellungnahme v 18.04.2007; Bericht KOM über die Anwendung der Grundsätze der Subsidiarität und der Verhältnismäßigkeit (16. Bericht „Bessere Rechtsetzung“ 2008).

122 Lienbacher, in: Schwarze, Art. 5 EUV, Rd. 17; Langguth, in: Lenz/Borchardt, Art. 5 EUV, Rd. 2 ff.

123 Art. 5 Abs. 3 letzter Hbs. EU-Vertrag. Hierzu haben der Europäische Rat und die KOM Leitlinien entwickelt, die z. B. im Subsidiaritätsprotokoll des Amsterdamer Vertrages enthalten sind.

124 Streinz, in: Streinz, EUV/AEUV, Art. 5 Rd. 38f.

125 Nach dem Subsidiaritätsprinzip soll eine staatliche Aufgabe soweit wie möglich von der jeweils unteren bzw. kleineren Einheit wahrgenommen werden. Auf die EU übertragen bedeutet dieses Prinzip, das von ihr die Aufgaben übernommen werden, die die Staaten auf ihren verschiedenen Entscheidungsebenen allein nicht mehr zufriedenstellend wahrnehmen können, vgl. Art 5 EUV.

126 Stein, S. 23.

auch überwiegend durch die Literatur so bewertet[127]. Das Gemeinschaftsziel, den Boden mit seinen lebenswichtigen Funktionen zu erhalten, ihn vor Erosion, Versiegelung, Versalzung oder Rückgang der biologischen Vielfalt zu schützen und bestehende Verunreinigungen zu beseitigen, wird auf mitgliedschaftlicher Ebene nicht erfüllt. Die Mehrzahl der Mitgliedstaaten ist, trotz fortschreitender Bodenbelastungen und der Initiative des Europarates mit der Europäischen Bodencharta[128], untätig geblieben[129]. Das Unterlassen von Maßnahmen seitens der Mitgliedstaaten ein Gemeinschaftsziel zu erreichen, rechtfertigt ebenfalls ein Tätig werden auf Gemeinschaftsebene[130]. Ein umfassender Bodenschutz in allen Mitgliedstaaten kann somit nur auf Gemeinschaftsebene zukünftig gewährleistet werden. Ungeachtet dessen hat die Bundesregierung ihre ablehnende Haltung beibehalten[131].

Neben den auf den Bodenschutz ausgerichteten Regelungen sind die finanzverfassungsrechtlichen Rahmenbedingungen bei dem Einsatz von Abgaben zugunsten des Bodens zu beachten. Hierzu wird im Teil 2 dieser Arbeit Stellung genommen.

B. Maßnahmen der Flächenerhaltung

Die künftige Verfügbarkeit von Böden ist wesentlicher Bestandteil der Erhaltung und Bewirtschaftung der natürlichen Ressourcen im Rahmen der Nachhaltigkeitsstrategie[132]. Es soll sich daher in diesem Kapitel auf Möglichkeiten der Erhaltung und Wiedernutzbarmachung von Flächen konzentriert werden, bei denen auch Finanzierungsaspekte zu untersuchen sind. Im Rahmen der Flächenerhaltung kommen vor allem planerische Maßnahmen[133] zum Einsatz, da hier die Anforderungen festgelegt und notwendige Abwägungen vorgenommen werden. Hierbei können nicht unerhebliche Kosten entstehen, wie die Ausführungen zur Durchführung von Kompensationsmaßnahmen zeigen werden.

---

127 Bückmann/Lee, Europäischer Bodenschutz, S. 36; Stein, S. 24ff.; Klein, UPR 2007, 1ff.

128 Europarat: Europäische Bodencharta.

129 Bückmann/Lee, Europäischer Bodenschutz, S. 37.

130 Streinz, in: Streinz, EUV/AEUV Art. 5 Rd. 38.

131 BMUB, EU-Bodenschutzpolitik, unter (Zugriff am 04.11.2013): http://www.bmub.bund.de/themen/wasser-abfall-boden/bodenschutz-und-altlasten/braunkohlesanierung/eu-bodenschutzpolitik/.

132 BReg, Entwurf des Fortschrittsberichts 2012, S. 229.

133 z. B. das Bauplanungsrecht.

Die Qualität der Böden wird daneben auch durch den Schadstoffeintrag aus der Luft, die Beseitigung von Abfällen, das Aufbringen von Düngemitteln und/ oder den Umgang mit gefährlichen Stoffen beeinflusst und beeinträchtigt[134]. Eine Auseinandersetzung mit den einzelnen Bereichen, die Untersuchung der jeweiligen Wechselwirkungen mit dem Boden und den daraus erwachsenen Maßnahmen würde jedoch den Umfang dieser Arbeit sprengen.

I. Relevanz einer Entsiegelungsverordnung nach § 5 BBodSchG

Im Bereich der Wiedernutzung von Flächen ist im BBodSchG die Spezialvorschrift des § 5 BBodSchG zur Entsiegelung enthalten[135]. Danach wird die Bundesregierung ermächtigt, durch Rechtsverordnung den „Grundstückseigentümer zu verpflichten, bei dauerhaft nicht mehr genutzten Flächen, deren Versiegelung im Widerspruch zu planungsrechtlichen Festsetzungen steht", den Boden in seiner Leistungsfähigkeit zu erhalten oder wiederherzustellen. Die Bundesregierung hat von dieser Ermächtigung bislang noch keinen Gebrauch gemacht und beabsichtigt dies derzeit auch nicht[136], so dass nach § 5 S. 2 BBodSchG die nach Landesrecht zuständigen Behörden entsprechende Anordnungen treffen können.

Als Versiegelung wird „jede auf Dauer gedachte, künstliche Oberflächenabdichtung des Bodens" verstanden, die geeignet ist, die natürlichen Bodenfunktionen

134 Hier greift u. a. das USchadG, dessen Anwendungsbereich auf berufliche Tätigkeiten Bezug nimmt, die als besonders umweltgefährdend einzustufen sind, Vgl. § 3 Abs. 1 Nr. 1 USchadG i. V m. Anlage 1. Hierzu gehören u. a. der Betrieb von Anlagen nach der RL 2010/75/EU v 24.11.2010 über Industrieemissionen; Abfallbewirtschaftungsmaßnahmen, erlaubnispflichtige Gewässernutzungen oder der Umgang mit gefährlichen Stoffen. Diese Verantwortlichkeit ist in weiten Bereichen verschuldensunabhängig, vgl. Scheidler, NVwZ 2007, 1115. Die Versicherungsunternehmen bieten daher eine sog. Umwelthaftpflicht-Versicherung an, die auch in der Betriebshaftpflicht-Versicherung enthalten sein kann, Rogler, S. 224. Der Regelungsbereich des USchadG ist durch das Rückwirkungsverbot des § 13 begrenzt auf Schäden, die nach dem 30.04.2007 verursacht wurden.

135 Riedel, UPR 1999, 95.

136 Vgl. Antwort der BReg auf die KA der Fraktion Bündnis 90/Die Grünen v 25.01.2012, S. 11. Nach Einschätzung der BReg habe die rechtliche und fachliche Prüfung ergeben, dass der Bedarf für eine bundeseinheitliche Verordnung derzeit nicht gegeben sei und die Regelungen zur Entsiegelung im Baugesetzbuch als ausreichend angesehen werden.

zu beeinträchtigen[137]. Die Nutzung muss endgültig aufgegeben worden sein und es darf ihr kein Bestandsschutz zukommen, da das Bodenschutzrecht für derartige Maßnahmen keinerlei Entschädigungsregelungen enthält[138]. Des Weiteren muss die Versieglung im Widerspruch zu planungsrechtlichen Festsetzungen stehen, die sich aus dem Naturschutz-, Wasser-, Straßen- oder sonstigem Fachrecht ergeben können[139]. Für den Bereich des Bauplanungsrechts sind die Darstellungen in den Flächennutzungsplänen zu beachten, vor allem die Darstellung für Maßnahmen zum Schutz, zur Pflege und zur Entwicklung von Boden, Natur und Landschaft, § 5 Abs. 2 Nr. 10 BauGB[140]. Zweck der Regelung des § 5 BBodSchG ist es, den „Boden in seiner Leistungsfähigkeit im Sinne des § 1 so weit wie möglich und zumutbar zu erhalten oder wiederherzustellen." Die Wiederherstellung ist auf die Restitution der beeinträchtigten Bodenfunktionen gerichtet und beinhaltet insbesondere den Rückbau bzw. das Entfernen der Oberflächenabdichtung[141]. Der Erhaltungspflicht kommt demgegenüber eine nachrangige Bedeutung zu[142].

Adressat der Entsiegelungspflicht ist nach § 5 Abs. 1 S. 1 BBodSchG der Grundstückseigentümer. Für die Anordnung von Entsiegelungsmaßnahmen sind die an die Flächengröße und den Versiegelungsgrad zu stellenden Voraussetzungen entsprechend festzulegen[143]. Hierbei sind der verfassungsrechtliche Grundsatz des Vertrauensschutzes sowie der Verhältnismäßigkeitsgrundsatz zu beachten[144]. Gleiches gilt für den Erlass einer Entsiegelungsverordnung. Es handelt sich hierbei um eine Inhalts- und Schrankenbestimmung im Sinne des Art. 14 Abs. 1 S. 2 GG, da keine geschützte Rechtsposition entzogen, sondern eine Pflicht zur Beseitigung von Bodenbeeinträchtigungen begründet wird[145]. Die Entsiegelungspflicht greift nur unter dem Vorbehalt der wirtschaftlichen Zumutbarkeit, so dass eine

---

137 Schönfeld, in: Oerder/Numberger/Schönfeld, § 5 Rd. 9.

138 Es handelt sich um einen Eingriff in die Bestandsgarantie des Art. 14 Abs. 1 S. 1 GG, die einer Entschädigungsregelung in einem förmlichen Gesetz bedarf. Vgl. Schönfeld, in: Oerder/Numberger/Schönfeld, § 5 Rd. 10.

139 Schönfeld, in: Oerder/Numberger/Schönfeld, § 5 Rd. 11.

140 Gaßner/Willand/Fischer/Pippke, in: UBA, S. 74f. unter (Zugriff am 22.11.2011): http://www.umweltdaten.de/publikationen/fpdf-l/2027.pdf.

141 Gaßner/Willand/Fischer/Pippke, in: UBA, S. 81f.

142 Gaßner/Willand/Fischer/Pippke, in: UBA, S. 80.

143 Vgl. zu den einzelnen Voraussetzungen Schröter, Entsiegelungsverordnung unter (Zugriff am 22.11.2011): http://www.dr-frank-schroeter.de/veroeffentlichungen.htm.

144 Da der Boden in seiner Leistungsfähigkeit „soweit wie möglich und zumutbar zu erhalten oder wiederherzustellen" ist, vgl. § 5 S. 1 letzter Hbs. BBodSchG, Schönfeld, in: Oerder/Numberger/Schönfeld, § 5 Rd. 12.

145 Gaßner/Willand/Fischer/Pippke, in: UBA, S. 109f.

unverhältnismäßige Inanspruchnahme des Grundstückseigentümers bereits durch den Gesetzeswortlaut ausgeschlossen ist. Das BVerfG hat in seiner Entscheidung zu den verfassungsrechtlichen Anforderungen an die Grenzen der Zustandsverantwortlichkeit des Grundstückseigentümers für die Altlastensanierung[146] u. a. als Anhaltspunkt angeführt das Verhältnis des finanziellen Aufwands zu dem Verkehrswert nach der Durchführung[147].

Die Finanzierung der durchzuführenden Maßnahmen ist abhängig von dem Grad der Versiegelung und dem erforderlichen Aufwand. Tiefgründige Entsiegelungen und zusätzliche erforderliche Maßnahmen führen zu höheren Kosten. Zur Unterstützung von Entsiegelungsmaßnahmen finden sich auf kommunaler Ebene oftmals Förderrichtlinien[148]. Die Höhe der Förderung richtet sich nach dem Grad der Entsiegelung, ist jedoch auf eine Gesamthöhe beschränkt[149]. Die Stadt Heidelberg fördert beispielsweise die vollständige Umwandlung in Vegetationsflächen mit bis zu 100 %, maximal jedoch bis zu 3.500 €[150].

Der Anwendungsbereich einer solchen Verordnung ist aber insbesondere durch die Vorschriften des Baurechts begrenzt, § 5 S. 1 Hbs. 1 BBodSchG. Rechtliche Grundlage im Bereich des Bebauungsplans ist § 179 Abs. 1 S. 2 BauGB, der ein Rückbau- und Entsiegelungsgebot enthält und einer Entsiegelungsverordnung nach § 5 BBodSchG bei baulichen Anlagen vorginge[151]. Es handelt sich hierbei um eine Ermessensvorschrift („kann"), die lediglich eine Duldungspflicht des Eigentümers normiert. Das Entsiegelungsgebot nach § 179 Abs. 1 BauGB findet nicht nur auf Gebäude, sondern auch auf sonstige Versiegelungen, die den Boden in seiner Leistungsfähigkeit beeinträchtigen, Anwendung[152]. Der Vorschrift kommt

---

146 BVerfGE 102, 1–25. Vgl. hierzu Punkt C.II.1.

147 In Fällen, in denen eine Kostenbelastung über den Verkehrswert hinaus an sich zumutbar ist, kann sie nicht auf die gesamte wirtschaftliche Leistungsfähigkeit des Eigentümers bezogen werden, BVerfGE 102, 1–25.

148 Vgl. RL der Stadt Recklinghausen zur Förderung von Maßnahmen zur Entsiegelung, v 21.01.2004; RL zur Gewährung von Zuschüssen beim Entsiegeln von Flächen in der Stadt Ottweiler unter (Zugriff am 22.11.2011): http://www.ottweiler.de/gewerbe/images/stories/pdf/regen2.pdf; RL der Stadt Flörsheim am Main über die finanzielle Förderung von Maßnahmen zur Trinkwassereinsparung.

149 Vgl. Förderprogramm der Stadt Heidelberg, Anlage Entsiegelung von Flächen.

150 Förderprogramm der Stadt Heidelberg, Anlage Entsiegelung von Flächen.

151 Oehmen in: Spannowsky/Uechtritz, § 179 Rd. 11; Goldschmidt, UPR 2012, 53.

152 Zu den sonstigen baulichen Anlagen zählen beispielsweise Terrassen, Zufahrten, Parkplätze, Lagerflächen u. ä. Oehmen in: Spannowsky/Uechtritz, § 179 Rd. 9; Stock in: Ernst/Zinkhahn/Bielenberg/Krautzberger, § 179 Rd. 34; Schröter, Entsiegelungsverordnung.

damit neben dem städtebaulichen auch ein bodenschützender Charakter zu[153]. Eine Rückbauverpflichtung bei bestimmten Außenbereichsvorhaben enthält § 35 Abs. 5 S. 2 BauGB. Ziel ist die Beseitigung von Bodenversiegelungen durch eine zeitlich begrenzte Nutzungsdauer[154]. Streitig ist, ob die Entsiegelungsregelung nach § 5 BBodSchG auf bauliche Anlagen außerhalb des Geltungsbereiches eines Bebauungsplans Anwendung findet[155]. Die Gesetzesbegründung zum BBodSchG erklärt die Entsiegelungspflicht nach § 5 BBodSchG auf bauliche Anlagen für nicht anwendbar, soweit durch das Baugesetzbuch spezielle Vorschriften geschaffen werden[156]. Die in Betracht kommende Vorschrift des § 179 BauGB entfaltet nur Sperrwirkung für den Geltungsbereich eines Bebauungsplanes und gebietet keine allgemeine Nachrangigkeit von § 5 BBodSchG[157]. Auch die Vorschrift des § 35 Abs. 5 S. 2 BauGB steht einer Anwendung aufgrund ihres Spezialcharakters nicht entgegen. Der Normzweck der Entsiegelungsvorschrift nach § 5 BBodSchG würde ad absurdum geführt, wenn bauliche Anlagen nicht erfasst wären und nur ein unbedeutender Anwendungsbereich verbliebe[158]. Der Referentenentwurf zur Änderung des Baugesetzbuches sieht jedoch eine Erweiterung des unbeplanten Innenbereiches vor, soweit Missstände oder Mängel nach § 177 Abs. 2 und 3 S. 1 BauGB vorliegen[159].

Im Auftrag des Umweltbundesamtes ist der Entwurf einer Entsiegelungsverordnung nach § 5 S. 1 BBodSchG erarbeitet worden, der bislang jedoch noch nicht zum Tragen gekommen ist[160]. Neben Begriffsbestimmungen enthält dieser Entwurf eine am Verhältnismäßigkeitsgrundsatz orientierte Entsiegelungspflicht des Grundstückseigentümers und Anforderungen an die Erhaltung oder Wiederherstellung der Leistungsfähigkeit des Bodens[161]. Die natürlichen Bodenfunktionen wie auch die Nutzungsfunktionen, zum Beispiel als Standort für die land- und forstwirtschaftliche Nutzung sind nachhaltig und dem Standort

153 Gaßner/Willand/Fischer/Pippke, in: UBA, S. 18.

154 Krautzberger/Stüer, DVBl 2004, 787f.

155 So Schröter, Entsiegelungsverordnung; Gaßner/Willand/Fischer/Pippke, in: UBA, S. 37. a. A. Schönfeld, in Oerder/Numberger/Schönfeld, § 5, Rd. 4; Hilger, in: Holzwart/Radtke/Hilger, § 5, Rd. 1.

156 BT-Drs. 13/6701, S. 36.

157 Gaßner/Willand/Fischer/Pippke, in: UBA, S. 15.

158 Vgl. Gaßner/Willand/Fischer/Pippke, in: UBA, S. 16.

159 Hötling, FWW 2012, 25.

160 Gaßner/Willand/Fischer/Pippke, in: UBA.

161 UBA, Entwurf einer Entsiegelungsverordnung mit Begründung VO-Text nebst Anhang.

angepasst zu gewährleisten[162]. Versiegelnd wirkende Materialien sind in der Regel vollständig zu entfernen[163]. Ob eine Entsiegelungsverordnung mit welchen Inhalten in der Praxis Anwendung findet, bleibt abzuwarten.

II. Reduzierung der Flächeninanspruchnahme durch planerische Maßnahmen

Der fortschreitenden Flächeninanspruchnahme können durch eine entsprechende Raumordnung und einer darauf aufbauenden Landes- und Regionalplanung Grenzen gesetzt werden. Durch die Festsetzung von Freiflächen im Rahmen der Raumordnung sind die Gemeinden gemäß §§ 1 Abs. 4 BauGB, 8 Abs. 5 Nr. 2 ROG[164] gehindert, in diesen Gebieten baulich nutzbare Flächen auszuweisen[165]. Zudem bestimmt § 2 Abs. 6 S. 3 ROG die vorrangige Inanspruchnahme von Brachflächen vor Freiflächen. Der Raum ist u. a. für die Funktionsfähigkeit der Böden zu entwickeln, zu sichern oder, unter Berücksichtigung des Grundsatzes der Verhältnismäßigkeit, wiederherzustellen, § 2 Abs. 6 S. 1 ROG. Damit hat der Bodenschutz, insbesondere die Flächeninanspruchnahme, innerhalb des ROG ein neues Gewicht erhalten. Die Länder können des Weiteren gemäß § 8 Abs. 7 Nr. 1 ROG sog. „Vorranggebiete" ausweisen, die dem Ziel des Bodenschutzes dienen[166].

Durch die Landschaftsplanung sollen gemäß § 9 Abs. 3 Nr. 4 BNatSchG[167] die Erfordernisse und Maßnahmen des Naturschutzes und der Landschaftspflege, einbezogen auch die Belange des Bodenschutzes, dargestellt werden. Hierbei ist nach § 9 Abs. 3 S. 2 BNatSchG auf die „Verwertbarkeit" der Darstellungen für die Bauleitpläne Rücksicht zu nehmen.

Im Rahmen der Bauleitplanung obliegt den Gemeinden nach § 1 Abs. 3 BauGB[168] die planerische Pflicht, „Bauleitpläne aufzustellen, sobald und soweit dies für die städtebauliche Entwicklung und Ordnung erforderlich ist." Hierbei müssen die

162 Vgl. § 5 des Entwurfs Entsiegelungsverordnung.

163 Punkt 2.2 des Anhangs zum Entwurf Entsiegelungsverordnung.

164 ROG v 22.12.2008 (BGBl. I S. 2986), in Kraft getreten am 31.12.2008 bzw. 30.06.2009, geändert durch G v 31.07.2009 (BGBl. I S. 2585) mit Wirkung v 01.03.2010.

165 Schink, DVBl. 2000, 225.

166 Brandt/Sanden, UPR 1999, 368.

167 Vom 29.07.2009 (BGBl. I S. 2542), in Kraft getreten am 01.03.2010, geändert durch G v 6.10.2011 (BGBl. I S. 1986) m. W. v 14.10.2011.

168 Vom 23.09.2004 (BGBl. I S. 2414), geändert durch G vom 22.07.2011 (BGBl. I S. 1509) m. W. v 30.07.2011.

Gemeinden das Abwägungsgebot des § 1 Abs. 6 BauGB[169] beachten, das sowohl für den vorsorgenden als auch für den nachsorgenden Bodenschutz von großer Relevanz ist. Der Bodenschutz nimmt in den umweltschützenden Belangen der §§ 1a Abs. 2, 1 Abs. 5 Nr. 7 BauGB eine herausgehobene Stellung ein[170]. Mit der zum 20. Juli 2004 in Kraft getretenen Novelle zum Baugesetzbuch[171] ist die sog. Bodenschutzklausel durch § 1a Abs. 2 BauGB mit dem Ziel der Verringerung der zusätzlichen Inanspruchnahme von Flächen für bauliche Nutzungen dahingehend erweitert worden, dass „die Möglichkeiten der Entwicklung der Gemeinde insbesondere durch Wiedernutzbarmachung von Flächen, Nachverdichtung und andere Maßnahmen zur Innenentwicklung“ zu nutzen sowie Bodenversiegelungen auf das notwendige Maß zu begrenzen sind.“ Daneben sollen „landwirtschaftlich, als Wald oder für Wohnzwecke genutzte Flächen“ nach § 1a Abs. 2 S. 2 BauGB nur im notwendigen Umfang um genutzt werden. Durch die neu eingefügten Aspekte der Verringerung der Flächeninanspruchnahme und der Wiedernutzbarmachung von Flächen wird die Verpflichtung der Bauleitplanung zu flächensparenden Bauweisen in besonderer Weise herausgestellt. Innerstädtische Brachflächen sind nunmehr vorrangig in Anspruch zu nehmen[172]. Das ehrgeizige Ziel, eine Verringerung der Flächeninanspruchnahme auf 30 ha pro Tag bis zum Jahr 2020 zu erreichen[173], hat in der Neuausrichtung der Bauleitplanung seinen Niederschlag gefunden[174]. Zur Stärkung der Innenentwicklung und zur besseren Erfassung und Nutzung der Potentiale des Flächenmanagements sollen im Rahmen der Nachhaltigkeitsstrategie die Maßnahmen und Instrumente des Baugesetzbuches noch effektiver umgesetzt werden[175].

---

169 Vgl. zum Abwägungsgebot: Söfker, in: Ernst/Zinkhahn/Bielenberg, § 1 Rd. 179 ff., 203 ff.; Schink, DVBl. 2000, 221; Krautzberger, in: Battis/Krautzberger/Löhr, S. 57 ff.; Schiwy, § 1; Rspr.: BVerwGE 34, 301 (309); BVerwGE 47, 144 (148).

170 Krautzberger, in: Battis/Krautzberger/Löhr, § 1a, Rd. 5 ff.

171 I. d. F. v 23.9.2004 (BGBl. I S. 2414); geändert durch G v 21.6.2005 (BGBl. I S. 1818).

172 Darüber hinaus werden zunehmend spezielle Befugnisnormen zur Beseitigung verfallender baulicher Anlagen in den Landesbauordnungen aufgenommen, ohne dass als Voraussetzung eine Gefahr für die öffentliche Sicherheit und Ordnung besteht, z. B. § 74 Abs. 2 BbgBauO; § 79 Abs. 2 BremBauO; § 76 Abs. 2 Nr. 1 HbgBauO; § 54 NdsBauO, § 82 a SaarlBauO. Näheres hierzu: Guckelberger, NVwZ 2010, S. 743–748.

173 Bodenschutzbericht der BReg vom 19. Juni 2002, S. 16.

174 Vgl. auch u. a. BauGB 2007 (G zur Erleichterung von Planungsvorhaben für die Innenentwicklung der Städte) v 21.12.2006, BGBl. I, S. 3316.

175 BReg, Entwurf des Fortschrittsberichts 2012, S. 231.

Eine qualitative Schutzwirkung entfaltet die Vorschrift des § 202 BauGB, wonach der Mutterboden bei der Errichtung und Änderung baulicher Anlagen bzw. anderen wesentlichen Veränderungen der Erdoberfläche in nutzbaren Zustand zu erhalten und vor Vernichtung zu schützen ist[176]. Dies kann durch Abtrag des Mutterbodens vor Baubeginn und seiner fachgerechten Lagerung bzw. durch Bepflanzung als Schutz vor Austrocknung geschehen[177]. Zu den wesentlichen Änderungen zählen nur solche Vorhaben, die im Zusammenhang mit städtebaulichen Maßnahmen stehen[178]. In der Literatur wird es mehrheitlich für zulässig erachtet, die Schutzregelung des § 202 BauGB als Nebenbestimmung in den Baugenehmigungsbescheid mit aufzunehmen[179]. Die Nebenbestimmung sollte hinreichend bestimmt sein, um als Grundlage für bauaufsichtliche Verfügungen oder Bußgelderhebungen dienen zu können[180]. Adressat der Verpflichtung sind der Bauherr und die am Bau Beteiligten[181]. Dass diese Vorschrift von der Bauindustrie grundsätzlich beachtet wird, lässt sich aus dem Inhalt des Urteils des Bundesarbeitsgerichts vom 8. Dezember 2010[182] nachvollziehen. Danach werden im Tiefbau bei Erdbewegungsarbeiten wertvolle Böden nach Abtrag und Durchführung der Baumaßnahme wieder verfüllt[183]. Ist eine Verfüllung nicht mehr möglich, bieten Containerdienste auch Lager- und Wiederverwertungsmöglichkeiten an[184]. Die zuständige Bauaufsichtsbehörde sollte dennoch einen entsprechenden Hinweis oder eine Auflage in die Baugenehmigung mit aufnehmen, um die Einhaltung der Schutzvorschrift ggf. durchzusetzen[185].

---

176 Als Mutterboden wird die von Luft, Wasser und Humus durchsetzte, von Organismen belebte obere Schicht des Bodens bezeichnet, Battis, in: Battis/Krautzberger/Löhr, § 202, Rd. 2.

177 Grziwotz in: Spannowsky/Uechtritz, § 202 Rd. 4.

178 So sind beispielsweise bergbauliche Maßnahmen nicht von der Vorschrift erfasst. Vgl. Krautzberger, in: Ernst/Zinkhahn/Bielenberg/Krautzberger, § 202 Rd. 10.

179 Grziwotz in: Spannowsky/Uechtritz, § 202 Rd. 6 m. w. N.; Krautzberger in: Ernst/Zinkhahn/Bielenberg/Krautzberger, § 202 Rd. 15.

180 Grziwotz in: Spannowsky/Uechtritz, § 202 Rd. 6.

181 Grziwotz in: Spannowsky/Uechtritz, § 202 Rd. 5.

182 BAG Urt. v 08.12.2010 - 10 AZR 710/09 (veröffentlicht in juris).

183 BAG Urt. v 08.12.2010 - 10 AZR 710/09.

184 Siehe verschiedene Anzeigen im Internet unter dem Stichwort „Mutterboden“, § 202 BauGB.

185 Krautzberger, in: Ernst/Zinkhahn/Bielenberg/Krautzberger, § 202 Rd. 14f.

III. Erhaltung und Wiedernutzbarmachung von Flächen im Rahmen der naturschutzrechtlichen und der städtebaurechtlichen Eingriffsregelung

Bauliche Maßnahmen führen zu einer Veränderung der Oberflächenstruktur, die natürliche Flora und Fauna wird oftmals zerstört und Flächen versiegelt. Um die Auswirkungen zu vermindern oder auszugleichen, fordert das Baugesetzbuch in § 1a Abs. 3 S. 1, 2 Ausgleichsmöglichkeiten, die im Rahmen des Flächennutzungs- und Bebauungsplans zu berücksichtigen sind und verweist auf das Naturschutzrecht. Bis vor einiger Zeit sind Bodenaspekte in den naturschutzfachlichen Bewertungskonzepten in Bezug auf die Kompensationsmöglichkeiten eher vernachlässigt worden[186]. Das BVerwG hat klargestellt, dass auch die Sanierung von Altstandorten dann die Voraussetzungen einer Kompensation von Eingriffen in Natur und Landschaft erfüllt, wenn die Flächen anschließend „in einen ökologisch höherwertigen Zustand überführt werden“[187]. So kann im Rahmen der naturschutzrechtlichen und städtebaulichen Eingriffsregelung[188] ein „intelligentes Flächenmanagement“ betrieben werden. Die naturschutzrechtliche Ausgleichs- bzw. Eingriffsregelung findet ihre Grundlage in den §§ 13–16 BNatSchG sowie in den jeweiligen Natur- und Landschaftsschutzgesetzen der Länder.

1. Inhalt der naturschutzrechtlichen Ausgleichsregelung

Die naturschutzrechtliche Ausgleichsregelung kommt dann zur Anwendung, wenn ein Eingriff in Natur und Landschaft erfolgt, der vorrangig zu vermeiden oder, wenn dies nicht möglich ist, gemäß §§ 13, 14 BNatSchG zu kompensieren ist[189]. Als Eingriff in Natur und Landschaft gelten „Veränderungen der Gestalt oder Nutzung von Grundflächen oder Veränderungen des mit der belebten

---

186 Köck, ZUR 2005, 309.

187 BVerwG, in: ZUR 2005, 308.

188 Das Verhältnis der naturschutzrechtlichen Eingriffsregelung zum Baurecht war bis zur Novellierung des Baugesetzbuchs im Jahr 1998 und dem Naturschutzrecht im Jahr 2002 (vgl. Novelle v 01.02.2002, BT-Drs. 14/7469 v 14.11.2001) nicht eindeutig geregelt. Mit der Novelle des BNatSchG v 04.04.2002 wurde in § 21 ausdrücklich der Anwendungsbereich der naturschutzrechtlichen Eingriffsregelung festgelegt. Zum damaligen Diskussionsstand: Peine, in: Carlsen (Hrsg.); Lange, DÖV 1994, 313–320; Metz, BauR 1996, 610–622; Kuchler, NuR 1994, 209–218.

189 Vgl. zur naturrechtlichen Eingriffsregelung des § 14 BNatSchG und ihr Verhältnis zum Bundes-Bodenschutzgesetz: Wolf, Bodenfunktionen, NuR 1999, 545–554.

Bodenschicht in Verbindung stehenden Grundwasserspiegels, die die Leistungs- und Funktionsfähigkeit des Naturhaushalts oder das Landschaftsbild erheblich beeinträchtigen können“[190]. In den Landesgesetzen finden sich Aufzählungen von Eingriffstatbeständen, zu denen u. a. die Errichtung von baulichen Anlagen auf bisher baulich nicht genutzten Flächen bzw. eine wesentliche Änderung dieser Anlagen im Außenbereich, die oberirdische Gewinnung von Bodenschätzen oder anderen Bodenbestandteilen und die selbständige Beseitigung der Bodendecke auf nicht bewirtschafteten Grundflächen gehören[191]. Eine Abgrenzung wird für die Flächen vorgenommen, auf denen eine ordnungsgemäße land-, forst- und fischereiwirtschaftliche Bodennutzung erfolgt[192]. Die Ausgleichsregelung findet auf diese Flächen keine Anwendung, soweit „dabei die Ziele des Naturschutzes und der Landschaftspflege berücksichtigt werden“, § 14 Abs. 2 S. 1 BNatSchG. Das BNatSchG sieht des Weiteren eine Schonung land- und forstwirtschaftlich genutzter Flächen in § 15 Abs. 3 vor verbunden mit der Prüfpflicht, vorrangig Maßnahmen der Entsiegelung, Maßnahmen zur Wiedervernetzung von Lebensräumen oder Bewirtschaftungs- und Pflegemaßnahmen als Ausgleich oder Ersatz vorzunehmen.

In erster Linie sind Eingriffe in Natur und Landschaft zu vermeiden[193]. Eine Beeinträchtigung kann beispielsweise durch eine günstigere Standortwahl für das Vorhaben abgewendet werden. Da die mit einem Vorhaben verbundenen Beeinträchtigungen oft nicht vollständig zu vermeiden sind, wird eine Kompensation des Eingriffs erforderlich. Ausgleichsmaßnahmen sollen gemäß § 15 Abs. 2 S. 2

---

190 Vgl. Wortlaut des § 14 Abs. 1 BNatSchG sowie die Regelungen der einzelnen Landesgesetze.

191 Vgl. u. a. § 20 Abs. 1 Nr. 2, 1 NatSchG BW v 13.12.2005 (GVBl. S. 745), geändert durch G v 17.12.2009 (GVBl. S. 809); Art. 6a Abs. 3a BayNatSchG v 23.12.2005 (GVBl. S. 2), geändert durch G v 25.02.2010 (GVBl. S. 66); § 10 Abs. 2 Nr. 9, 2, 4 BbgNatSchG v 26.05.2004 (GVBl. I S. 350), geändert durch G v 29.10.2008 (GVBl. S. 266); § 14 Abs. 1 Nr. 6, 2, 3 NatSchGBln i. d. F. v 03.11.2008 (GVBl. Nr. 29 S. 378); § 14 Abs. 2 Nr. 12, 1, 2 NatSchAG MV v 23.02.2010 (GVBl. S. 66), geändert durch G v 12.07.2010 (GVBl. S. 383); § 4 Abs. 2 Nr. 4, 7, 1, 2 LG NW v 21.07.2000 (GVNRW. S. 568), geändert durch G v 16.03.2010 (GVNRW. S. 185); § 27 Abs. 2 Nr. 4, 1, 2 SNG v 05.04.2006 (GVBl. S. 726) geändert durch G v 28.10.2008 (GVBl. S. 3); § 8 Abs. 2 Nr. 2, 4, 1, 3 SächsNatSchG v 03.07.2007 (GVBl. S. 321), geändert durch G v 28.04.2010 (GVBl. S. 114); § 6 Abs. 2 Nr. 1, 2, 12 ThürNatG v 30.08.2006 (GVBl. S. 421), geändert durch G v 20.12.2007 (GVBl. S. 267).

192 Vgl. § 14 Abs. 2 BNatSchG i. V m. der Landwirtschaftsklausel des § 17 Abs. 2 BBodSchG.

193 Vgl. § 13 S. 1 BNatSchG sowie die entsprechenden landesrechtlichen Regelungen.

BNatSchG Eingriffe in Natur und Landschaft derart kompensieren, dass „keine erhebliche oder nachhaltige Beeinträchtigung des Naturhaushalts zurückbleibt und das Landschaftsbild wiederhergestellt oder landschaftsgerecht neu gestaltet" wird. Ist ein zulässiger Eingriff nicht ausgleichbar, so hat der Verursacher nach § 15 Abs. 2 S. 3 BNatSchG die Beeinträchtigungen an anderer Stelle „in gleichwertiger Weise" wiederherzustellen und das Landschaftsbild „landschaftsgerecht neu" zu gestalten (Ersatzvornahme). Diese Rangfolge wird von Teilen der Literatur abgelehnt und stattdessen von „gleichberechtigten" Alternativen ausgegangen[194]. Für die Auslegung einer Gleichstellung beider Maßnahmen spricht, dass im aktuellen BNatSchG der Begriff eines „Vorrangs" im Vergleich zu den vorherigen Fassungen nicht mehr explizit aufgeführt ist. Zu beachten bleibt weiterhin, dass Ausgleichsmaßnahmen werthaltiger als Ersatzvornahmen sind[195].

Die Kompensation von Eingriffen kann unter anderem durch Entsiegelungen erfolgen. Hierdurch wird in besonderer Weise der bodenschützende Aspekt berücksichtigt. In nahezu allen Bundesländern und vielen Kommunen gibt es Regelungen und Konzepte zur Wiedernutzbarmachung von Flächen[196]. In den neuen Bundesländern werden aufgrund größerer Rückbaupotentiale meist großflächige Entsiegelungsmaßnahmen durchgeführt[197]. So kann der Rückbau von Hochbauten als Kompensation der Flächenentsiegelung unter besonderen Voraussetzungen anerkannt werden[198]. Im Vordergrund muss die dauerhafte Entsiegelung stehen und die Maßnahme der Renaturierung dienen[199]. Die naturschutzfachliche Nachfolgenutzung ist zu sichern und die Abrissmaßnahmen müssen im Zusammenhang mit anderen Kompensationsmaßnahmen durchgeführt werden[200].

---

194 Für eine Gleichstellung beider Kompensationen: Lau, NuR 2011, 763; Hendler/Brockhoff, NVwZ 2010, 735; a. A. Gellermann, NVwZ 2010, 76.

195 Lau, NuR 2011, 763.

196 Vgl. u. a. die nachfolgenden Beispiele.

197 So werden in TH jährlich zwischen 4.000–7.800 Wohnungen rückgebaut; vtw, Daten und Fakten 2008 in TH. In SN konnten mit Stand 30.04.2007 mit dem Landesprogramm und dem Bund-Länder-Programm ca. 70.000 Wohnungen zurückgebaut werden; aus der Rede Rooks „Verwirklichung des Stadtumbau Ost im Freistaat Sachsen und neue Tendenzen in der Förderpolitik"; BVB, Eingriffsregelung, Punkt 4.3.

198 MUGV BB, HVE S. 34f.

199 Dies ist auch planerisch oder in sonstiger Weise sicherzustellen. Köck, ZUR 2005, 310.

200 MUGV BB, HVE S. 34f.

2. Flächenmanagement durch Flächenpools (Ökokonten)

Im Rahmen der Kompensation findet vor allem die Idee der Errichtung von sog. „Ökokonten“ oder „Flächenpools“ Anwendung und erlangt immer mehr an Bedeutung[201]. Es handelt sich dabei um die Bevorratung geeigneter Flächen, die bei Eingriffen in Natur und Landschaft erforderlich werden, um den Bedarf an Ausgleichsflächen zu decken[202]. In der Vergangenheit hat sich der Umgang mit der Eingriffsregelung nicht immer als zielführend erwiesen[203]. Der Eingriffsausgleich bestand oftmals nur aus „Stück- und Flickwerk“[204]. In der Praxis wurden aus finanziellen Gründen sowie zur Erleichterung der Ansiedlung von Unternehmen öfters Abstriche von der sog. Vollkompensation gemacht[205]. Systematisch ist zwischen der Errichtung von Flächenpools/Ökokonten nach den Vorgaben der naturschutzrechtlichen Eingriffsregelung und nach dem Recht der Bauleitplanung zu unterscheiden.

a) Flächenpools bzw. Ökokonten unter den Voraussetzungen der naturschutzrechtlichen Eingriffsregelung

Die Anwendung von Flächenpools bzw. Ökokonten hat sich an der vorgegebenen Stufenfolge der naturschutzrechtlichen Eingriffsregelung gemäß § 15 Abs. 1 und 2 BNatSchG auszurichten[206]. Danach kommen diese Modelle nur in Betracht, wenn der Eingriff nicht zu vermeiden ist. Im Rahmen der Kompensation ist nach § 15 Abs. 2 BNatSchG zu unterscheiden zwischen Ausgleichsmaßnahmen, die einen engen räumlichen Zusammenhang sowie Funktionsidentität erfordern und Ersatzmaßnahmen, bei denen der räumlich-funktionale Zusammenhang gelockert ist[207]. Die Vorteile von Flächenpools bzw. Ökokonten, im Vorfeld Aufwertungsmaßnahmen vorzunehmen und diese für einen späteren Eingriff zu bevorraten, können bei Ausgleichsmaßnahmen größtenteils nicht genutzt werden[208]. Der erforderliche räumliche Bezug und die Identität der wiederherzustellenden Funktionen des

201 Das Ökokonto hat Eingang in § 16 Abs. 2 BNatSchG und in die Landesgesetze gefunden, wie in § 22 LNatSchG BW; § 14b NatSchGBln; § 7 Abs. 2 Nr. 2 HAGBNatSchG; § 5a LG NRW, § 30 SNG.

202 Vgl. Wolf, Nur 2004, 8.

203 Wagner, VBlBW 2006, 50; Köck, NuR 2004, 1; Wolf, NuR 2004, 6f.

204 Köck, NuR 2004, 1.

205 Thum, UPR 2006, 293f.

206 Wagner, VBlBW 2006, 55.

207 Wagner, VBlBW 2006, 55; Lau, NuR 2011, 763f.

208 So auch Wagner, VBlBW 2006, 55.

Naturhaushalts sind bei der Schaffung von Flächenpools noch nicht bekannt, so dass ein Ausgleich mit diesem Maßnahmeninstrument vielfach nicht durchführbar ist[209]. Wirkungen entfaltet der Flächenpool dagegen bei Ersatzmaßnahmen, die eine größere Flexibilität im Vorfeld ermöglichen. Erforderlich ist jedoch, dass derselbe Natur- und Landschaftsraum betroffen ist, § 15 Abs. 2 S. 3 BNatSchG[210]. Zu berücksichtigen ist weiterhin der zeitliche Zusammenhang zwischen Eingriff bzw. Ausgleich und Ersatz[211]. Nach der Rechtsprechung des BVerwG sind von entscheidender Bedeutung die jeweiligen naturschutzrechtlichen Erfordernisse[212]. Die zeitliche Grenze ist regelmäßig erreicht, wenn zwischen Eingriff und Kompensation so viel Zeit verstrichen ist, dass sich das vorgesehene Ziel nicht mehr erreichen lässt[213]. Mit Hilfe von Flächenpools bzw. Ökokonten können Naturräume ganzheitlich entwickelt und aufgewertet und dann als Kompensation den Vorhabenträgern angeboten werden[214].

b) Flächenpools (Ökokonten) im Bereich der Bauleitplanung

Die Idee der Flächenpools bzw. Ökokonten in der Bauleitplanung beruht darauf, dass Ausgleichsmaßnahmen nach § 135a Abs. 2 S. 2 BauGB „bereits vor den Baumaßnahmen und der Zuordnung durchgeführt werden". Es gilt jedoch auch hier der Vorrang der Vermeidung von eingriffsbedingten Beeinträchtigungen[215]. Ist eine solche Vermeidung nicht möglich, kann die Gemeinde bereits im Rahmen der Flächennutzungsplanung Bodenvor- und nachsorge nach § 1a Abs. 3 S. 2 i. V. mit § 5 Abs. 2 Nr. 10 BauGB durch die Darstellung von sog. Ausgleichsflächen betreiben und hierdurch die Eingriffsregelung durch eigene Instrumentarien im Vorfeld planerisch umsetzen. Die Flächennutzungsplanung hat aufgrund gemeinschaftsrechtlicher[216] und nationaler Regelwerke mit umweltschutzbezogenen

---

209 Wagner, VBlBW 2006, 55.

210 Zu beachten ist, dass der durch die Ersatzmaßnahme geschaffene Naturraum den beeinträchtigten Naturfunktionen in gewisser Weise entspricht, Wagner, VBlBW 2006, 53.

211 Lau, NuR 2011, 765.

212 BVerwG in: ZfBR 1999, S. 349–351.

213 Lau, NuR 2011, 765.

214 Zur Funktion des Ökokontos und der Möglichkeit des Ökopunktehandels Punkt B.III.3b)/c).

215 Wagner, VBlBW 2006, 56.

216 Als Grundlage kommen beispielsweise die RL v 27.06.1985 über die UVP bei bestimmten öffentlichen und privaten Projekten (85/337/EWG), geändert durch die RL 2009/31/EG v 23.04.2009 (ABl. L 175 v 5.7.1985, S. 40), die Plan-UP-RL

Anforderungen, wie der Ausgestaltung der naturschutzrechtlichen Eingriffsregelung und der Möglichkeit, von Flächenpools Gebrauch zu machen, erheblich an Bedeutung gewonnen[217]. Nach § 5 Abs. 2 Nr. 10 BauGB sind auch detailscharfe Darstellungen über den Ausgleich von Eingriffen möglich, soweit diese für die städtebauliche Entwicklung der gesamten Gemeinde von Bedeutung sind[218]. So können auch bei „planerisch gesteuerten privilegierten Außenbereichsvorhaben“ Darstellungen über den Ausgleich von künftigen Eingriffen in Natur und Landschaft getroffen werden[219]. Die Ausgleichsflächen müssen gemäß § 5 Abs. 2a BauGB räumlich nicht mit den Eingriffsflächen übereinstimmen oder in einer bestimmten räumlichen Beziehung zu ihnen stehen, so dass die Ausgleichsflächen bereits vor dem Eingriff bereitgestellt werden können[220]. Hierdurch wird die Anlegung eines Flächenpools für Ausgleichsmaßnahmen ermöglicht[221]. Im Rahmen des Bebauungsplans können nach § 1a Abs. 3 S. 2 i. V. m. § 9 Abs. 1a BauGB Festsetzungen ebenfalls an „anderer Stelle“ als am Ort des Eingriffs „sowohl im sonstigen Geltungsbereich des Bebauungsplans als auch in einem anderen Bebauungsplan“ erfolgen[222].

c) Das Modell Ökokonto in der Praxis

Auf das Modell Ökokonto wird von der kommunalen Ebene immer stärker zurückgegriffen. Im *Land Bayern* haben der Bayerische Gemeindetag und der Bayerische Städtetag auf Grundlage eines Modellvorhabens über Konzepte der Flächenbevorratung („Ökokonto“) bereits im Jahr 2000 „Handlungsempfehlungen für ein Ökokonto“ für die Kommunen entwickelt[223]. Das Bayerische

---

(2001/42/EG v 27.06.2001 über die Prüfung der Umweltauswirkungen bestimmter Pläne und Programme, ABlEG Nr. L 197, S. 30) oder die FFH- und Vogelschutz-RL in Betracht.

217 Mitschang, LKV 2007, 104.

218 Vgl. BVerwG in: NVwZ 2006, 91.

219 Mitschang, LKV 2007, 107.

220 Söfker, in: Ernst/Zinkhahn/Bielenberg, § 5 Rd. 61; Wagner, VBlBW 2006, 54.

221 Battis/Krautzberger/Löhr, NVwZ 1997, 1148, 1152. Diese „Entkoppelung“ erfolgte jedoch erst durch die Novelle zum BauGB v 18.08.1997 (BGBl. I, S. 2081), in Kraft getreten am 01.01.1998. Söfker, in: Ernst/Zinkhahn/Bielenberg, § 5 Rd. 61.

222 Söfker, in: Ernst/Zinkhahn/Bielenberg, § 9 Rd. 232.

223 Bayerischer Gemeindetag/Bayerischer Städtetag, Handlungsempfehlungen für ein Ökokonto, 2000, unter (Zugriff am 22.11.2011): http://www.regierung.oberfranken.bayern.de/imperia/md/content/regofr/umwelt/natur/planung/oekokonto.pdf.

Landesamt für Umwelt führt zudem eine Statistik über die gemeldeten Ökokontenflächen, die laufend aktualisiert wird[224].

Im *Land Brandenburg* sind Standards für ein Flächenpoolmodell geschaffen worden[225]. Die Verordnung zur Durchführung von Ausgleichs- und Ersatzmaßnahmen in Maßnahmen- und Flächenpools in Brandenburg (Flächenpoolverordnung – FPV)[226] sieht ein Zertifizierungsverfahren hinsichtlich der Qualität von Flächen- oder Maßnahmenpools vor. Mit der Entwicklung regionaler Flächenpools und der Vermittlung von Flächen und Maßnahmen an Vorhabenträger im Rahmen der Eingriffsregelung ist die Flächenagentur Brandenburg GmbH betraut[227]. Nutzer dieser Entsiegelungsflächen können Vorhabenträger oder auch Kommunen sein. Eingriffsrelevante Neuversiegelungen können somit durch eine flexiblere Handhabung der naturschutzrechtlichen Eingriffsregelung zugunsten des Bodenschutzes durch entsprechende Entsiegelungsmaßnahmen ausgeglichen werden.

Im Rahmen des Projektes „*Ökokonto in Baden-Württemberg*" sind im Jahr 2002 rund 200 Kommunen mit dem Ziel der Ermittlung des Bedarfes befragt worden[228]. Die Ergebnisse dieser Befragung zeigten den hohen Bedarf an grundlegenden Informationen, in dessen Folge ein Informations- und Serviceangebot sowie die Einrichtung eines Forums für den Erfahrungsaustausch als Plattform für die Kommunen entwickelt wurden[229]. Die erarbeiteten Arbeits- und Bewertungshilfen wurden von 24 Kommunen in dem Zeitraum 2004 bis 2005 auf ihre Praxistauglichkeit hin überprüft, um den Einsatz in der Praxis zu optimieren[230]. Auf Grundlage dieser Arbeitshilfen wurde die Ökokonto-Verordnung für die naturschutzrechtliche Eingriffsregelung mit Wirkung zum 1. April 2011 verabschiedet[231]. Im Naturschutzgesetz Baden-Württemberg

224 LfU, Ökokonten – Datenhaltung, unter (Zugriff am 22.11.2011): http://www.lfu.bayern.de/natur/fachinformationen/oekokonto/datenhaltung/index.htm.

225 Grundlage ist die Erstellung eines „planerischen Poolkonzepts", auf das die Flächenbevorratung sowie die Durchführung vorgezogener Maßnahmen (Maßnahmenpool) aufbauen. MUGV BB, HVE S. 41 ff.

226 I. d. F. v 24.02.2009 (GVBl. S. 111), geändert durch VO v 22.09.2009 (GVBl. S. 750).

227 Gesellschafter der Flächenagentur ist der NaturSchutzFonds Brandenburg.

228 LUBW, Fachdienst Naturschutz, unter (Zugriff am 26.11.2011): http://www.lubw.baden-wuerttemberg.de/servlet/is/12698/.

229 LUBW, Fachdienst Naturschutz.

230 LUBW, Fachdienst Naturschutz.

231 VO über die Anerkennung und Anrechnung vorzeitig durchgeführter Maßnahmen zur Kompensation von Eingriffsfolgen (ÖKVO) v 19.12.2010 (GBl. 2010 S. 1089).

ist durch § 22 eine entsprechende Regelung zum „Ökokonto" aufgenommen worden. Voraussetzung ist u. a., dass die Zustimmung der zuständigen Naturschutzbehörde vorliegt und die „Inanspruchnahme des Grundstücks für Zwecke des Naturschutzes tatsächlich und rechtlich gesichert ist." Als Besonderheit ist der beabsichtigte Handel mit Ansprüchen auf Anrechnung als Kompensationsmaßnahme bei künftigen Eingriffen nach § 22 Abs. 1 S. 2 LNatSchG hervorzuheben[232].

Diese Modelle sind beispielgebend für viele weitere Projekte zum Flächenmanagement mit Flächen- bzw. Ökopools in den Ländern und Kommunen.

d) Der Handel mit Ökopunkten auf der Grundlage des BNatSchG

Der Ökopunktehandel basiert auf der Übertragung von bereits erwirtschafteten Guthaben aus vorgezogenen Kompensationsmaßnahmen für spätere Eingriffe in Natur und Landschaft[233]. Diese Guthaben[234] werden in ein Ökokonto ein- und bei Bedarf später wieder abgebucht[235]. Das BNatSchG sieht in den §§ 15, 16 für die Ökokontierung mehrere Voraussetzungen vor. Die Maßnahme muss im Vorfeld ohne rechtliche Verpflichtung und ohne Inanspruchnahme öffentlicher Fördermittel vorgenommen worden sein, § 16 Abs. 1 Nr. 2, 3 BNatSchG. Sie darf den Darstellungen der Landschaftsprogramme und Landschaftsrahmenpläne sowie den Vorgaben der Landschafts- und Grünordnungspläne nach § 16 Abs. 1 Nr. 4 BNatSchG nicht widersprechen. Eine Beeinträchtigung von Natur und Landschaft ist gemäß § 15 Abs. 2 S. 2, 3 BNatSchG ausgeglichen oder ersetzt, wenn die beeinträchtigten Funktionen in gleichartiger Weise wiederhergestellt bzw. in dem betroffenen Naturraum in gleichartiger Weise hergestellt sind. Des Weiteren ist gemäß § 16 Abs. 1 Nr. 5 BNatSchG eine Dokumentation des Ausgangszustands der Flächen vorzunehmen. Aufgrund der in § 15 Abs. 3 BNatSchG normierten Rücksichtnahme auf land- oder forstwirtschaftlich genutzte Flächen ist vorrangig zu prüfen, ob der Ausgleich oder Ersatz auch „durch Maßnahmen der Entsiegelung, durch Maßnahmen zur Wiedervernetzung von Lebensräumen" oder durch dauerhaft aufwertende Bewirtschaftungs- und Pflegemaßnahmen erbracht werden kann. Die Art und Weise der Bevorratung und der Handel mit Ökopunkten obliegt

232 § 10 ÖKVO. Näheres hierzu unter Punkt 3.

233 Diederichsen, NuR 2010, 843.

234 Zur Bilanzierung von Ökopunkten in Unternehmen: Junker/Weiler, StB 2010, 268–274.

235 Diederichsen, NuR 2010, 843.

den Ländern[236]. Einige Länder haben sog. Ökoagenturen eingerichtet, die in einer dem Makler vergleichbaren Tätigkeit sowohl eigene Maßnahmen als auch Maßnahmen Dritter an Eingriffsverursacher vermitteln[237].

Das *Land Hessen* hat den Handel mit Ökopunkten in seiner Kompensationsverordnung[238] auf Grundlage des Hessischen Ausführungsgesetzes zum Bundesnaturschutzgesetz[239] geregelt. Zum Zwecke des Handels mit Ökopunkten und der Vermittlung von Flächen ist nach § 4 HAGBNatSchG durch die Naturschutzbehörden ein Zentralregister zu führen. Im Vorfeld erbrachte Kompensationsmaßnahmen können nach §§ 10 Abs. 1 HAGBNatSchG i. V. m. § 16 Abs. 1 BNatSchG in ein Ökokonto eingebucht werden. Anrechnungsfähig ist nach § 10 Abs. 3 S. 2 HAGBNatSchG grundsätzlich die Differenz zwischen dem Abschlusswert und dem Bestandswert. Die Bereitstellung und Vermittlung von Ausgleichs- und Ersatzvornahmen wird durch eine Ökoagentur wahrgenommen, § 11 HAGBNatSchG, § 5 Kompensationsverordnung[240]. Diese kann den Verursacher gemäß § 5 Abs. 6 Kompensationsverordnung von seiner Kompensationsverpflichtung freistellen, wodurch das Verfahren erheblich beschleunigt wird. Die Abrechnung der Kosten erfolgt im Rahmen eines Geschäftsbesorgungsvertrages nach § 675 Abs. 1 BGB[241]. Hierbei handelt es sich um einen privatrechtlichen Vertrag, der die Abtretung der Ökopunkte und den Anspruch auf Anerkennung als Kompensationsmaßnahme beinhaltet[242].

Das *Land Sachsen* hält nach § 9a SächsNatSchG das Ökokonto als Angebot an Vorhabenträger und Dritte für freiwillige Maßnahmen zur Verbesserung von Natur und Landschaft bereit, die später als Kompensationsmaßnahmen anerkannt werden[243]. Die nähere Ausgestaltung folgt aus der Sächsischen

---

236 Diederichsen, NuR 2010, 845f.

237 Diederichsen, NuR 2010, 843, 846. Beispielhaft sei hier die Ökoagentur des Landes HE genannt, die seit dem Jahr 2006 durch die Hessische Landesgesellschaft mbH betrieben wird. Flächenagenturen finden sich des Weiteren in SH, BW, BB und SN.

238 VO über die Durchführung von Kompensationsmaßnahmen, Ökokonten, deren Handelbarkeit und die Festsetzung von Ausgleichsabgaben v 01.09.2005 in der Gültigkeit v 29.12.2010 bis 31.12.2015, GVBl. I 2005, 624.

239 HAGBNatSchG v 20.12.2010, GVBl. I 2010, S. 629.

240 Siehe Ökoagentur für HE, unter (Zugriff am 25.11.2011): http://ökoagentur-hessen.de/.

241 Ökoagentur für HE.

242 Diederichsen, NuR 2010, 847. Siehe Entgeltverzeichnis der Ökoagentur für HE.

243 Hierzu Funke, SächsVBl. 2009, 277.

Ökokontoverordnung[244]. Wesentlicher Bestandteil dieser Verordnung ist der Handel mit Ökopunkten, der in § 7 SächsÖKoVO geregelt ist. Voraussetzung ist zunächst eine erhebliche bzw. nachhaltige Aufwertung u. a. der auf Wasser, Boden, Klima oder Biotope bezogenen Funktionen des Naturhaushaltes, § 1 SächsÖKoVO. Das Verfahren ist so ausgestaltet, dass nach Antrag auf Zustimmung bei der unteren Naturschutzbehörde die Maßnahme bei positiver Entscheidung in das Kompensationsflächenkataster eingetragen wird, §§ 2, 4 SächsÖKoVO. Es handelt sich hierbei nach § 5 Abs. 1 SächsÖKoVO um die Anerkennung des Anspruchs auf Anrechnung als Kompensationsmaßnahme. Die Zuteilung von Ökopunkten erfolgt erst mit dieser Anerkennung und Anrechnung[245]. Die Übertragbarkeit (und damit der Handel) ist in § 9a Abs. 1 S. 5 SächsNatSchG festgeschrieben. Zu beachten ist, dass beim Handel mit Ökopunkten nicht die Ökopunkte an sich übertragen werden, sondern der Anspruch auf Anrechnung als Ersatzmaßnahme[246]. Dies spielt auch für die Vertragsgestaltung eine Rolle, da Vertragsgegenstand danach die anerkannten Ansprüche auf Anrechnung als Kompensationsmaßnahme sind[247]. Auch das Land Sachsen hat für die Unterstützung bei der Flächensuche, den Grunderwerb und die Maßnahmenplanung eine Sächsische Ökoflächen-Agentur gegründet, die mit der Sächsischen Landsiedlung GmbH zusammen arbeitet[248]. Von dem Ökokonto nach der SächsÖKoVO abzugrenzen ist das kommunale Ökokonto im Rahmen der Bauleitplanung. Ein Handel mit Ökopunkten kann in diesem Bereich nur auf der Grundlage eines städtebaulichen Vertrages erfolgen und ist zwischen Privaten nicht möglich[249].

Ebenso wie in den beiden vorgenannten Beispielen besteht auch in *Baden-Württemberg* neben dem Erwerb von Flächen die Möglichkeit der Veräußerung von sog. Ökopunkten, bei denen die Umsetzung der Maßnahmen bei dem bisherigen Maßnahmenträger verbleibt[250]. Hierfür wurde die Flächenagentur

---

244 VO SMUL über das Ökokonto und das Kompensationsflächenkataster (SächsÖKoVO) v 02.07.2008 (SächsGVBl. S. 498).

245 Funke, SächsVBl. 2009, 278.

246 Verwaltungsentscheidung der OFD Frankfurt a. M. v 15.01.2007 (UR 2007, 629). Dies entspricht der Übertragung mit dem Handel von Emissionszertifikaten, § 16 Abs. 1 TEHG. Vgl. Funke, SächsVBl. 2009, 279.

247 Funke, SächsVBl.2009, 280.

248 Näheres zu dieser Einrichtung unter (Zugriff am 20.11.2011): http://www.sls-net.de/.

249 Funke, SächsVBl. 2009, 281.

250 Vortrag von Müller am 12.05.2010 im Rahmen des DBU -Projekts Stand der Ökokonto-Verordnung für BW unter (Zugriff am 22.11.2011): http://oekokonto-im-wald.de/dokument/6_Mueller_OekVO_BW.pdf.

Baden-Württemberg gegründet, die eine internetbasierte Handelsplattform zur Weitergabe oder Veräußerung von Ökopunkten oder Flächen anbietet[251]. Die Flächenagentur hat die Aufgabe, Kompensationsmaßnahmen möglichst auf zusammenhängenden Flächen durchzuführen und diese langfristig zu betreuen[252]. Grundlage ist die Ökokonto-Verordnung, die jedoch in § 12 Abs. 1 ÖKVO für städtebauliche Maßnahmen auf die Regelungen der Bauleitplanung verweist. Dies hat zur Folge, dass es keine verpflichtenden einheitlichen Vorgaben für die Bewertung von baurechtlichen Eingriffen sowie den Handel mit Ökopunkten in diesem Bereich gibt[253]. Die daraus folgende unterschiedliche Handhabung ist bedauerlich. Die Gemeinden haben jedoch die Möglichkeit, vorgezogene Ausgleichsmaßnahmen aus einem bauplanungsrechtlichen Ökokonto als naturschutzrechtliche Ökokonto-Maßnahmen durch die untere Naturschutzbehörde anerkennen zu lassen, soweit sie den Vorgaben de ÖKVO entsprechen[254]. Die Ökopunkte richten sich gemäß § 8 i. V. m. Anlage ÖKVO nach der Bewertung der jeweiligen Flächen und ihrer Bodenfunktionen, z. B. nach der Entsiegelung von Flächen oder der Herstellung einer natürlichen Retentionsfläche. Der Handel erfolgt privatrechtlich mit der Flächenagentur anhand von Ökopunkten[255]. Zur dauerhaften Sicherung der Kompensationsflächen vermittelt die Flächenagentur Grundstückskaufverträge oder Verträge über die Inanspruchnahme des Grundstücks für Ausgleichs- oder Ersatzmaßnahmen mit der Bewilligung für die Eintragung einer beschränkt persönlichen Dienstbarkeit, Grunddienstbarkeit oder Reallast[256].

Da der Handel mit Ökopunkten sich erst etablieren muss, können noch keine belastbaren Aussagen zur Effektivität und Effizienz des Ökopunktehandels getroffen werden[257]. Es ist jedoch davon auszugehen, dass die Umsetzung der naturschutzrechtlichen (wie auch der städtebaulichen) Eingriffsregelung durch diese Instrumentarium erheblich erleichtert wird.

---

251 Siehe die Homepage der Flächenagentur unter (Zugriff am 22.12.2011):http://www.flaechenagentur-bw.de/.

252 Pfaffenberger/Sedlak, BWGZ 2011, 296.

253 Vgl. die Ausführungen der LUBW, Ökokonto in der Bauleitplanung, unter (Zugriff am 20.12.2011): http://www.lubw.baden-wuerttemberg.de/servlet/is/66457/.

254 Müller, BWGZ 2011, 292.

255 Pfaffenberger/Sedlak, BWGZ 2011, 295.

256 Pfaffenberger/Sedlak, BWGZ 2011, 296f.

257 Es gibt allerdings schon Gerichtsentscheidungen zu diesem Thema, z. B. FG Münster, Urt. v 22.11.2011, Az.: 15 K 698/08 U, betreffend die Steuerpflicht; VG Saarland, Beschl. v 28.01.2008, Az.: 5 L 1042/07, zur Übertragung von Punkten im Ökokonto; VG Gießen, Urt. v 17.01.2005, Az.: 1 E 5468/04, mit dem Tenor „Ökopunkte nur für Maßnahmen, die ohne rechtliche Verpflichtung erfolgen".

3. Kostenentstehung und Refinanzierung bei Kompensationsmaßnahmen

Die Kompensation bzw. Wiederherstellung der in Anspruch genommenen Flächen ist mit nicht unerheblichen finanziellen Auswirkungen verbunden. Die finanziellen Kosten entstehen im Rahmen der Umsetzung und Sicherung der Kompensation durch den Vorhabenträger[258]. Hierzu gehören Maßnahmen der Wiederherstellung der gestörten Funktionen bzw. die ökologische Aufwertung von Flächen und die Unterhaltspflege[259]. Maßgebend hierfür ist die Bewertung des Schutzguts Boden[260].

a) Bewertung der Eingriffsmaßnahmen

Im Naturschutzrecht gibt es für die Bestimmung dieses „ökologischen Werts" eine Vielzahl unterschiedlicher Bewertungsmethoden[261], wie die Anknüpfung an den Biotoptyp, der unter anderem die Bodenart und den Bodentyp erfasst[262]. In den Ländern Baden-Württemberg, Brandenburg, Hessen und Thüringen hat sich als Bewertungssystem beispielsweise die „verbal-argumentative" Bewertung durchgesetzt, die zwischen der stark formalisierten (numerischen) und der rein deskriptiven Vorgehensweise variiert und die Biotoptypen als Indikator verwendet[263]. Das Land Nordrhein-Westfalen nimmt eine numerische Bewertung mit Erläuterungen von Biotoptypen vor[264]. Der Freistaat Thüringen hat ein Bilanzierungsmodell mit Orientierungswerten entwickelt, über der sich der Kompensationsumfang und die

258 Stüer, Nur 2004, 13; Bunzel, Nur 2004, 17.

259 Bunzel, NuR 2004, 16.

260 Brandt/Sanden, UPR 1999, 371.

261 Vgl. hierzu Marticke, NuR 1996, 392 m. w. N.

262 Kritisch sind nach Lau (NuR 2011, 764) diejenigen Biotopwertverfahren zu sehen, die sich zur Ermittlung der jeweiligen Funktionsausprägungen ausschließlich auf die Eigenschaften von Biotoptypen beziehen und damit die Elemente Boden, Wasser, Luft nur unzureichend abbilden.

263 Vgl. hierzu LUBW, Das Schutzgut Boden in der naturschutzrechtlichen Eingriffsregelung, 2006, S. 17, unter (Zugriff am 23.11.2011): http://www.lubw.baden-wuerttemberg.de/servlet/is/12697/bewertungsempfehlungen_schutzgut_boden.pdf?command=downloadContent&filename=bewertungsempfehlungen_schutzgut_boden.pdf; MUGV BB, HVE S. 10f.; Land TH: Flächenpools in Thüringen, S. 5, August 2006.

264 LANUV NRW, Numerische Bewertung von Biotoptypen für die Eingriffsregelung in NRW, 2008, unter (Zugriff am 23.11.2011): http://www.lanuvnrw.de/natur/lebensr/Num_Bew_Biotyp_Sept2008.pdf.

erforderliche Flächengröße ermitteln lassen[265]. Danach können Flächenversiegelungen in der Regel durch Entsiegelungen zur Vorbereitung von Biotopmaßnahmen oder Beteiligungen an komplexen Entsiegelungsmaßnahmen kompensiert werden. Mittlerweile hat sich die Meinung etabliert, dass ein rein rechnerisches Verfahren ohne eine verbal-argumentative Auseinandersetzung den Anforderungen eines Bewertungsverfahrens nicht mehr genügt[266].

Im Auftrag der Freien und Hansestadt Hamburg sind auf Grundlage einer Machbarkeitsstudie ausgeführte Vorhaben und damit verbundene Eingriffe in den Boden ausgewertet und als Praxisbeispiel für die Entsiegelung von ehemaligen Gewerbeflächen vorbereitet worden[267]. Ziel war es, Flächen, zum Beispiel aufgegebene Betriebsanlagen, als Gartenanlagen bzw. als Volkspark zur „grünen Mitte“ neu zu gestalten.

Entscheidend für Vorhaben ist ein auf einer Bodenfunktionsbewertung basierendes Verfahren zur Ausweisung eines Ausgleichsbedarfs[268]. Die Bilanzierung von Beeinträchtigungen der Bodenfunktionen ist somit Grundlage der konsequenten Anwendung der Eingriffsregelung[269] und als solche der monetären Bewertung der Kompensationsmaßnahmen gegenüber zu stellen.

b) Aufwendungen des Vorhabenträgers für die Kompensation

Der Vorhabenträger ist verpflichtet, zur Durchführung der Ausgleichsmaßnahmen grundsätzlich eigene Kompensationsflächen zur Verfügung zu stellen bzw. diese zu erwerben oder dinglich zu sichern. So ist zum Beispiel im Land Brandenburg der Nachweis der „tatsächlichen und rechtlichen Verfügbarkeit“ der Kompensationsflächen erforderlich, der über den Zulassungsbescheid als Nebenbestimmung zu verankern ist[270]. Die privatrechtliche Sicherung der Durchführung von Kompensationsmaßnahmen außerhalb des Eingriffsgrundstücks kann durch die Bestellung einer beschränkt persönlichen Dienstbarkeit[271] an der Kompensationsfläche zugunsten einer natürlichen oder juristischen Person (wie einem Landkreis oder einer Naturschutzinstitution) erfolgen[272]. Aufgrund der Eintragung einer solchen

265 Land TH, Die Eingriffsregelung in Thüringen – Bilanzierungsmodell, S. 1, 2005.

266 Wagner, VBlBW 2006, 58 m. w. N.

267 Kiene, Bodenschutz, S. 17.

268 Kiene, Bodenschutz, S. 20.

269 Blossey u.a., S. 38.

270 MUGV BB, HVE, S. 36f.

271 Vgl. §§ 1090–1092 BGB.

272 Lau, NuR 2011, 768; MUGV BB, HVE, S. 37f.

Dienstbarkeit in das Grundbuch können bestimmte Handlungen oder die Duldung bestimmter Nutzungen durch Dritte auf dem Grundstück verhindert werden[273]. Die dem Grundstückseigentümer entstehende Verkaufswert- und Ertragswertminderung fällt dem Vorhabenträger zur Last, der hierfür eine Entschädigung an den Grundstückseigentümer zu zahlen hat[274]. Allerdings ist die Bestellung einer beschränkt persönlichen Dienstbarkeit mit dem Nachteil verbunden, dass gemäß § 1090 Abs. 2 i. V. m. §§ 1020, 1023 BGB stets auf das berechtigte Interesse des Grundstückseigentümers Rücksicht zu nehmen ist, wodurch die Umsetzung und Kontrolle der Kompensationsmaßnahmen erschwert werden kann[275].

Aus diesem Grund erleichtert ein Flächenerwerb der Grundstücke durch den Vorhabenträger die Umsetzung und Kontrolle von Kompensationsmaßnahmen. Die erforderlichen Auflagen sind wiederum über eine Dienstbarkeit im oben genannten Sinn zugunsten der Naturschutzbehörde bzw. des Landkreises zu sichern[276]. Hat der Vorhabenträger kein eigenes Interesse am Eigentum der Kompensationsfläche, kann er den Grunderwerb zugunsten der Gemeinde oder einer Naturschutzinstitution[277] tätigen[278]. In diesem Fall sind die Träger der Kompensationsflächen durch den Vorhabenträger mit den notwendigen finanziellen Mitteln auszustatten, um Vornahme der Maßnahme und der Unterhaltspflege sicherzustellen[279]. Einer dinglichen Sicherung bedarf es nicht, wenn die Verpflichtung auf der Grundlage öffentlich-rechtlicher Vorschriften, wie einer Baugenehmigung, durchgesetzt werden kann[280].

Auf den Vorhabenträger kommen somit im Fall eines Eingriffs in Natur und Landschaft erhebliche Kosten und Aufwendungen zu. Zumindest die Aufwendungen können bei Inanspruchnahme von Ökokonten/Flächenpools, die beispielsweise durch eine Flächenagentur bewirtschaftet werden, sehr gemindert werden. Der Freistaat Thüringen beispielsweise hat Kostendateien für Ersatzmaßnahmen im Rahmen der naturschutzrechtlichen Eingriffsregelung ermittelt[281]. So wird der Rückbau von Hochbauten beispielsweise im Durchschnitt mit 50–80 €/m³ und

---

273 Bassenge, in: Palandt, 2012, §§ 1020, 1023, 1090 BGB.
274 MUGV BB, HVE, S. 38.
275 Wolf, NuR 2004, 9 m. w. N.
276 MUGV BB, HVE S. 38.
277 Hierzu zählen anerkannte Naturschutz- oder Landschaftspflegeverbände.
278 MUGV BB, HVE, S. 38.
279 MUGV BB, HVE, S. 38.
280 Lau, NuR 2011, 768.
281 TMLNU, Eingriffsregelung.

von Beton/Mauerwerk (unterirdisch) mit durchschnittlich 98 €/m³ veranschlagt[282]. Diese finanziellen Folgen sind jedoch gerechtfertigt, sofern es sich um sensible, nicht wieder gut zu machende Eingriffe, wie beispielsweise der Bodenversiegelung in ökologisch wertvollen Biotopen, handelt. Es ist jedoch entscheidend, wie konsequent diese Maßnahmen verfolgt und umgesetzt werden. So ist eine effiziente Durchführung von Kompensationsmaßnahmen von der Akzeptanz des Vorhabenträgers abhängig, die aufgrund des hiermit zusammenhängenden Arbeits- und Zeitaufwands sowie der erheblichen Kosten nicht immer vorhanden ist. Als Folge dessen besteht die Gefahr, dass die Kompensation nur ungenügend durchgeführt wird. Oftmals werden die Vorhabenträger die Zahlung einer Ausgleichsabgabe vorziehen, um den mit den Kompensationsmaßnahmen verbundenen Schwierigkeiten zu entgehen. Um dieser Verfahrensweise entgegen zu wirken und um die Wirksamkeit der Kompensation zu erhöhen, kommt dem bereits oben vorgestellten Instrument des „Flächenpools" (Ökokonto) eine besondere Bedeutung zu. Der Vorteil für den Vorhabenträger besteht darin, dass die oftmals zeit- und kostenintensive Suche nach geeigneten Flächen entfällt und die Frage der Trägerschaft sowie der Unterhaltspflege geklärt ist[283].

c) Refinanzierung des Ökokontos in der Bauleitplanung

Das Ökokonto kann bei späteren Eingriffen durch Ausgleichsmaßnahmen gemäß §§ 135a ff. BauGB, die an die §§ 1a Abs. 3, 5 Abs. 2a und 9 Abs. 1a BauGB anknüpfen, refinanziert werden[284]. Die zuständige Behörde wird ermächtigt, die erforderlichen Ausgleichs- oder Ersatzvornahmen festzusetzen und bei Bedarf auch durchzusetzen. Die Vorschrift des § 135a Abs. 1 und 2 BauGB bestimmt für die in § 1a Abs. 3 BauGB enthaltenen Möglichkeiten der sich aus dem Naturschutzrecht ergebenen Anforderungen die Pflicht des Vorhabenträgers, die festgesetzten Ausgleichsmaßnahmen auf eigene Kosten oder auf Kosten des Grundstückseigentümers durchzuführen[285]. Diese Regelung ist Ausdruck des Verursacherprinzips[286]. Die Vorschrift enthält zugleich eine Einschränkung dahingehend, dass sie sich nur auf die Refinanzierung der erstmaligen Fertigstellung der Kompensation bezieht[287].

---

282 TMLNU, Eingriffsregelung.

283 MUGV BB, HVE, S. 41 ff.

284 Krautzberger, in: Ernst/Zinkhahn/Bielenberg, § 135a Rd. 14. Vgl. Battis/Krautzberger/Löhr, S. 1152 zur Refinanzierung die Ausführungen im Rahmen des Bebauungsplanes.

285 Krautzberger, in: Battis/Krautzberger/Löhr, § 135a, Rd. 1.

286 Krautzberger, in: Ernst/Zinkhahn/Bielenberg, § 135a, Rd. 1.

287 Bunzel, Nur 2004, 17.

Soweit die Ausgleichsmaßnahmen von der Gemeinde durchgeführt werden, sind die Kosten auf die zugeordneten Grundstücke zu verteilen, § 135b S. 1 BauGB. Die Gemeinde kann gemäß § 135c Nr. 2 BauGB durch Satzung u. a. den Umfang der Kostenerstattung regeln. Die Kostenverteilung erfolgt nach Maßgabe der zulässigen Grundfläche. Die erforderliche Vorfinanzierung der Planung und Errichtung der Flächen- und Maßnahmenpools sowie die dauerhafte Pflege und Unterhaltung der Kompensationsmaßnahmen sind in vielen Fällen durch die kommunalen Haushalte zu erbringen[288]. Probleme bereitet die lange Zeitdauer, die zwischen Vorfinanzierung und Refinanzierung liegt, da die Kosten erst zurück gefordert werden können, wenn die Planung abgeschlossen ist[289]. Daneben ist die Umlegung der Kostenpositionen aus praktischen oder rechtlichen Gründen nicht immer durchsetzbar[290]. Dies bestätigt auch der Praxistest zum Flächenmanagement der Stadt Leipzig[291]. Als refinanzierbare Kosten gelten nach §§ 135a, 135c Nr. 2, 128 Abs. 1 BauGB Aufwendungen für Planungsmaßnahmen, der Aufwand für den Grunderwerb bzw. die sonstige dingliche Sicherung der Ausgleichsflächen und die Kosten für die erstmalige Entwicklung der Ausgleichsflächen. Nicht enthalten sind längerfristige Pflegemaßnahmen. Für deren Sicherstellung hat sich das Instrument des städtebaulichen Vertrages bewährt[292]. Darüber hinaus werden von den Gemeinden die entstehenden Personalkosten oftmals nicht geltend gemacht[293]. Begründet wird dies mit der Gewinnung von Investoren, um Ansiedlungen zu erleichtern und die Wirtschaft in der Gemeinde zu fördern[294]. Angesichts knapper Haushaltskassen wird diese Praxis wohl nur noch für finanzkräftige Kommunen möglich sein. Trotzdem ist das auf „Ökokonten“ basierende „Kompensationsmanagement“ aufgrund der hiermit verbundenen Aufgabenbündelung insgesamt effizienter als eine einzelfallbezogene Kompensationspraxis[295]. Die Zielsetzung, möglichst zusammenhängende, großflächige, naturnahe Flächen zu erhalten, kann hierdurch am ehesten erreicht werden. Die wertvoll ökologischen Flächen können im Vorfeld ausgewählt bzw. hergerichtet werden.

---

288 Difu, Flächen- und Maßnahmepools, S. 12; Bunzel, NuR 2004, 17.

289 Dies macht die Flächenbevorratung für finanzschwache Kommunen schwierig. Thum, UPR 2006, 295f.

290 Difu, Flächen- und Maßnahmepools, S. 12.

291 Thum, UPR 2006, 295f.

292 Thum, UPR 2006, 295. Zum Instrument des städtebaulichen Vertrages Gliederungspunkt D.I.

293 Thum, UPR 2006, 295.

294 Thum, UPR 2006, 294f.

295 Difu, Flächen- und Maßnahmepools, S. 12.

IV. Exkurs: Die Wiedereingliederung von Flächen im Rahmen des Flächenrecyclings

Das Flächenrecycling umfasst die „nutzungsbezogene Wiedereingliederung solcher Grundstücke in den Wirtschafts- und Naturkreislauf, die ihre bisherige Nutzung verloren haben – wie stillgelegte Industrie- oder Gewerbebetriebe, Militärliegenschaften, Verkehrsflächen u. ä. – mittels planerischer, umwelttechnischer und wirtschaftspolitischer Maßnahmen"[296]. Es erfordert ein „abgestimmtes Vorgehen zwischen den Maßnahmen der Altlastensanierung und denen der Flächennutzung, der Bauplanung und -ausführung zwischen den zuständigen Behörden, den Bau- und Sanierungsunternehmen, Investoren, Finanzierungs- und Verwertungsgesellschaften"[297]. Das Flächenrecycling bildet somit eine „konkrete Ausformung eines sparsamen Umgangs mit dem Boden"[298]. Anwendung findet das Flächenrecycling im Bereich der nachhaltigen Stadtentwicklung[299]. Dies schließt insbesondere Industriebrachen mit ein, die in der Regel schwierig zu veräußern sind[300]. Als Grund für die anfangs eher zögerliche Annahme des Flächenrecycling unter den Investoren und Kommunalpolitikern ist die Sorge vor eventuellen Haftungsverpflichtungen, vermeintlich hohen Sanierungskosten sowie die Furcht vor Verzögerungen zu nennen.

Die wirksame Umsetzung des Flächenrecyclings erfordert eine kommunale Planung, die auch eine nachfolgende Nutzung brachliegender Grundstücke in ihrer städtebaulichen Konzeption berücksichtigt und die hierzu erforderliche Sanierung und deren Kosten als Instrument zur Wiederbelebung der gemeindlichen Innenbereiche zugunsten eines reduzierten Flächenverbrauchs versteht[301]. Hierbei sind die drei Komponenten der Nachhaltigkeit zu beachten: die ökologische Komponente in Bezug auf den Flächenerhalt, die ökonomische Komponente zur Förderung von Ansiedlungen und die soziale Komponente durch Arbeitsförderungs- und Qualifizierungsmaßnahmen sowie zur Stärkung der Identifikation der Menschen mit ihrer Region[302]. Als instrumentelle Möglichkeiten bieten sich im Rahmen der Bauleitplanung der Flächennutzungsplan nach §§ 5 ff. BauGB, der Vorhaben- und

---

296 Tomerius, NuR 2005, 15; SRU, Altlasten, Tz. 1034.
297 UBA, Flächenrecycling, S. 256; Tomerius, ZUR 1999, 79.
298 Tomerius, ZUR 1999, 78.
299 Tomerius, NuR 2005, 15.
300 Vgl. hierzu insbesondere Heinz, NZBau 2005, 79–84.
301 Tomerius, ZUR 1999, 78.
302 Tomerius, NuR 2005, 15.

Erschließungsplan gemäß § 12 BauGB[303], Bebauungspläne der Innenentwicklung nach § 13a BauGB, sowie die Festlegung von Sanierungsgebieten und Entwicklungsgebieten nach den §§ 136 ff. und §§ 165 ff. BauGB an[304]. Mit dem Flächennutzungsplan werden die Grundzüge der Art der künftigen Bodennutzung nach den bestehenden städtebaulichen Entwicklungsvorstellungen der Gemeinde festgelegt[305]. Dargestellt werden können nach § 5 Abs. 2 Nr. 10 BauGB „Flächen für Maßnahmen zum Schutz, zur Pflege und zur Entwicklung von Boden, Natur und Landschaft"[306]. Hierbei ist zu unterscheiden, ob brachliegende innergemeindliche Flächen für eine Wiedernutzung geeignet sind und ob Bauflächen in den Innenbereichen weiter verdichtet werden können[307]. Grundlage ist § 1a Abs. 2 S. 1 BauGB, wonach die Gemeinden verpflichtet sind, „mit Grund und Boden sparsam umzugehen" und die Möglichkeiten der Entwicklung der Gemeinde „durch Wiedernutzbarmachung von Flächen, Nachverdichtung und andere Maßnahmen zur Innenentwicklung zu nutzen sowie Bodenversiegelungen auf das notwendige Maß zu begrenzen."[308]

Mit dem Gesetz zur Erleichterung von Planungsvorhaben für die Innenentwicklung der Städte („BauGB 2007")[309] sollte die Innenentwicklung der Städte und Gemeinden weiter gestärkt und der fortschreitenden Außenentwicklung entgegengewirkt werden[310]. Gemäß § 13a Abs. 1 S. 1 BauGB kann ein Bebauungsplan „für die Wiedernutzbarmachung von Flächen, die Nachverdichtung oder andere Maßnahmen der Innenentwicklung" als sog. Bebauungsplan der Innenentwicklung im

303 Hierbei handelt es sich gemäß § 12 Abs. 1 S. 1 BauGB um einen vorhabenbezogenen Bebauungsplan, dessen Zulässigkeit in § 30 Abs. 2 BauGB geregelt ist. Der Vorhabenträger erklärt sich aufgrund eines Durchführungsvertrages mit der Gemeinde „zur Durchführung der Vorhaben und der Erschließungsmaßnahmen" innerhalb einer bestimmten Frist sowie zur vollständigen oder teilweisen Tragung der Planungs- und Erschließungskosten bereit, vgl. § 12 Abs. 1 BauGB. Hierbei besteht keine Bindung an den Festsetzungskatalog nach § 9 BauGB und an die Baunutzungsverordnung, vgl. § 12 Abs. 3 S. 2 BauGB.

304 Tomerius, NuR 2005, 16f. sowie ZUR 1999, 78.

305 Mitschang, LKV 2007, 102f.

306 Dies gilt auch nach § 9 Abs. 1 Nr. 20 BauGB für die Darstellung von freizuhaltenden Flächen in Bebauungsplänen.

307 Schink, DVBl. 2000, 228.

308 Vgl. hierzu auch die Entscheidungen des BayVGH, Urt. v 12.05.2004, Az.: 20 N 04/329 und 20 NE 04/336, Rd. 65, 67f., welche die Bedeutung der Bodenschutzklausel als Abwägungsbelang unterstreichen.

309 I. d. F. v 12.12.2006, BGBl. I, S. 3316.

310 Battis/Krautzberger/Löhr, NVwZ 2007, 121.

beschleunigten Verfahren aufgestellt werden. Eine der in § 13a BauGB aufgezählten Voraussetzungen ist, dass die Grundfläche weniger als 20.000m² beträgt[311]. Die naturschutzrechtliche Ausgleichregelung findet gemäß § 13a Abs. 2 Nr. 4 BauGB keine Anwendung, da mit dem „Bebauungsplan der Innenentwicklung" die zusätzliche Inanspruchnahme von Flächen gerade vermieden werden soll[312]. Es wird folglich zugunsten der Erhaltung von Flächen im Außenbereich und einer stärkeren Innenentwicklung auf den naturschutzrechtlichen Ausgleich verzichtet. Des Weiteren können im Rahmen des städtebaulichen Entwicklungsrechts städtebauliche Entwicklungsmaßnahmen nach § 165 Abs. 3 Nr. 2 BauGB zur Wiedernutzung brachliegender Flächen festgelegt werden[313]. Die hierfür zu verabschiedende Entwicklungssatzung bedarf nach § 165 Abs. 8 S. 1 BauGB der Genehmigung und der ortsüblichen Bekanntmachung. Für die Realisierung von Brachflächen kommen als weitere rechtliche Grundlagen das Bundes-Bodenschutzgesetz, das Immissionsschutzrecht sowie das Naturschutzrecht in Betracht[314].

Neben den planungsrechtlichen Möglichkeiten bedarf es für das Flächenrecycling neuer Lösungsansätze einer projektbezogenen Finanzierung[315]. Der Trend geht von der „klassischen kommunalen Angebotsplanung" zum „städtebaulichen Projektmanagement[316]". Die Frage nach der Wirtschaftlichkeit eines Projekts oder seiner Teilprojekte stellt dabei ein entscheidendes Kriterium dar[317]. Hier können der städtebauliche Vertrag nach § 11 BauGB und der Sanierungsvertrag nach § 13 Abs. 4 BBodSchG ihre Anwendung finden[318]. Für die Absicherung der Projekte können zusätzliche Finanzierungshilfen auf Gemeinschafts-, Bundes- und Landesebene erforderlich werden. Besondere Relevanz erlangt der projektbezogene Ansatz bei der Revitalisierung von kleinen bis mittleren Industriebrachen. Die ehemals industriell genutzten Grundstücke sind in der Regel doppelt belastet, einerseits durch Bodenverunreinigungen und anderseits durch dingliche

311 Bei einer Grundfläche von 20.000m² bis weniger als 70.000m² muss die Gemeinde auf Grund einer Vorprüfung des Einzelfalls zu dem Ergebnis gekommen sein, dass der vorgesehene Bebauungsplan voraussichtlich keine erheblichen Umweltauswirkungen hat, vgl. § 13a Abs. 1 Nr. 2 BauGB.

312 Battis/Krautzberger/Löhr, NVwZ 2007, 125.

313 Die praktische Wirksamkeit dieser Entwicklungsmaßnahmen wird nach Untersuchungen nur als eingeschränkt tauglich eingeschätzt, Thiel, UPR 2005, 213.

314 Tomerius, NuR 2005, 17.

315 UBA, Flächenrecycling, S. 265.

316 Tomerius, NuR 2005, 19.

317 UBA, Altlastensanierung im Rahmen des Flächenrecyclings.

318 Vgl. hierzu Gliederungspunkt D.I./II.

Sicherungsrechte der Banken, die einen höheren Marktwert im Ansatz haben[319]. Erschwerend kommt hinzu, dass oftmals kein Markt für diese Grundstücke besteht, was deren Vermittlung schwierig gestaltet[320]. *Heinz* schlägt daher ein System von Netzwerkverträgen vor, das neben öffentlich-rechtlichen Verträgen (wie Sanierungsverträge[321]) auch privatrechtliche Verträge (zum Beispiel Immobilienverträge) mit einbezieht[322]. Erforderlich sei ein Projektmanagementvertrag über die „Planung, Organisation und Kontrolle der Sanierung zwischen Sanierungsverpflichteten, Investor, dem beteiligten Gutachter und dem Projektmanagement" sowie ein Projektsteuerungsvertrag zur künftigen Projektrealisierung[323]. Nur im Zusammenwirken aller Beteiligten und der Kombination der Sanierung an die künftige Nutzung könnten Synergieeffekte erzeugt und die Finanzierung des Projekts abgesichert werden[324]. Allerdings wird sich dieses Verfahren in der Praxis aufgrund des erheblichen Aufwandes und der notwendigen Vorleistungen schwierig gestalten und dürfte sich für die Beteiligten nur bei Objekten lohnen, die noch einen gewissen Marktwert haben. Vor allem die Gemeinden sind hier in der Pflicht, durch Schaffung der planerischen Voraussetzungen diese Brachflächen für potentielle Interessenten und Investoren attraktiver zu machen.

Diskutiert wird ebenfalls die Einführung einer kommunalen Flächenkreislaufwirtschaft, die sich an den Kreislaufgedanken aus der Ökonomie und dem Abfallrecht anlehnt[325]. Die Flächenkreislaufwirtschaft setzt sich aus drei Faktoren zusammen, der Vorbeugung und Vermeidung, der Mobilisierung von Brachflächen und der Revitalisierung/Wiedernutzung dieser Flächen[326]. Voraussetzung ist auch hier eine ganzheitliche Betrachtung, vor allem der ökologischen, ökonomischen und sozialen Kosten der Flächeninanspruchnahme bzw. des Flächenrecyclings[327].

In der Gesamtbetrachtung weist das Flächenrecycling nicht nur ökologische Vorteile auf, sondern kann auch die kostengünstigere Variante im Vergleich zu der

---

319 Heinz, NZBau 2005, 81.

320 Heinz, NZBau 2005, 80.

321 Vgl. hierzu Punkt D. II.

322 Heinz, NZBau 2005, 83.

323 Heinz, NZBau 2005, 83.

324 Heinz, NZBau 2005, 84.

325 Thiel, UPR 2005, 213. Siehe auch das Modellvorhaben „Fläche im Kreis – Kreislaufwirtschaft in der städtischen/stadtregionalen Flächennutzung" (2003–2007), bei dem die Grundlagen für eine Flächenkreislaufwirtschaft erarbeitet wurden. BReg, Fortschrittsbericht 2008, S. 147.

326 Thiel, UPR 2005, 213.

327 Thiel, UPR 2005, 214.

Inanspruchnahme von Flächen auf der „grünen Wiese" sein[328]. Die finanziellen Vorteile für die Kommunen liegen einerseits in der möglichen Teilung der Sanierungskosten zwischen den Kommunen und dem Investor, für welche die Kommunen im Rahmen ihrer ordnungsrechtlichen Aufgaben sonst hätten allein aufkommen müssen, und andererseits in einer stärkeren Konjunktur im Innenstadtbereich. Für die Investoren ergeben sich finanzielle Einsparungen aufgrund des Wegfalls von hohen Erschließungskosten für Verkehrswege bei der Neunutzung auf der „grünen Wiese" sowie – langfristig - durch die Schonung der knappen Ressource Boden. Die Neunutzung auf der „grünen Wiese" mag zwar momentan für den einzelnen Investor die kostengünstigere und für die Gemeinde die einfachere Variante darstellen, jedoch ist die Inanspruchnahme von Flächen nicht unbegrenzt möglich. Zu einem in der Zukunft liegenden Zeitpunkt wird die Ressource Boden erschöpft sein, so dass dann mit keinen Einkünften aus dem Verkauf oder der Nutzung von unbebauten Flächen mehr zu rechnen ist. Werden diese Kosten aus reduzierten zukünftigen Erträgen von den finanziellen Vorteilen einer Neunutzung abgezogen, so stellt die Wiedernutzung nach volkswirtschaftlicher Gesamtbetrachtung die kostengünstigere Wahl dar[329]. Obwohl durch den Abschluss eines Sanierungsvertrages die Kostenverteilung beim Flächenrecycling geregelt werden kann, sind zusätzliche Anreize erforderlich, um die Wiedernutzung brachliegender Flächen attraktiver zu machen.

V. Ergebnis

In der Planung können finanzielle Aspekte planerische Entscheidungen zugunsten oder zu Lasten des Bodenschutzes mit bestimmen. Daher hat der Bodenschutz bei der Abwägung im Bauplanungsrecht mit der „Bodenschutzklausel" besonderes Gewicht erhalten. Allerdings kann es bei dem Abwägungsvorgang, trotz der besonderen Akzentuierung des Bodenschutzes, aufgrund besonderer Interessenlagen weiterhin zum „Wegwägen" von Bodenschutzbelangen durch die planenden Gemeinden kommen[330]. Zu begrüßen ist, dass die bestehenden Regelungen des Bauplanungsrechts im Rahmen des Flächenmanagements konsequent umgesetzt werden sollen sowie Brachflächen und Baulücken in einem Kataster

---

328 Vgl. hierzu UBA, Revitalisierung von Altstandorten.

329 Zu den freien Zugang von knappen Ressourcen und dem Bodenmarkt: Weise/Brandes/Eger, S. 346 ff., 348, 354.

330 Köppel, in: Oldiges, S. 131.

erfasst werden[331]. Im Innenbereich wie im Außenbereich erlangt in Bezug auf den Erhalt der natürlichen Bodenfunktionen die Finanzierung von Ausgleichsmaßnahmen bei städtebaulichen Eingriffen sowie Eingriffen von Vorhaben in Natur und Landschaft erheblich an Bedeutung. Durch die Einführung und Vorhaltung von Flächenpools bzw. Ökokonten können größere zusammenhängende naturnahe Flächen geschaffen und unterhalten werden. Für die Flächen in den Außenbereichen hat das Bundesnaturschutzrecht die Möglichkeit von Ökokonten und den Handel mit Ökopunkten in § 16 Abs. 2 BNatSchG nunmehr konkret normiert. In der Praxis wird dieses Modell durch die Länder mit Hilfe von sog. Flächenagenturen immer erfolgreicher umgesetzt. Der Vorteil dieser Flächenbevorratung liegt in der Verringerung des Aufwandes für den Vorhabenträger und damit in der Regel auch der Kosten. Finanzielle Aspekte können in diesem Zusammenhang nicht mehr als Argument einer Verkürzung der jeweiligen Kompensationsmaßnahme angeführt werden. Der Belang des Bodenschutzes erhält zudem beim Abwägungsvorgang in der Bauleitplanung immer mehr an Gewicht[332]. Im innerstädtischen Bereich obliegt es den Kommunen, Ökokontos bzw. Flächenpools einzurichten und zu betreiben. Das Baurecht sieht für Flächenpools Möglichkeiten der Refinanzierung auf der Grundlage des Verursacherprinzips als auch des Kooperationsprinzips in Form des städtebaulichen Vertrages vor. Eine Kostendeckung ist allerdings nicht immer möglich. Das sog. Flächenrecycling sieht die Wiedereingliederung von Brachflächen in die aktive Nutzung vor. Hier bedarf es der Einbeziehung aller Akteure sowie der Schaffung einer finanziellen Grundlage, um auch weniger attraktive Flächen einer Wiedernutzung zu zuführen. Neuausweisungen auf der „grünen Wiese" sind insbesondere bei vorhandenen Brachflächen unter Berücksichtigung einer Kosten-Nutzen-Analyse kritisch zu überprüfen und sollten die Ausnahme werden.

C. Maßnahmen zum nachsorgenden qualitativen Bodenschutz

Der Bodennachsorge, welche vor allem die Sicherung, Verminderung und Beseitigung von Bodenverunreinigungen umfasst, kommt eine erhebliche Bedeutung zu, die sich auch in den hierzu erlassenen rechtlichen Regelungen widerspiegelt[333].

331 BReg, Entwurf des Fortschrittsberichts 2012, S. 231.
332 Vgl. hierzu Tomerius, NuR 2005, 16ff.
333 Vgl. die Ausführungen zu Punkt C.I./II.

Die nachfolgenden Ausführungen werden sich mit den rechtlichen Rahmenbedingungen, möglichen Maßnahmen und finanziellen Auswirkungen des nachsorgenden qualitativen Bodenschutzes auseinandersetzen. Zugleich ist zu klären, ob diese Maßnahmen einen wirksamen Bodenschutz sicherstellen können. Gerade qualitative Bodenbelastungen können erhebliche wirtschaftliche Folgen haben, da hiermit oftmals hohe Kosten für deren Beseitigung sowie ein Wertverlust von Grundstücken verbunden sind. Das einhergehende Haftungsrisiko stellt eine zusätzliche Beeinträchtigung der wirtschaftlichen Entwicklung dar und soll daher ebenfalls Gegenstand der Untersuchung sein.

Der Schwerpunkt des nachsorgenden qualitativen Bodenschutzes liegt in der Sanierung. Das Bodensanierungsrecht, das den Bereich der verunreinigten Böden betrifft[334], dient der Beseitigung oder Verminderung der Schadstoffe im Boden[335], im günstigsten Fall werden Rekultivierungsmaßnahmen zur Wiedereingliederung in Natur und Landschaft durchgeführt.[336] Bei den Sanierungspflichten handelt es sich gemäß § 4 Abs. 2 BBodSchG um solche Pflichten, die von den gesetzlich bestimmten Verantwortlichen zur Abwehr von Gefahren aufgrund schädlicher Bodeneinwirkungen wahrzunehmen sind. Die hierbei entstehenden Kosten sind durch die Verantwortlichen selbst zu tragen[337].

I. Störerkreis

Die Maßnahme oder Verfügung der zuständigen Behörde zwecks Sanierung einer gefährlich verseuchten Fläche muss sich gegen den Verantwortlichen richten[338].

---

334 Gemäß § 2 Abs. 5 BBodSchG werden Altlasten in Altablagerungen und Altstandorte unterteilt. Während unter Altablagerungen Grundstücke, auf denen Abfälle behandelt, gelagert oder abgelagert wurden, erfasst sind, werden unter Altstandorten Grundstücke stillgelegter Anlagen und sonstiger Grundstücke, auf denen mit umweltgefährdenden Stoffen umgegangen worden ist, verstanden.

335 Daneben sind gemäß § 2 Abs. 7 Nr. 2 BBodSchG Sicherungsmaßnahmen zur langfristigen Verhinderung oder Verminderung einer Ausbreitung der Schadstoffe ohne ihre Beseitigung möglich. Die Dekontaminationsmaßnahmen nach § 2 Abs. 7 Nr. 1 BBodSchG sind grundsätzlich vorrangig durchzuführen, es sei denn, die Bodenverunreinigungen sind vor dem Inkrafttreten des Bundes-Bodenschutzgesetzes eingetreten. Vgl. hierzu Kobes, NVwZ 2000, 267; Erbguth/Stollmann, NuR 1999, 129.

336 Erbguth/Stollmann, UPR 1996, 292.

337 Vgl. hierzu Gliederungspunkt C.II.

338 Vgl. zu der Inanspruchnahme von Störern: Tiedemann, NVwZ 2003, 1477–1479.

Verantwortlich für die Beseitigung einer Gefahr bzw. einer schädlichen Bodenveränderung ist zum einen der Handlungsstörer, der die Gefahr bzw. die schädliche Bodenveränderung verursacht hat und zum anderen der Zustandsstörer[339], von dessen Sache eine Gefahr ausgeht[340]. Während die Handlungshaftung Ausdruck des Verursacherprinzips ist, ist die Haftung des Zustandsstörers Ausdruck der Sozialpflichtigkeit des Eigentums[341]. Soweit die Anordnungen der zuständigen Behörde in die Eigentumsposition des Grundstückseigentümers eingreifen, ist Art. 14 Abs. 1 GG zu beachten. Zu der Begrenzung der Zustandshaftung wird unter dem nachfolgenden Punkt Stellung genommen.

Zu dem klassischen Störerkreis[342] gehören nach § 4 Abs. 3 S. 1 BBodSchG der Verursacher, dessen Gesamtrechtsnachfolger, der Grundstückseigentümer und der Inhaber der tatsächlichen Gewalt[343]. Dieser klassische Störerkreis wird durch die Einführung der Durchgriffs- und Konzernverantwortlichkeit nach § 4 Abs. 3 S. 4 BBodSchG[344] sowie durch die Ausdehnung auf den früheren Grundstückseigentümer[345] noch erweitert, § 4 Abs. 6 BBodSchG[346]. Die praktische Bedeutung der Erweiterung des Störerkreises dürfte für die derzeitige Finanzierung von Altlasten eher gering sein. Aufgrund der Stichtagsregelung des § 4 Abs. 3 S. 4 Hbs. 2 BBodSchG werden Fälle einer früheren Eigentumsaufgabe nicht erfasst. Die Mehrzahl der Problemaltlastenfälle liegt jedoch vor diesem Zeitpunkt. Das gleiche gilt für die Inanspruchnahme des früheren Eigentümers, die zusätzlich an enge Voraussetzungen geknüpft ist. Der Durchgriffs- und Konzernverantwortlichkeit kommt eine eher nur deklaratorische Bedeutung zu, da sie auf Gesellschaftsrecht verweist und die Rechtsprechung einen Durchgriff wegen öffentlich-rechtlicher Ansprüche bereits anerkannt hat[347].

---

339 Hierunter kann der Eigentümer bzw. Inhaber der tatsächlichen Gewalt der Sache gefasst werden.

340 Oerder, NVwZ 1992, 1033 sowie § 4 BBodSchG.

341 Oerder, NVwZ 1992, 1034, 1036.

342 Vgl. Vierhaus, NJW 1998, 1265.

343 Vgl. aber § 12 HAltlastG v 20.12.1994 (GVBl. I, S. 764), das bereits über den klassischen Störerkreis hinaus ging. Näheres hierzu Schäling, NuR 2009, 693–697.

344 Vgl. die Literatur hierzu: Ginzky, NuR 2003, 727–734; Vierhaus, NJW 1998, 1265; Droese, UPR 1999, 86f.; Wrede, NuR 2003, 593–598.

345 Die Grundstücksübertragung nach § 4 Abs. 6 BBodSchG betrifft die Verhinderung von „Spekulations- und Umgehungsgeschäften".

346 Vgl. hierzu insbesondere Droese, UPR 1999, 86–92; Vierhaus, NJW 1998, 1266.

347 Vgl. BSG in: NJW 1984, 2117–2120; BSG in: NJW-RR 1997, 94; BGH, Urt. v 01.12.1995, Az.: V ZR 9/94-.

II. Umfang der Sanierungspflichten

Die dem Störerkreis zuzurechnenden Gruppen sind verpflichtet, den Boden und Altlasten „so zu sanieren, dass dauerhaft keine Gefahren, erhebliche Nachteile oder erhebliche Belästigungen für den einzelnen oder die Allgemeinheit entstehen". Die Regelung zum Umfang der Sanierungspflichten findet sich in der Vorschrift des § 4 Abs. 3 BBodSchG. Bezüglich der Beurteilung der durchzuführenden Untersuchungen und Maßnahmen sind die Prüf-, Maßnahmen- und Vorsorgewerte der Bundes-Bodenschutz- und Altlastenverordnung heranzuziehen.

Die Sanierungspflicht wird durch § 4 Abs. 4 BBodSchG dahingehend relativiert, dass „die planungsrechtlich zulässige Nutzung des Grundstücks und das sich daraus ergebene Schutzbedürfnis" zu beachten sind. Es gilt der „Grundsatz der nutzungsadäquaten Sanierung", der eine „spezialgesetzliche Ausprägung des Verhältnismäßigkeitsgrundsatzes" darstellt[348]. In der Vergangenheit standen die planenden Gemeinden bei der Anwendung von „nutzungsbezogenen Grenzwerten" vor einer schwierigen Situation, da „bundesweit einheitlich angewandte, rechtlich verbindliche Standards fehlten"[349]. In der Praxis wurde deshalb auf Richtwerte anderer Vorschriften zurückgegriffen[350]. Die Anwendung dieser Vorschriften auf die Bewertung von Altlasten war aber fraglich, da sie der Spezifik des Altlastenbereiches nur unzureichend gerecht wurden[351]. Mit der Bundes-Bodenschutz- und Altlastenverordnung, die in § 8 BBodSchG ihre Grundlage findet, wurde in Anhang 2 unter „Maßnahmen-, Prüf- und Vorsorgewerte" eine bundeseinheitliche Bewertungsgrundlage geschaffen. Durch § 8 BBodSchG i. V. mit § 4 der BBodSchV wird eine systematische Unterteilung der einzelnen Werte in Prüf-[352], Maßnahmen-[353]

348 Vierhaus, NJW 1998, 1266.

349 Kratzenberg, UPR 1997, 179.

350 Als Beispiele seien hierzu genannt: Berliner Liste 1996, Brandenburger Liste, Holländische Liste (Niederländische Sachverständigenkommission im Rahmen des Niederländischen Gesetzes zur Sanierung von Bodenverunreinigungen – Richtwerttabelle).

351 Brandt, Altlastenrecht, Kap. VIII D, Rd. 67; Schink, BauR 1987, 402.

352 Bei Überschreiten der *Prüfwerte* ist, wie ihr Name bereits ausdrückt, „unter Berücksichtigung der jeweiligen Bodennutzung eine einzelfallbezogene Prüfung durchzuführen und festzustellen, ob eine schädliche Bodenveränderung oder Altlast vorliegt" § 8 Abs. 1 S. 2 Nr. 1 BBodSchG. Führt die Ermittlung bzw. Untersuchung der Gemeinde oder der zuständigen Behörde zu einem Gehalt oder einer Konzentration eines Schadstoffes, die unterhalb des jeweiligen Prüfwertes liegt, ist gemäß § 4 Abs. 2 S. 1 BBodSchV „insoweit der Verdacht einer schädlichen Bodenveränderung oder Altlast ausgeräumt".

353 Als *Maßnahmenwerte* gelten nach § 8 Abs. 1 S. 2 Nr. 2 BBodSchG die Werte, bei „deren Überschreiten unter Berücksichtigung der jeweiligen Bodennutzung in der

und Vorsorgewerte[354] vorgenommen. Ziel ist daher keine Sanierung, die auf Wiederherstellung des ursprünglichen Zustands gerichtet ist, sondern den jeweiligen Ansprüchen der festgelegten Nutzungen entspricht. Dies bedeutet auch, dass die Anforderungen, die an die jeweilige Sanierung zu stellen sind, desto höher sind, je empfindlicher die Nutzung ist[355]. So sind an die Sanierung von Flächen, die als Wohnstätten für Menschen dienen, höhere Maßstäbe zu setzen als beispielsweise an Gewerbeflächen.

1. Begrenzung der Zustandsverantwortlichkeit

Trotz des „Grundsatzes einer nutzungsadäquaten Sanierung" fehlt es an einer ausdrücklichen Begrenzung der Zustandsverantwortlichkeit im BBodSchG. Dies erfolgte möglicherweise vor dem Hintergrund, zusätzliche Belastungen für die Länder- und Kommunalhaushalte zu vermeiden[356]. Mit seiner Entscheidung vom 16. Februar 2000 zu den Grenzen der Sanierungspflicht von Grundstückseigentümern[357] hat das Bundesverfassungsgericht (BVerfG) die Voraussetzungen

---

Regel von einer schädlichen Bodenveränderung oder Altlast auszugehen ist und Maßnahmen erforderlich sind". Sie bilden nach den Prüfungswerten folglich die nächste Stufe, auf der die Gemeinden oder zuständigen Behörden eine Anordnungsbefugnis solcher Maßnahmen besitzen, die sich an den Anforderungen des § 8 Abs. 1 S. 2 Nr. 3 BBodSchG zu orientieren haben. Fehlt es im konkreten Fall an Prüf- oder Maßnahmenwerten, sind die dem Anhang 2 der BBodSchV zugrundeliegenden Methoden und Maßstäbe zu berücksichtigen. Die Methoden und Maßstäbe sind im BAnz Nr. 161a v 28.08.1999 veröffentlicht, vgl. Kobes, NVwZ 2000, 265.

354 Vgl. die Ausführungen zu Punkt A.II.1.

355 Allerdings müssen die gewählten Mittel in einem vernünftigen Verhältnis zum angestrebten Erfolg stehen, BVerfGE 35, 382, Rd. 401.

356 In der Literatur ist eine Begrenzung der Inanspruchnahme des Zustandsstörers in den Fällen diskutiert worden, bei denen sich der Eigentümer in einer „Opferposition" befindet und die Belastung mit den Gefahrbeseitigungskosten „den privatnützigen Gebrauch der Sache ausschalten würde: Pape, NJW 1992, 2665; Papier, Störerhaftung, S. 48ff. Die Rechtsprechung lehnte eine derartige Begrenzung ab, soweit der nicht ordnungsgemäße Zustand der Sache auf ein unrechtmäßiges Verhalten des Eigentümers zurückgeführt werden könne: Vgl. VGH BW, in: NVwZ 1986, 325; NdsOVG, Urt. v 27.01.1986, Az.: 3 OVG B 163/85; VG Kassel, Urt. v 07.05.1987, Az.: IV/4 E 927/86. Eine negative Eingrenzung erfolgte durch den Beschluss des BVerwG v 14.12.1990, in: NVwZ 1991, 475f. Der ursprüngliche Entwurf des BBodSchG folgte dieser Rspr., § 25 Abs. 2 des Entwurfes v 14.01.1997, BT-Drs. 13/6701.

357 Beschluss BVerfG v 16.02.2000 – Az. 1 BvR 242/91 und 1 BvR 315/99 -; BVerfGE 102, 1–25.

einer solchen Begrenzung näher bestimmt[358]. Es hat zunächst bestätigt, dass die Zustandsverantwortlichkeit des Eigentümers eine zulässige Regelung von Inhalt und Schranken des Eigentums im Sinne von Art. 14 Abs. 1 S. 2 GG darstellt[359]. Das BVerfG bezieht die Eigentümerpflichten dabei nicht allein auf das Eigentumsobjekt, sondern auf das Vermögen des Eigentümers und seine konkrete Nutzung[360]. Die Übernahme der gesamten Kosten der Sanierungsmaßnahme durch den Eigentümer ist danach nicht gerechtfertigt, „soweit sie dem Eigentümer nicht zumutbar" sind[361]. Ein zulässiger Anhaltspunkt ist hierbei der Verkehrswert eines Grundstücks nach Durchführung der Sanierung. Wird dieser Wert von den Kosten überschritten, entfällt in der Regel das Interesse des Eigentümers an einem künftigen privatnützigen Gebrauch des Grundstücks[362]. Das Eigentum kann dadurch für den Grundstückseigentümer gänzlich seinen Wert und Inhalt verlieren[363]. Eine Inanspruchnahme über den Verkehrswert hinaus ist dann möglich, wenn der Eigentümer eine besonders risikoreiche Nutzung zugelassen oder der Erwerber das Altlastenrisiko bewusst übernommen hat[364]. Diese Entscheidung ist für die Kostenfinanzierung deshalb von besonderer Bedeutung, da in den Fällen, in denen die Sanierungskosten dem Zustandspflichtigen nicht mehr zumutbar sind, diese

---

358 Vgl. zu den Urteilsanmerkungen: Mohr, NVwZ 2003, 686, Bickel, NVwZ 2004, 1210f.

359 BVerfGE 102, 1 (17).

360 Hösch, VBlBW 2004, 10. Der Verfasser führt weiter aus, dass nicht der Bestand des Eigentums betroffen ist, sondern die Verwendung der Handlungsmöglichkeit des Eigentümers, weil an das Eigentumsobjekt eine Vermögensverwendungspflicht geknüpft ist.

361 Soweit der Pflichtige das „Risiko der entstandenen Gefahr bewusst in Kauf genommen hat" oder aber „in fahrlässiger Weise die Augen davor verschlossen hat", könne die Kostenbelastung über die Höhe des Verkehrswertes hinaus jedoch weiterhin zumutbar bleiben. Vgl. BVerfGE 102, 1 (20f.).

362 BVerfGE 102, 1 (20).

363 Das BVerfG hat die Unzumutbarkeit weiterhin für die Fälle bejaht, in denen die vom Grundstück ausgehende Gefahr „aus Naturereignissen, aus der Allgemeinheit zuzurechnenden Ursachen oder von nicht nutzungsberechtigten Dritten" herrührt, BVerfGE 102, 1 (21). Die Belastung des Zustandsverantwortlichen mit den Sanierungskosten bis zur Höhe des Verkehrswertes ist nach Ansicht des BVerfG weiterhin unzumutbar, wenn das zu sanierende Grundstück „den wesentlichen Teil des Vermögens des Pflichtigen bildet und die Grundlage seiner privaten Lebensführung einschließlich seiner Familie darstellt.

364 Vgl. hierzu Bodenschutz- und Altlastenrecht – Rechtsprechungsübersicht, VBlBW 2005, 220.

der öffentlichen Hand zur Last fallen[365]. Der Bayrische Verwaltungsgerichtshof hat in seinem Beschluss vom 26. November 2002[366] die vom BVerfG entwickelten Maßstäbe auf den Fall angewandt, dass der Eigentümer eine risikoreiche Nutzung seines Grundstücks, z. B. als Standort für eine Beseitigungsanlage von Industrieabfällen, zulässt. Hier kann der Inanspruchnahme nicht entgegenhalten werden, die Haftung müsse aus Gründen des Eigentumsschutzes begrenzt sein, da das freiwillig übernommene Risiko die Schutzwürdigkeit des Eigentümers mindert[367]. Die Kostenbelastung darf aber nicht in jedem Falle auf die gesamte wirtschaftliche Leistungsfähigkeit des Eigentümers bezogen werden, insbesondere dann nicht, wenn die sonstigen Vermögensbestandteile in keinem rechtlichen oder wirtschaftlichen Zusammenhang mit dem betroffenen Grundstück stehen[368]. Von Seiten der Behörde hat das Urteil des BVerfG die Folge, dass diese vor Erlass einer Sanierungsanordnung Informationen über den Verkehrswert des Grundstücks, die betrieblichen und wirtschaftlichen Verhältnisse des Eigentümers und ggf. seiner Kenntnis über eine eventuellen Altlastenbestand einholen muss[369].

Neben der Begrenzung der Zustandsverantwortlichkeit sollen auch die Dauer und Voraussetzungen der Sanierungsverantwortlichkeit des früheren Grundstückseigentümers nach § 4 Abs. 6 BBodSchG kurz beleuchtet werden. Entsprechend der Vorschrift ist der frühere Eigentümer zur Sanierung des Grundstücks verpflichtet, wenn „er sein Eigentum nach dem 1. März 1999 übertragen hat und die schädliche

365 Aus diesem Grund hat der BR auf Initiative BY eine Entschließung zur Begrenzung der Zustandsstörerhaftung nach dem BBodSchG am 26.09.2003 verabschiedet, PM BR 173/2003 v 26.09.2003, BR-Drs. 587/03. Die BReg (Drs. 177/05) hat hierzu am 07.03.2005 mitgeteilt, dass durch das BVerfG den Vollzugsbehörden eine umfassende Anleitung zur Durchführung der Zustandshaftung im Einzelfall zur Verfügung gestellt worden sei. Eine neue bundesrechtliche Regelung wäre nur dann zu schaffen, wenn hierfür aufgrund der Entwicklung in der Praxis Bedarf bestünde.

366 BayVGH in: NVwZ 2003, 363–365.

367 BayVGH in: NVwZ 2003, 363–365. So auch Hösch, VBlBW 2004, 12. Weitere Rspr. hierzu: VG Münster, Urt. v 19.03.2010, Az.: 7 K 1415/08, Rd. 32; OVG RP, Urt. v 18.02.2010, Az.: 1 A 10973/09, Rd. 57 f.; VG Regensburg, Urt. v 07.12.2009, Az.: RO 8 K 09.01987; Rd. 78 ff.; VGH BW, Urt. v 18.12.2007, Az.: 10 S 2351/06; Rd. 53 ff.; OVG BE-BB, Urt. v 08.11.2007, Az.: OVG 11 B 14.05, Rd. 58f.

368 BayVGH in: NVwZ 2003, 363–365. Hösch (VBlBW 2004) geht sogar soweit, dass die Haftung des Eigentümers in dem Umfang besteht, in der er auch Verursacher ist. Dies stellt jedoch eine Vermengung der beiden Haftungstypen dar, der so nicht gefolgt werden kann.

369 Numberger, NVwZ 2005, 531.

Bodenveränderung oder Altlast hierbei kannte oder kennen musste"[370]. Hieraus folgen erhebliche Unsicherheiten bei ehemaligen Grundstückseigentümern. Neben der subsidiären Verantwortlichkeit, d. h. der zunächst vorrangigen Inanspruchnahme des aktuellen Grundstückseigentümers, kann die Sanierungsverpflichtung auch durch eine genaue Prüfung der Tatbestandsmerkmale eingegrenzt werden[371]. So hat *Hellriegel* eine Prüfung des jeweiligen Einzelfalls dahingehend angeregt, ob der Eigentümer die Bodenveränderung, die Beeinträchtigung der Bodenfunktion sowie zukünftige, sanierungsrelevante Entwicklungen wie Nutzungsänderungen kannte oder kennen musste[372]. Seiner Ansicht nach zählen „zukünftige Entwicklungen und etwaige Veränderungen des betreffenden Grundstücks" zu dem Tatbestand einer schädlichen Bodenveränderung nach § 4 Abs. 6 i. V. mit § 2 Abs. 3 BBodSchG, auf die sich die Kenntnis des Grundstückseigentümers beziehen muss. Werden Nutzungsänderungen vorgenommen, die zu einer Gefahr für Einzelne bzw. die Allgemeinheit führen und die bei Eigentumsübertragung noch nicht absehbar waren, sei eine Sanierungsverantwortlichkeit nicht gegeben[373]. Diese weite Auslegung wird durch *Hellriegel* modifiziert, in dem er empfiehlt, vor einer Immobilientransaktion den Kontaminationszustand des Grundstücks zu ermitteln und eine Gefahrenprognose zu erstellen, ob sanierungsrelevante Entwicklungen anstehen[374]. Festzuhalten bleibt, dass durch eine sorgsame Prüfung des jeweiligen Einzelfalls die Zustandsverantwortlichkeit des früheren Eigentümers berechenbar und ggf. eingeschränkt wird.

2. Maßstäbe für die sonstigen Störergruppen

Neben dem vieldiskutierten Urteil des BVerfG zur Begrenzung der Zustandsverantwortlichkeit soll kurz auf die Haftung der anderen Störergruppen eingegangen werden.

Die Zustandshaftung des Inhabers der tatsächlichen Gewalt unterliegt ebenfalls Grenzen. Das BBodSchG knüpft hierbei an der tatsächlichen Einwirkungsmöglichkeit auf eine Sache an und der damit verbundenen spezifischen Verbindung zur Gefahrenquelle[375]. Die Verpflichtung zur Gefahrenabwehr kann hierbei

---

370 Mit Ausnahme des Vorliegens eines Vertrauenstatbestandes bei dem Grundstückserwerb.

371 Hellriegel, NVwZ 2012, 541.

372 Hellriegel, NVwZ 2012, 543f.

373 Hellriegel, NVwZ 2012, 543f.

374 Hellriegel, NVwZ 2012, 544.

375 Und unterscheidet sich damit von der zivilrechtlichen Anknüpfung an die tatsächlichen Sachherrschaftsbeziehungen, vgl. hierzu Schäling, NuR 2009, S. 693f.

nicht weiter reichen als die Sachherrschaft als Zurechnungsgrund für die Haftung reicht[376]. Hierfür sind neben einer effektiven Gefahrenabwehr regelmäßig die zivilen Rechtsverhältnisse entscheidend, wonach sich für einen Mieter oder Pächter die Inhaberschaft aus dem Miet-/Pachtvertrag ergibt[377]. Als Bezugspunkte können der konkrete Nutzwert des Grundstücks nach der Sanierung oder der Verkehrswert abzüglich des Nutzungsentgelts während der gesamten Laufzeit des Miet- bzw. Pachtvertrags zugrunde gelegt werden[378]. Für die Begrenzung der Haftung sollten die durch das BVerfG entwickelten Grundsätze der Zustandsstörerhaftung Anwendung finden. Als Anhaltspunkt für die Zumutbarkeitsgrenze wäre statt des Verkehrswerts der Nutzwert des Grundstücks heranzuziehen[379]. Die Haftung endet grundsätzlich mit Aufgabe der tatsächlichen Gewalt[380], da hiermit ein Wegfall der Sachherrschaft verbunden ist, an welche die Ordnungspflicht anknüpft. Die Inhaberschaft der tatsächlichen Gewalt setzt an der tatsächlichen Einwirkungsmöglichkeit auf eine Sache an[381]. Eine analoge Anwendung des § 4 Abs. 3 S. 4 BBodSchG scheidet wegen des eindeutigen Wortlauts der Eigentumsaufgabe aus[382].

Um einen Sonderfall handelt es sich bei der Zustandshaftung des Insolvenzverwalters[383]. Gemäß § 80 Abs. 1 InsO geht durch die Eröffnung des Insolvenzverfahrens das Recht des Schuldners, das zur Insolvenzmasse gehörende Vermögen zu verwalten und darüber zu verfügen, auf den Insolvenzverwalter über, der es in Besitz und in seine Verwaltung nimmt, § 148 Abs. 1 InsO. Das BVerwG hat die Inanspruchnahme des Insolvenzverwalters als Inhaber der tatsächlichen Gewalt nach § 4 Abs. 3 S. 1 BBodSchG anerkannt[384]. Der Insolvenzverwalter kann die kontaminierten Grundstücke jedoch aus der Masse freigeben, die dann in das Vermögen des Schuldners zurück geführt werden[385]. Dies hat zur Folge, dass die Altlastensanierung in der Regel zu Lasten der

376 Schäling, NuR 2009, 694.

377 Schäling, NuR 2009, 694.

378 Mohr, ZMR 2013, 519, der als eigenes Modell das abgewandelte Ertragswertverfahren vorschlägt.

379 Schlabach/Heck, VBlBW 2005, 220; Schäling, NuR 2009, 696, der jedoch auch für eine Duldungspflicht plädiert.

380 Näheres hierzu Schäling, NuR 2009, 695.

381 Schäling, NuR 2009, 693.

382 Schlabach/Heck, VBlBW 2005, 221.

383 Näheres hierzu Riese/Karsten, NuR 2005, 234–239.

384 BVerwGE 122, 75–84.

385 BVerwGE 122, 75ff.; Riese/Karsten, NuR 2005, 236.

Allgemeinheit vorgenommen wird[386]. Soweit die zuständige Behörde bereits vor Eröffnung des Insolvenzverfahrens gegen den Schuldner als Zustandsstörer eine bestandskräftige Ordnungsverfügung erlassen hat, muss sich auch der Insolvenzverwalter diese entgegenhalten lassen[387].

Eine Begrenzung der Haftung des Verursachers analog des Zustandsverantwortlichen gibt es nicht. Für eine Heranziehung des Verursachers müssen der Behörde jedoch „gewichtige" Anhaltspunkte als „tragfähige Indizien" vorliegen[388]. So wäre eine Verursachung mit hinreichender Sicherheit gegeben, wenn mit für die Verunreinigungen charakteristischen Stoffen umgegangen wurde[389].

Im Fall der Gesamtrechtsnachfolge des Verursachers war die Rückwirkung auf Vorgänge vor dem 1. März 1999 in der Literatur umstritten[390]. In seinem Urteil zur Verantwortlichkeit des Gesamtrechtsnachfolgers des Verursachers einer Altlast hat das BVerwG festgestellt, dass die Sanierungspflicht des Gesamtrechtsnachfolgers bereits vor der Geltung des BBodSchG Bestand hatte[391]. Die Gesamtrechtsnachfolge folge aus dem allgemeinen Grundsatz des Verwaltungsrechts, wonach „sachbezogene Verhaltenspflichten" rechtsnachfolgefähig sind und durch das BVerwG bereits in früheren Entscheidungen anerkannt wurden[392]. Die jeweilige Verantwortlichkeit des Gesamtrechtsnachfolgers sei akzessorisch zur Haftung des Verursachers[393]. In Bezug auf die Haftung des Verursachers handele es sich lediglich um eine verfassungsrechtlich unbedenkliche unechte Rückwirkung, da die Umweltgefahr immer noch fortbestehe[394]. Das Gericht weist des Weiteren darauf hin, dass eine Nachfolgefähigkeit dann gegeben sei, wenn bei der Pflicht zur Gefahrenabwehr eine vertretbare Handlung vorliegt und damit die Höchstpersönlichkeit zu verneinen ist[395].

---

386 Das OVG M-V hat in seinem Urt. v 16.01.1997, in: NJW 1998, 175–178, nachhaltige Bedenken zur Zulässigkeit der Freigabe durch den Konkursverwalter geäußert.

387 Näheres hierzu Riese/Karsten, NuR 2005, 237f.

388 Schlabach/Heck, VBlBW 2005, 222.

389 Z. B. bei Tankstellen, Schlabach/Heck, VBlBW 2005, 222 m. w. N. zur Rspr.

390 Vgl. hierzu Palme, NVwZ 2006, 1130; Vierhaus, NVwZ 2006, 45.

391 BVerwGE 125, 325–336.

392 BVerwGE 125, 325 (330).

393 Der Gesamtrechtsnachfolger tritt in die materiellen Polizeipflichten des Verursachers ein, kann sich aber auch auf dessen Einwendungen berufen, BVerwGE 125, 325 (330).

394 BVerwGE 125, 325 (329).

395 BVerwGE 125, 325 (335). Vgl. auch Vierhaus, NVwZ 2006, 45.

Das BVerwG hat damit Klarheit in die Diskussion gebracht. Das Urteil ist auch aus dem Grund zu befürworten, indem es die zeitliche Begrenzung der Sanierungspflichten erheblich erweitert hat. So wäre theoretisch ein bodenschutzrechtlicher Anspruch bis in die 50er Jahre des letzten Jahrhunderts möglich, da zu diesem Zeitraum die Gesamtrechtsnachfolge durch die Rechtsprechung des BVerwG etabliert war[396]. Den Erben von Verursachern einer schädlichen Bodenveränderung oder Altlast stehen jedoch grundsätzlich erbrechtliche Haftungsbeschränkungen gemäß § 1975 BGB durch Anordnung einer Nachlassverwaltung oder der Eröffnung eines Nachlassinsolvenzverfahrens[397] bzw. der Erhebung einer Dürftigkeitseinrede nach § 1990 BGB zu[398]. Probleme könnte es jedoch im Rahmen der Ausgleichsansprüche unter den Sanierungsverpflichteten geben, da hier eine Verjährungsfrist von drei Jahren gemäß § 24 Abs. 2 S. 3 BBodSchG normiert ist[399] und es noch keine höchstrichterliche Rechtsprechung zu einer möglichen Rückwirkung gibt[400].

Die Haftung einer juristischen Person aus handelsrechtlichem oder gesellschaftsrechtlichem Grund ist gemäß § 4 Abs. 3 S. 4 BBodSchG auf solche Fälle beschränkt, in denen die juristische Person als Inhaberin eines kontaminierten Grundstücks sanierungspflichtig ist[401]. Die Haftungserweiterung findet danach nur auf solche Fälle Anwendung, in denen eine juristische Person als Zustandsstörerin verantwortlich ist[402].

III. Das Instrument der Sanierungsplanung

Die behördliche Sanierungsplanung findet ihre Anwendung in den Fällen, bei denen ein abgestimmtes Verhalten wegen der „Verschiedenartigkeit der nach § 4 BBodSchG erforderlichen Maßnahmen“ notwendig ist oder bei denen aufgrund „von Art, Ausbreitung oder Menge der Schadstoffe in besonderem Maße schädliche Bodenveränderungen oder sonstige Gefahren für den Einzelnen oder

---

396 Palme, NVwZ 2006, 1132, 1133. Zu beachten ist, dass diese Rechtsprechung nicht für den Bereich der DDR galt, vgl. Schlabach/Heck, VBlBW 2005, 224.

397 Die Haftung des Erben für die Nachlassverbindlichkeiten wird hierbei auf den Nachlass beschränkt.

398 Näheres hierzu Joachim/Lange, ZEV 2011, 54 ff.

399 Die Verjährung beginnt mit Fälligkeit der Forderung, Drasdo, NJW-Spezial 2007, 98.

400 Palme, NVwZ 2006, 1133.

401 BayVGH, in: NJW-RR 2005, 829–831.

402 BayVGH, in: NJW-RR 2005, 829–831.

die Allgemeinheit ausgehen, § 13 Abs. 1 S. 1 BBodSchG[403]. Ein Sanierungsplan enthält u. a. eine Zusammenfassung der Sanierungsuntersuchungen, das Sanierungsziel unter Beschreibung der hierzu notwendigen Sanierungs- und Kontrollmaßnahmen sowie den Zeitplan für die Durchführung dieser Maßnahmen[404]. Die näheren Anforderungen an die Sanierungsuntersuchungen und den Sanierungsplan sind in § 6 Abs. 2 und 3 i. V. mit Anhang 3 BBodSchV geregelt. Bei den dort aufgeführten Punkten handelt es sich um keine abschließende Aufzählung[405]. Voraussetzung für die Erstellung eines Sanierungsplanes ist die Kenntnis über vorhandene Schadstoffe, deren Ausbreitung sowie die Expositionsbedingungen[406]. Der Sanierungsplan kann der jeweiligen künftigen Nutzung angepasst werden. Die Kommunen erhalten hierdurch die Möglichkeit, die Finanzierbarkeit der Maßnahmen zu erhöhen, in dem sie in ihren Planungen die wirtschaftliche und technische Durchführbarkeit beachten[407]. Die Kosten für die private wie behördliche Durchführung der Sanierungsplanung tragen gemäß § 24 Abs. 1 BBodSchG die hierzu Verpflichteten[408]. Wird der Sanierungsplan nicht rechtzeitig oder unzureichend erstellt oder kann der Verantwortliche nicht oder nicht rechtzeitig herangezogen werden oder ist aufgrund der flächenhaften Ausdehnung der Altlast ein koordiniertes Vorgehen erforderlich, kann die zuständige Behörde den Plan selbst oder durch einen Sachverständigen erstellen oder ergänzen lassen, § 14 BBodSchG. Die entstehenden Kosten sind dem Verpflichteten aufzuerlegen[409]. Das Gesetz sieht keine Regelung zu der Kostentragung bei mangelnder Leistungsfähigkeit des Sanierungspflichtigen vor.

---

403 Einer Sanierungsplanung können spezifische Sanierungsuntersuchungen vorangehen, aufgrund derer die für die Sanierung in Betracht kommenden geeigneten, erforderlichen und angemessenen Maßnahmen ermittelt werden sollen, VGH BW, Urt. v 18.12.2007, Rd. 34.

404 Knopp/Löhr, Bundes-Bodenschutzgesetz, Rd. 198. Näheres hierzu bei Heckmann/Grögler, BWGZ 2001, 57.

405 Dies wird durch die Verwendung des Wortes „insbesondere“ verdeutlicht. Vgl. Frenz, Bundes-Bodenschutzgesetz, S. 507.

406 Heckmann/Grögler, BWGZ 2001, 57. Unter Expositionsbedingungen wird die durch örtliche Gegebenheiten und die Grundstücksnutzung im Einzelfall geprägte Art und Weise verstanden, in der Schutzgüter der Wirkung von Schadstoffen ausgesetzt sein können, § 2 Nr. 7 BBodSchV.

407 Heckmann/Grögler, BWGZ 2001, 58.

408 Die Erstellungsdauer eines Sanierungsplanes beträgt ca. 1 bis 4 Arbeitswochen und die Kosten betragen zwischen 2.500 und 10.000,-€, vgl. Heckmann/Grögler, BWGZ 2001, 58.

409 Knopp/Löhr, Bundes-Bodenschutzgesetz, Rd. 201.

Hier kann der Sanierungsvertrag seine Anwendung finden, der unter dem Punkt Kooperatives Verwaltungshandeln näher dargestellt wird[410].

Vor dem Inkrafttreten des BBodSchG fand dieses Instrument bereits im Rahmen der sog. Ökologischen Großprojekte (z. B. Leuna, Hydrierwerk Zeitz, Bitterfeld-Wolfen) seine Anwendung und war in einigen Landesgesetzen vorgesehen[411].

Im Rahmen des Ökologischen Großprojektes Leuna in Sachsen-Anhalt, einem bedeutenden Chemiestandort vor allem zu Zeiten der DDR, mit einem Areal von ca. 1.300 ha, wurde ein Sanierungskonzept entwickelt und darauf aufbauend ein detaillierter Maßnahme-, Kosten- und Terminplan erarbeitet[412]. So wurde als ein Maßnahmenschwerpunkt im Jahr 2006 die Bodensanierung im Bereich des „alten Haldenkanals" außerhalb des Werkgeländes mit dem Aushub von ca. 12.000 m^3 verunreinigtem Boden und der Wiederverfüllung durchgeführt und abgeschlossen[413]. Die Sanierungsarbeiten sowie Sanierungsuntersuchungen sind in den Jahren 2006 bis 2009 in weiteren Bereichen investitionsbegleitend fortgeführt worden[414]. Neben den vollzogenen Bodensanierungen sind die bei mehreren Sanierungsuntersuchungen in den Jahren 2008/2009 weitere Schadstoffquellen identifiziert worden, deren Sanierung voraussichtlich im Jahr 2012 abgeschlossen sein soll[415]. Die Sanierungskosten betrugen bis Ende 2010 ca. 69,8 Mio. €[416]. Der Standort Leuna ist Industriegebiet geblieben und zählt heute zu den größten Standorten der Chemischen Industrie in Deutschland.

Ein weiteres Beispiel einer Sanierungsplanung ist der Sanierungsplan für kontaminierte ehemalige Chemie-Grundstücke auf einem alten Betriebsgelände im Landkreis Leipzig[417]. Das Erfordernis eines abgestimmten Verhaltens ergab sich aus dem erhöhten Koordinierungsbedarf, den dargestellten Sanierungszeiträumen

---

410 Näheres unter Punkt D.II.

411 So in § 31 Abs. 4 LAbfG NW, § 19 Abs. 1 S. 3 ThAbfG und § 27 LAbfG BW in der damals jeweils geltenden Fassung. Vgl. Kobes, NVwZ 2000, 266; Sahm, UPR 1999, 375; Kothe, UPR 1999, 99.

412 LAF, ÖGP Leuna.

413 LAF, ÖGP Leuna.

414 Weitere Kontaminationsquellen wurden z. B. im Nordteil der Alten Raffinerie beseitigt und Maßnahmen zur Quellensanierung auf einer Teilfläche im Südteil der Alten Raffinerie abgeschlossen.

415 LAF, ÖGP Leuna.

416 LAF, ÖGP Leuna.

417 VG Leipzig, Beschluss v 11.09.2006, Az.: 6 K 117/06 (Anordnung der Vorlage eines Sanierungsplanes für kontaminierte ehemalige Chemie-Grundstücke).

sowie der erheblichen Ausdehnung der Schadstoffe[418]. Die Kosten der Sanierungsuntersuchung und die Erarbeitung eines Sanierungskonzeptes betrugen rund 56.753 €, auf dessen Grundlage ein Sanierungsplan vorzulegen war[419]. Im vorliegenden Fall hatte das Verwaltungsgericht Leipzig über den Störerkreis zu entscheiden. Das Gericht stellte bezüglich der Zustandsverantwortlichkeit fest, dass diese ihren legitimierenden Grund „in der durch die Sachherrschaft vermittelnden Einwirkungsmöglichkeit auf die Gefahr verursachende Sache“ sowie in der möglichen Nutzziehung findet[420]. Eine Sanierungsanordnung kann danach nur gegen die Eigentümer bzw. Inhaber der tatsächlichen Gewalt gerichtet werden, auf deren Grundstücken schädliche Bodenverunreinigungen vorliegen. Für angrenzende Grundstücke, die diesem Eigentum oder Besitz nicht mehr zugeordnet werden können, ist eine Inanspruchnahme unzulässig[421]. Die Zustandsverantwortlichkeit findet hier zu Recht ihre Grenze. Die Behörde hat in solchen Fällen, in denen auf der zu sanierenden Fläche eine Mehrheit von Verpflichteten vorhanden ist, die Möglichkeit, selbst die Sanierungsplanung nach §§ 13 Abs. 1, 14 S. 1 Nr. 3 BBodSchG vorzunehmen[422].

Der entscheidende Vorteil der Sanierungsplanung liegt darin, dass die Behörde „den Plan, auch unter Abänderungen oder mit Nebenbestimmungen“ gemäß § 13 Abs. 6 S. 1 BBodSchG für verbindlich erklären kann und der verbindliche Plan dann Konzentrationswirkung entfaltet[423]. Durch die Konzentrationswirkung werden andere, die Sanierung betreffende behördliche Entscheidungen mit Ausnahme von Zulassungsentscheidungen für Vorhaben, die nach Bundes- oder Landesrecht einer Umweltverträglichkeitsprüfung unterliegen, nach § 13 Abs. 6 S. 2 BBodSchG mit einbezogen[424].

418 Zu den Schadstoffen gehörten insbesondere chlorierte Kohlenwasserstoffe. VG Leipzig, Beschluss v 11.09.2006, Rd. 39f.

419 VG Leipzig, Beschluss v 11.09.2006, Rd. 45.

420 VG Leipzig, Beschluss v 11.09.2006, Rd. 45.

421 VG Leipzig, Beschluss v 11.09.2006, Rd. 47.

422 VG Leipzig, Beschluss v 11.09.2006, Rd. 52.

423 Vierhaus, NJW 1998, 1268.

424 Die Verbindlichkeitserklärung stellt für den Sanierungspflichtigen in erster Linie einen begünstigenden Verwaltungsakt dar, der jedoch im Hinblick auf bestimmte Sanierungsziele und -maßnahmen auch belastende Wirkung entfalten kann. Vgl. Frenz, Bundes-Bodenschutzgesetz, S. 509 ff.

IV. Die Kostenverteilung der Sanierungsmaßnahmen

Der finanzielle Umfang für Maßnahmen des Bodenschutzes wurde aufgrund der ins öffentliche Bewusstsein tretenden Altlastenproblematik Anfang der achtziger Jahre des zwanzigsten Jahrhunderts deutlich[425]. Die Altlastenbewältigung geht grundsätzlich mit hohen Kostenfolgen einher, die es zu finanzieren gilt. Mit dem Beitritt der neuen Bundesländer am 3. Oktober 1990, die neue Altlasten und Altlastverdachtsflächen aufwiesen, erweiterte sich die Altlasten- und Finanzierungsproblematik. So wurden die Untersuchungs- und Sanierungskosten für mehr als 190.000 altlastenverdächtige Flächen und Altlasten in der Bundesrepublik zwischen 30 und 100 Mrd. EUR veranschlagt[426].

1. Kostentragung

Die Kosten der behördlich angeordneten Sanierungsmaßnahmen tragen gemäß § 24 Abs. 1 S. 1 BBodSchG die zur Durchführung Verpflichteten. Soweit mehrere Verpflichtete vorhanden sind, kann die zuständige Behörde nach dem Grundsatz der Effektivität der Gefahrenabwehr auch den Zustandsverantwortlichen für die Sanierung nach § 10 i. V. m. § 4 Abs. 3 BBodSchG in Anspruch nehmen[427]. Neben der schnellen Gefahrenbeseitigung soll die öffentliche Hand von finanziellen Lasten freigehalten werden. Unabhängig von ihrer Heranziehung haben die Verpflichteten untereinander einen Ausgleichsanspruch gemäß § 24 Abs. 2 S. 2 BBodSchG i. V. m. § 426 Abs. 1 S. 2 BGB. Nach der Rechtsprechung des BGH handelt es sich bei der Ausgleichsforderung nach § 24 Abs. 2 BBodSchG um einen eigenständigen Anspruch, dem im Außenverhältnis gerade keine Gesamtschuld nach § 426 Abs. 1 BGB zugrunde liege und der den Besonderheiten der bodenschutzrechtlichen Sanierungsverpflichtung mehrerer Störer Rechnung trage[428]. Dies ergebe sich unter anderem aus dem eingeschränkten Verweis auf Satz 2 des § 426 Abs. 1 BGB. Die allgemeinen Grundsätze des Gesamtschuldnerausgleichs finden danach keine Anwendung auf die bodenschutzrechtliche Ausgleichsforderung[429]. Dies hat Auswirkungen auf die Verjährung. Der Beginn der Verjährung im Rahmen der Ausgleichsansprüche unter den Sanierungsverpflichteten setzt erst dann ein, wenn

425 Oerder, NVwZ 1992, 1032f.; Breuer, NVwZ 1987, 753.
426 Kobes, NVwZ 2000, 261.
427 Finger, NVwZ 2011, 1289.
428 BGHZ 195, S. 153–163.
429 BGHZ 195, 153 (159).

„die gesamten im Einzelfall erforderlichen und angeordneten Maßnahmen“ beendet sind[430]. Die Verpflichtung zum Ausgleich und sein Umfang richtet sich gemäß § 24 Abs. 2 S. 2 BBodSchG danach, inwieweit die Gefahr oder der Schaden vorwiegend von dem einen oder dem anderen Teil verursacht worden ist. Entsprechend dem Wortlaut der Vorschrift („verursacht“) kann zwar der Grundstückseigentümer den Verursacher einer Bodenverunreinigung in Anspruch nehmen, dies gilt jedoch nicht im Umkehrschluss[431].Die Vorschrift ermöglicht eine interne Kostenverteilung zwischen mehreren Verantwortlichen und führt somit zu einer gerechteren Lastenverteilung. Allerdings obliegt dem Ausgleichsberechtigten das Aufklärungs- und Beweislastrisiko, so dass es häufig schwierig sein wird, die Verursachungsbeiträge der anderen Störer nachzuweisen[432]. Der Verwaltungsgerichtshof Baden-Württemberg hat in seinem Beschluss vom 2. September 2002[433] hierzu ausgeführt, dass die Anforderungen an den Nachweis der Verursachung nicht zu hoch anzusetzen sind[434]. Den Verpflichteten steht es offen, anderweitige Regelungen zur Ausgleichspflicht zu treffen. Der gesetzliche Ausgleichsanspruch ist subsidiär und kann durch Altlastenklauseln in Grundstückskaufverträgen, Pacht- oder Erbbaurechtsverträgen oder auch durch öffentlich-rechtliche Sanierungsverträge ersetzt werden[435].

Oftmals ist ein Sanierungspflichtiger aber nicht greifbar bzw. nicht in der Lage, die entstehenden Kosten zu tragen. Daneben trifft die Verantwortlichkeit auch die Gemeinden, z. B. als ehemalige Betreiberinnen von Deponien. Dies geht zu Lasten eines effektiven Vollzuges, da die Finanzierung aufgrund der knappen Haushaltsmittel oftmals nicht gesichert ist[436]. Die öffentlichen Mittel, die durch ein Land aufzubringen sind, lassen sich exemplarisch am Beispiel des Landes Hessen aufzeigen. Zwischen 1990 und 2010 wurden jährlich bis zu 21 Mio. € als Zuschüsse für kommunal verursachte Altlasten durch das Land zur Verfügung

430 BGHZ 195, 153 (162f.).

431 Vgl. auch Vierhaus, NJW 1998, 1267; a. A. Niewerth, NuR 1999, 559.

432 Schlabach/Heck, VBlBW 2005, 228; Jochum, NVwZ 2003, 527; Niewerth, NuR 1999, 561.

433 DÖV 2003, 423.

434 Könne der erforderliche Nachweis nicht erbracht werden, „müssen zum Ausschluss spekulativer Erwägungen und bloßer Mutmaßungen wenigstens objektive Faktoren als tragfähige Indizien vorhanden sein, die den Schluss rechtfertigen, zwischen dem Verhalten der Person und der eingetretenen Gefahrenlage bestehe ein gesicherter Ursachenzusammenhang“. VGH BW in: DÖV 2003, 423.

435 Niewerth, NuR 1999, 560; Drasdo, NJW-Spezial 2007, 97.

436 Schink, DÖV 1995, 224f.

gestellt (insgesamt rund 179 Mio. €)[437]. Die Eigenbeteiligung von mindestens 10 % ist hierin noch nicht enthalten. Die Landesmittel für die gewerbliche Altlastensanierung betrugen in den Jahren 1990 bis 2001 insgesamt 149,1 Mio. € und von 2002 bis 2011 insgesamt ca. 310,4 Mio. €[438]. Die Höhe dieser Kosten zeigt deutlich, welche Aufwendungen durch die öffentliche Hand wie auch privater Sanierungspflichtiger zu tragen sind.

2. Wertausgleich

Für den Fall, dass der Sanierungsverantwortliche nicht in der Lage war, die Sanierung selbst vorzunehmen bzw. nur teilweise durchführen konnte und für die Beseitigung der Bodenverunreinigung öffentliche Mittel zum Einsatz kamen, ist nach § 25 BBodSchG die Festsetzung eines Wertausgleichs möglich. Dieser ruht als öffentliche Last auf dem Grundstück. Voraussetzung ist, dass der Verkehrswert des Grundstücks aufgrund behördlicher Sanierungsmaßnahmen nicht nur unwesentlich erhöht wurde. Die maßnahmenbedingte Wertsteigerung kann durch den öffentlichen Kostenträger vom Grundstückseigentümer nach § 25 Abs. 1 S. 1 BBodSchG zurückgefordert werden, um die Sanierungskosten zumindest teilweise zu refinanzieren[439]. Dies kann zu Abgrenzungsproblemen in den Fällen führen, in denen die öffentliche Hand nur anteilsweise an der Finanzierung beteiligt war[440]. Nach dem Gesetzeswortlaut ist der Wertausgleichsanspruch auf den Anteil der öffentlichen Mittel beschränkt; Kooperationen mit privaten Beteiligungen oder Förderungen durch Privatbanken, zum Beispiel in Form von zinsgünstigen Krediten, sind hiervon nicht erfasst[441]. Dies erscheint in Hinblick auf eine möglichst umfassende Finanzierung durch den Einsatz unterschiedlicher Finanzierungsmodelle nicht immer sachgerecht. Zu den Anwendungsfällen des Wertausgleichs zählen neben nicht greifbaren Verursachern oder zahlungsunfähigen Grundstückseigentümern sowie durch die öffentliche Hand selbst verursachten Bodenkontaminationen auch die

---

437 HLUG, Altlasten 2011, unter (Zugriff am 28.11.2011): http://www.hlug.de/fileadmin/dokumente/altlasten/Z_F_2011_final_web.pdf.

438 Rüstungsaltlasten sind hiervon nicht erfasst. HLUG, Altlasten 2011.

439 Kein Wertausgleich besteht für Maßnahmen im förmlich festgelegten Sanierungs- oder Entwicklungsgebiet gemäß §§ 136 ff. bzw. 165 ff. BauGB. Albrecht in: Knopp/Löhr, Bundes-Bodenschutzgesetz Punkt VIII, Rd. 209–365.

440 Zu den Anforderungen: Albrecht, in: Knopp/Löhr, Bundes-Bodenschutzgesetz, Rd. 217 ff.

441 Albrecht, in: Knopp/Löhr, Bundes-Bodenschutzgesetz, Rd. 216 ff.

Abwehr akuter Gefahren für die Allgemeinheit durch Ersatzvornahme oder unmittelbarer Ausführung, zum Beispiel bei einer verschleppten Sanierung[442].

Die Erhöhung des Grundstückswertes ergibt sich nach § 25 Abs. 2 BBodSchG aus dem Vergleich des Anfangswertes ohne Sanierungsmaßnahmen und dem Verkehrswert nach erfolgter Sanierung. Die Berechnung erfolgt auf der Grundlage der §§ 192–199 BauGB, der Immobilienwertermittlungsverordnung[443] sowie den Wertermittlungsrichtlinien[444] und ist gegebenenfalls auf die tatsächlich aufgewendeten Kosten abzusenken[445]. Die Behörde trifft hierbei die Darlegungspflicht, dass die Wertsteigerung auf den durchgeführten Sanierungsmaßnahmen beruht[446]. Aufwendungen des Eigentümers sind hiervon in Abzug zu bringen, § 25 Abs. 4 BBodSchG[447]. Ebenso sind etwaige Ersatzansprüche des Eigentümers gegenüber Dritten bei der Berechnung des Wertausgleichs nach § 25 Abs. 4 S. 2 BBodSchG zu Lasten des Eigentümers von der zuständigen Behörde zu berücksichtigen[448]. Nach Abschluss der Sicherung oder Sanierung wird der Ausgleichsbetrag von der zuständigen Behörde festgesetzt[449] und kann über die Regelungen des Verwaltungsvollstreckungsrechts beigetrieben werden[450]. In der Praxis findet der Wertausgleich regelmäßig nur bei solchen Grundstücken statt, die bereits einen entsprechend hohen Wert aufgrund ihrer Lage und Beschaffenheit besitzen. Sobald die Kosten den Wert des Grundstücks übersteigen, führt die Verwertung der Flächen zu einem Verlustgeschäft.

Bedeutung erlangt der Wertausgleich vor allem bei der Übertragung von Grundstücken. Der Wertausgleich ruht „als öffentliche Last auf dem Grundstück", § 25 Abs. 6 BBodSchG. Diese Festlegung des Gesetzgebers dient der besseren Durchsetzbarkeit der Ansprüche der öffentlichen Hand und geht den Ansprüchen

---

442 Albrecht, in: Knopp/Löhr, Bundes-Bodenschutzgesetz, Rd. 198.

443 ImmoWertV v 19.05.2010, BGBl. I S. 639.

444 WertR 2006 v 01.03.2006 (BAnz. Nr. 108a/121 S. 4798).

445 Vierhaus, NJW 1998, 1267; Knopp, ZUR 1999, 215.

446 Knopp, in: Knopp/Löhr, Bundes-Bodenschutzgesetz, S. 215.

447 Hierzu zählen auch Aufwendungen, die ein Dritter auf Veranlassung des Eigentümers vornimmt, Bickel, Bundes-Bodenschutzgesetz, § 25 Rd. 15. Im Einzelfall kann zur „Vermeidung unbilliger Härten" von der „Festsetzung eines Ausgleichsbetrages ganz oder teilweise abgesehen werden", § 25 Abs. 5 BBodSchG.

448 Voraussetzung ist ein Schadensersatzanspruch gegen Dritte, Bickel, Bundes- Bodenschutzgesetz, § 25 Rd. 16.

449 Hier gilt die vier Jahresfrist, § 25 Abs. 3 S. 2 BBodSchG.

450 Albrecht, in: Knopp/Löhr, Bundes-Bodenschutzgesetz, Rd. 371.

aus dinglichen Sicherheiten vor[451]. Durch die Verordnung über die Eintragung des Bodenschutzlastvermerks vom 18. März 1999[452] ist die Grundbuchverfügung entsprechend geändert worden. Bei der Gestaltung von Grundstücksverträgen sollte somit stets der gesetzliche Ausgleichsanspruch mit berücksichtigt werden. Allerdings erlischt die öffentliche Last nach vier Jahren seiner Festsetzung mit der Folge, dass die Forderung der öffentlichen Hand in eine niedrigere Rangklasse eingeordnet wird und damit einer Mehrzahl von weiteren bestehenden Ansprüchen nachgeht[453].

3. Haftung bei der Überplanung von Altlasten

Neben den im Bundes-Bodenschutzgesetz vorgesehenen Haftungsmöglichkeiten soll abschließend auch das behördliche Fehlverhalten in Form der Amtspflichtverletzung näher beleuchtet werden. So kann eine fehlerhafte Planung zu verunreinigten Flächen Haftungsansprüche nach sich ziehen[454]. Die planenden Gemeinden sind im Falle eines sog. „Wegwägens" von Bodenschutzbelangen einem Haftungsrisiko ausgesetzt[455]. Im Unterschied zur Gefahrenabwehr geht es im Amtshaftungsrecht um den „Ausgleich eines durch rechtswidriges oder sonstiges amtspflichtwidriges Verwaltungshandeln erlittenen Vermögensschadens."[456] Die Überplanung von Altlasten stellt grundsätzlich einen beachtlichen Verfahrensmangel nach § 214 Abs. 1 Nr. 1 BauGB dar, der zur Fehlerhaftigkeit

---

451 Ohne diese Festlegung würde eine Vollstreckung in das Grundstück nach §§ 864ff. ZPO mit großer Wahrscheinlichkeit wegen der vorrangigen dinglichen Sicherheiten nicht zu einer Befriedigung der öffentlichen Ansprüche führen. Albrecht, in: Knopp/Löhr, Bundes-Bodenschutzgesetz, Rd. 374.

452 BGBl. I 1999, S. 497

453 Albrecht, in: Knopp/Löhr, Bundes-Bodenschutzgesetz, Rd. 391.

454 Siehe hierzu u.a. Zimmerling, in: jurisPK-BGB, § 839 BGB, Rd. 105 ff.

455 Nach einem Urt. des VGH BW v 07.05.1999, Az.: 3 S 1265/98, muss „die Gemeinde bei der Aufstellung von Bebauungsplänen einen vorhandenen Verdacht von Bodenverunreinigungen soweit aufklären, dass eine abschließende Entscheidung über die geplante Nutzung getroffen werden kann und die geplante Nutzung möglich ist. Sie darf die Bewältigung von Folgeproblemen durch vorhandene Altlasten nur dann dem späteren, dem Planvollzug dienenden Verwaltungsverfahren überlassen, wenn sie im Rahmen der Abwägung realistischerweise davon ausgehen kann, dass die Probleme in diesem Zusammenhang gelöst werden können."

456 Urt. Nds OVG v 15.12.2004, Az.: 7 LB 248/02, Rd. 56.

des Bebauungsplans führt[457]. Ein beachtlicher Verfahrensfehler ist dann gegeben, wenn die von der Planung berührten Belange, die der Gemeinde bekannt waren oder hätten bekannt sein müssen, von dieser unzutreffend ermittelt oder bewertet wurden[458]. Die Gemeinden können sich hierbei nicht auf ihr „mangelndes Problembewusstsein“ bei der Planung berufen, denn „maßgeblich sind nicht die subjektiven Ansichten des Planers, sondern objektiv gerichtlich voll überprüfbare Kriterien“[459]. Das Bundesverwaltungsgericht (BVerwG) hat zu der Behandlung fehlerhafter Bebauungspläne entschieden, dass entweder der Bebauungsplan in einem förmlichen Verfahren aufzuheben ist, um „den durch die Normgebung gesetzten Rechtsschein zu beseitigen“ oder aber der Fehler zu heilen ist[460].

Nach der Rechtsprechung des BGH kann die Überplanung von Altlasten eine Amtshaftung der Gemeinden auslösen[461]. Die Amtspflichtverletzung sah der BGH in seinem Urteil zu *Bielefeld/Brake* in der unzureichenden Ermittlung und Berücksichtigung des Belangs der Anforderungen an gesunde Wohn- und Arbeitsverhältnisse durch die Gemeinde bei der Aufstellung des Bebauungsplanes als gegeben an[462]. Die Gemeinde trifft keine überzogene Ermittlungspflicht, stattdessen muss ein hinreichend konkretisierter Verdacht bestehen[463]. In diesem Fall wies die Gemeinde durch einen Bebauungsplan das Gelände einer ehemaligen Industriemülldeponie als Wohngebiet aus, ohne zu prüfen, ob und inwieweit von der Fläche eine Gefährdung für die menschliche Gesundheit ausging[464]. Die Deponie war der Gemeinde dabei nicht nur bekannt, sie war von ihr selbst zur Ablagerung von Industrieabfällen benutzt worden. Die Mitglieder

---

457 Uechtritz in: Spannowsky/Uechtritz, § 214 Rd. 21. Vgl. auch die Rspr. nach alter Rechtslage: Nds OVG Beschluss v 13.02.1995, Az.: 6 K 284/95, Rd. 16f., 30; OVG RP, Urt. v 5.12.1990, Az. 10 C 52/89.

458 Die Fehlerhaftigkeit muss sich dabei auf wesentliche Punkte beziehen. Uechtritz in: Spannowsky/Uechtritz, § 214 Rd. 23.

459 Schink, DÖV 1988, 532; Simon, BayVBl. 1988, 621.

460 BVerwG in: BauR 1987, 172. Vgl. zu den Planerhaltungsvorschriften auch BVerwGE 138, 12–21 (Punkt 2.2) m. w. N. Es gilt der Grundsatz der Planerhaltung, Kühn, Amtshaftung, S. 194; Krautzberger, UPR 1989, 17.

461 Vgl. die erste Entscheidung des BGH zu diesem Bereich: BGHZ 106, 323–338.

462 BGHZ 106, 323 (329f.).

463 Soweit keine positive Kenntnis der Behörde gegeben ist, besteht grundsätzlich auch nicht die Pflicht zur nachträglichen Kennzeichnung im Bebauungsplan: NdsOLG, Urt. v 26.09.2003, Az. 6 U 67/03, Rd. 5. Des Weiteren OLG SH v 28.02.1991, Az.: 11 U 208/89, LS, Rd. 53 ff.; NdsOVG Beschluss v 13.02.1995, Az.: 6 K 284/95, Rd. 18; Hess OLG, Urt. v 17.12.2001, Az.: 1 U 133/98, S. 5f.; BGH in: NJW 1994, 255.

464 BGHZ 106, 323 (328).

der Gemeindevertretung handeln nach ständiger Rechtsprechung des BGH bei der Beschlussfassung über einen Bebauungsplan in Ausübung eines öffentlichen Amtes und damit als Beamte im haftungsrechtlichen Sinn[465].

Die Bestimmung des Kreises der Dritten ist vor allem für den Haftungsumfang der Gemeinden von Bedeutung. Ob im Einzelfall der Geschädigte zu dem Kreis der Dritten im Sinne von § 839 BGB gehört, bestimmt sich danach, „ob die Amtspflicht den Zweck hat, das Interesse gerade dieses Geschädigten wahrzunehmen"[466]. Der Drittbezug der Amtspflicht ergibt sich aus der „Abwägungserheblichkeit des betroffenen Belangs"[467]. Der BGH trägt hierzu vor, dass das Gebot, bei der Bauleitplanung die Anforderungen an gesunde Wohn- und Arbeitsverhältnisse zu berücksichtigen, „nicht nur dem Schutz der Allgemeinheit dienen soll", sondern gerade auch „den Schutz derjenigen Personen bezweckt, die im von der Bauleitplanung betroffenen Gebiet wohnen werden"[468]. Die „abstrakte Bestimmung des Schutzzwecks der Amtspflicht" eröffnet die Möglichkeit, auch weitere „Nacherwerber sowie obligatorisch Berechtigte" in den Schutzbereich der Amtspflicht einzubeziehen[469] sowie Personen, „die nicht selbst im Plangebiet wohnen werden, sondern das erworbene Gelände mit Wohnhäusern bebauen und nach der Teilung weiter veräußern wollen"[470]. Hinsichtlich des nach § 839 BGB erforderlichen Verschuldens gilt der objektive Fahrlässigkeitsmaßstab[471]. Im Fall Bielefeld/Brake hatten die Ratsmitglieder genügend Anhaltspunkte, um Rückschlüsse für die von der ehemaligen Deponie ausgehenden Gesundheitsgefahren zu ziehen[472].

Der finanzielle Schaden, den die Gemeinden zu ersetzen haben, umfasst nach den Feststellungen des BGH „die fehlgeschlagenen Aufwendungen für den Grundstückserwerb und den Bau des Hauses, abzüglich ein auf dem Grundstücksmarkt

---

465 BGHZ 106, 330 m. w. N.

466 BGHZ 106, 331.

467 Dazu Anm. von Papier, DVBl. 1989, 509 sowie Papier in: Münchener Kommentar § 839, Rd. 266; Rehbinder, JuS 1989, 888.

468 BGHZ 106, 332. Diese Ausweitung ist in der Literatur unterschiedlich diskutiert worden. Für eine derartige Ausweitung auf zukünftige Erwerber: Bielfeldt, DÖV 1989, 70f.; Rehbinder, JuS 1989, 888; Raeschke-Kessler, NJW 1993, 2276f. Gegen eine solche Ausweitung: Schink, DÖV 1988, 535; ders., NJW 1990, 356.

469 Rehbinder, JuS 1989, 888; Bielfeldt, DÖV 89, 72.

470 Vgl. dem Fall Bielefeld/Brake nachfolgenden Entscheidung: BGHZ 108, 224 (228); Hess OLG, Urt. v 17.12.2001, Az.: 1 U 133/98, S. 6f.

471 Rehbinder, JuS 1989, 889. Nach Ansicht des OLG RP ist es ausreichend, dass sich entsprechende Hinweise im Bauvorbescheid und Auflagen in der Baugenehmigung über einen Altlastenverdacht finden, Teilurteil v 04.05.2006, Az.: 6 U 2/05, Rd. 55.

472 BGHZ 106, 323 (330).

noch erzielbaren Preises"[473]. Zu ersetzen ist ferner der „Nutzungsausfall, den der Betroffene für den Zeitraum zwischen der Räumung des Hauses und dessen Veräußerung erleidet"[474]. Der BGH begründet die Ersatzfähigkeit dieser Vermögensschäden mit der „Regelungsfunktion" des Bebauungsplanes, der „gerade in den Fällen, in denen die angestrebte Nutzung des Bodens Standortprobleme hervorruft, eine verlässliche Grundlage für die Entscheidung über die Wahl des Wohnsitzes und etwa damit verbundene Investitionen geben soll"[475]. Mit der Ausweisung von Bauland erzeuge die Gemeinde das Vertrauen, dass der Boden nicht übermäßig mit Schadstoffen belastet ist[476]. Des Weiteren sind Mehraufwendungen, die für Sanierungsmaßnahmen erforderlich waren oder sein werden, ersatzfähig, soweit sie unmittelbar der Beseitigung von Gesundheitsgefahren dienen[477]. Schadensersatzansprüche des Planbetroffenen sind aber dann unbegründet, wenn „dessen Grundstück selbst von Schadstoffen unbelastet ist, es aber in der Nachbarschaft oder Umgebung schadstoffbelasteter Grundstücke liegt"[478].

Ein Amtshaftungsanspruch gegenüber der Gemeinde besteht bei fahrlässigem Verhalten schließlich nur, soweit dem Betroffenen kein anderweitiger Ersatzanspruch zusteht, § 839 Abs. 1 S. 2 BGB. Das hat zur Folge, dass die Gemeinden erst nach erfolgloser Inanspruchnahme des Vertragspartners oder des ehemaligen Betreibers zu haften haben, so dass die kommunale Haftung eingegrenzt wird[479].

Die Vermeidung von Amtshaftungsansprüchen durch eine umfassende Abwägung von allen betroffenen Belangen wirkt sich für die Gemeinden jedoch in jedem Fall finanziell günstiger aus. Das niedersächsische Oberverwaltungsgericht hat in seinem Beschluss zur Beurteilung von Altlasten in der Bauleitplanung folgende Voraussetzungen zum Umfang der Ermittlungspflicht genannt[480]: Die Ermittlungen müssen umso sorgfältiger durchgeführt werden, je verbindlicher die Planung ist. Je schutzwürdiger die beabsichtigte Nutzung und je schwerwiegender der jeweilige Eingriff, desto umfangreicher die Ermittlungspflicht der Umstände, die sich auf die Planung nachteilig auswirken können. Hierbei kommt dem Schutzgut der Gesundheit der im Plangebiet wohnenden Menschen ein besonders

473 BGHZ 106, 335.
474 BGHZ 106, 335.
475 BGHZ 106, 334.
476 BGHZ 106, 334.
477 BGHZ 123, 363 (365).
478 BGHZ 109, 380 (389).
479 Rehbinder, JuS 1989, 885.
480 NdsOVG, Beschluss v 13.02.1995, Az.: 6 K 284/95, Rd. 19.

hoher Rang zu[481]. Die Gemeinde kann dabei auf die Prüfwerte der BBodSchV zurückgreifen und daran die zukünftige Nutzung ausrichten[482]. Konkrete Anhaltspunkte für eine schädliche Bodenveränderung oder Altlast liegen gemäß § 3 Abs. 4 S. 1 BBodSchV vor, soweit die Untersuchungen eine Überschreitung der Prüfwerte ergeben oder erwarten lassen. Bei Berücksichtigung dieser Voraussetzungen kann eine Überplanung von kontaminierten Grundstücken schon bei der Planung durch die Gemeinden vermieden werden.

D. Kooperatives Verwaltungshandeln zugunsten des Bodenschutzes

Das kooperative Verwaltungshandeln stellt eine sinnvolle Ergänzung zum ordnungsrechtlichen Instrumentarium dar. Der Vorteil liegt in der gemeinsamen Interessenlage und dem Freiwilligkeitsaspekt mit dem Ziel, eine tragfähige Lösung zu schaffen. Im Bereich des Flächenmanagement wie auch des Sanierungsrechts gibt es eine Reihe von Vertragslösungen und Programmen, die in der Praxis Anwendung finden.

I. Städtebaulicher Vertrag

Als eine „Form des Interessenausgleichs zwischen Gemeinde und Privaten" kann der städtebauliche Vertrag als „kooperative Vorgehensweise zur Problemlösung" neben den hoheitlichen Maßnahmen genutzt werden[483]. In § 11 Abs. 1 S. 2 Nr. 1 BauGB wird zunächst klargestellt, dass der Vertragspartner der Gemeinde städtebauliche Maßnahmen, zu denen auch die Bodensanierung gehört, auf eigene Kosten durchführen kann[484]. Es handelt sich um einen öffentlich-rechtlichen Vertrag, auf den ergänzend die Vorschriften der §§ 54–62 VwVfG Anwendung finden[485]. So ist der städtebauliche Vertrag für die Entlastung der Gemeinde von der Kostentragungspflicht von besonderer Bedeutung[486].

481 NdsOVG, Beschluss v 13.02.1995, Rd. 19.

482 Tomerius, NuR 2005, 18.

483 Löhr in: Battis/Krautzberger/Löhr, § 11, Rd. 1; Battis/Krautzberger/Löhr, NVwZ 1997, 1156f.

484 Vgl. auch Löhr in: Battis/Krautzberger/Löhr, § 11 Rd. 6.

485 Krautzberger, in: Ernst/Zinkhahn/Bielenberg, § 11, Rd. 122, 187; Löhr in: Battis/Krautzberger/Löhr, § 11 Rd. 7.

486 Zur Auslegung öffentlich-rechtlicher Verträge: Stüer/Hönig, DVBl 2004, 290.

Bedeutung für den *vorsorgenden* Bodenschutz erlangt der städtebauliche Vertrag im Rahmen der Kostentragung der Kompensation bei Eingriffen in Natur und Landschaft, §§ 11 Abs. 1 Nr. 2, 1a Abs. 3 BauGB. Hierdurch wird den Gemeinden eine umfassende Refinanzierung ihrer durchgeführten bodenschützenden Maßnahmen ermöglicht. Bei Erlass eines Kostenerstattungsbescheides würde die Gemeinde lediglich ihren gesetzlichen Refinanzierungsanspruch für die Durchführung der Ausgleichs- und Ersatzmaßnahmen, nicht jedoch die Kosten der dauerhaften Unterhaltung und Pflege erstattet bekommen[487]. Voraussetzung ist, dass die Kosten in einem angemessenen Verhältnis zu dem Wert des Vorhabens stehen[488]. In der Praxis hat eine im Jahr 2003 durchgeführte Umfrage unter 600 Flächenpoolbetreibern ergeben, dass ein hoher Anteil der Städte und Gemeinden bereits die vertraglichen Refinanzierungsmöglichkeiten nutzt[489]. Dieses Ergebnis wird auch durch das Flächenmanagement der Stadt Leipzig bestätigt[490]. Zu beachten ist, dass der öffentlich-rechtliche Vertrag nur dann Anwendung findet, soweit die Ökokontierung nicht auf eine privatrechtlich organisierte Ökoagentur übertragen worden ist[491].

Die *Bodensanierung* ist als Gegenstand eines städtebaulichen Vertrages in § 11 Abs. 1 S. 2 Nr. 1 BauGB gesondert aufgeführt. Die Gemeinde kann danach einen städtebaulichen Vertrag schließen, mit dem sich der Vertragspartner verpflichtet, die Bodensanierung im Rahmen städtebaulicher Maßnahmen auf eigene Kosten durchzuführen[492]. Für den Fall, dass die Gemeinde die Maßnahmen selbst durchführen will, kann die Kostenübernahme durch den Investor in einem Folgekostenvertrag gemäß § 11 Abs. 1 S. 2 Nr. 3 BauGB geregelt werden[493]. Inhaltlich sollte ein städtebaulicher Vertrag zur Regelung der Sanierung von kontaminierten Flächen Informations-, Untersuchungs-, Abstimmungs- und Kostenpflichten sowie ggf. zeitliche Vorgaben enthalten[494]. Allerdings wird der städtebauliche Vertrag durch die Möglichkeit des Abschlusses eines spezielleren Sanierungsvertrages in seiner Anwendung beschränkt.

487 Bunzel, Nur 2004, 17; Thum, UPR 2006, 295.

488 Stüer, NuR 2004, 14; Bunzel, Nur 2004, 18.

489 In der vorliegenden Teilauswertung behalten fast 50 % der Städte und Gemeinden die bisherige Bescheidtechnik bei, der andere Teil greift jedoch auf vertragliche Regelungsmöglichkeiten zurück. Vgl. Bunzel, Nur 2004, 17.

490 Thum, UPR 2006, 295.

491 Näheres zu dem Begriff Ökoagentur unter Gliederungspunkt B.III.3. sowie Diederichsen, NuR 2010, 846 ff.

492 Fachkommission Städtebau der ARGEBAU, Mustererlass v 26.09.2001.

493 Fachkommission Städtebau, der ARGEBAU, Mustererlass v 26.09.2001.

494 Vgl. Fachkommission Städtebau, der ARGEBAU, Mustererlass v 26.09.2001, S. 17.

II. Sanierungsvertrag

Bei dem Sanierungsvertrag[495], in den auch Dritte einbezogen werden können, handelt es sich gemäß § 13 Abs. 4 BBodSchG ebenfalls um einen öffentlichrechtlichen Vertrag nach den Vorschriften der §§ 54–62 VwVfG[496], da inhaltlich die Pflichten zur Gefahrenabwehr geregelt werden[497]. Vertragspartner sind die zuständige Behörde und der/die zur Sanierung Verpflichtete[498]. Gemäß § 13 Abs. 4 BBodSchG hat der Sanierungsvertrag die Umsetzung der Sanierungsplanung zum Inhalt[499].

In dem Sanierungsvertrag sind nach dem Vorschlag von *Vierhaus* die Sanierungsdurchführung und die Sanierungsziele, der Zeitrahmen sowie mögliche Kontrollinstrumente zu regeln, wobei auf den Sanierungsplan Bezug genommen werden kann[500]. Soweit es sich um kostenintensive Sanierungen handelt, die für den Sanierungsverpflichteten zu wirtschaftlichen Problemen führen können, kann eine Vereinbarung getroffen werden, welche die Absicherung durch die Stellung von Finanzierungssicherheiten, beispielsweise in Form von Grundpfandrechten oder Ausführungsbürgschaften des Verantwortlichen, zum Gegenstand hat[501]. Zudem ist eine teilweise Kostenbeteiligung der Behörde denkbar[502].

Durch die Anwendung des Sanierungsvertrages kann eine zeitnahe Problemlösung erfolgen und das Kostenrisiko übersichtlich und kalkulierbar gestaltet werden[503]. Der Sanierungspflichtige kann in einem solchen Fall eine Kostenanalyse durchführen und bei nicht ausreichender Leistungsfähigkeit gegebenenfalls einen Dritten in die Kostenbeteiligung mit einbeziehen[504]. Die Einbeziehung Dritter bezieht sich auf die Ausführung der Sanierungsmaßnahmen und kann beispielsweise für den durchführenden Unternehmer oder den beteiligten Sachverständigen

495 Vgl. die Darstellung eines Musterentwurfes in: Sahm, UPR 1999, 378ff.

496 Frenz, Bundes-Bodenschutzgesetz, S. 520; Vierhaus, NJW 1998, 1268.

497 Fischer, BauR 2000, 835.

498 Knopp/Löhr, Bundes-Bodenschutzgesetz, Rd. 203.

499 Vgl. hierzu die Darstellung bei Fischer, BauR 2000, 840f. Näheres zur Sanierungsplanung unter Punkt C.III.

500 Vierhaus, NJW 1998, 1268. Vgl. auch Knopp/Löhr, Bundes-Bodenschutzgesetz, Rd. 205.

501 Hierzu Schapmann, Sanierungsvertrag, S. 225 ff.

502 Fischer, BauR 2000, 842.

503 Fischer, BauR 2000, 834; Sahm, UPR 1999, 376; Knopp/Löhr, Bundes-Bodenschutzgesetz, Rd. 204.

504 Sahm, UPR 1999, 376.

festgelegt werden[505]. Daneben bietet der Vertrag auch Gestaltungsmöglichkeiten für leistungsfähige Investoren, da er Rechtssicherheit in Bezug auf weitere behördliche Nachforderungen schafft[506]. Demgegenüber wird eine vertragliche Lösung regelmäßig nicht in Betracht kommen, wenn die Störereigenschaften noch nicht geklärt sind oder die Sanierungskosten den Grundstückswert übersteigen[507].

Der Abschluss des Sanierungsvertrages kann in Form eines *Vergleichsvertrages* nach § 55 VwVfG sowie in Form eines *Austauschvertrages* nach § 56 VwVfG erfolgen[508]. Der Vergleichsvertrag findet nach § 55 erster Hbs. VwVfG seine Anwendung in solchen Fällen, bei denen aufgrund des Sachverhaltes oder der Rechtslage Unsicherheiten bestehen, die durch „gegenseitiges Nachgeben" beseitigt werden sollen[509]. Eine „tatsächliche Unsicherheit" ist dann gegeben, wenn Unklarheiten bezüglich der Sanierungspflicht oder deren Umfang bestehen[510]. Das „gegenseitige Nachgeben" kann durch eine „sachliche und zeitliche Begrenzung der Inanspruchnahme" erfolgen, in dem der Sanierungspflichtige teilweise von seiner Verantwortung freigestellt wird[511]. Eine rechtliche Ungewissheit liegt vor, wenn hinsichtlich der Anwendbarkeit oder Auslegung der für die Entscheidung relevanten Rechtsnormen Zweifel bestehen, wie dies bei dem Umfang der Sanierungspflicht in rechtlicher Hinsicht der Fall sein kann[512].

Neben dem Vergleichsvertrag spielt der *Austauschvertrag* gemäß § 56 VwVfG als Sanierungsvertrag eine entscheidende Rolle. Danach verpflichtet sich der Vertragspartner gegenüber der Behörde zu einer an einem bestimmten Zweck gebundenen Gegenleistung, die der Erfüllung öffentlicher Aufgaben dient, die angemessen ist und im „sachlichen Zusammenhang mit der vertraglichen Leistung der Behörde"

505 Vgl. zu der Zustimmung von Dritten und Behörden: Frenz, Bundes-Bodenschutzgesetz, S. 529f. sowie S. 531ff. Im Rahmen von sonstigen Sanierungsverträgen können als Drittbeteiligte auch potentielle Grundstückskäufer oder zur Regelung des Ausgleichsanspruches nach § 24 Abs. 2 BBodSchG mehrere Verantwortliche in Betracht kommen.

506 Frenz, Bundes-Bodenschutzgesetz, S. 522; Knopp/Löhr, Bundes-Bodenschutzgesetz, Rd. 204; Bickel, Bundes-Bodenschutzgesetz, § 13 Rd. 10.

507 Fischer, BauR 2000, 834.

508 Knopp/Löhr, Bundes-Bodenschutzgesetz, Rd. 205.

509 Bei der Freistellung von der Verantwortung im unternehmerischen Bereich sind im Rahmen des Vergleichsvertrages die Vorschriften des Gemeinschaftsrechts zu staatlichen Beihilfen nach Art. 107 Abs. 1, 108 AEUV zu beachten.

510 Frenz, Bundes-Bodenschutzgesetz, S. 526; Sahm, UPR 1999, 376.

511 Vgl. zu den näheren Voraussetzungen: Frenz, Bundes-Bodenschutzgesetz, S. 526 ff.

512 Hier sind die Fragen der Legalisierungswirkung von Genehmigungen oder die zeitlichen Grenzen der Verantwortung ungeklärt. Frenz, Bundes-Bodenschutzgesetz, S. 528.

steht[513]. Durch Abschluss des Sanierungsaustauschvertrages erhält die Behörde die Möglichkeit, eine Sanierungspflicht festzulegen, die über die Pflichten des § 4 Abs. 3 und 4 BBodSchG hinausgeht[514]. So ist in diesem Zusammenhang an eine Rekultivierungsverpflichtung oder an einen präzisen Zeitrahmen[515] zu denken. Im Gegenzug sollte die Behörde den Sanierungsplan für verbindlich erklären und dem Sanierungspflichtigen nach § 38 VwVfG zusichern, auf den Erlass von Untersuchungs- und Sanierungsanordnungen zu verzichten sowie die sanierten Flächen aus dem Altlasten- und Verdachtsflächenkataster zu streichen[516]. Hierdurch wird für den Sanierungsverantwortlichen eine Rechtssicherheit geschaffen, die zugleich auch eine finanzielle Sicherheit gegenüber behördlichen Nachforderungen bietet[517]. Ein „Rückgriff auf eine vom Vertrag abweichende Ordnungsverfügung" durch die Behörde wäre in einem solchen Fall rechtswidrig[518].

Die Rechtssicherheit wirkt sich vor allem auf Investitionen vorteilhaft aus. Da Altlasten ein Investitionshindernis darstellen[519], sind Handlungssicherheit und Verlässlichkeit in diesem Rahmen von besonderer Wichtigkeit. Gerade die Rechtsunsicherheit in der Finanzierungsfrage führt zur verstärkten Inanspruchnahme von Flächen auf der „grünen Wiese", von der vorwiegend die neuen Bundesländer betroffen waren und sind[520].

Bei einer wesentlichen Änderung der Vertragsverhältnisse einer Vertragspartei kann der Sanierungsvertrag nach § 60 Abs. 1 S. 1 VwVfG angepasst oder gekündigt werden. Die Beurteilung der Unzumutbarkeit ist eine Frage des Einzelfalls[521]. Eine Kündigung durch die Behörde kommt gemäß § 60 Abs. 1 S. 2 VwVfG dann in Betracht, wenn „schwere Nachteile für das Gemeinwohl zu verhüten oder zu beseitigen" sind. Rein finanzielle Nachteile sind hierfür jedoch nicht ausreichend, selbst wenn der Behörde durch eine Sanierungsfreistellung Kosten in Millionenhöhe

---

513 Gemäß § 56 Abs. 1 S. 1, 2 VwVfG ist das sog. „Koppelungsverbot" zu beachten. Hierdurch soll ein „Verkauf von Hoheitsrechten" ausgeschlossen werden. Vgl. Ramsauer, in: Kopp/Ramsauer, § 56 Rd. 16.

514 Frenz, Bundes-Bodenschutzgesetz, S. 523.

515 Dombert, ZUR 2000, 304.

516 Vierhaus, NJW 1998, 1268; Sahm, UPR 1999, 377.

517 Dombert, ZUR 2000, 305.

518 Vgl. hierzu Dombert, ZUR 2000, 304 m. w. N.

519 Rosenbohm, UmweltMagazin 1999, 36.

520 Vgl. hierzu Fugmann-Heesing, LKV 1996, 113–119; Heilmann, LKV 1994, 305–312; Erbguth, ThürVBl. 1996, 97–105.

521 Frenz, Bundes-Bodenschutzgesetz, S. 537f.

aufgrund der Durchführung von Sanierungsmaßnahmen entstehen[522]. Der Begriff des „schweren Nachteils“ ist durchaus restriktiv auszulegen. Die Behörde sollte deshalb vor Vertragsabschluss gemäß § 9 Abs. 1 BBodSchG in eigenem Interesse Voruntersuchungen bezüglich der Sanierungspflicht und des Sanierungsumfangs anstellen, um verbleibende Kosten möglichst gering zu halten.

In der Praxis kann der Sanierungsvertrag beispielsweise im Rahmen des sog. Flächenrecyclings Anwendung finden[523]. So stellt die nicht vorhersehbare Kostentragung von Maßnahmen ein großes Risiko für Flächenrecyclingprojekte dar, weil zunächst weder der Investor noch die Kommune gewillt sein werden, die zusätzlichen Kosten zu tragen, so dass die Gefahr einer Blockierung des Projektes besteht[524]. Hier bietet sich der Abschluss eines Sanierungsvertrages an, der auch die Verteilung der Risiko-Kosten regelt. Die Aufnahme einer Vertragsklausel zu Lasten des Investors bürdet diesem zusätzlich zu den möglichen „regulären“ Sanierungskosten, dem Kaufpreis sowie den Bau- und Vermarktungskosten weitere, nicht in seinem Kostenkalkül enthaltene Kosten auf[525]. Es ist nicht anzunehmen, dass der Investor zur Übernahme dieser zusätzlichen Kosten bereit ist, so dass er eine Investition auf der „grünen Wiese“ vorziehen wird. Eine Vertragsklausel zu Lasten der Kommune wird diese aufgrund der angespannten Haushaltslage kaum verantworten können[526]. In solchen Fällen wäre eine anteilige Kostenverteilung zwischen der Kommune und dem Investor möglich. Ferner könnte die Behörde die Erteilung einer Baugenehmigung für das zu sanierende Grundstück anbieten, insbesondere dann, wenn eine Befreiung nach § 31 BauGB erforderlich ist[527].

III. „Bündnis zum Flächensparen“ in Bayern und Baden-Württemberg

Die Länder Bayern und Baden-Württemberg sind auf kooperativer Ebene tätig geworden, um den voranschreitenden Flächenverbrauch zu stoppen. Das Land Bayern hat nach Unterzeichnung einer Gemeinsamen Erklärung durch 29 Bündnispartner am 29. Juli 2003 zum „Bündnis zum Flächensparen“ ein

522 Frenz, Bundes-Bodenschutzgesetz, S. 538; Schapmann, Sanierungsvertrag, S. 195.
523 Vgl. hierzu Punkt D.II.
524 Tomerius, ZUR 1999, 84.
525 Tomerius, ZUR 1999, 84.
526 Tomerius, ZUR 1999, 84.
527 Sahm, UPR 1999, 378.

Aktionsprogramm 2005 erarbeitet, das im Jahr 2007 fortgeschrieben wurde[528]. Zu den Bündnispartnern gehören neben öffentlichen Einrichtungen auch Verbände wie der Bayerische Bauernverband, der Landesverband Bayerischer Haus- und Grundbesitzer oder der Bund Naturschutz in Bayern, das die breite Palette an Interessenvertretern zeigt[529]. Neben verschiedenen Maßnahmen sieht das Aktionsprogramm unter Punkt 5/6 auch die Förderung der Brachflächenkonversion im Rahmen der städtebaulichen Sanierung und Entwicklung vor. Hierfür wird allerdings nur der Rahmen vorgegeben, die Umsetzung obliegt den Städten und Gemeinden[530]. Das Aktionsprogramm wird regelmäßig fortgeschrieben.

In Baden-Württemberg wurde im Jahr 2004 das Aktionsbündnis „Flächen gewinnen in Baden-Württemberg“ mit Vertretern der kommunalen und Landes-Ebene, der Umweltverbände und Kammern gegründet[531]. Schwerpunkt hierbei ist die verstärkte Nutzung von städtischen Innenräumen sowie ein nachhaltiges Bauflächenmanagement[532]. Begleitend zum Aktionsbündnis fand eine breite Öffentlichkeitskampagne statt, die sich vor allem an die Entscheidungsträger in den Kommunen richtete[533], zu Themen und Projekten der Innenentwicklung und des Flächenmanagements informierte und fachliche Empfehlungen zur Verfügung stellte. Aufgrund der Impulssetzung dieses Aktionsbündnisses ist zwar das Bewusstsein in den Kommunen dafür geschärft worden, sparsam mit der Ressource Fläche umzugehen. Die Strategie ist jedoch fortzuführen, um weiterhin nachhaltige Effekte zu erzielen.

E. Ergebnis zu Teil 1

Die Ausmaße der fortschreitenden Flächeninanspruchnahme sowie die qualitativen Beeinträchtigungen des Bodens zeigen deutlich den Handlungsbedarf, um den Boden in seinen natürlichen und ökonomischen Funktionen zu erhalten. Neben den anhaltenden Bodenbeeinträchtigungen stellen die Altlasten ein erhebliches umweltschädigendes Risiko mit kaum absehbaren finanziellen Folgen dar. In den

528 Die Anzahl der Mitglieder hat sich dabei auf 41 erhöht. StMUG BY, Bündnis zum Flächensparen.

529 StMUG BY, Bündnis zum Flächensparen.

530 StMUG BY, Flächensparen Aktionsprogramm 2007, S. 8.

531 Erklärung der Bündnispartner 2004 unter (Zugriff am 24.11.2011): http://www.handwerk-bw.de/uploads/media/Aktionsbuendnis_Flaeche_gewinnen_Baden-Wuerttemberg.pdf.

532 UM BW, Aktionsbündnis „Flächen gewinnen in Baden-Württemberg“.

533 UM BW, Aktionsbündnis „Flächen gewinnen in Baden-Württemberg“.

vorhergehenden Ausführungen wurde deutlich, dass die Erhaltung und Sanierung des Bodens ein komplexes Maßnahmenpaket erfordern, das mit einem erheblichen Finanzierungsbedarf einhergeht.

Im Bereich des nachsorgenden Bodenschutzes erfolgt die Kostenteilung in erster Linie nach dem Verursacherprinzip. Allerdings sind der Inanspruchnahme aus dem Verursacherprinzip sowie aus der Sozialpflichtigkeit des Eigentums, nach denen dem Kreis der ordnungsrechtlichen Verantwortlichen die Gefahrenabwehr aufgrund schädlicher Bodeneinwirkungen obliegt, Grenzen gesetzt. Dies gilt trotz der Eröffnung vertraglichen Verwaltungshandelns in Form des Sanierungsvertrages bzw. des städtebaulichen Vertrages, da die Verursacher einer Bodenverunreinigung oftmals nicht mehr auffindbar oder nicht leistungsfähig sind, so dass die Behörden die Sanierung aus eigenen Haushaltsmitteln bestreiten müssen[534]. Viele Kommunen sind bei der finanziellen Bewältigung von Altlasten meistens auf sich selbst gestellt oder können trotz Förderung den notwendigen Eigenanteil nicht erbringen. Altlast ist in solchen Fällen gleich Kostenlast[535].

Der Schutz des Bodens bedarf somit zusätzlicher Anreize, um ein bestimmtes, bodenschützendes Verhalten zu fördern. Zudem ist eine zweckgerichtete Finanzierung notwendig. Diese Lücke kann durch das abgabenrechtliche Instrumentarium geschlossen werden.

534 Schink, DÖV 1995, 224f.
535 Kobes, NVwZ 2000, 261.

Teil 2: Abgaben als Anreizinstrumente zum Bodenschutz

A. Abgaben zum Bodenschutz

Der folgende Teil beschäftigt sich mit der Frage, in welcher Weise Abgaben zum Schutz der natürlichen Bodenfunktionen beitragen können. Nach ökonomischer Auffassung entstehen die Umweltprobleme aus einer übermäßigen Beanspruchung oder aufgrund konkurrierender Nutzungen von Umweltressourcen[536]. Indikatoren für das Ausmaß dieser Nutzungsprobleme sind die externen Effekte[537]. Externe Effekte entstehen dann, wenn sich die Aktivitäten eines Wirtschaftssubjekts auf die Konsum- bzw. Produktionsfunktionen von Dritten auswirken, ohne dass hierüber eine Einkunft erzielt wurde[538]. So können sich beispielsweise Emissionen einer chemischen Industrieanlage durch Einwirkung auf den Boden nachteilig auf die Erträge eines landwirtschaftlichen Betriebes auswirken. Der Ressourcenverbrauch von schadstofffreiem Boden wirkt sich jedoch nicht auf die Faktorkosten der chemischen Fabrik aus. Es entsteht eine Differenz zwischen den privaten und den gesamtwirtschaftlichen Grenzkosten der Marktaktivität, da der Urheber eines externen Effekts diesen wegen fehlenden Preises nicht in seinem Kosten-Kalkül berücksichtigt[539]. Folglich gibt es auch keinen Preismechanismus, der eine effiziente Verwendung der knappen Umweltgüter herbeiführen kann[540]. Mit Hilfe von finanzielle Anreizen, beispielsweise in Form

536 Kemper, S. 3; Bonus, in: Marburger/Reinhardt/Schröder, S. 14.

537 Fritsch/Wein/Ewers, S. 88ff.; Kemper, S. 6. In dem Maße, wie externe Effekte vorliegen, driften persönliches und gesamtwirtschaftliches Kalkül auseinander.

538 Fritsch/Wein/Ewers, S. 88 ff; Kemper, S. 5. Es handelt sich hierbei um Beeinflussungen, die am Preissystem vorbei den direkten Nutzen betreffen und deshalb durch den Preismechanismus nicht koordiniert werden können, wobei sich „extern“ auf das Preissystem bezieht. Weimann, Umweltökonomik, S. 19.

539 Kemper, S. 5.

540 Weimann, Umweltökonomik, S. 21.

von Umweltabgaben[541], kann diese Lücke geschlossen und umweltfreundliches Verhalten gefördert werden[542].

Bei den Umweltabgaben handelt es sich um ein Instrument, das einerseits Lenkungs- und Ausgleichszwecke verfolgen kann und anderseits der Finanzierung bestimmter Zwecke dient. Entscheidend sind die Eignung und Wirkung der Umweltabgaben als Umweltinstrument. Dies war und ist Anlass ständiger Diskussionen, vor allem in der Literatur[543]. Zur Internalisierung externer Effekte entwickelte bereits 1920 der englische Ökonom *Arthur C. Pigou* die nach ihm benannte Pigou-Steuer[544]. Zur Überwindung der praktischen Defizite wurde die Pigou-Steuer von *W. J. Baumol* und *W. E. Oates* durch den sog. „Standard-Preis-Ansatz“ aus dem Jahr 1971 weiterentwickelt. Im „Standard-Preis-Ansatz“ wird auf eine individuelle Verantwortlichkeit für Umweltkosten verzichtet[545]. Stattdessen wird ein bestimmter Umweltstandard festgelegt, der durch die Abgabenerhebung erreicht werden soll[546]. Zweck der Umweltabgaben ist es, besondere ökonomische Anreize für eine Verhaltensänderung der Wirtschaftssubjekte zu bieten und zugleich die sog. Restverschmutzung[547] zu verringern[548]. Sie werden in Umweltfinanzierungs-, Umweltnutzungs-, Umweltausgleichs- und Umweltlenkungsabgaben unterteilt[549].

---

541 Der Begriff Umweltabgabe wird hier als übergeordneter Begriff gewählt, der die rechtlichen Formen der Steuer, der Gebühr und des Beitrags sowie der Sonderabgabe umfasst.

542 Zur Internalisierung externer Effekte entwickelte bereits 1920 der englische Ökonom Pigou die nach ihm benannte *Pigou-Steuer*. Vgl. hierzu Lang, in: Kirchhof, S. 123; Rodi, JZ 2000, 828.

543 Wobei es in den letzten Jahren hierzu ruhiger geworden ist: Vgl. Lang, in: Kirchhof; Kirchhof, F., DVBl. 2000, 1166–1175; Kirchhoff, in: Schriftenreihe für Umwelt- und Technikrecht; Gawel, Umweltabgaben; ders., NuR 2000, 669–674; Hendler, NuR 2000, 661–668; Rodi, JZ 2000, 827ff.; Deutscher Juristentag, DVBl. 2000, 1680–1682; Selmer/Brodersen, DVBl. 2000, 1153–1166; Bareis/Elser, DVBl. 2000, 1176–1185; Klages, ZfW 2001, 1–17. Vgl. hierzu auch die Rechtsprechung des BVerfG: BVerfGE 93, 319ff.; BVerfGE 98, 83ff.; BVerfGE 98, 106ff.

544 Vgl. hierzu Lang, in: Kirchhof, S. 123.

545 Vgl. Dickertmann, in: Kirchhof, S. 38.

546 Vgl. Dickertmann, in: Kirchhof, S. 38.

547 Hierunter sind Umweltbeeinträchtigungen unterhalb des durch den (ordnungsrechtlichen) Grenzwert festgelegten Maximums zu verstehen. Deutliche Kritik an der Abgabenerhebung dieser Restverschmutzung übt Ritter, indem er dies als „eine unverhältnismäßige Besteuerung auf Verdacht“ bezeichnet. Vgl. Ritter, in: Schriftenreihe Umwelt- und Technikrecht, S. 163.

548 Hendler, NuR 2000, 662f.; Dickertmann, in: Kirchhof, S. 46.

549 Vgl. hierzu Kirchhof, in: Schriftenreihe für Umwelt- und Technikrecht, S. 102 ff.

Als *Umweltfinanzierungsabgaben*[550] sollen sie die Kosten von Umweltmaßnahmen decken[551]. Durch die *Umweltnutzungsabgaben*[552] wird der Vorteil beglichen, den die Wirtschaftssubjekte aus der Nutzung der allgemein zugänglichen Umweltressourcen ziehen. In ökonomischer Hinsicht geht es hierbei um die Internalisierung der externen Kosten[553]. Die Umweltnutzungsabgaben sind vor allem in rechtlicher Hinsicht nicht ganz unproblematisch, wie die Diskussion um die sog. Verleihungsgebühr zeigt[554]. Als *Umweltausgleichsabgaben* dienen sie dem Ausgleich von Eingriffen, insbesondere in Natur und Landschaft[555]. Schließlich sind die *lenkenden Umweltabgaben*[556] zu nennen, die neben dem „Finanzbefehl" zugleich einen „ökonomischen Verhaltensbefehl in der Verteuerung umweltbelastenden Verhaltens" beinhalten[557].

I. Überblick über diskutierte bodenrelevante Abgaben

Ziel der Erhebung bodenrelevanter Abgaben ist eine stärkere Betonung des Bodenschutzes vor allem in den Bereichen, in denen die planungs- und ordnungsrechtlichen Instrumente keine Wirkungen entfalten können. Hierbei muss sich der Einsatz von bodenrelevanten Abgaben insoweit verhaltensbestimmend auswirken, dass bodenbelastende Nutzungen stärker belastet und bodenschonendere Nutzungen entlastet werden. Es wird daher untersucht, welcher Abgabenart eine unmittelbare Schutzwirkung zum Boden zuzuordnen ist[558].

Im steuerlichen Bereich könnte vor allem die Grundsteuer Anreize zugunsten des Bodens setzen. Derzeit werden verschiedene Modelle einer Grundsteuer neuer Art diskutiert[559]. Inwieweit die Modelle die bodenschützende Komponente, insbesondere im Hinblick auf einen sparsameren Flächenverbrauch, berücksichtigen, wird zu diskutieren sein.

---

550 Im Rechtssinne handelt es sich hierbei um Steuern und Sonderabgaben.
551 Kirchhof, in: Schriftenreihe für Umwelt- und Technikrecht, S. 102.
552 Meist in der Rechtsform der Gebühr, insbesondere der umstrittenen Verleihungsgebühr.
553 Kirchhof, in: Schriftenreihe für Umwelt- und Technikrecht, S. 102f.
554 Vgl. hierzu Punkt D.II.1.
555 Siehe hierzu die naturschutzrechtliche Ersatzzahlung unter Punkt E.III.2.
556 Von Interesse ist in diesem Zusammenhang vor allem die Lenkungssteuer.
557 Kirchhof, in: Schriftenreihe für Umwelt- und Technikrecht, S. 104 ff.
558 Die Einbeziehung aller sich auf den Boden auswirkenden Abgaben, wie z. B. Abgaben auf bodengefährdende Stoffe, würde den Rahmen dieser Arbeit sprengen.
559 Vgl. hierzu insbesondere Punkt B.II.

Im nicht steuerlichen Bereich finden sich ebenfalls Anwendungsmöglichkeiten einer zielgerichteten Lenkung und Finanzierung des Bodenschutzes. So wird im Rahmen von Gebühren und Beiträgen der Einsatz von Verleihungs- und Ressourcennutzungsgebühren zur Reduzierung der fortschreitenden Flächeninanspruchnahme erörtert[560]. Im Bereich der Sonderabgaben könnte neben der für die Praxis relevanten naturschutzrechtlichen Ersatzzahlung möglicherweise auch eine spezielle Versiegelungsabgabe Anwendung finden.

II. Finanzverfassungsrechtliche Rahmenbedingungen

Die bodenrelevanten Abgaben müssen sich hierbei an den Grundsätzen des Finanzverfassungsrechts messen lassen.

1. Kompetenzrechtliche Besonderheiten

Der Einsatz von Abgaben zugunsten des Bodens hat im Rahmen der Finanzverfassung zu erfolgen. Das Grundgesetz unterscheidet kompetenzrechtlich zwischen den Steuern und den nicht steuerlichen Abgaben, so dass jeweils zu prüfen ist, in welche Abgabeform ein konkretes umweltpolitisches Vorhaben umzusetzen ist[561]. Abgrenzungsbedarf zwischen den Abgabeformen besteht deswegen, weil neben den Steuern, deren Ertragsverteilung in den Art. 106 f. GG geregelt ist, auch andere Abgaben wie Gebühren, Beiträge und Sonderabgaben erhoben werden können, die ihre Grundlage in den Sachkompetenzen der Art. 72 ff. GG finden[562].

Die Abgrenzung der Steuer zu den übrigen Abgabearten knüpft an den allgemeinen Steuerbegriff des § 3 Abs. 1 Abgabenordnung (AO) an[563]. Danach sind Steuern Geldleistungen, die keine „Gegenleistung für eine besondere Leistung darstellen und von einem öffentlich-rechtlichen Gemeinwesen zur Erzielung von Einnahmen allen auferlegt werden, bei denen der Tatbestand zutrifft, an den das Gesetz die Leistungspflicht knüpft". Die Ausübung der Besteuerungsgewalt rechtfertigt sich somit „aus der staatlichen Teilhabe am Erfolg individuellen freiheitlichen Erwerbs

---

560 Vgl. hierzu die Ausführungen unter Punkt D.II.

561 Selmer, in: Schriftenreihe Umwelt- und Technikrecht, S. 19f.; Selmer/Brodersen, DVBl. 2000, 1153; Heun, in: Dreier, Art. 105 Rd. 10.

562 Heselhaus, JA 1999, 635f. Vgl. auch BVerfG in: NVwZ 2003, 1241.

563 I. d. F. der Bekanntmachung v 01.10.2002 (BGBl. I S. 3866; 2003 I S. 61), geändert durch G v 22.12.2011 (BGBl. I S. 3044). Vgl. auch Waldhoff, in: Isensee/Kirchhof, S. 867.

und individueller Teilnahme am Marktgeschehen sowie aus dem finanzstaatlichen Auftrag, die Staatsaufgaben durch Gemeinlasten zu finanzieren"[564].

Der einfache Gesetzgeber hat keine Befugnis, die Abgaben selbst zu charakterisieren, sondern ist der „verfassungsrechtlich erheblichen Eigenart" der von ihm gewählten Abgabenkategorie verpflichtet[565]. Er hat jedoch unter Beachtung der materiellen Verfassung dahingehend Gestaltungsermessen, welchen Abgabentyp er für die „finanzinterventionistische Bewältigung einer Sachaufgabe" wählt[566].

Die Kompetenzabgrenzung ist auch für die Finanzierungszuständigkeiten des Bundes und der Länder entscheidend. Die Gesetzgebungskompetenz des Bundes für Steuern richtet sich nach Art. 105 Abs. 2 i. V. m. Art. 72 Abs. 2 GG. Danach obliegt dem Bund die konkurrierende Gesetzgebung über die Steuern[567], wenn ihm gemäß Art. 105 Abs. 2 GG „das Aufkommen dieser Steuern ganz oder zum Teil zusteht oder die Voraussetzungen des Artikels 72 Abs. 2 vorliegen." Seit der Verfassungsreform 1994[568] gilt eine tatbestandlich nachprüfbare Kompetenzverteilungsregel, die sich am Sinn der besonderen bundesstaatlichen Integrationsinteressen ausrichten muss[569]. Mit dem Gesetz zur Änderung des Grundgesetzes und dem Föderalismusreform-Begleitgesetz[570] sind die Gesetzgebungskompetenzen von Bund und Ländern sowie die Zuständigkeiten und Mitwirkungsrechte der Länder bei der Bundesgesetzgebung neu geregelt worden. An dem Grundsatz des Art. 104a Abs. 1 GG, nach dem entsprechend den Konnexitätsprinzip[571] Bund und Länder die aus ihrer Aufgabenwahrnehmung entstehenden Ausgaben gesondert tragen, ist weiterhin festgehalten worden. Der Begriff der Aufgabenwahrnehmung des Art. 104a Abs. 1 GG entspricht dabei der Verwaltungszuständigkeit, so dass die Ausgaben diejenige Ebene betreffen, welche die Verwaltungszuständigkeit besitzt[572]. Die Steuergesetzgebung findet dort ihre Grenzen, wo sie „aufgrund ihrer

---

564 Kirchhof, in: Kirchhof (Hrsg.), S. 22.

565 Selmer, NVwZ 2007, 875; Selmer/Brodersen, DVBl. 2000, 1154.

566 Selmer/Brodersen, DVBl. 2000, 1154.

567 Mit Ausnahme der Zölle und Finanzmonopole, Art. 105 Abs. 1 GG.

568 Gesetz zur Änderung des Grundgesetzes v 27.10.1994 (BGBl. I S. 3146).

569 Hantzsch, DStZ 2012, 760.

570 G zur Änderung des Grundgesetzes v 28.08.2006 (BGBl. I S. 2034) und das Föderalismusreform-Begleitgesetz v 05.09.2006 (BGBl. I S. 2098).

571 Im deutschen Staatsrecht versteht man unter dem Konnexitätsprinzip den Grundsatz, dass Aufgabenwahrnehmung und Ausgabenverantwortung bei derselben staatlichen Ebene, vor allem Bund oder Ländern, liegen.

572 Selmer, NVwZ 2007, 874.

Aufkommenswirkung das verfassungsmäßig garantierte System einer angemessenen Finanzverteilung in Frage stellt“[573].

Die mit der Föderalismusreform angestrebte Entflechtung von Gemeinschaftsaufgaben und Finanzhilfen[574] ist nur für die Gemeinschaftsaufgaben „Hochschulbau“ und „Bildungsplanung“ sowie mit der Abschaffung der Finanzhilfen zur Verbesserung der Verkehrsverhältnisse der Gemeinden und zur sozialen Wohnraumförderung umgesetzt worden[575]. In diesen Bereichen ist die Zuständigkeit den Ländern übertragen worden[576]. Demgegenüber wurden die Gemeinschaftsaufgaben „Verbesserung der regionalen Wirtschaftsstruktur“ sowie „Verbesserung der Agrarstruktur und des Küstenschutzes“ bis auf einige Verfahrensregelungen in Art. 91a GG beibehalten. Die bisherige Regelung des Art. 104a Abs. 4 GG, wonach der Bund den Ländern für „besonders bedeutsame Investitionen“ zugunsten gesamtwirtschaftlicher oder wachstumspolitischer Ziele Finanzhilfen gewähren konnte, ist in ihren wesentlichen Teilen durch Art. 104b GG übernommen worden. Einschränkungen erfährt die Gewährung von Finanzhilfen dahingehend, dass diese nur noch befristet und degressiv ausgestaltet werden dürfen[577]. Die Anwendung bezieht sich derzeit hauptsächlich auf den Bereich der städtebaulichen Erneuerung und Entwicklung, dem auch weiterhin nach Maßgabe des jeweiligen Haushaltsgesetzes Finanzhilfen für Investitionen der Gemeinden und Gemeindeverbände zur Verfügung gestellt werden können[578]. Ein Schwerpunkt für den Einsatz von Finanzierungshilfen ist gemäß § 164b Abs. 2 Nr. 2 BauGB die Wiedernutzung von Flächen. In der Verwaltungsvereinbarung Städtebauförderung werden durch Bund und Länder jährlich inhaltliche und finanzielle Rahmenbedingungen der Städtebauförderung festgelegt[579].

Aus der Föderalismusreform ist die Modernisierung der Bund-Länder-Finanzbeziehungen herausgelöst worden und wurde Bestandteil der Reform

---

573 Rodi, Umweltsteuern, 46f.; Heun, in: Dreier, Art. 105 Rd. 13.

574 Vgl. hierzu Selmer, JuS 2006, 1052–1060; Häde, JZ 2006, 930–940.

575 G zur Entflechtung von Gemeinschaftsaufgaben und Finanzhilfen, vgl. Art. 13 des Föderalismus-Begleitgesetzes.

576 Der hierdurch verbundene Wegfall der Finanzierungsanteile des Bundes wird bis zum Jahr 2019 durch den Bund ausgeglichen (Kompensationsklausel des Art. 143c GG). Ab 2014 entfällt die Zweckbindung und die Verwendung geht nach einer Überprüfung in die Haushaltsautonomie der Länder über, vgl. Art. 13 § 1–3 des Föderalismusreform-Begleitgesetzes.

577 Häde, JZ 2006, 939; Heun in: Dreier, Art. 104b Rd. 22.

578 Vgl. Art. 104b GG in Verbindung mit § 164b BauGB.

579 VV 2011 über die Gewährung von Finanzhilfen des Bundes an die Länder nach Art. 104b des GG zur Förderung städtebaulicher Maßnahmen v 16.12.2010/18.03.2011.

der bundesstaatlichen Finanzverfassung[580]. Mit der Finanzverfassung soll eine angemessene Finanzausstattung zwischen Bund und Ländern sichergestellt werden[581]. Unmittelbare Auswirkungen auf die Steuerung und Finanzierung des Bodenschutzes beinhaltet die Reform jedoch nicht[582].

2. Wirkungen der Lenkungssteuer

Die Lenkungssteuer, deren Lenkungsanreize vor allem für den vorsorgenden Bodenschutz von Bedeutung sind, entfaltet Wirkungen in einem nicht steuerlichen Sachbereich, was dort zu Problemen führen kann, wo Steuer- und Sachkompetenz unterschiedlichen Hoheitsträgern zustehen[583]. Das BVerfG hat in seinem Urteil zur Verpackungssteuer vom 7. Mai 1998 entschieden, dass eine Lenkungssteuer keiner zusätzlichen Sachkompetenz bedarf, selbst wenn mit der Steuer Lenkungswirkungen als Hauptzweck erzielt werden sollen[584]. Die Erzielung von Einnahmen kann nach § 3 Abs. 1 S. 1 letzter Hbs. AO Nebenzweck sein, so dass die Steuern auch zu Lenkungszwecken eingesetzt werden können[585]. Die Schwierigkeit liegt

---

580 Siehe Beschlüsse der Kommission von BT und BR zur Modernisierung der Bund-Länder-Finanzbeziehungen v 05.03.2009, die sich seit Ende 2006 mit den Fragen dieser Reform beschäftigt hat, unter (Zugriff am 15.12.2011): https://www.btg-bestellservice.de/pdf/20457000.pdf.

581 Häde, JZ 2006, 939. Daher gehörte zu den wesentlichen Zielen der Reform, den Gebietskörperschaften mehr Eigenverantwortung zu übertragen und Haushaltskrisen vorzubeugen bzw. diese zu bewältigen. Im Ergebnis verständigten sich die Länder und der Bund auf ein Frühwarnsystem bei Haushaltskrisen und die Einführung einer Grenze bei der Neuverschuldung. Der große Wurf, die Finanzbeziehungen zwischen Bund und Ländern neu zu regeln, ist damit nicht gelungen.

582 Kommission zur Modernisierung der Bund-Länder-Finanzbeziehungen v 05.03.2009.

583 Selmer/Brodersen, DVBl. 2000, 1156.

584 BVerfGE 98, 106–134. Entscheidend ist nach Ansicht des BVerfG, dass der Gesetzgeber rechtsverbindlich nur das Steuerrechtsverhältnis regelt, während die steuergesetzlich empfohlene Ausweichreaktion von dem Willen des Steuerpflichtigen abhängig ist (118).

585 Vgl. zum Zielkonflikt zwischen den Lenkungs- und Finanzierungswirkungen von Lenkungssteuern: Waldhoff in: Isensee/Kirchhof, S. 818; Selmer/Brodersen, DVBl. 2000, 1157; Rodi, Umweltsteuern, S. 57 sowie die Ergebnisse des Deutschen Juristentages, DVBl. 2000, 1680. Danach kann auch eine „rein außerfiskalisch motivierte" Lenkungsabgabe Steuer im Sinne der Finanzverfassung sein. Die verfassungsrechtlichen Grenzen der Lenkungssteuern ergeben sich einerseits aus den Abwehrrechten der Art. 14, 12 und 2 GG, wobei die Schwierigkeit in der Ermittlung des faktischen Eingriffs und dessen Intensität liegt, und andererseits aus der Finanzverfassung,

bei den Lenkungssteuern in einer „zutreffenden Prognose des Lenkungserfolgs“[586], so dass bei der Einführung neuer Lenkungsabgaben eine „Gesetzesfolgenabschätzung sowie eine genaue Analyse des betreffenden Politikbereichs und eine konsequente Umsetzung des Lenkungsmechanismus“ zweckmäßig sind[587].

Das BVerfG hat damit die weite Auslegung der Steuergesetzgebungskompetenzen, wie sie bereits durch das BVerwG[588] vertreten wurde, bestätigt. Die Grenze zieht das BVerfG dort, wo die „steuerliche Lenkung nach Gewicht und Auswirkung einer verbindlichen Verhaltensregel nahe kommt“ und wo „das Aufkommen nicht zur Finanzierung von Gemeinlasten verwendet werden soll“[589]. Diese Auslegung ist für die Steuervorschriften der Länder bzw. der Gemeinden von praktischer Bedeutung.

Wenn die Finanzierungsfunktion der Steuer durch eine Verwaltungsfunktion mit Verbotscharakter ersetzt wird, wird sich dem idealtypischen „Nullaufkommen“[590], d. h. der völligen Vermeidung der Umweltschädigung, angenähert[591]. In diesem Fall erbringt die Abgabe kein Aufkommen, so dass sie ihren primären fiskalischen Zweck verfehlt[592]. Eine Steuer, deren Zweck auf ein „Null-Aufkommen“ ausgerichtet ist, wird auch als Erdrosselungssteuer bezeichnet[593]. In diesem Fall ist das verfassungsrechtlich zulässige Mittel das ordnungsrechtliche Gebot oder Verbot[594]. Die Erdrosselungssteuer ist verfassungsrechtlich unzulässig, da sie „im Gewande

---

insbesondere aus dem Gebot der Aufkommensneutralität, vgl. Kirchhof, F., DVBl. 2000, 1172.

586 Selmer/Brodersen, DVBl. 2000, 1157; Kirchhof, in: Isensee/Kirchhof (Hrsg.), S. 7.

587 Vgl. Deutscher Juristentag, DVBl. 2000, 1680. Zugleich soll der Gesetzgeber das Lenkungsziel im Gesetz ausweisen, wobei die „Bündelung mehrerer Lenkungsziele oder Lenkungswirkungen in einem Abgabentatbestand“ nicht empfohlen wird. Als grundsätzlich unproblematisch gilt der „Einbau außerfiskalischer Wirkungszweckelemente“ in bereits bestehende Steuergesetze, soweit der „ursprünglich und begrifflich konstituierende steuerbare Sachverhalt“ nicht umfassend ersetzt wird. Das Steuerverfassungsrecht gestattet somit „eine umweltrechtliche Veränderung steuerlicher Belastungsgründe“.

588 BVerwGE, 96, 272 (287f.).

589 BVerfGE 98, 106 (118).

590 In der Praxis kann, trotz zunehmender Realisierung des ökologischen Ziels, ein ideales „Nullaufkommen“ nicht erreicht werden, da wirtschaftliche Tätigkeiten ohne Umweltbelastungen nicht möglich sind. Dickertmann, in: Kirchhof (Hrsg.), S. 58.

591 Vgl. hierzu Gawel, Umweltabgaben, S. 24; Kirchhof sowie Dickertmann, in: Kirchhof (Hrsg.), S. 9 und 57f.

592 Kirchhof, in: Kirchhof (Hrsg.), S. 9.

593 Lang, in: Kirchhof (Hrsg.), S. 125; Pieroth, in: Jarass/Pieroth, Art. 105.

594 Lang, in: Kirchhof (Hrsg.), S. 125; Sacksofsky, NJW 2000, 2621.

der Abgabe faktisch einen eindeutigen Verhaltensbefehl" überbringt[595]. Eine solche Ausrichtung würde zudem dem Sinn und Zweck einer Steuer mit Lenkungscharakter widersprechen. Ziel von Umweltsteuern ist es, diejenigen Personen zur Änderung bzw. Unterlassung ihres Verhaltens anzuregen, deren Umweltnutzungen sich als ökonomisch weniger ergiebig[596] bzw. besonders schädlich erweisen.

Die weite Auslegung der Steuergesetzgebungskompetenz wird vom BVerfG auch dahingehend relativiert, dass der Gesetzgeber „aufgrund einer Steuerkompetenz nur insoweit lenkend und damit mittelbar gestaltend in den Kompetenzbereich eines Sachgesetzgebers" übergreifen darf, als „die Lenkung weder der Gesamtkonzeption der sachlichen Regelung noch konkreten Einzelregelungen zuwiderläuft"[597]. Die Ausübung der Steuergesetzgebungskompetenz darf somit nicht im Widerspruch zur Rechtsordnung stehen. Diese Verpflichtung zur Beachtung bundesstaatlicher Kompetenzgrenzen begründet das BVerfG mit dem Rechtsstaatsprinzip nach Art. 20 Abs. 3 GG[598]. Danach darf weder der Bundesgesetzgeber durch eine Lenkungssteuer in einen ausschließlichen Bereich der Landesgesetzgebung, noch darf der Landesgesetzgeber oder der kommunale Satzungsgeber in den Regelungsbereich des Bundesgesetzgebers durch eine Lenkungssteuer gestaltend einwirken, wenn hierdurch den vom zuständigen Sachgesetzgeber getroffenen Regelungen widersprochen wird[599].

Mit dieser Entscheidung hat das BVerfG dem zuständigen Bundes- oder Landesgesetzgeber für den Erlass von Lenkungssteuern im Umweltrecht einen größeren Handlungsspielraum eingeräumt[600].

---

595 Gawel, Umweltabgaben, S. 24f.; vgl. auch Kirchhof, in: Kirchhof (Hrsg.), S. 22.

596 Sacksofsky, NJW 2000, 2621.

597 BVerfGE 98, 106 (119).

598 BVerfGE 98, 106 (119).

599 BVerfGE 98, 106 (119f.). Das BVerfG setzt sich mit dieser Begründung in Widerspruch zu einem Beschluss v 1978, BVerfGE 49, 343 (359), wo es eine „Homogenitätspflicht" der Länder als Steuergesetzgeber gegenüber dem Sachbereichsregelnden Bund noch abgelehnt hatte.

600 Dagegen wird der Handlungsspielraum der Kommunen im Bereich des Abfallrechts durch die von dem BVerfG vorgenommene Auslegung eingeschränkt, obwohl ihnen als öffentlich-rechtliche Entsorgungsträger die Abfallentsorgung obliegt. Vgl. auch Heselhaus, JA 1999, 638.

3. Prinzip der steuerlichen Lastengleichheit

Die Steuerlast des Einzelnen hat sich grundsätzlich nach seiner persönlichen Leistungsfähigkeit zu bemessen, um die Lastengleichheit und den existenznotwendigen Bedarf zu gewährleisten[601]. Das Abgabenrecht kann deshalb nur als „Überbringer umweltschützender Verhaltensanordnungen" dienen, wenn nach Zahlungsfähigkeit unter Beachtung des Gleichheitsgrundsatzes differenziert wird[602]. Eine solche Differenzierung ist notwendig, soweit die Umweltschonung „für den Mittellosen Befehl und für den Zahlungsfähigen Empfehlung" ist[603]. Aus diesen Gründen kann auch nicht der Ansicht gefolgt werden, dass für die gesamte Umweltnutzung, selbst für eine „bestimmte Mindestausstattung von Umweltgütern", ein Preismechanismus zu schaffen sei, dem auch die Mittellosen unterliegen[604]. Die Argumentation[605], dass „unter dem Mantel des grundrechtlichen Einkommensschutzes bzw. des Sozialstaats- und Gleichbehandlungsgebotes faktisch einem Grundrecht auf unentgeltliche Naturzerstörung Abgaben abwehrende Kraft zugebilligt wird", verkennt zum einen die Anforderungen sozialer Gerechtigkeit, die sich aus dem Sozialstaatsprinzip des Art. 20 Abs. 1 GG ergeben, und zum anderen den Grundsatz der Steuergerechtigkeit, der sich aus Art. 3 Abs. 1 GG ergibt. Das Recht auf Erhaltung der Umwelt nach Art. 20a GG entfaltet keine absolute Geltung, sondern steht im Kontext mit den anderen Verfassungsgrundsätzen[606]. Die sog. Umweltsteuern unterliegen danach ebenso dem finanzverfassungsrechtlichen Rahmen wie die übrigen Steuern. Zu berücksichtigen ist jedoch, dass die im Anschluss zu diskutierende Grundsteuer an das Objekt und damit gerade nicht an die persönlichen Lebensverhältnisse anknüpft[607].

---

601 BVerfGE 55, 274 (302); 82, 60 (83 ff.); 82, 198 (206 ff.); vgl. auch der Deutsche Juristentag, DVBl. 2000, 1680f.

602 Kirchhof, in: Kirchhof (Hrsg.), S. 7; Sacksofsky, NJW 2000, 2621f.

603 Morgenthaler, sowie Kirchhof, in: Kirchhof (Hrsg.), S. 212 und S. 7; Selmer/Brodersen, DVBl. 2000, 1158.

604 So aber Gawel, Umweltabgaben, S. 72 ff., 84.

605 Gawel, Umweltabgaben, S. 72.

606 Vgl. auch Müller, Verhaltenssteuerung durch Abgaben, S. 120.

607 Vgl. u. a. Geiger, Der Gemeindehaushalt 2006, 145.

B. Anreizmöglichkeiten der Grundsteuer für einen sorgsamen Umgang mit dem Boden

Steuerliche Anreize entfalten dort ihre Wirkung, wo das Steuerrecht und die Umweltpolitik, hier bezogen auf den Bodenschutz, instrumental miteinander verknüpft werden können. Hierunter sollen nicht nur die Steuern erfasst werden, die final oder überwiegend dem Umweltschutz dienen, sondern „jede ökologisch relevante" Steuer, die eine nicht unerhebliche Einwirkung auf umweltrelevantes Verhalten aufweist[608]. Diese Verhaltensbeeinflussung kann durch „positive wie negative finanzielle Anreize" erfolgen, indem einerseits umweltschonendes Verhalten finanziell begünstigt und andererseits umweltbeeinträchtigendes Verhalten steuerlich belastet wird[609].

Die Steuern werden in direkte und in indirekte Steuern unterteilt. Während die direkten Steuern das Einkommen und Vermögen belasten, demnach darauf ausgerichtet sind, dass der Steuerpflichtige die Steuer wirtschaftlich auch tatsächlich trägt, sind die indirekten Steuern darauf angelegt, „die in einer Nachfrage vermutete Zahlungsfähigkeit steuerlich zu erfassen"[610]. Bei der für den Boden relevanten *Grundsteuer* handelt es sich um eine direkte Steuer, da Steuerschuldner und Steuerträger identisch sind[611].

I. Die Grundsteuer und ihr Verhältnis zum Bodenschutz

Die Grundsteuer, die derzeit im Fokus einer Reformdiskussion steht[612], ist durch das BVerfG im Jahr 2009 nicht angenommen und weiterhin für verfassungsgemäß erklärt worden[613]. Es handelt sich hierbei um eine grundsätzliche Feststellung, die

608 Rodi, Umweltsteuern, S. 35.

609 Rodi, Umweltsteuern, S. 36.

610 Kirchhof sowie Lang, in: Kirchhof (Hrsg.), S. 21 und S. 156 ff.; Rodi, Umweltsteuern, S. 38.

611 Vgl. Schäfer/Schwalfenberg, Rd. 263 und Rd. 353.

612 Näheres hierzu unter Punkt B.I.4.

613 BVerfG Nichtannahmebeschluss in: NJW 2009, 1868–1869. Bereits mit Beschluss v 21.06.2006 hat das BVerfG eine Verfassungsbeschwerde zur Frage der Verfassungsmäßigkeit der Grundsteuer nicht angenommen (Az.: 1 BvR 1644/05). Vgl. die Literatur im Vorfeld und Nachgang zu dieser Entscheidung: Eisele, SteuerStud 2007, 268–270; Meier, ZKF 2006, 73–75; Leuchtenberg, DStZ 2006, 36–39; Seer in: Tipke/Lang, § 13 Rd. 204.

keine Aussage über den notwendigen Reformbedarf trifft. Ob die gegenwärtige Grundsteuer Bestandteil einer ökologischen Flächenbesteuerung ist und damit Lenkungswirkungen zugunsten des Bodenschutzes entfaltet, wurde seinerzeit in der Literatur diskutiert[614]. Es ist jedoch davon auszugehen, dass es in erster Linie um fiskalische Interessen geht und eine ökologische Lenkungswirkung lediglich Nebenzweck ist. Zudem enthält das System der Grundsteuer erhebliche Mängel, die gerade zu Lasten eines wirksamen Bodenschutzes gehen. Eine Reform der Grundsteuer mit verstärkter ökologischer Ausrichtung ist danach dringend erforderlich. Obwohl es in den letzten Jahren mehrere Reformversuche gegeben hat, ist es bislang noch zu keiner Umsetzung gekommen[615].

Entscheidend ist, ob durch eine „neue" Grundsteuer auch umweltpolitische Zielsetzungen zugunsten des Bodens effizient verwirklicht werden können. Aus diesem Grund wird bei der Beurteilung einer Grundsteuer neuer Art den bodenschützenden Lenkungswirkungen erhöhtes Gewicht beigemessen. Neben diesen umweltpolitischen Zielen sind bodenpolitische Ziele im Sinne einer ausreichenden Versorgung der Bevölkerung mit Wohnraum zu erträglichen Konditionen und die Flächenversorgung der Wirtschaft von Bedeutung[616]. Da die Grundsteuer in erster Linie der Finanzierung des Gemeindehaushalts dient, spielt auch die Aufkommenshöhe eine wichtige Rolle. So betrug das Aufkommen im Jahr 2010 rd. 11 Mrd. €.[617] Schließlich kann die Reform einer Grundsteuer zugleich mit einer Verwaltungsvereinfachung verbunden werden[618].

1. Struktur der Grundsteuer

Die Grundsteuer gehört als Realsteuer zu einem Ertragssteuersystem, das als antiquiert gilt und seit dem ersten Weltkrieg zunehmend in ein Personalsteuersystem

614 Vgl. Bizer, NuR 1995, 385–391; Jarass/Obermair, S. 516; Triebswetter/Franke/Sprenger, in: Ifo, S. 102.

615 Die FMK hat sich bereits mehrfach mit diesem Thema beschäftigt. Am 28.01.2010 wurde eine Arbeitsgruppe zur Reform der Grundsteuer unter der Federführung von NRW beauftragt, bis zum Jahr 2012 einen Reformvorschlag vorzulegen. Auch dieses Papier führt zu keinem einheitlichen Verfahrensvorschlag, vgl. StGB NRW, Mitteilungen Finanz- und Kommunalwirtschaft Reform der Grundsteuer.

616 Reidenbach, in: Reidenbach (Hrsg.), S. 22f.

617 Eisele, StW 2011, 175. Das entspricht etwa 21% der kommunalen Steuereinnahmen. Arbeitsgruppe der Länder BE, HB, NS, SN und SH, Machbarkeitsstudie, S. 7.

618 Reidenbach, in Reidenbach (Hrsg.), S. 22f.

umgewandelt wird[619]. Sie zählt neben der Gewerbesteuer gemäß Art. 106 Abs. 6 S. 1 GG zu den Steuern, deren Aufkommen ausschließlich den Gemeinden zusteht und wird daher auch als Gemeindesteuer bezeichnet. Damit sichert sie den Gemeinden auch ihre finanzielle Unabhängigkeit. Die Grundsteuer unterliegt der konkurrierenden Gesetzgebung nach Art. 105 Abs. 2 i. V. mit Art. 72 Abs. 2 GG, von der der Bund durch das Grundsteuergesetz (GrStG)[620] Gebrauch gemacht hat. Einige Länder fordern die Gesetzgebungskompetenz des Bundes bei Steuern, deren Aufkommen allein den Ländern oder Gemeinden zusteht, zugunsten einer finanzpolitischen Eigenständigkeit der Länder aufzugeben[621]. Diese Forderung könnte dazu führen, dass mit der Festlegung unterschiedlicher Bemessungsgrundlagen eine Rechtszersplitterung und starke Wertverzerrungen verbunden wären. Aus verfassungsrechtlicher Sicht wäre allerdings nach den Vorgaben des Art. 72 Abs. 2 GG eine Gesetzgebungskompetenz des Bundes bei einer grundlegenden Neufassung nicht mehr gegeben, da eine einheitlich geregelte Grundsteuer aufgrund ihrer örtlichen Ausrichtung die Voraussetzungen zur Herstellung gleichwertiger Lebensverhältnisse oder zur Wahrung der Rechts- und Wirtschaftseinheit im Bundesgebiet nicht erfüllt[622]. Der Bund hat nach Art. 125a Abs. 2 GG lediglich die Kompetenz, das Bundesrecht anzupassen und fortzuschreiben[623]. Diese beinhaltet die Modifikation der geltenden Regelungen unter Beibehaltung der wesentlichen Elemente[624]. Im Rahmen der Föderalismusreform II zur Modernisierung der Bund-Länder-Beziehungen ist der Vorschlag einer Kompetenzverlagerung auf die Länder nicht aufgegriffen worden[625].

Da die Grundsteuer an den Grundbesitz im Sinne des Bewertungsgesetzes[626] anknüpft, ohne die persönlichen oder wirtschaftlichen Verhältnisse des Eigentümers zu berücksichtigen, ist sie eine Sach- bzw. Objektsteuer[627]. Zu den

---

619 Vgl. u. a. Bizer, NuR 1995, 385 m. w. N.

620 Vom 07.08.1973 (BGBl. I, S. 965), geändert durch G v 19.12.2008 (BGBl. I S. 2794).

621 Siehe bereits die PM zu einem Positionspapier der Ministerpräsidenten von BW, BY und HE v 08.07.1999.

622 Siehe die Begründung bei Hantzsch, DStZ 2012, 761f.

623 Uhle, in: Maunz-Düring, Art. 125a, Rd. 40.

624 Hantzsch, DStZ 2012, 763.

625 BT/BR, Föderalismusreform II.

626 I. d. F. v 01.02.1991 (BGBl. I, S. 230), geändert durch G v 07.12.2011 (BGBl. I S. 2592).

627 Seer, in: Tipke/Lang, § 13, Rd. 201; Schäfer/Schwalfenberg, Rd. 261; BFH Urt. v 30.06.2010, Az.: II R 12/09, Rd. 54. Die Qualifizierung der Steuer ist dahingehend nicht eindeutig geklärt, ob sie an den Substanzwert des Grundstücks als Ausdruck objektivierter Leistungsfähigkeit anknüpft, als Sollertragssteuer auf die potentielle

Steuergegenständen gehören nach § 2 GrStG die Betriebe der Land- und Forstwirtschaft (Grundsteuer A) und sonstige Grundstücke (Grundsteuer B).

2. Verfahren zur Veranlagung und Erhebung der Grundsteuer

Das Verfahren zur Veranlagung und Erhebung der Grundsteuer verläuft in drei Stufen[628]. Zunächst ermittelt das Finanzamt den für das Grundstück festzustellenden Einheitswert[629] und legt diesen durch den Einheitswertbescheid fest. Im Wege des Steuermessverfahrens wird dann der Grundsteuermessbescheid feststellt.

Das Steuermessbetragsverfahren beinhaltet Steuermesszahlen, die je nach Steuergegenstand mit einem unterschiedlichen Tausendsatz auf den jeweiligen Einheitswert angewendet werden[630]. In den neuen Bundesländern gelten gemäß den Vorschriften des Abschnitts 6 des Grundsteuergesetzes nach §§ 40–42 besondere Steuermesszahlen. Der sich hieraus ergebene Steuermessbetrag wird gemäß § 16 Abs. 1 GrStG i. V. mit § 21 Abs. 2 BewG auf den Hauptfeststellungszeitpunkt, der zugleich der Hauptveranlagungszeitpunkt ist, festgesetzt. Obwohl für die Einheitswerte der Hauptfeststellungszeitpunkt der 1. Januar 1964 war, wurden diese Einheitswerte erst ab dem 1. Januar 1974 der Besteuerung zugrunde gelegt, so dass gemäß § 37 GrStG der Hauptveranlagungszeitpunkt für die Grundsteuer der 1. Januar 1974 ist. Nach den Vorschriften der §§ 16, 17, 18 und 20 GrStG sind Haupt-, Neu- und Nachveranlagungen sowie die Aufhebung des Steuermessbetrages möglich. Die Gemeinde wendet dann auf den so ermittelten Grundsteuermessbetrag ihren durch Ortsatzung bestimmten Grundsteuerhebesatz an, der durch den Grundsteuerbescheid festgesetzt wird[631]. Bei der Festsetzung der Hebesätze steht den Gemeinden ein weites Ermessen zu, das lediglich durch die allgemeinen Grundsätze des Steuerrechts[632] und den haushaltsrechtlichen Grundsätzen der Gemeindeordnung begrenzt wird[633]. Eine Vielzahl,

---

Ertragsfähigkeit des Grundstücks abstellt oder aus Gründen der finanzpolitischen Äquivalenz erhoben wird. Kühnold/Stöckel, NWB Fach 11 2007, 768f.

628 Troll/Eisele, § 13, Rd. 2; Schäfer/Schwalfenberg, Rd. 295 ff.; Horschitz/Groß/Schnur, Rd. 1915.

629 Näheres hierzu unter Punkt B.I.2./3.

630 Vgl. zu den einzigen Steuermesszahlen die §§ 13–15 GrStG; Berechnungen bei: Troll/Eisele, § 13, Rd. 4; Schäfer/Schwalfenberg, Rd. 297 ff.

631 Vgl. im Einzelnen zu dem Hebesatz und der Fälligkeit der Grundsteuer: Troll/Eisele, § 25; Schäfer/Schwalfenberg, Rd. 307 ff.

632 Es handelt sich hierbei um das aus Art. 20 Abs. 1 GG folgende Gebot sozialer Steuerpolitik.

633 Näheres hierzu Ruff, ZKF 2010, 224.

vor allem größere Gemeinden, haben ihre Hebesätze kontinuierlich erhöht[634]. Die eigenverantwortliche, zwischen den Gemeinden differenzierende Festlegung der Hebesätze rechtfertigt sich insbesondere durch den föderativen Staatsaufbau und die verfassungsrechtlich garantierte gemeindliche Zuständigkeit[635].

Steuerschuldner ist gemäß § 10 Abs. 1 GrStG derjenige, „dem der Steuergegenstand bei der Feststellung des Einheitswerts zugerechnet ist", in der Regel der bürgerlich rechtliche Eigentümer[636]. Für die Steuerschuld der seit Beginn des letzten vor der Übereignung liegenden Kalenderjahres haften neben dem Steuerschuldner nach § 11 Abs. 1 und 2 GrStG der Nießbraucher[637] und der Grundstückserwerber.

Für bestimmte Rechtsträger ist der Grundbesitz nach § 3 GrStG von der Steuer befreit, zu denen insbesondere „inländische juristische Personen des öffentlichen Rechts" sowie öffentlich-rechtliche Stiftungen und Anstalten mit eigener Rechtspersönlichkeit gehören. Voraussetzung hierfür ist, dass der Grundbesitz unmittelbar zu bestimmten, steuerbefreiten Zwecken, zum Beispiel für den öffentlichen Dienst oder den Gebrauch durch die Allgemeinheit, verwendet wird[638]. Zu dem sonstigen steuerbefreiten Grundbesitz gehören nach § 4 Nr. 4 GrStG u. a. Grundflächen, die zur „Ordnung und Verbesserung der Wasser- und Bodenverhältnisse" von öffentlich-rechtlichen Wasser- und Bodenverbänden unterhalten werden[639].

3. Besonderheiten des Bewertungsverfahren

Einheitswerte bilden die Bemessungsgrundlage der Grundsteuer[640]. Die Bewertung erfolgt im Rahmen des Grundvermögens[641], das nach § 18 BewG zusammen

634 Im Jahr 2010 haben über 25% der Kommunen mit jeweils über 50.000 Einwohnern die Hebesätze erhöht. Vgl. Köhler/Wagner, ZfIR 2010, S. 829. Vgl. auch die Übersicht in Ruff, ZKF 2010, 223.

635 Ruff, ZKF 2010, 225 mit Hinweis auf den Beschluss des BVerwG in: NVwZ 1991, 894.

636 Im Falle einer Gesamthandsgemeinschaft ist jede beteiligte Person gesamtschuldnerisch verpflichtet, § 10 Abs. 3 GrStG.

637 Der Nießbraucher hat aufgrund eines dinglichen Rechtsverhältnisses und eines gesetzlichen Schuldverhältnisses das Recht, sämtliche Nutzungen aus einer Sache (hier: Grundstück) zu ziehen, vgl. §§ 1030–1089 BGB.

638 Troll/Eisele, § 3, Rd. 2; Schäfer/Schwalfenberg, Rd. 277f.

639 Vgl. zu weiteren Steuerbefreiungen und Vergünstigungen: Troll/Eisele, § 4, Rd. 9; Horschitz/Groß/Schnur, Rd. 1907–1911; BFH Urt. v 30.06.2010, Az.: II R 12/09, Rd. 28 ff.

640 Hecht, BB 2000, 1168; Reidenbach, in: Reidenbach (Hrsg.), S. 19.

641 Unter dem *Grundvermögen* ist im Rahmen einer Negativabgrenzung der Grundbesitz zu verstehen, der weder land- und forstwirtschaftliches Vermögen noch Betriebsvermögen

mit dem land- und forstwirtschaftlichen Vermögen[642] und dem Betriebsvermögen[643] den Grundbesitz bildet.

Während bei der Einheitswertbestimmung des Grundvermögens bebaute Grundstücke gemäß § 76 BewG je nach Grundstücksart entweder nach dem Ertragswertverfahren[644] oder dem Sachwertverfahren[645] bewertet werden, ergibt

---

darstellt. Gemäß § 68 Abs. 1 BewG gehören zum Grundvermögen „der Grund und Boden, die Gebäude, die sonstigen Bestandteile und das Zubehör" sowie das Erbbaurecht und das Wohnungseigentum (vgl. zu den Begriffen: Seer, in: Tipke/Lang, § 13 Rd. 19 ff.; Schäfer/Schwalfenberg, Rd. 132–138). Sobald die land- und forstwirtschaftlichen Flächen planungsrechtlich als Bauland ausgewiesen werden, sind sie bereits gemäß § 69 Abs. 3 BewG dem Grundvermögen zuzurechnen. Bewertungsrechtlich wird zwischen unbebauten und bebauten Grundstücken unterschieden.

642 Das *land- und forstwirtschaftliche Vermögen* hat seine Regelung in den §§ 33–67 BewG gefunden. Bewertungsgegenstand ist gemäß § 33 Abs. 1 BewG der Betrieb der Land- und Forstwirtschaft, der die Gesamtheit aller dem Betrieb auf Dauer dienenden Wirtschaftsgüter umfasst. Für den Wohn- und Wirtschaftsteil ist eine getrennte Wertermittlung vorgesehen, deren Werte zusammen den Einheitswert gemäß § 48 BewG bilden. Dem Wirtschaftswert wird der Ertragswert zugrunde gelegt, der aus den Vergleichswerten, die an die einzelne Nutzung oder den Nutzungsteil von Betrieben mit Hilfe von Vergleichszahlen anknüpfen, gebildet wird. Für die Wertermittlung des Wohnungsteils wird durch § 47 BewG auf die Vorschriften der §§ 78–82 und 91 BewG verwiesen, die beim Grundvermögen für die Bewertung der Mietwohngrundstücke gelten.

643 Von dem *Betriebsvermögen* werden nach § 95 Abs. 1 S. 1 BewG alle Teile eines Gewerbebetriebes im Sinne des § 15 Abs. 1 und 2 EStG umfasst, die bei der steuerlichen Gewinnermittlung zum Betriebsvermögen gehören. Der freie Beruf wird dem Gewerbebetrieb nach § 96 BewG gleichgestellt. Als *Betriebsgrundstück* ist gemäß § 99 Abs. 1 BewG „der zu einem Gewerbebetrieb gehörende Grundbesitz" zu verstehen, der bei der Bewertung des Betriebsvermögens in Ansatz gebracht werden kann.

644 Das *Ertragswertverfahren* gilt für die Grundstücksarten des § 76 Abs. 1 Nr. 1–5 BewG, zu denen u. a. Mietwohngrundstücke, Geschäftsgrundstücke, Ein- oder Zweifamilienhäuser gehören. Es bestimmt sich nach dem gemeinen Wert, der sich am Reinertrag orientiert. Der Reinertrag wird gemäß §§ 79, 80 BewG nach der Jahresrohmiete, einer Sollmiete, die je nach Grundstücksart vervielfältigt wird, berechnet.

645 Das *Sachwertverfahren* ist bei sonstigen bebauten Grundstücken sowie bei sog. Luxusbauten, Behelfsbauten und Grundstücken, für die keine Jahresrohmiete oder übliche Miete zu ermitteln ist, anzuwenden. Gemäß § 83 BewG werden der Bodenwert, der Gebäudewert und der Wert der Außenanlagen zu einem Ausgangswert zusammen gefasst. Der Bodenwert entspricht nach § 84 BewG dem Bodenwert bei unbebauten Grundstücken. Zur Ermittlung des Gebäudewerts wird sich gemäß § 85 BewG auf die durchschnittlichen Herstellungskosten nach den Baupreisverhältnissen des Jahres 1958

sich der Grundstückswert unbebauter Grundstücke aus dem Wert des Grund und Bodens (Bodenwert) und dem Wert der Außenanlagen[646]. Ermittelt werden die Bodenwerte nach den Bestimmungen der Bodenwert-Richtlinien[647]. Die Finanzämter haben entsprechend dieser Richtlinien Richtwertkarten für Bodenwerte erstellt, die aus den Kaufpreissammlungen, bezogen auf den Hauptfeststellungszeitpunkt des 1. Januar 1964, abgeleitet wurden[648]. Aus den Richtwertkarten ergeben sich die bei der Bewertung anzuwendenden Durchschnittswerte je Quadratmeter für die einzelnen Gebiete[649]. Sie bilden die Grundlage für den Bodenwert des jeweiligen unbebauten Grundstücks, wobei die Größe und die Besonderheiten des Grundstücks gegenüber den durchschnittlichen Verhältnissen zu berücksichtigen sind[650].

Die Einheitswerte fanden ursprünglich als einheitliche Besteuerungsgrundlage auf mehrere Steuerarten Anwendung, sind jedoch im Fall der Vermögens- und Erbschaftssteuer durch Beschluss des BVerfG vom 22. Juni 1995 als unvereinbar mit dem Gleichheitsgrundsatz des Art. 3 Abs. 1 GG erklärt worden[651]. Der Gesetzgeber hat diesen Beschluss mit dem Jahressteuergesetz 1997 vom 20. Dezember 1996 umgesetzt[652], das dem vierten Abschnitt des Bewertungsgesetzes (§§ 138–150 BewG) angefügt worden ist. Die Vermögenssteuer ist aufgrund der Beschlüsse des BVerfG ersatzlos entfallen[653]. Mit Beschluss vom 7. November 2006 hat das BVerfG die Erhebung der Erbschaftsteuer mit einheitlichen Steuersätzen auf den Wert des Erwerbs für verfassungswidrig

---

bezogen, die auf die Preisverhältnisse des Hauptfeststellungszeitpunkts umzurechnen sind. Hieraus ergibt sich der „Gebäudenormalherstellungswert", der um die Wertminderung wegen Alters oder baulicher Mängel und Schäden zu kürzen ist, §§ 86, 87 BewG. In diesem Fall wird er Gebäudesachwert genannt, der in besonderen Fällen nach § 88 BewG ermäßigt oder erhöht werden kann. Die Wertermittlung der Außenanlagen erfolgt nach denselben Grundsätzen, § 89 BewG. Der so zusammengesetzte Ausgangswert ist durch die Anwendung einer Wertzahl dem gemeinen Wert nach § 90 BewG anzugleichen. Die anzuwendenden Wertzahlen sind in der Durchführungsverordnung zu § 90 Abs. 2 BewG v 02.09.1966, gegliedert nach Grundstücksarten und Baujahrgruppen, festgelegt, BGBl. I, S. 553.

646 Schäfer/Schwalfenberg, Rd. 151.

647 WertR 2006 v 01.03.2006. Siehe auch die ImmoWertV v 19.05.2010 (BGBl. I S. 639).

648 Schäfer/Schwalfenberg, Rd. 151.

649 Schäfer/Schwalfenberg, Rd. 151.

650 Schäfer/Schwalfenberg, Rd. 151.

651 BVerfGE 93, 121–165.

652 BGBl. I S. 2049.

653 Wien, DStZ 1997, 674.

erklärt[654]. Nach Auffassung des BVerfG liegt ein Verstoß gegen Art. 3 GG vor, da für alle Vermögensarten ein einheitlicher Steuersatz zur Anwendung kommt, obwohl wesentliche Gruppen von Vermögensgegenständen nicht mit einem an den gemeinen Wert (Verkehrswert) angenäherten Steuerwert in die Bemessungsgrundlage eingehen. Die verfassungskonforme Neuregelung der Erbschaftssteuer ist mit dem Erbschaftssteuerreformgesetz am 1. Januar 2009 in Kraft getreten[655]. Danach wird die Bewertung von Betriebsvermögen, Grundvermögen, Anteilen an Kapitalgesellschaften und land- und forstwirtschaftlichen Betrieben einheitlich am gemeinen Wert als dem maßgebenden Bewertungsziel ausgerichtet[656]. Bodenrichtwerte sind danach entsprechend § 196 Abs. 1 BauGB flächendeckend in Bodenrichtwertzonen im Zweijahresrhythmus auszuweisen. Seit Februar 2011 ist ein Verfahren vor dem BVerfG anhängig, das auch die Verfassungsmäßigkeit der Einheitsbewertung bei der Grundsteuer zum Inhalt hat[657].

4. Notwendigkeit einer Grundsteuerreform

Vor diesem Hintergrund ist auch die Einheitsbewertung der Grundsteuer kritisch zu betrachten und mit Urteil des Bundesfinanzhofes (BFH) vom 3.06.2010 verfassungsrechtlich nicht weiter hinnehmbar[658]. Obwohl nach § 21 Abs. 1 BewG die Einheitswerte in Zeitabständen von je sechs Jahren allgemein festzustellen sind, erfolgte die letzte Hauptfeststellung für den Grundbesitz am 1. Januar 1964[659]. Dies hängt mit dem erheblichen Verwaltungsaufwand und den damit verbundenen

654 BVerfG v 07.11.2006, Az.:1 BvL 10/02.

655 ErbStRG v 24.12.2008, in Kraft getreten am 01.01.2009 (BGBl. I S. 3018).

656 Diese Vermögensklassen werden in Annäherungswerten an den gemeinen Wert erfasst, siehe die Begründung zum ErbStRG.

657 BVerfG, anhängiges Verfahren, Az.: 2 BvR 287/11.

658 BFH Urt. v 30.06.2010, Az.: II R 12/09 sowie II R 60/08, BFHE 230, S. 78. Bereits der BRH hatte nach einem Pressebericht des Handelsblattes v 09.04.1991 kritisiert, dass wegen der erheblichen Abweichungen zwischen den einzelnen Grundstücksarten eine ungleiche Besteuerung der Grundeigentümer vorliege. Zu dem Urteil gab es eine Vielzahl von Literaturbesprechungen: Mohl/Steinfort, ZKF 1993, 171. Weitere Anmerkungen zum Urteil: Pahlke, NWB 2010, 3172–3176; Herlinghaus, BFH/PR, 392–396; Köhler/Wagner, ZfIR 2010, 829–831; Tremel, SteuK 2010, 492–495; Stöckel, NWB 2010, 3177–3181; von Cölln, FWW 2010, 159; Bruschke, StC 2010, 25–27; ders., ErbStB 2010, 348–352.

659 Seer, in: Tipke/Lang, § 13 Rd. 16.

Kosten zusammen[660]. Folge der unterlassenen Hauptfeststellungen sind erhebliche Wertverzerrungen im Verhältnis des Einheitswertes zum Verkehrswert eines Grundstücks[661]. Der BFH hält diese Art von Bewertung in seinem Urteil zur Einheitsbewertung des Grundvermögens nicht mehr mit den verfassungsrechtlichen Anforderungen, insbesondere dem allgemeinen Gleichheitssatz nach Art. 3 Abs. 1 GG, für die Zeit nach dem Stichtag des 1. Januar 2007 als vereinbar[662]. Die Festschreibung der Wertverhältnisse auf den Hauptfeststellungszeitpunkt würde nur dann den verfassungsrechtlichen Anforderungen entsprechen, wenn „der Hauptfeststellungszeitraum eine angemessene Dauer nicht überschreitet“[663]. Nur in diesem Fall wäre eine realitätsgerechte Bewertung sichergestellt. Eine auf den 1. Januar 1964 beruhende Einheitsbewertung wird dagegen den Voraussetzungen des Art. 3 Abs. 1 GG nicht gerecht, Wertverzerrungen innerhalb einer Vermögensgruppe weitestgehend zu vermeiden, zu denen auch die erheblichen Wertabweichungen zwischen den im Ertragswertverfahren und im Sachwertverfahren ermittelten Einheitswerte gehören[664]. Diese Wertverzerrungen werden auch nicht aufgrund der nach § 22 BewG möglichen Wertfortschreibung ausgeglichen. Danach sind die Einheitswerte den Veränderungen des Wertes, der Art und der Zurechnung anzupassen[665]. Diese Wertanpassung führt jedoch kaum zu einer Verringerung der großen Belastungsdifferenzen zwischen den einzelnen Grundstücksarten, die noch durch die unterschiedlichen Steuermesszahlen verstärkt werden[666]. Des Weiteren

660 So müssten mehr als 30 Mio. wirtschaftliche Einheiten neu bewertet werden. Bruschke, ErbStB 2010, 349; Kantzow, S. 107.

661 BY und RP, Reform der Grundsteuer, S. 38; Kühnold/Stöckel, NWB Fach 11 2007, 771ff.; Mohl/Steinfort, ZKF 1993, 170f.; Drosdzol, DStZ 1999, 831f.

662 BFH Urt. v 30.06.2010, Az.: II R 60/08, Rd. 20. Vgl. hierzu folgende Anmerkungen: Köhler/Wagner, BB 2010, 2483f.; von Cölln, FWW 2010, 159; Pahlke, NWB 2010, 3172–3176.

663 So hat der BFH die Einheitsbewertung des Grundvermögens bis zum Stichtag des 01.01.2007 noch für hinnehmbar gehalten.

664 BFH Urt. v 30.06.2010, Az.: II R 60/08, Rd. 23f. sowie BFH Urt. v 30.06.2010, Az.: II R 12/09, Rd. 17f. So führt auch die mehrere Jahrzehnte umfassende Dauer des Hauptfeststellungszeitraums bei der Bewertung von Gebäuden im Sachwertverfahren zu einer Verletzung des verfassungsrechtlichen Gebots einer folgerichtigen Gesetzgebung.

665 Troll/Eisele, § 13, Rd. 4 ff.; Schäfer/Schwalfenberg, Rd. 91.

666 Nach § 22 Abs. 1 BewG wird der Einheitswert neu festgestellt, wenn er im Vergleich zum letzten Feststellungszeitpunkt „nach oben um mehr als den zehnten Teil, mindestens aber um 5000,- DM (rd. 2556 €), oder um mehr als 100.000,- DM (rd. 51.129 €), nach unten um mehr als den zehnten Teil, mindestens aber um 500,- DM (rd. 256 €),

verletze die Jahrzehnte unterlassene Neubewertung das Gebot der folgerichtigen Gesetzgebung, da aufgrund der Änderungen im Bauwesen nicht mehr den Gebäudekategorien des § 85 BewG entsprochen werde[667]. Nach den beiden Urteilen des BFH wird die Notwendigkeit einer Neuregelung des Gesetzgebers besonders deutlich[668]. Entsprechende Reformüberlegungen werden derzeit durchgeführt und bewertet[669].

Der BFH hält auch eine erneute Hauptfeststellung im Beitrittsgebiet für geboten[670]. In den neuen Bundesländern gelten aufgrund des Einigungsvertrags[671] seit dem 1. Januar 1991 für die Grundstücksbewertung besondere Vorschriften. Es handelt sich hierbei um Übergangsregelungen, die das Grundsteueraufkommen in den neuen Bundesländern sicher stellen sollten[672]. Die Übergangsregelungen sehen als Besteuerungsmerkmal Ersatzbemessungsgrundlagen nach §§ 42 ff. GrStG bei Mietwohngrundstücken und Einfamilienhäusern vor, für „die ein im Veranlagungszeitpunkt für die Grundsteuer maßgebender Einheitswert 1935 nicht festgestellt oder festzustellen ist". Der Jahresbetrag der Grundsteuer bemisst sich gemäß § 42 Abs. 1 GrStG nach der Wohnfläche und bei anderweitiger Nutzung nach der Nutzfläche. Im Gegensatz zu der einheits- und messbescheidbezogenen Grundsteuer handelt es sich hierbei um eine ersatzbemessene Grundsteuer[673]. Für die Bewertung des Grundvermögens gelten nach § 129 Abs. 1 BewG derzeit grundsätzlich die Einheitswerte, die nach den Wertverhältnissen am 1. Januar 1935 festzustellen sind[674]. Danach sind die Grundstücke mit dem gemeinen Wert anzusetzen, wobei es auf die tatsächlichen Verhältnisse des Fortschreibungs- oder

---

oder um mehr als 5000,- DM (rd. 2556 €), abweicht". Bei den genannten Zahlen handelt es sich um feste Wertgrenzen.

667 Siehe Bruschke, ErbStB 2010, 349.

668 Vgl. Kühnold/Stöckel, NWB Fach 11 2007, 772 ff.

669 Siehe hierzu die Ausführungen unter Punkt B.II.5. und 6.

670 BFH Urt. v 30.06.2010, Az.: II R 60/08, Rd. 28.

671 Vom 31.08.1990 (BGBl. 1990 II S. 889 sowie BStBl. I 1991) S. 25.

672 Stöckel, DStZ 1999, 449.

673 Hecht, BB 2000, 1170.

674 Hierauf finden gemäß § 129 Abs. 2 Nr. 1 und 2 BewG die Bestimmungen des Bewertungsgesetzes der DDR i. d. F. v 18.09.1970 i. V. m. der Durchführungsverordnung zum Reichsbewertungsgesetz v 02.02.1935 Anwendung (Sonderdruck Nr. 674 des Gesetzblattes sowie RGBl. I S. 81, geändert durch die VO zur Änderung der Durchführungsverordnung zum Vermögenssteuergesetz, der Durchführungsverordnung zum Reichsbewertungsgesetz und der Aufbringungsumlage-Verordnung v 08.12.1944 RGBl. I S. 338).

Nachfeststellungszeitpunkts ankommt[675]. Dies führt zu erheblichen Ungleichbehandlungen zwischen Einfamilienhäusern und Mietwohngrundstücken, auf welchen die Einheitswerte von 1935 anzuwenden sind, neu errichteten Einfamilienhäusern und Mietwohngrundstücken, für welche die fortzuschreibenden Einheitswerte gelten sowie denjenigen Grundstücken, die nach der Ersatzbemessungsgrundlage bewertet werden[676].

In diesem Zusammenhang wird von *Hecht* die Ansicht vertreten, dass die Ersatzbemessung in den neuen Ländern eine vorzugswürdige Alternative zu der Grundsteuer im übrigen Bundesgebiet darstellt[677]. Er begründet dies damit, dass sich die „quadratmeterbezogene Ermittlung nach amtlichem Formular“ als einfach bewährt hat und durch die Selbstveranlagung“ keine verfahrensrechtliche Doppelzuständigkeit zwischen Finanz- und Gemeindeverwaltungen“ entsteht[678]. Zu dieser Betrachtungsweise ist jedoch anzumerken, dass das Verfahren der Ersatzbemessung in sich aufgesplittet ist und Vorteile nach den §§ 42, 44 Abs. 1 GrStG nur im Hinblick auf Mietwohngrundstücke und Einfamilienhäuser entstehen, die nach dem 31. Dezember 1960 und vor dem 1. Januar 1989 fertig gestellt worden sind[679]. Für alle übrigen Vermögens- und Grundstücksarten müssten, mit Ausnahme des land- und forstwirtschaftlichen Vermögens[680] des Beitrittsgebiets, neue Ersatzwerte geschaffen werden, was mit einem nicht unerheblichen Verwaltungsaufwand verbunden wäre[681].

---

675 Stöckel, DStZ 1999, 449.

676 Kühnold/Stöckel, NWB Fach 11 2007, S. 772f.

677 Hecht, BB 2000, 1170.

678 Hecht, BB 2000, 1170.

679 Hier fehlt es in der Regel an einem Einheitswert. Der Jahresbetrag wird gemäß § 42 Abs. 1 GrStG nach der Wohn- und Nutzfläche als Ersatzbemessungsgrundlage bei einem Hebesatz von 300 vom Hundert ermittelt. Vgl. zur Berechnung: Stöckel, DStZ 1999, 447f. Der Steuerschuldner berechnet seine Grundsteuer nach § 44 Abs. 1 GrStG selbst, d. h. es handelt sich um eine sog. Steueranmeldung.

680 Im Rahmen des Bewertungsverfahrens des *land- und forstwirtschaftlichen Vermögens* werden seit dem 01.01.1991 nicht mehr die Wertverhältnisse v 01.01.1935 zugrunde gelegt, sondern gemäß § 125 Abs. 1 und 2 BewG sog. Ersatzwirtschaftswerte angewandt. Der Ersatzwirtschaftswert wird nach § 125 Abs. 4 und 5 BewG in einem vereinfachten Ertragsverfahren ermittelt, wobei die Wertverhältnisse der Hauptfeststellung v 01.01.1964 maßgebend sind. Bei dem Vergleich der Ertragsbedingungen kommt es gemäß § 125 Abs. 4 S. 2 BewG „ausschließlich auf die in der Gegend als regelmäßig anzusehenden Verhältnisse“ an, wofür in § 125 Abs. 6 S. 2 Nr. 1 bis 3 und Abs. 7 Nr. 1, 2 BewG Ersatzvergleichswerte festgelegt wurden.

681 Die Fortschreibungen und Nachfeststellungen der Einheitswerte von 1935 wurden gemäß § 132 Abs. 1 BewG erstmals zum 01.01.1991 vorgenommen.

Die Bewertung nach der Wohn- und Nutzfläche lässt darüber hinaus mögliche Wertsteigerungen außer Betracht, da die Vorschrift des § 42 Abs. 2 S. 1a-c GrStG Quadratmeterpreise für Wohnungen festschreibt. Dies kann zu starken Belastungsverschiebungen führen, wobei ein gleich großes Grundstück in einer sehr guten Lage ebenso besteuert würde wie ein Grundstück, das sich in einer schlechten Lage befindet[682]. Daher ist dem BFH in seinen verfassungsrechtlichen Bedenken zuzustimmen.

Im Hinblick auf eine ökologische Flächenausrichtung ist das Bewertungsverfahren nicht geeignet, Anreize für die Reduzierung der fortschreitenden Flächeninanspruchnahme sowie für die vermehrte Nutzung von innerstädtischen Brachflächen zu setzen. Die Wertverzerrungen vermögen mangels einer realitätsgerechten Bewertung auch keinen Anreiz zu einer sparsameren Bebauung von Grundstücken zu geben. Zudem wäre auch eine stärkere Belastung von brachliegenden innergemeindlichen Flächen[683] wünschenswert, um diese wieder einer erneuten Nutzung zuzuführen.

II. Modelle für eine Grundsteuer neuer Art

Aus den o. g. Gründen wird seit längerer Zeit über eine Grundsteuerreform in Literatur und Praxis diskutiert[684]. Die Zusammenstellung des *Deutschen Instituts für Urbanistik*[685] gibt einen Überblick über die verschiedenen Modelle einer neuen

---

682 Das Problem stellt sich hierbei ähnlich wie bei der Flächennutzungsbesteuerung. Vgl. Nagel, in: Reidenbach (Hrsg.), S. 33 und 34.

683 Als unbebaute Grundstücke zählen nach § 72 BewG diejenigen Grundstücke, „auf denen sich keine benutzbaren Gebäude befinden, wobei die Benutzbarkeit vom Zeitpunkt der Bezugsfertigkeit abhängig ist.

684 Vgl. hierzu u. a. Spengel/Heckemeyer/Zinn, DB 2011, 10–14; Eisele, SteuerStud 2007, 268–270; Stöckel, NWB 2011, 1708–1714; Bartsch, KStZ 2011, 164–170; ders., KStZ 2011, 205–208; Becker, BB 2011, 535–539; Zochert, BB 2011, 3105–3106; Beck, Grundeigentum 2011, 465–466; Köhler/Wagner, BB 2010, 2483–2484; Geiger, Der Gemeindehaushalt 2006, 145–148; Kasper, KommJur 2005, 241–245; Hecht, BB 2000, 1168–1173; Drosdzol, DStZ 1999, 831–837; ders., DStZ 1994, 205–207; Bizer, NuR 1995, 385–391; Mohl/Steinfort, ZKF 1993, 170–174; Dieterich, KStZ 1991, 121–126; Dieterich/Dieterich-Buchwald, ZfBR 1983, 113–119, 180–185, 213–220; Göb, KStZ 1982, 81–85 sowie die vorzustellenden Modelle im Rahmen der FMK.

685 Quelle aus Reidenbach, in: Reidenbach (Hrsg.), S. 24.

Boden- und Gebäudebesteuerung. Grundlage der Bemessung sind einerseits die Veränderungen der physischen Größe[686] und des Bodenwertes und andererseits der Bestand dieser Komponenten. Eine weitere Differenzierung wird durch die Dauer der Erhebung vorgenommen. Je nachdem, welche Komponenten zugrunde gelegt werden, ergeben sich verschiedene Möglichkeiten der Abgabenerhebung. Weitere Präzisierungen sind denkbar, da die Zusammenstellung lediglich Ansätze für Boden- und Gebäudeabgaben bietet. Die Übersicht verdeutlicht die Vielzahl der Abgabenvarianten, die sich auch in den anschließend zu diskutierenden Modellen zumindest teilweise widerspiegeln.

Die Einführung einer „Grundsteuer neuer Art“ muss sich den im Steuerkatalog des Art. 106 GG genannten Steuerarten zuordnen lassen. Die Typenbegriffe des Art. 106 GG sind grundsätzlich weit auszulegen[687]. Darüber hinaus wird teilweise ein sog. Steuerfindungsrecht anerkannt, das über den Katalog des Art. 106 GG hinausgeht[688]. Diese Möglichkeit kommt jedoch vorliegend nicht in Betracht, da sich die vorzustellenden Modelle dem Typenkatalog des Art. 106 GG zuordnen lassen. Es handelt sich hierbei um eine „Grundsteuer neuer Art“, d. h. die Modelle lassen sich auf die Grundsteuer nach Art. 106 Abs. 6 GG zurück führen. Die vorzustellenden Modelle werden anhand der finanzverfassungsrechtlichen Anforderungen, ihrer ökologischen Ausrichtung, dem zu erwartenden Verwaltungsaufwand und der Akzeptanz der Steuerschuldner auf ihre Geeignetheit in überprüft. Vor allem die Akzeptanz ist davon abhängig, wie hoch die Belastungsverschiebungen sein werden, welche sozialen Auswirkungen die neue Steuer nach sich zieht und wie deren Vorteile in der Öffentlichkeit vermittelt werden[689]. Die Auswahl der Steuermodelle beruht auf Vorschlägen aus dem Politikbereich sowie der Rechts- bzw. Finanzliteratur.

---

686 Der Begriff der physischen Größe beschreibt den Umfang und ggf. den Grad der Flächenversiegelung.

687 Selmer, in: Umwelt- und Technikrecht, S. 35; vgl. auch BVerfGE 81, 108 (117ff.); Selmer/Brodersen, DVBl. 2000, 1160.

688 Vgl. hierzu Selmer, in: Umwelt- und Technikrecht, S. 37 ff.; Selmer/Brodersen, DVBl. 2000, 1159; a. A.: Lang, in: Kirchhof, S. 132f.; Deutscher Juristentag, DVBl. 2000, 1680f.

689 Nur eine solchermaßen akzeptierte Steuer kann sich auf Dauer durchsetzen.

Ansätze zu einer Boden- und Gebäudebesteuerung Bemessungsgrundlage								
Veränderungen					Bestand			
Physische Größe		Wert			Physische Größe	Wert		
einmalig	dauernd	einmalig	dauernd		dauernd	dauernd		
nur Boden	nur Boden	nur Boden	Boden und Gebäude		nur Boden	nur Boden	nur Gebäude	Boden und Gebäude
Versiegelungsabgabe		Planungswertausgleich	Bei Realisierung: Einkommenssteuer	laufend: Bodenwertzuwachssteuer	Flächensteuer	Bodenwertsteuer	Wohnflächensteuer	Grundsteuer

1. Wieder - Einführung der Grundsteuer C?

In der Diskussion der einzelnen Reformmodelle wurde in der Vergangenheit des Öfteren auf die Baulandsteuer verwiesen[690]. Sie lässt sich auf die durch das Bundes-Baugesetz am 23. Mai 1960[691] in das Grundsteuergesetz[692] eingeführte Baulandsteuer zurückführen, der allerdings nur eine kurze Praxisdauer beschieden war. Gegenstand dieser Besteuerung waren die unbebauten baureifen Grundstücke, um eine erhöhte Baulandmobilisierung und Siedlungsverdichtung zu erreichen. Diese Grundstücke wurden durch erhöhte Steuermesszahlen gemäß §§ 12a–12c GrStG und das Recht der Gemeinden, für diese Grundstücke einen abweichenden Hebesatz nach § 21 Abs. 3 GrStG festzustellen, besteuert[693]. Der Steuermessbetrag betrug das Vierfache des Messbetrags der Grundsteuer B und erhöhte sich nach zwei und nach vier Jahren auf das fünf- bzw. sechsfache der Steuermesszahl anderer unbebauter Grundstücke[694]. Kam es zur Bebauung, sah § 12a Abs. 5 GrStG a. F. eine nachträgliche und rückwirkende Herabsetzung des Steuermessbetrags vor.

Die Grundsteuer C konnte sich aber nicht durchsetzen und wurde durch das *Gesetz zur Änderung grundsteuerlicher Vorschriften vom 10. Juni 1964* mit Rückwirkung zum 1. Januar 1963 wieder abgeschafft[695]. Gründe hierfür waren eine zu geringe Akzeptanz bei den Steuerbürgern, die teilweise negative Beurteilung ihrer praktischen Wirkung[696] sowie der Erlass eines *Gesetzes zur Einschränkung der Bautätigkeit*[697]. Die Verfassungsmäßigkeit dieser Steuer ist durch den BFH mit Urteil vom 19. April 1968 nachträglich bejaht worden[698]. Seit den 80er Jahren wird wieder über die (Neu-) Einführung der Baulandsteuer nachgedacht[699].

---

690 Vgl. u. a. Bizer, NuR 1995, 388f.; Drosdzol, DStZ 1994, 205ff.; ders. DStZ 1999, 836; Mohl/Steinfort, ZKF 1993, 172; Göb, KStZ 1982, 81ff.

691 BGBl. I S. 341.

692 GrStG 1951.

693 Drosdzol, DStZ 1994, 205.

694 Bizer, NuR 1995, 388.

695 BGBl. I S. 347.

696 BFH, BStBl. II 1968, 620 (626).

697 Sog. Baustoppgesetz v 08.06.1962 (BGBl. I S. 365).

698 BGBl. II, S. 620.

699 Vgl. das Gesetz über steuerliche und sonstige Maßnahmen für Arbeitsplätze, Wachstum und Stabilität vom 23.03.1982 (BT-Drs. 9/1488). Im Jahr 1990 gab es einen Gesetzesentwurf zur Bekämpfung der Wohnungsnot von 1990 (BR-Drs. 426/90), mit dem in das GrStG eine erhöhte Steuermesszahl (10 v T.) für unbebaute baureife Grundstücke eingeführt werden sollte. Auf Landesebene gab es seitdem immer wieder Bestrebungen, aber bislang ohne jegliche Relevanz.

Der BFH hat in seiner Prüfung die Vereinbarkeit der Grundsteuer C mit den rechtsstaatlichen Grundsätzen des Steuerrechts sowie den Grundrechten aus Art. 14, 3 und 2 GG festgestellt. So stand ihrer Erhebung aus rechtsstaatlichen Grundsätzen nicht entgegen, dass sie teilweise nicht aus dem Ertrag des Grundstücks zu decken war, da es sich um eine Objektsteuer handelte[700]. Der BFH verneint auch einen Eingriff in das Eigentumsrecht nach Art. 14 Abs. 1 S. 2 GG[701]. Steuerbelastungen berühren grundsätzlich nicht die Eigentumsgarantie, es sei denn, die Höhe der Steuer macht die Ausübung des Eigentums wirtschaftlich unmöglich oder beeinträchtigt die Vermögensverhältnisse des Pflichtigen grundlegend[702]. Die Baulandsteuer habe die wirtschaftliche Leistungsfähigkeit der Betroffenen aber nicht derart eingeschränkt, dass diese ihr Eigentum an den Grundstücken hätten aufgeben müssen[703]. Sie habe vielmehr aus den Erträgen des Grundstücks oder dem Einkommen beglichen werden und in Härtefällen gestundet oder erlassen werden können. Ebenso verneint der BFH eine Verletzung des Gleichheitssatzes nach Art. 3 Abs. 1 GG[704]. Die Erhöhung der Grundsteuermesszahl für baureife Grundstücke habe auf sachlich anzuerkennenden Erwägungen beruht, wie der Schließung von Baulücken im Innenbereich und der Erhaltung von Grundstücken im Außenbereich[705].

Die bodenpolitischen Lenkungswirkungen dieser Steuer sind insoweit positiv zu bewerten, als hierdurch Anreize zur Bebauung bereits baureifer Grundstücke im innergemeindlichen Bereich gesetzt werden können. Als Teil C der Grundsteuer würde sich die Baulandsteuer zudem in die bisherige Struktur der Grundsteuer einfügen. Nach den Erfahrungen mit der damaligen Grundsteuer C ist allerdings zu erwarten, dass die Baulandsteuer aufgrund von Akzeptanzproblemen voraussichtlich nicht durchsetzbar ist.

Die Baulandsteuer greift auch unter umweltpolitischen Gesichtspunkten zu kurz. Sie führt zwar dazu, dass unbebaute baureife Grundstücke möglicherweise schneller einer Bebauung zugeführt werden. Hierdurch kann sie zu einer Verringerung der Brachflächen in den Siedlungsgebieten beitragen. Sie ist aber nicht geeignet, den Flächenverbrauch insgesamt zu reduzieren. Daneben werden Industriebrachen, die

---

700 BFH Urt. v 19.04.1968, Az.: III R 78/67, Rd. 32. Die persönlichen und wirtschaftlichen Verhältnisse des Steuerpflichtigen sind wegen des Objektcharakters der Steuer nur beschränkt berücksichtigungsfähig.

701 BFH Urt. v 19.04.1968, Rd. 37ff.

702 In diesem Fall ist eine „erdrosselnde Wirkung“ anzunehmen. BFH Urt. v 19.04.1968, Rd. 40.

703 BFH Urt. v 19.04.1968, Rd. 42.

704 BFH Urt. v 19.04.1968, Rd. 46f.

705 Es handelte sich hierbei um bodenpolitische Erwägungen. BFH Urt. v 19.04.1968, Rd. 47.

einen großen Teil der brachliegenden Flächen darstellen, von der Baulandsteuer nicht erfasst. Erforderlich ist jedoch ein Modell, das eine umfassende ökologische Lenkungswirkung dahingehend entfaltet, den Flächenverbrauch insgesamt zu reduzieren und das zusätzlich möglichst nach einzelnen Nutzungsarten differenziert. Im Interesse einer umfassenden Reformierung der gegenwärtigen Grundsteuer kommt sie als anzuwendendes Modell nicht in Betracht.

2. Modell einer Flächennutzungssteuer

Die Flächennutzungssteuer richtet die Besteuerung am Grad der Flächenverbrauchsintensität und dem Grad ökologischer Beeinträchtigungen aus. Ihre Ausgestaltung erfolgt durch die Bildung von Steuerklassen, die sich nach dem Maß der Umweltbeeinträchtigung der jeweiligen Nutzungen richten[706]. Jeder Steuerklasse werden dann die sich an der Nutzung orientierenden Steuermesszahlen zugeordnet, wobei Bemessungsgrundlage die Fläche ist. Zur Gewährleistung der Verwaltungseffektivität ist bei der Erfassung der einzelnen Nutzungsarten möglichst an bereits bestehende Verwaltungsakte, Zertifizierungen bzw. Kataster anzuknüpfen[707]. Die Autoren *Bizer/Lang* haben nachfolgende Einteilung der Flächennutzungen in Steuerklassen vorgeschlagen[708]:

STEUERKLASSE	**EINORDNUNG**	**STEUERSÄTZE €/HA**
Steuerklasse I	naturbelassene Flächen i. S. des Natur- und Landschaftsschutzes	0
Steuerklasse II	naturschonend genutzte Flächen (Bewirtschaftung nach der EWG-VO 2078)	0,19
Steuerklasse III	forstwirtschaftlich genutzte Flächen (sofern nicht als besonders ökologischer Waldbau zertifiziert)	1,94
Steuerklasse IV	sonstige Freiflächen des Außen- und Innenbereichs	19,34
Steuerklasse V	versiegelte Flächen im Außenbereich (privilegiert i. S. des § 35 BauGB)	194,29

706 Bizer, Flächennutzungssteuer, in: Marktbericht VII, S. 28.

707 Bizer, Flächennutzungssteuer in: Marktbericht VII, S. 28.

708 Im Rahmen der Umlegung des bisherigen Aufkommens wird den Steuerklassen I bis V das Aufkommen aus der bisherigen Grundsteuer A (Land- und forstwirtschaftliches Vermögen) und den Steuerklassen VI und VII das Aufkommen aus der Grundsteuer B (Sonstiges Grundvermögen) zugeordnet. Bizer/Lang, S. 29f.

STEUERKLASSE	EINORDNUNG	STEUERSÄTZE €/HA
		STEUERSÄTZE €/qm
Steuerklasse VI	versiegelte Flächen im Innenbereich	0,44
Steuerklasse VII	besonders naturschädlich genutzte Flächen (im Außen- als auch im Innenbereich)	0,88

Während naturbelassene und naturschonend bewirtschaftete Flächen deutlich entlastet werden, können sich bereits für landwirtschaftliche Flächen (19,34 €/ha) gegenüber der vorherigen Belastung von 12,8 bis 25,5 €/ha je nach Ertragswert erhöhte Belastungen ergeben. Deutlich belastet werden die Flächen der Steuerklassen VI und VII. Bei diesen Steuersätzen würde das Gesamtaufkommen rund 14,8 Mio. € betragen[709]. Bei Abzug der gemeindlichen Zahlungen[710] könnte nach Angabe von *Bizer* in etwa das originäre Aufkommen der bisherigen Grundsteuer erreicht werden[711]. Der Steuerklasse VII sind sämtliche Verkehrsflächen, aber auch Hochhäuser von mehr als fünf Stockwerken[712] zuzuordnen. Die Kriterien der Steuerklasse VII können dabei partiell der Gemeinde überlassen werden[713]. Zu beachten ist, dass die Steuersätze für die einzelnen Flächennutzungen so anzusetzen sind, dass sie bei künftigen Nutzungen auch die erwünschte Wirkung entfalten[714]. Die Steuerbeträge werden über die Höhe der Hebesätze durch die Gemeinden festgesetzt[715]. Die gegenüber der gegenwärtigen Grundsteuer zu wahrende Aufkommensneutralität soll durch eine bundesrechtliche Ausgestaltung mit Umsetzungsspielräumen für die Gemeinden erreicht werden[716].

Im Agrarbereich wird ein zusätzlicher Anreiz für den ökologischen Landbau gesetzt, wobei die Lenkungswirkungen aufgrund der geringen Höhe der Grundsteuer sowie weiterer Faktoren nicht genau bestimmbar sind. Zu hoch angesetzt scheint die veranschlagte Höhe der Steuerklasse V für privilegierte Bauvorhaben zu sein, da es sich in der Regel um land- oder forstwirtschaftliche Betriebe bzw.

709 Bizer, Flächennutzungssteuer in: Marktbericht VII, S. 30.

710 Hierunter fallen beispielsweise die kommunalen Straßenämter.

711 Bizer, Flächennutzungssteuer in: Marktbericht VII, S. 30.

712 Hier wäre möglicherweise eine Differenzierung innerhalb des Steuersatzes angebracht, da es sich hierbei um eine flächensparende Bauweise handelt.

713 Bizer, K., Flächennutzungssteuer in: Marktbericht VII, S. 29.

714 Ewringmann, in: Reidenbach (Hrsg.), S. 41ff.

715 Bizer, Flächennutzungssteuer in: Marktbericht VII, S. 30.

716 Ewringmann, in: Reidenbach (Hrsg.), S. 41ff.

Vorhaben der öffentlichen Versorgung handelt, für deren Errichtung bereits besondere Voraussetzungen vorliegen müssen. Im Rahmen der Steuerklassen VI und VII ergeben sich für den Bereich der Industrie- und Gewerbeflächen sowie für den privaten Wohnungsbau Kostenvorteile für höher geschossiges und damit flächensparendes Bauen. So können beispielsweise im Fall eines Einkaufszentrums durch eine zweigeschossige Bauweise Bauwerkskosten von rund 17,7 % gegenüber einer eingeschossigen Bauweise eingespart werden[717]. Im privaten Wohnungsbau werden drei wesentliche Wirkungseffekte unterschieden[718]: die Grundstücksverkleinerung (Grundstückseffekt), die günstigere Bauausführung (Bauausführungseffekt) und die Reduzierung der versiegelten Fläche (Versiegelungseffekt). In diesen drei Bereichen kann der Bauherr seine Steuerlast reduzieren.

Das Modell der Flächennutzungssteuer hält einer finanzverfassungsrechtlichen Prüfung nicht in jedem Fall stand. Die Flächennutzungssteuer widerspricht in ihrer Ausgestaltung zwar nicht dem Charakter der Grundsteuer, indem sie an die Nutzung des Grundstücks anknüpft. Die Vereinbarkeit mit den verfassungsrechtlichen Anforderungen, insbesondere dem allgemeinen Gleichheitssatz nach Art. 3 Abs. 1 GG, ist jedoch mehr als fraglich, da sie jegliche wertbestimmende Faktoren vermissen lässt. Die jeweiligen Nutzungsarten spiegeln nicht die Nutzwerte der jeweiligen Flächen wider. Der Vorwurf, der sich gegen das gegenwärtige Einheitswertsystem der Grundsteuer richtet, in dem die aktuellen Verkehrswerte der Grundstücke weitgehend unberücksichtigt bleiben, lässt sich auch auf das Modell der Flächennutzungssteuer übertragen. Wertbestimmende Faktoren, zu denen staatliche Regulierungen, wie Bauplanungsrecht, öffentliche Infrastruktur und der Einsatz weiterer Produktionsfaktoren, zum Beispiel Erschließungs- und Bauinvestitionen gehören, bleiben unbeachtet.

Der Gleichheitsgrundsatz des Art. 3 Abs. 1 GG ist auch aufgrund der Wertverzerrungen innerhalb einer Nutzungsgruppe berührt. Vor allem im Rahmen der Belastungsgleichheit kann es zu starken Verzerrungen kommen. Der allgemeine Gleichheitsgrundsatz nach Art. 3 Abs. 1 GG gilt für ungleiche Belastungen wie auch für ungleiche Begünstigungen[719]. Der Gesetzgeber hat im Bereich des Steuerrechts bei der Auswahl des Steuergegenstandes und bei der Bestimmung des Steuersatzes einen weitreichenden Entscheidungsspielraum. Er ist nach

717 Diese Einsparungsquote ergibt sich bei angenommenen Grundstückskosten von 127,8 €/qm und einer Bruttogeschossfläche von 10.000 qm. Vgl. Bizer, Flächennutzungssteuer in: Marktbericht VII, S. 32ff.

718 Bizer, Flächennutzungssteuer in: Marktbericht VII, S. 31.

719 BVerfGE 116, 164 (180); BVerfGE 122, 210 (230).

rechtsstaatlichen Gesichtspunkten berechtigt, sich bei der Gesetzgebung von finanzpolitischen, volkswirtschaftlichen oder sozialpolitischen Erwägungen leiten zu lassen[720]. Sein Entscheidungsspielraum ist aber durch verfassungsrechtliche Grundsätze, insbesondere dem Gebot der Folgerichtigkeit, beschränkt[721]. So muss die einmal getroffene Belastungsentscheidung folgerichtig im Sinne der Belastungsgleichheit umgesetzt werden[722]. Werden aber Wertverhältnisse in keiner Weise berücksichtigt, führt dies zu ungleichen Belastungen unter den Grundstückseigentümern. So wird ein Grundstück in einer sehr guten Lage ebenso besteuert wie ein Grundstück in einem Problemstadtteil, da beide derselben Steuerklasse zugeordnet werden. Das bedeutet, dass der Eigentümer des Grundstücks in der guten Lage entlastet, der Grundstückseigentümer in der schlechten Lage belastet würde[723]. Sobald die Grundstücke im Problemstadtteil subventioniert würden, wäre die Aufkommensneutralität nicht mehr gewährleistet[724]. Der Grundsatz der Steuergerechtigkeit ist damit nicht mehr gewahrt.

Ein Eingriff in die Eigentumsgarantie nach Art. 14 Abs. 1 S. 2 GG ist dagegen nicht gegeben. Der Schutz der Eigentumsgarantie umfasst grundsätzlich alle Vermögenswerterechte des jeweiligen Berechtigten, ist dabei aber an Rechtspositionen gebunden[725]. Das Vermögen selbst ist kein Recht und stellt somit kein Eigentum im Sinne des Art. 14 Abs. 1 GG dar[726]. Dies bedeutet nach ständiger Rechtsprechung des BVerfG, dass Art. 14 Abs. 1 GG nicht vor der Auferlegung von Geldleistungspflichten und Steuern durch den Staat schützt, da diese aus dem Vermögen beglichen werden[727]. Eine Steuerpflicht kann ausnahmsweise dann in die Eigentumsgarantie eingreifen, wenn sie den Pflichtigen übermäßig belastet und seine Vermögensverhältnisse grundlegend beeinträchtigt[728]. Davon ist nur auszugehen, wenn die Belastung zu einer Existenzgefährdung führen würde

720 BVerfG Beschluss v 08.01.1991, Az.: 1 BvL 14/98 (BStBl. II 1999, S. 152, 156).

721 BVerfGE 117, 1 (30); BVerfGE 122, 210 (230 f.).

722 BVerfGE 117, 1 (31); BVerfGE 123, 1 (19).

723 Nagel, in: Reidenbach (Hrsg.), S. 34.

724 Die Bestimmung der Aufkommensneutralität ist allerdings grundsätzlich mit Unsicherheiten behaftet, da auch bei der gegenwärtigen Grundsteuer Subventionen für bestimmte Grundstücksarten gewährt werden.

725 BVerfGE 95, 267 (300).

726 BVerfGE 95, 267 (300).

727 BVerfGE 38, 61 (102); BVerfGE 78, 232 (243); BVerfGE 81, 108 (122); BVerfGE 89, 48 (61); BVerfGE 97, 332 (349).

728 BVerfGE 14, 221 (241); BVerfGE 70, 219 (230); BVerfGE 78, 232 (243); BVerfGE 82, 159 (190); BVerfGE 95, 267 (300); Eisele, SteuerStud 2007, 269.

(„Erdrosselung")[729]. Die an der Nutzungsintensität ausgerichteten Steuersätze der Flächennutzungssteuer führen grundsätzlich nicht dazu, dass die Ausübung des Eigentums wirtschaftlich unmöglich wird. Führt die Erhebung in Einzelfällen zu nicht mehr vertretbaren Härten, kann diesen im Rahmen von generalisierenden und typisierenden Steuertatbeständen durch Billigkeitsmaßnahmen begegnet werden[730]. Die Grenze der übermäßigen Belastung ist damit noch nicht erreicht.

Die vorgeschlagenen Steuerklassen der Flächennutzungssteuer beinhalten des Weiteren keine besondere Belastung für brachliegende Grundstücke. Nach der vorliegenden Einteilung der Flächennutzungen wären die Brachflächen der Steuerklasse IV zuzuordnen, die im Vergleich zu den Steuerklassen VI und VII geringere Belastungen aufweist. Erforderlich wäre daher die Aufnahme einer zusätzlichen Steuerklasse für Brachflächen[731], die der Steuerklasse VII entspricht. Neben den umweltpolitischen Aspekten sind auch bodenpolitische und verwaltungstechnische Gesichtspunkte zu beachten. Die Auswirkungen in bodenpolitischer Hinsicht lassen sich nicht genau bestimmen. Es ist aber davon auszugehen, dass aufgrund der Lenkungswirkungen dieser Steuerart eine Nutzungsintensivierung erreicht werden kann. Probleme könnten dagegen im Bereich des sozialen Wohnungsbaus entstehen. Hier sind die Anforderungen sozialer Gerechtigkeit, die sich aus dem Sozialstaatsprinzip des Art. 20 Abs. 1 GG ergeben, zu beachten. Der verfahrensrechtliche Vollzug profitiert von der Einfachheit der Bemessungsgrundlage[732].

Die Flächennutzungssteuer stellt hinsichtlich ihrer ökologischen Lenkungswirkung das wirksamste Modell dar. Die Unterteilung nach Nutzungsarten wird den bodenschützenden Erfordernissen am ehesten gerecht. Problematisch sind jedoch die erheblichen Belastungsverschiebungen gegenüber der jetzigen Grundsteuer, die zu Akzeptanzproblemen bei ihrer Einführung führen könnten. Die sozialen Gesichtspunkte werden vor allem in den Steuerklassen VI und VII nicht genügend beachtet. Dies gilt insbesondere für den sozialen Wohnungsbau. Grundstücksertrag und -wert bleiben, im Gegensatz zur derzeit geltenden Grundsteuer, die das Ertrags- und das Sachwertverfahren vorsieht[733], ebenfalls unberücksichtigt. Das

---

729 BVerfGE 78, 232 (243); BVerfGE 82, 159 (190).

730 BFH Urt. v 25.04.2001, Az.: II R 14/98, Rd. 54.

731 Sofern diese nicht als Park- und Grünflächen ausgewiesen werden.

732 Bizer, Flächennutzungssteuer in: Marktbericht VII, S. 31.

733 Das Ertragswertverfahren bestimmt sich nach dem gemeinen Wert. Dieser orientiert sich am Reinertrag, der zugleich den Grundstückswert darstellt. Auch das Sachwertverfahren bei sonstigen bebauten Grundstücken ist wertorientiert. Gemäß § 83 BewG werden der Bodenwert, der Gebäudewert und der Wert der Außenanlagen zu einem Ausgangswert zusammen gefasst.

Außerachtlassen sämtlicher Wertaspekte widerspricht sozialen, wirtschaftlichen und bodenpolitischen Interessen. Der Flächennutzungssteuer fehlt es an einer entsprechenden Wertorientierung. Gezielte Subventionen können hier wenig bewirken. Die Flächennutzungssteuer verschärft damit den Konflikt zwischen umwelt- und sozialpolitischen Interessen, ohne eine adäquate Lösung hierfür aufweisen zu können. Sie kann aus diesen Gründen nicht als selbständiges Modell befürwortet werden.

3. Modell einer reinen Bodenwertsteuer

Durch die Bodenwertsteuer werden allein die Bodenwerte besteuert. Hierzu sind die reinen Bodenwerte zu ermitteln. Auf die heutige Einheitsbewertung soll dabei verzichtet und für die Ermittlung bereits bestehende Bodenrichtwertkarten herangezogen werden[734]. Bei den Bodenrichtwerten handelt es sich gemäß § 196 Abs. 1 S. 1 BauGB um durchschnittliche Lagewerte für den Boden. Grundstücke, denen ein aktueller Richtwert fehlt, sind in die flächendeckende Erfassung mit einzubeziehen, wobei in bebauten Gebieten nach Maßgabe des § 196 Abs. 1 BauGB der Wert zu ermitteln ist, der sich ergibt, wenn der Boden unbebaut wäre[735]. Ergänzend sind hierzu die Verordnung über die Grundsätze für die Ermittlung der Verkehrswerte von Grundstücken sowie die Wertermittlungsrichtlinien heranzuziehen. Der Zustand eines Grundstücks bestimmt sich gemäß § 4 Abs. 2 ImmoWertV nach der „Gesamtheit der Verkehrswert beeinflussenden rechtlichen Gegebenheiten[736] und tatsächlichen Eigenschaften, der sonstigen Beschaffenheit und der Lage des Grundstücks[737]." Danach bestimmt sich der Bodenrichtwert nach dem „durchschnittlichen Lagewert des Bodens für eine Mehrheit von Grundstücken innerhalb eines begrenzten Gebiets, die nach ihren Grundstücksmerkmalen – insbesondere

---

734 Drosdzol, Bodensteuer, S. 5 unter (Zugriff am 20.12.2011): http://www.geobasis-bb.de/GeoPortal1/produkte/verm_bb/pdf/100s05.pdf.

735 Drosdzol, Bodensteuer, S. 5.

736 Zur Ermittlung des Verkehrswerts vgl. § 4 Abs. 2 ImmoWertV i. V. m. dem Dritten Teil des Wertermittlungsverfahrens ImmoWertV.

737 Hierzu gehören insbesondere der Entwicklungszustand, die Art und das Maß der baulichen Nutzung, die Wert beeinflussenden Rechte und Belastungen, der beitrags- und abgabenrechtliche Zustand, die Wartezeit bis zu einer baulichen oder sonstigen Nutzung, die Bodenbeschaffenheit, die Eigenschaft des Grundstücks und die Lagemerkmale sowie die Wirtschafts- und Bevölkerungsstruktur und –dichte des Gebiets, vgl. 1.5.1 WertR.

nach Art und Maß der Nutzbarkeit – weitgehend übereinstimmen und für die im wesentlichen gleiche allgemeine Wertverhältnisse vorliegen."[738]

Die Bodenrichtwertzonen müssen vor allem in Bezug auf die Art und das Maß der baulichen Nutzbarkeit in sich homogen und exakt voneinander abgrenzbar sein[739]. Das ist deswegen erforderlich, weil die Wertermittlung sich an dem Anspruch der steuerlichen Gleichbehandlung messen lassen muss. Der Gesetzgeber braucht hierzu nicht die genauen Verkehrswerte zu ermitteln, sondern ist bei abgaben- und steuerrechtlichen Massenvorgängen zur Herstellung der sog. „Typengerechtigkeit" gehalten[740]. Hierbei ist eine Abweichung bis zu 30 % möglich[741]. Vorgeschlagen wird die Ermittlung von Bodenrichtwerten durch Gutachterausschüsse, die gemäß § 192 BauGB zu bilden sind[742]. Während die Gutachterausschüsse die Grundlagen für die Bewertung erstellen, erfolgt die Festlegung der Bemessungsgrundlage durch die Steuerämter der Gemeinden, indem die einzelnen Flächengrößen mit den Bodenrichtwerten multipliziert werden[743]. Die Anwendung von Messzahlen und Hebesätzen entfällt.

Die ökologische Wirkung der Bodenwertsteuer ist nicht unerheblich. Die Kosten der Bodenhaltung werden hierdurch erhöht, so dass ein Anreiz für eine baldige Nutzungszuführung entsteht. Damit kann auch möglichen Bodenspekulationen vorbeugt werden. Für die Gemeinden wird es attraktiver, innergemeindliche Brachflächen wieder nutzbar zu machen, anstatt Neuausweisungen von Flächen vorzunehmen. Die stetige Bodeninanspruchnahme kann dadurch reduziert und die zu bebauenden Flächen intensiver ausgenutzt werden. Um diese Wirkungen zu erzielen, sollte die Bodenwertsteuer für den Grundstücksinhaber spürbar werden. Hierzu gibt es den Vorschlag, differenzierte Steuersätze nach unterschiedlichen Nutzungsarten festzulegen[744]. Von den Instituten Bocholt und Karlsruhe[745] wurden die Steuersätze so berechnet, dass zwischen Wohngrundstücken und Gewerbegrundstücken keine Umverteilungen der Steuerlast stattfinden. Danach liegen

---

738 Eisele, NWB 2011, 2291.

739 Dieterich/Josten, Bodenwertsteuer, in: Marktbericht VII, S. 14.

740 Vgl. BFH Urt. v 19.04.1968 –III R 78/67 (BStBl. II, S. 627); BVerfGE 110, 274 (292); BVerfGE 117, 1 (31); BVerfGE 120, 1 (30).

741 Dieterich/Josten, Bodenwertsteuer, in: Marktbericht VII, S. 13.

742 Drosdzol, Bodensteuer, S. 5.

743 Dieterich/Josten, Bodenwertsteuer, in: Marktbericht VII, S. 14; Eisele, NWB 2011, 2290.

744 Dieterich/Josten, Bodenwertsteuer, in: Marktbericht VII, S. 17.

745 Zu den Berechnungen der Institute Dieterich/Josten, Bodenwertsteuer, in: Marktbericht VII, 17.

die Steuersätze für Gewerbegrundstücke bei 0,84 % (Bocholt) bzw. bei 0,58 % (Karlsruhe) und für Wohngrundstücke bei 0,31 % (Bocholt) bzw. bei 0,29 % (Karlsruhe). Die Steuersätze für Gewerbeflächen sind demnach höher als für Wohngrundstücke. Für gemeinnützig genutzte Grundstücke kann die bisherige Steuerbefreiung beibehalten werden. Der Nachteil besteht in einem erheblichen zusätzlichen Verwaltungsaufwand und einer mangelnden Transparenz.

Die Bodenwertsteuer wäre mit den finanzverfassungsrechtlichen Anforderungen, insbesondere Art. 3 Abs. 1 GG, vereinbar, da sie an ein Wertesystem anknüpft, wie es im Grundsatz auch der bisherigen Grundsteuer zugrunde liegt. Sie unterscheidet sich allerdings u. a. darin, dass sie die Gebäudewerte hinsichtlich Baualter, Größe und Qualität unberücksichtigt lässt[746]. Ein solcher Verzicht ist jedoch hinnehmbar, soweit bei der Wertermittlung auch die weiteren Eigenschaften und sonstige Beschaffenheit des jeweiligen Grundstücks mit erfasst werden. Der dem Gesetzgeber eingeräumte weite Entscheidungsspielraum wird durch die Prinzipien der finanziellen Leistungsfähigkeit und der Folgerichtigkeit begrenzt[747]. Soweit die Besteuerung an die Werte von Wirtschaftsgütern anknüpft, wie bei der Grundsteuer bzw. Bodenwertsteuer, sind Bemessungsgrundlagen erforderlich, welche die Werte in ihrer Relation realitätsgerecht abbilden[748]. Aufgrund der Aktualisierung der Bodenwerte an bestehende Wertverhältnisse, die sich auch nach Art und Maß der baulichen Nutzbarkeit richtet, kann eine steuerliche Gleichbehandlung zwischen den Grundstücken sichergestellt werden. Der Belastungsgleichheit steht eine Typisierung der Steuertatbestände nicht entgegen. Steuergesetze betreffen in der Regel Massenvorgänge des Wirtschaftslebens, so dass aus Praktikabilitätsgründen eine Typisierung notwendig wird[749]. Dabei müssen die steuerlichen Vorteile der Typisierung in einem angemessenen Verhältnis zu der hiermit verbundenen Ungleichheit der steuerlichen Belastung stehen und die Typisierung muss sich „realitätsgerecht am typischen Fall orientieren.“[750] Erforderlich ist weiterhin, dass die Wertverhältnisse in bestimmten angemessenen Abständen den Gegebenheiten angepasst werden, um Belastungsverzerrungen, wie derzeit bei der Einheitsbewertung der Grundsteuer, zu vermeiden.

---

746 Dieterich/Josten, Bodenwertsteuer, in: Marktbericht VII, S. 14.

747 BVerfGE 107, 27 (46); BVerfGE 117, 1 (30); BVerfGE 120, 1 (29).

748 BVerfGE 93, 121 (136); 93, 165 (177); BVerfGE 117, 1 (33).

749 BVerfGE 110, 274 (292); BVerfGE 117, 1 (31); BVerfGE 120 1 (30).

750 BVerfGE 117, 1 (31); BVerfGE 120 1 (30); BVerfG Urt. v 12.10.2010, Az.: 1 BvL 12/07, Rd. 52.

In bodenpolitischer Hinsicht erhoffen sich die Befürworter der Bodenwertsteuer eine Baulandmobilisierung, da die Hortung von Grundstücken mit dieser Steuer unterbunden werden könne[751]. Die erwartete Baulandmobilisierung und Siedlungsverdichtung ist jedoch mit Unsicherheiten behaftet, da der Bodenmarkt oft nur sehr langsam reagiert[752]. Der Nachteil einer reinen Bodenwertsteuer besteht darin, dass sie gegenüber der jetzigen Grundsteuer zu starken Belastungsverschiebungen führt. Mehrbelastungen könnten sich vor allem für Haushalte mit niedrigem Einkommen ergeben und eine soziale Verdrängung in bestimmten Wohngebieten zur Folge haben[753]. Einfamilienhäuser erfahren eine höhere Bewertung als der Geschossbau. Bei Vorliegen sozialer Härten wären allerdings Steuervergünstigungen für die Grundstücksinhaber denkbar[754].

Trotz dieser Bedenken hat sich die Bodenwertsteuer in anderen Staaten, wie in Dänemark, bewährt[755]. Dort ist das Horten baureifer Grundstücke weitgehend unbekannt und die Grundstücke werden regelmäßig instand gehalten[756].

Die reine Bodenwertsteuer, die mit den finanzverfassungsrechtlichen Grundsätzen vereinbar ist, setzt auch in ökologischer Hinsicht Anreize für einen sorgsameren Umgang mit den verfügbaren Bodenflächen. Das gilt in erster Linie für die Innenbereiche der Gemeinden und Städte, da hier die Bodenwerte entsprechend hoch bemessen werden können. Dadurch können Brachflächen oder Bauruinen schneller wieder einer erneuten Nutzung zugeführt werden, da sich das Halten dieser Flächen für den Grundstückseigentümer nicht lohnt. Um die umweltrechtlichen Lenkungswirkungen der reinen Bodenwertsteuer zu verstärken, können ebenfalls nutzungsorientierte Zonen mit unterschiedlichen Hebesätzen durch die Gemeinden gebildet werden. Gerade bei Randgebieten von Ballungsräumen besteht die Gefahr, dass Wohnungsbaugesellschaften und Gewerbetreibende auf das preislich günstigere Umland ausweichen und dadurch weitere Flächenneuausweisungen vorgenommen werden. Diesem Effekt sollte durch ein entsprechendes Flächenmanagement wirksam begegnet werden. Der Verwaltungsaufwand, der durch die Ermittlung der Bodenrichtwerte entsteht, stellt gegenüber der gegenwärtigen Grundsteuer eine Vereinfachung

751 Ausführlich: Dieterich/Dieterich-Buchwald, ZfBR 1983, S. 114 ff.

752 Drosdzol, DStZ 1999, 834.

753 Drosdzol, DStZ 1999, 834.

754 Dieterich/Josten, Bodenwertsteuer, in: Marktbericht VII, S. 17.

755 Dieterich/Dieterich-Buchwald, ZfBR 1983, S. 114 ff.; Dieterich, NZM 1998, 292f.

756 Um eine ökologische Bodennutzung sicherzustellen, wird beispielsweise für die individuelle Bebauung von Grundstücken eine Mindestgröße von 700m² vorgegeben, Dieterich, NZM 1998, 292f.

dar[757]. Die Bodenwertsteuer ist danach ein geeignetes Modell, um die an eine neue Grundsteuer gestellten Anforderungen der Bodenpolitik, der Verwaltungsvereinfachung und der ökologischen Wirksamkeit zu erfüllen. Zu beachten ist, dass die Einführung der Bodenwertsteuer zu starken Belastungsverschiebungen gegenüber der heutigen Grundsteuer mit sich bringt und den Gebäudewert unberücksichtigt lässt. Dies könnte zu erheblichen Akzeptanzproblemen führen.

4. Modell einer kombinierten Bodenwert- und Grundstücksflächensteuer

Das Modell der kombinierten Bodenwert- und Grundstücksflächensteuer ist vom Deutschen Institut für Urbanistik (Difu) vorgeschlagen worden[758]. Danach soll zusätzlich zu der reinen Bodenwertsteuer eine Flächenkomponente eingeführt werden. Größere Grundstücke mit niedrigem Bodenwert sollen höher, kleine Grundstücke mit hohen Bodenwert entsprechend niedriger besteuert werden[759]. Die Grundstücksfläche soll mit einem festen Betrag bewertet werden. Ziel ist es, die Flächen im ländlichen Bereich, die einen geringen Bodenwert aufweisen, entsprechend höher zu besteuern[760]. Aus ökologischer Sicht sollen dadurch auch die Grundstückseigentümer im ländlichen Bereich dazu angehalten werden, flächensparend zu bauen[761]. Der ökologische Schwerpunkt liegt auf der Verringerung des Bodenverbrauchs, ohne dass eine Differenzierung nach dem Grad der Nutzung wie bei der Flächennutzungssteuer erfolgt.

Die kombinierte Bodenwert- und Grundstücksflächensteuer unterliegt aus finanzverfassungsrechtlichen Gesichtspunkten jedoch erheblicher Kritik[762]. Die Flächensteuer könne dazu führen, dass die steuerliche Belastung prozentual bei solchen Flächen steigt, bei denen der Ertrag sinkt. Dies hänge damit zusammen, dass der Steuersatz pro Quadratmeter zwar gleich bleibt, der Ertrag nach Boden- und Nutzungsart jedoch unterschiedlich ausfällt. Je geringer der Ertragswert, desto spürbarer die Flächensteuer. Das könne so weit gehen, dass der Ertrag regelrecht

---

757 Dies hat sich auch im Rahmen des Praxistestes gezeigt. Vgl. Coulmas/Lehmbrock, S. 295.

758 Coulmas/Lehmbrock, S. 289ff. Es wurde auch eine Zeitlang von Bündnis90/Den Grünen favorisiert.

759 Dieterich, vhw FW 6/Dezember 2001, 281f.

760 Andres, in: Marktbericht VII, S. 65.

761 Dies trifft jedoch auf die rein landwirtschaftlich bzw. forstwirtschaftlich genutzten Flächen nicht zu.

762 Dieterich, vhw FW 6/Dezember 2001, 281f.; Andres zur reinen Flächensteuer, in: Marktbericht VII S. 65f.

„weggesteuert“ werde[763]. Die Grundstückseigentümer in ländlichen Bereichen wären durch die Kombination von Bodenwertsteuer und Flächensteuer gegenüber den Grundstückseigentümern in städtischen Lagen somit in verfassungsrechtlich unzulässiger Weise benachteiligt, da ein erheblicher Verstoß gegen das Lastengleichheitsprinzip vorläge.

Diese Bedenken sind nicht von der Hand zu weisen, da einerseits die Belastungsgleichheit nach Art. 3 Abs. 1 GG betroffen ist und andererseits ein Verstoß gegen die Eigentumsgarantie nach Art. 14 Abs. 1 S. 2 GG vorliegen könnte. Bezüglich der verfassungsrechtlichen Voraussetzungen wird auf die vorherigen Ausführungen verwiesen[764]. Die Anwendung der Kombination von Bodenwertsteuer und Flächensteuer könnte, in Abhängigkeit von der Höhe der Steuersätze, insbesondere bei landwirtschaftlichen Flächen zu einer übermäßigen Belastung der Vermögensverhältnisse führen. Zwar muss die Bodenwert- und Grundstückssteuer als Objektsteuer nicht allein aus dem Ertrag des Grundstücks gedeckt werden[765]. Führt die Besteuerung aber dazu, dass die wirtschaftliche Nutzung des Grundstücks nahezu unmöglich gemacht wird, liegt ein Eingriff in die Eigentumsgarantie vor. Eine Rechtfertigung aus ökologischen Gründen kommt nicht in Betracht, da auf land- und forstwirtschaftlichen Flächen in der Regel keinerlei Versiegelungen beabsichtigt sind.

Des Weiteren wäre das Gebot der Folgerichtigkeit nach Art. 3 Abs. 1 GG[766] durch die zusätzlichen Flächenbesteuerung berührt, da größere Grundstücke von geringerem Wert ohne Rücksicht auf ihre jeweilige Nutzung und ihres realitätsnahen Wertes mit einem an ihre Fläche orientiertem Steuersatz zusätzlich belegt werden. Die zuvor festgestellten Bodenwertverhältnisse werden durch den Einsatz einer Flächenkomponente wieder verwässert und führen zu erheblichen Wertverzerrungen zwischen den Grundstücken. Die Belastungsgleichheit wäre hierdurch ebenso wenig gewahrt wie die Folgerichtigkeit.

Es wäre denkbar, solchen Fällen durch eine entsprechende Reduzierung der flächenbezogenen Steuersätze entgegenzuwirken. Der vom BVerfG entwickelte „Halbteilungsgrundsatz“, nach dem ungefähr 50 % des Ertrages dem Eigentümer verbleiben müssen[767], findet hierbei keine Anwendung. Das BVerfG hat für die Grundsteuer eine Relativierung dieses Grundsatzes dahingehend vorgenommen,

763 Vgl. Beispielsberechnung bei Andres, in: Marktbericht VII, S. 65.
764 Vgl. hierzu die Ausführungen unter Punkt B.II.2.
765 BFHE 92, 495 (II.3b).
766 BVerfGE 117, 1–70 (31).
767 BVerfGE 93, 121 (138).

dass lediglich die aus der Eigentumsgarantie des Art. 14 Abs. 1 GG sich ergebenen Grenzen zu berücksichtigen sind[768]. Aus dem Halbteilungssatz könne keine Belastungsobergrenze entnommen werden, die unabhängig von der Steuerart der Vermögenssteuer Geltung beanspruchen könnte[769]. In nicht wenigen Fällen würde zudem eine deutliche Reduzierung der flächenbezogenen Steuersätze bedeuten, dass die erwarteten Wirkungen ausblieben. Zudem wird das Wertungssystem der Bodenwertsteuer durch die zusätzlich eingeführte Flächenkomponente wieder verzerrt. Während einerseits Grundstücke nach der Gesamtheit der den Verkehrswert beeinflussenden Umstände bewertet werden, zu denen u. a. Entwicklungsstand, Art und Maß der baulichen Nutzung, wertbeeinflussende Rechte und Belastungen, der beitrags- und abgabenrechtliche Zustand, die Bodenbeschaffenheit, Eigenschaften des Grundstückes und Lagemerkmale sowie Wirtschafts- und Bevölkerungsstruktur und –dichte des Gebiets gehören[770], werden auf der anderen Seite diese Wertfaktoren durch die Flächenkomponente künstlich erhöht bzw. verringert. Diese unterschiedliche Bewertungsweise führt ebenfalls zu einer Ungleichbehandlung zwischen den einzelnen Grundstückseigentümern. Es ist daher wohl kaum mit einer Akzeptanz bei den Steuerpflichtigen zu rechnen.

Mit der kombinierten Bodenwert- und Grundstücksflächensteuer kann Neuausweisungen von Flächen in Randgebieten von Ballungsräumen wirksam begegnet werden. Der Verwaltungsaufwand wurde im Rahmen des Praxistestes als akzeptabel beurteilt, ebenso wie die bodenmobilisierenden Effekte in Bezug auf unbebaute Grundstücke[771]. Allerdings besteht die Gefahr, dass bei landwirtschaftlich genutzten Flächen mit geringem Ertrag dieser fast gänzlich von der kombinierten Grundsteuer abgeschöpft wird. Grundstückseigentümer im ländlichen Bereich wären daher gegenüber Grundstückseigentümern im innergemeindlichen Bereich benachteiligt. Das Ansetzen eines niedrigeren Steuersatzes zum Ausgleich dieser Belastungen würde die gewünschten Lenkungswirkungen wieder aufheben. Die zusätzliche Flächenkomponente, die den niedrigeren Grundstückswert bei größeren Flächen ausgleichen soll, verzerrt zudem das Bewertungssystem der Bodenwertsteuer. Die kombinierte Bodenwert- und Grundstücksflächensteuer kommt als Modell somit nicht in Betracht.

---

768 BVerfGE 115, 97 (108 f.); BFHE 213, 222 (II.2.c).

769 BVerfG Nichtannahmebeschluss, in: NJW 2009, 1868–1869.

770 Vgl. 1.5.2 Zustand-Allgemeines der WertR 2006.

771 Coulmas/Lehmbrock, S. 293f.

5. Vorschläge im Rahmen der Finanzministerkonferenz (FMK)

Die Finanzministerkonferenz hat bereits Ende 1995 – nach den Einheitswertbeschlüssen des BVerfG[772] – den Reformbedarf bei der Grundsteuer festgestellt und eine länderoffene Arbeitsgruppe Grundsteuer mit der Bitte um Erarbeitung von Reformvorschlägen beauftragt[773]. Diese Vorschläge sind anschließend diskutiert worden[774], wurden jedoch nicht umgesetzt. Die Reformdiskussion hat Anfang 2010 wieder neuen Schwung erhalten und die FMK erneut eine länderoffene Arbeitsgruppe zur Reform der Grundsteuer eingesetzt[775]. Die Ergebnisse der Arbeitsgruppe[776] werden im Nachfolgenden vorgestellt und bewertet wie auch die vorhergehenden Reformvorschläge. Dabei wird in besonderer Weise der ökologische Aspekt berücksichtigt.

a) Modell der Flächensteuer

Auf Beschluss der Finanzministerkonferenz (FMK) vom 22. Januar 1998 wurde die länderoffene Arbeitsgruppe „Grundsteuer" mit der Entwicklung einer neuen Bemessungsgrundlage beauftragt, die zwei Modelle vorgeschlagen hat[777]. Das *Modell A* ist ein Flächennutzungsmodell und beruht auf einem Gesetzesentwurf des Bayerischen Staatsministeriums der Finanzen[778]. Im Unterschied zu der Flächennutzungssteuer werden nicht die einzelnen Nutzungen besteuert, sondern die Boden- und die Gebäudefläche werden mit einer Steuerzahl multipliziert, die so bemessen ist, dass bei konstanten Hebesätzen ein neutrales Aufkommen erreicht wird[779]. Die Kombination der Grundstücksfläche mit der Wohn- und Nutzfläche findet bei bebauten Grundstücken Anwendung, während bei unbebauten Grundstücken die reine Bodenflächensteuer mittels einer gesetzlich bestimmten Grundsteuerzahl festzusetzen ist[780].

Ähnlich wie bei dem Modell der Flächennutzungssteuer bestehen auch gegenüber diesem Modell finanzverfassungsrechtliche Bedenken. Auch die Flächensteuer führt

772 BVerfGE 93, 121–165.

773 Hierzu Eisele, StW 2011, 175f.

774 Auf die nachfolgenden Ausführungen wird verwiesen.

775 Beschluss der FMK v 28.01.2010 (FMK 1/2010 TOP 7).

776 Bericht der länderoffenen Arbeitsgruppe, Grundsteuerreform, v 14.01.2011.

777 AG „Grundsteuer" der FMK, Überlegungen zur Neuregelung der Grundsteuer, Kapitel III B v 01.11.1997.

778 Dieterich, NZM 1998, 290.

779 Nagel, in: Reidenbach (Hrsg.), S. 34.

780 Schneider, Reform der Grundsteuer, S. 5.

zu erheblichen Belastungsverschiebungen. Für ein Viertel bis ein Drittel der Steuerpflichtigen kann durch die Einführung dieser Flächensteuer mit Steuererhöhungen zwischen 50 und 900 % zu rechnen sein[781]. Es fehlt zudem - ebenso wie bei der Flächennutzungssteuer - an wertbestimmenden Faktoren, die für eine entsprechende Grundstücksnutzung maßgebend sind. Der Gesetzgeber darf zwar diejenigen Sachverhalte tatbestandlich frei bestimmen, an die das Gesetz die Steuerpflicht knüpft, hat sich dabei aber an verfassungsrechtlichen Grundsätzen, wie dem Gleichheitsgrundsatz nach Art. 3 Abs. 1 GG zu orientieren[782]. Eine Differenzierung nach Lage und Eigenschaften der Grundstücke findet nicht statt, da die Flächensteuer nicht die Grundstückswerte mit einbezieht. Dies führt zu erheblichen Wertverzerrungen innerhalb des jeweiligen Grundbesitzes. Diese durch unzureichende Differenzierung verursachte Ungleichbehandlung geht zu Lasten der betroffenen Steuerpflichtigen. Die Steuergerechtigkeit wäre nicht mehr gewährleistet.

Unter ökologischen Gesichtspunkten gibt die Flächensteuer Anreize zu einem sparsameren Flächenverbrauch. Die zusätzliche Gebäudeflächenbesteuerung der bebauten Grundstücke wird dabei kritisch beurteilt, da diese zu einer ungenügenden Ausnutzung von Bauland führen könnte.[783] Die Anreize, die durch die Bodenflächenbesteuerung gesetzt werden, würden dadurch wieder aufgehoben. Andererseits kann durch die Einbeziehung der Gebäudefläche ein Anreiz gesetzt werden, durch eine bessere bauliche Ausnutzung mit den zu nutzenden Bodenflächen schonender umzugehen.

Im Hinblick auf eine effektive Verwaltung bietet das Modell A den Vorteil einer einfachen und praktikablen Erfassung, da an physikalische Größen angeknüpft wird. Die erheblichen Belastungsverschiebungen gegenüber der jetzigen Grundsteuer würden jedoch die (politische) Akzeptanz und Durchsetzbarkeit dieses Modells negativ beeinflussen.

b) Modell einer Boden- und Gebäudewertsteuer

Die Kombination von Bodenwert und pauschalisierten Gebäudewert entspricht dem Modell B der Finanzministerkonferenz von 1999[784]. Die Finanzministerkonferenz hat sich mehrheitlich für dieses Modell ausgesprochen und es in ihrem Beschluss

781 Nagel, in: Reidenbach (Hrsg.), S. 34; Andres et. al., in: Marktbericht VII, S. 24.
782 BVerfGE 117, 1 (30); BVerfGE 122, 210 (230f.).
783 Andres, in: Marktbericht VII, S. 60f.
784 Nagel, in: Reidenbach (Hrsg.), S. 33.

vom 9. September 1999 zur Reform der Grundsteuer mit aufgenommen[785]. Dieser Bewertung ist die Innenministerkonferenz mit Beschluss vom 18./19. November 1999 gefolgt.

Der Bodenwert und der pauschalisierte Gebäudewert bilden die Bemessungsgrundlage. Damit entspricht die Bemessungsgrundlage bei bebauten Grundstücken dem vereinfachten Sachwertverfahren[786]. Die Ermittlung des Bodenwerts erfolgt auf der Grundlage von Bodenrichtwerten, die gemäß den Vorschriften §§ 196, 199 Abs. 1 BauGB i. V. m. mit der Immobilienwertermittlungsverordnung sowie den Wertermittlungsrichtlinien zu ermitteln sind. Der Gebäudewert wird durch die Multiplikation der Wohn- bzw. Nutzfläche mit bundeseinheitlichen Quadrat- bzw. Kubikmeterpreisen berechnet[787]. Hierdurch kann eine effektivere Ausnutzung der vorhandenen Flächen erreicht werden. Offen ist, ob der Gebäudewert wegen Alters oder Abnutzung der Gebäude zu mindern ist[788]. Der damit verbundene zusätzliche Verwaltungsaufwand spricht jedoch dagegen[789].

Die hierdurch bewirkte Differenzierung zwischen unbebauten und bebauten Grundstücken[790] darf jedoch nicht dazu führen, dass das Vorhalten von baureifen unbebauten Grundstücken bzw. von Brachflächen weiterhin attraktiv bleibt. Erforderlich ist vielmehr, dass durch Einführung eines entsprechenden Gewichtungsfaktors diese Art von unbebauten Grundstücken höher bemessen wird. Ob ein Gewichtungsfaktor für den Boden- und Gebäudewert eingeführt werden sollte, ist noch ungeklärt[791]. Hierbei ist zu beachten, dass die Aufkommensneutralität gegenüber der jetzigen Grundsteuer zu wahren ist. Der Gewichtungsfaktor wäre in den Messzahlen enthalten. Damit würde sich dem Verfahren der gegenwärtigen Grundsteuer wieder angenähert, bei der bereits ein Messzahlensystem existiert. Die Finanzministerkonferenz hat zur Stärkung der bodenmobilisierenden Effekte eine erhöhte Steuermesszahl für unbebaute Grundstücke vorgesehen[792]. Der ökologische Faktor wird in diesem Modell berücksichtigt, da durch die Einbeziehung der aktuellen Bodenwerte die weitere Flächeninanspruchnahme

---

785 Ein entsprechender Gesetzesentwurf ist dem Bundesfinanzminister zugeleitet worden. Zu einem Gesetzgebungsverfahren von Seiten des Bundes ist es aber nicht gekommen.

786 Drosdzol, DStZ 1999, 835.

787 Drosdzol, DStZ 1999, 835.

788 Drosdzol, DStZ 1999, 835.

789 Coulmas/Lehmbrock, S. 293.

790 Andres et. al., Marktbericht VII, S. 23.

791 Drosdzol, DStZ 1999, 835.

792 Vgl. Eckpunktepapier der FMK v 01.05.1999.

reduziert werden kann. Das „Horten“ von Grundstücken kann durch die Einführung eines besonderen Gewichtungsfaktors für unbebaute Grundstücke eingeschränkt werden.

In finanzverfassungsrechtlicher Hinsicht entspricht das Modell einer Boden- und Gebäudewertsteuer im Grundsatz der den aktuellen Wertverhältnissen angepassten und in der Bemessung vereinfachten Grundsteuer. Es ist mit den Grundrechten aus Art. 14 Abs. 1 S. 2, Art. 3 Abs. 1 GG vereinbar. Eine Verletzung der Eigentumsgarantie liegt nicht vor, da eine übermäßige Belastung der Vermögensverhältnisse mit erdrosselnder Wirkung für die Betroffenen nicht gegeben ist. Die Boden- und Gebäudewertsteuer wird gegenüber der bisherigen Steuer aufgrund der aktualisierten Wertverhältnisse in der Regel zu einer Erhöhung der Steuersätze und damit zu einer höheren Belastung der Betroffenen führen, ohne jedoch deren Vermögensverhältnisse grundlegend zu beeinträchtigen. Bei besonderen sozialen Härten in Einzelfällen sind sog. Verschonungsregelungen zu treffen.

Eine Verletzung des Gleichheitssatzes nach Art. 3 Abs. 1 GG ist ebenfalls nicht ersichtlich[793]. Die persönliche Leistungsfähigkeit spielt bei der Real- bzw. Objektsteuer keine Rolle, da allein das Steuerobjekt erfasst wird[794]. Entscheidend ist, dass die Steuerbelastung zu keinen Wertverzerrungen innerhalb einer Vermögensgruppe führt. Da die Boden- und Gebäudewertsteuer an die aktuellen Wertverhältnisse anknüpft, ist eine Belastungsungleichheit unter den Objekten nicht erkennbar.

Das kombinierte Modell B beinhaltet eine flächensparende Komponente insoweit, als mit der Einbeziehung der aktuellen Bodenwerte das Vorhalten von Flächen in innergemeindlichen Bereichen unattraktiv wird. Es entspricht auch den finanzverfassungsrechtlichen Voraussetzungen. Das Modell ist allerdings durch die Einbeziehung der Gebäudewerte mit einem erheblichen Verwaltungsaufwand verbunden, wie der Praxistest des Deutschen Institutes für Urbanistik (Difu) zur Grundsteuerreform gezeigt hat[795]. Dieser Nachteil wird möglicherweise durch die geringeren Belastungsverschiebungen[796] ausgeglichen, wodurch eine höhere Akzeptanz bei den Steuerpflichtigen erreicht werden könnte.

---

793 Auf die vorhergehenden verfassungsrechtlichen Ausführungen unter Punkt B.II.2 wird verwiesen.

794 Eisele, SteuerStud 2007, 268.

795 Lehmbrock/Coulmas, Verprobung in sieben Planspielgemeinden.

796 Erforderlich ist, dass diese Belastungsverschiebungen sozialverträglich ausgestaltet werden.

c) *Reformvorschlag der Länder Bayern und Rheinland-Pfalz zum Modell einer Boden- und Gebäudewertsteuer*

Die Länder Bayern und Rheinland-Pfalz haben Anfang Januar 2004 im Auftrag der Finanzministerkonferenz vom 27. Februar 2003 einen weiterführenden Vorschlag zur Boden- und Gebäudewertsteuer im Rahmen der Reform der Grundsteuer vorgelegt[797]. Dieser Bericht wurde Grundlage für den Beschluss der Finanzministerkonferenz am 5. Mai 2006 an den Bundesminister der Finanzen, einen entsprechenden Gesetzesentwurf in das Gesetzgebungsverfahren einzubringen[798]. Das gemeinsame Konzept der Länder Bayern und Rheinland-Pfalz beinhaltet folgende drei Eckpunkte:

- Wegfall der Grundsteuer A
- Grundsteuer B für land- und forstwirtschaftliche Wohnteile und Betriebswohnungen
- Neue Bemessungsgrundlage für Grundsteuer B

Die Bedeutung der *Grundsteuer A*, die auf land- und forstwirtschaftliche Grundstücke als sog. Sollertragssteuer erhoben wird, hat in den letzten Jahrzehnten kontinuierlich abgenommen. Betrug ihr Anteil am Gesamtaufkommen der Grundsteuer im Jahr 1950 noch ein Viertel, so stammte im Jahr 2001 nur jeder 27ste Euro aus land- und forstwirtschaftlichen Vermögen[799]. Der Verwaltungsaufwand ist demgegenüber besonders hoch[800]. Zudem erscheint die verfolgte Steuerpolitik in sich widersprüchlich: Während die Landwirte einerseits Stilllegungsprämien für die Nichtbewirtschaftung ihrer Flächen erhalten, ist die Grundsteuer als Sollertragssteuer auf die intensive Nutzung der landwirtschaftlichen Flächen ausgerichtet[801].

Der Aufkommensverlust bei Wegfall der Grundsteuer A ist nach dem Modell der Länder Bayern und Rheinland-Pfalz, insbesondere unter Berücksichtigung des hohen Veranlagungs- und Erhebungsaufwandes, vertretbar. Mit der Zuordnung der land- und forstwirtschaftlichen Wohnteile und Betriebswohnungen zum Grundvermögen der Grundsteuer B würde ein erheblicher Teil des Minderaufkommens

797 BY und RP, Reform der Grundsteuer.

798 Zudem es nicht gekommen ist. Beschluss der FMK Nr. 2 v 05.05.2006, gemeinsam mit den Ländern BY und RP einen Gesetzesvorschlag zu erarbeiten.

799 BY und RP, Reform der Grundsteuer, S. 13f.

800 So stehen in RP einem Aufkommensanteil von 4,7 % Produktkosten von 20 % und ein Personalanteil von 22,94 % gegenüber. Vgl. BY und RP, Reform der Grundsteuer, S. 19.

801 BY und RP, Reform der Grundsteuer, S. 25.

kompensiert werden[802]. Finanzschwache Kommunen, die ein höheres Steueraufkommen aus der Grundsteuer A beziehen, könnten im Rahmen des kommunalen Finanzausgleichs eine Entlastung erhalten. Allerdings ist das Aufkommen der Grundsteuer A in den einzelnen Bundesländern unterschiedlich hoch. So lag der Anteil der Grundsteuer A in Sachsen-Anhalt im Jahr 2001 bei 10,2 % und in Mecklenburg-Vorpommern bei 9,3 % im Vergleich zu einem Bundesdurchschnitt von 3,7 %[803]. Für diesen Fall sollen betroffene Länder die Möglichkeit erhalten, eine entsprechende landesgesetzliche Regelung zur Grundsteuer A zu treffen[804].

Die *Grundsteuer B* soll auf Vorschlag der Länder Bayern und Rheinland-Pfalz eine neue Bemessungsgrundlage erhalten. In Anlehnung an das Modell B der Finanzministerkonferenz von 1999 soll sowohl der Bodenwert als auch der pauschalierte Gebäudewert als Grundlage für die Bemessung dienen. Der Berechnung des Bodenwerts liegen Bodenrichtwerte zugrunde, die nach den §§ 196 ff. BauGB ermittelt werden. Hierbei darf der Bodenwert vom definierten Bodenrichtwert nicht mehr als +/- 30 % abweichen[805]. Für Gebäude werden Festwerte mit einer typisierenden Abstufung nach wertvolleren/ertragreicheren und weniger werthaltigen Gebäuden vorgeschlagen[806]. Auf einen Alterswertabschlag wird aus Gründen der Vereinfachung verzichtet.

Dieser Ansatz führt sowohl bei bebauten wie auch unbebauten Grundstücken zu einem Anstieg der Bemessungsgrundlage. Der Bodenwert geht bei unbebauten Grundstücken zu 100 % und bei bebauten Grundstücken zu 70 % ein, da hier noch der pauschalisierte Gebäudewert mit einfließt[807]. Hierdurch wird es bei der Aufkommens- und Belastungsverteilung zu erheblichen Änderungen in der Belastung der einzelnen Grundstücke kommen, da mit Berücksichtigung der Bodenwerte die tatsächlichen Wertsteigerungen im Immobilienbereich berücksichtigt werden. Auf die finanzverfassungsrechtlichen Erwägungen zum Modell der Boden- und Gebäudewertsteuer wird verwiesen[808].

Auch wenn die ökologische Komponente in diesem Modell nicht besonders betont wird, führt das Zugrundelegen des Bodenwertes und die damit einhergehende Erhöhung der Kosten zu einem sorgsameren Umgang mit den vorhandenen Flächen.

---

802 BY und RP, Reform der Grundsteuer, S. 28.
803 BY und RP, Reform der Grundsteuer, S. 14.
804 BY und RP, Reform der Grundsteuer, S. 29.
805 BY und RP, Reform der Grundsteuer, S. 31.
806 Hierbei werden keine Verkehrswerte zugrunde gelegt. BY und RP, Reform der Grundsteuer, S. 31f.
807 BY und RP, Reform der Grundsteuer, S. 31.
808 Siehe Punkt B.II.5b).

Zugleich macht der höhere Prozentsatz bei unbebauten Flächen das Horten von unbebauten Grundstücken unattraktiv.

Das von der Finanzministerkonferenz favorisierte Modell der Länder Bayern und Rheinland-Pfalz, das die Idee der Boden- und Gebäudewertsteuer aufgreift, kann aufgrund der angestrebten Vereinfachung und des verringerten Verwaltungsaufwandes für sich die größte politische Unterstützung in Anspruch nehmen. Der Vorteil der Boden- und Gebäudewertsteuer liegt vor allem darin, dass die Grundsteuer reformiert wird, ohne die ihr zugrundeliegende Struktur aufzubrechen. Es handelt sich um ein vereinfachtes Grundsteuerbemessungsverfahren, das auf die veraltete Einheitsbewertung verzichtet und stattdessen auf Bodenrichtwerte zurückgreift. Dieses Modell ist daher auch mit den finanzverfassungsrechtlichen Grundsätzen vereinbar. Akzeptanzprobleme können jedoch aufgrund der zum Teil erheblichen Belastungsverschiebungen gegenüber den Grundstückswerten der bisherigen Grundsteuer auftreten.

Der Deutsche Städtetag hat in seiner Stellungnahme zu dem Modell der Boden- und Gebäudewertsteuer angemerkt, dass auch künftig bodenpolitische Gesichtspunkte berücksichtigt werden sollten. Er schlägt neben der Beibehaltung des kommunalen Hebesatzrechts die Bildung von Zonen mit unterschiedlichen Hebesätzen durch die Städte und Gemeinden vor[809]. Die Städte und Gemeinden sollten zudem die Grundsteuermesszahlen nach Grundstücksarten entsprechend ihrer planungsrechtlichen Nutzung staffeln können[810]. Die von dem Deutschen Städtetag vorgeschlagene Einteilung der Hebesätze nach Zonen kommt dem zonierten Satzungsrecht nahe, wobei jedoch zuvor eine einheitliche bundesrechtliche Bewertung nach Bodenrichtwerten und dem pauschalisierten Gebäudewert erfolgt. Hierdurch wird es den Kommunen möglich, bodenpolitische und ökologische Ziele zu verfolgen. Für Randgebiete von Ballungsräumen können dadurch gezielt höhere Hebesätze von den Kommunen eingeführt werden. Der hohe Bewertungsaufwand für etwa 35 Mio. Objekte[811] wird von vielen Gemeinden noch gescheut.

Die Boden- und Gebäudewertsteuer vermag Anreize für eine Verringerung des Flächenverbrauchs zu setzen, da sie sich an den Bodenrichtwerten orientiert. Dies wird durch die Einteilung der Hebesätze nach Zonen noch begünstigt, weil den Gemeinden hierdurch die Möglichkeit eingeräumt wird, verantwortungsbewusstes Flächenmanagement zu betreiben. Die Einbeziehung der Gebäudefläche kann

809 DST, Grundsteuerreform und Bodenpolitik, Beschluss des Präsidiums v 08.02.2000.
810 DST, Grundsteuerreform und Bodenpolitik.
811 Vgl. Vorschlag der Arbeitsgruppe der Länder BW, BY und HE, Eckpunkte, S. 3.

zu einer effektiveren Ausnutzung der Grundstücksfläche führen. Nachteilig wirkt sich der zunächst hohe Verwaltungsaufwand bei der Bemessung der Grundsteuer B aus. Da sich die Boden- und Gebäudewertsteuer jedoch in die bisherige Struktur der Grundsteuer einfügt und einen Ausgleich zwischen ökologischen und bodenpolitischen Aspekten zu schaffen vermag, ist sie als Praxismodellgrundsätzlich zu befürworten[812]. Allerdings sind Anpassungen aufgrund der zum Teil erheblichen Belastungsverschiebungen erforderlich. Der Beschluss der Finanzministerkonferenz ist von Bundesseite bislang nicht aufgegriffen worden.

d) Verkehrswertmodell der Länder Bremen, Berlin, Niedersachsen, Schleswig-Holstein und Sachsen

In einer Machbarkeitsstudie hat die Arbeitsgruppe der Länder Berlin, Bremen, Niedersachsen, Sachsen und Schleswig-Holstein eine am Verkehrswert orientierte Bemessungsgrundlage untersucht und befürwortet[813]. Diese würde den verfassungsrechtlichen Voraussetzungen einer gleichheitsgerechten Gestaltung in besonderer Weise entsprechen, da mit ihr die zu besteuernden Grundstücke am ehesten realitätsgerecht bewertet werden könnten[814]. Als Vorbild dienten die steuerliche Immobilienbewertung in den Niederlanden und der niedersächsische Immobilien-Preis-Kalkulator[815]. Bewertungsgrundlage in den Niederlanden sind die Kaufpreissammlungen unter Berücksichtigung der wichtigsten Grundstücks- und Gebäudemerkmale[816]. Die Ermittlung der Bemessungsgrundlage nach dem Verkehrswertmodell erfolgt über die Verknüpfung der individuellen Grundstücksdaten (wie Lage, Größe, Grundstücks- und Gebäudeart) mit den amtlichen Vergleichsdaten aus den Kaufpreissammlungen[817]. Hierbei wird zwischen bebauten und unbebauten Grundstücken differenziert[818]. Grundlage für die unbebauten Grundstücke sind gemäß § 196 BauGB die Bodenrichtwerte[819], die anhand der Kaufpreissammlungen unter Berücksichtigung des Entwicklungszustands zu ermitteln sind. Bei den bebauten Grundstücken des individuellen Wohnungsbaus

812 So auch Kasper, KommJur 2005, 243.

813 Arbeitsgruppe der Länder BE, HB, NS, SN und SH, Machbarkeitsstudie, 2010.

814 Arbeitsgruppe der Länder BE, HB, NS, SN und SH, Machbarkeitsstudie, 2010.

815 Näheres hierzu Eisele, StW 2011, 177 sowie in dem Bericht der Arbeitsgruppe der Länder BE, HB, NS, SN und SH, Machbarkeitsstudie, S. 26 ff.

816 Eisele, StW 2011, 177.

817 Arbeitsgruppe der Länder BE, HB, NS, SN und SH, Machbarkeitsstudie, S. 32 ff.

818 Vgl. zu den Berechnungen auch Bericht der länderoffenen Arbeitsgruppe, Grundsteuerreform v 14.01.2011, S. 3 ff.; Eisele, StW 2011, 177f.

819 Arbeitsgruppe der Länder BE, HB, NS, SN und SH, Machbarkeitsstudie, S. 38.

wird das Vergleichswertverfahren zugrunde gelegt unter Rückgriff auf Vergleichsfaktoren für den Gebäude- und Bodenanteil[820]. Für bebaute Grundstücke mit Renditeorientierung und sonstige Grundstücke mit gewerblicher Nutzung finden das vergleichende Verfahren unter Anwendung von Ertragsfaktoren bzw. Vergleichswerte aus überregionalen Vergleichsdaten Anwendung[821].

Das Verkehrswertmodell knüpft an immobilienbezogene Faktoren an und sieht einen konkreten ökologischen Ansatz nicht vor[822]. Es ist jedoch geeignet, die Baulandmobilisierung in Innenbereichen zu fördern und damit Anreize zur Flächenerhaltung zu setzen[823]. Durch die Ausrichtung von unbebauten Grundstücken an die Bodenrichtwerte wird das Halten von Brachflächen vor allem im innergemeindlichen Bereich in der Regel kostenintensiver mit der Folge, dass sich der Druck, diese Flächen wieder nutzbar zu machen, erhöht. Bei bebauten Grundstücken des individuellen Wohnungsbaus geht die Wohn- und Nutzfläche mit in die Bewertungsgrundlage ein und kann kleinere Akzente dergestalt setzen, dass durch die Inanspruchnahme einer größeren Nutzfläche höhere Kosten verursacht werden. Diese Anknüpfung an die Fläche fehlt bei den anderen bebauten Grundstücksarten, so dass hier keine unmittelbaren ökologischen Anreize gesetzt werden.

Das Modell auf Basis von Verkehrswerten entspricht durch seine realitätsnahe Bewertung den Vorgaben des BVerfG sowie des BFH zu Art. 3 Abs. 1 GG[824]. Aufgrund der Aktualisierung der Bodenwerte an bestehende Wertverhältnisse werden individuelle Wertveränderungen durch dieses Modell berücksichtigt[825]. Bei bebauten Grundstücken erfolgt die Wertanpassung durch Berücksichtigung von Vergleichsfaktoren in Abhängigkeit von der Wohnfläche und der Lage bzw. Rohertragsfaktoren. Hierdurch wird eine steuerliche Gleichbehandlung zwischen den Grundstücken sichergestellt. Das Prinzip der Folgerichtigkeit wird durch den Rückgriff auf marktrelevante Daten gewahrt[826]. Der Verwaltungsaufwand wäre nach erstmaliger Erfassung[827] der Daten des Immobilienmarktes und der darauf beruhenden Erstellung der Grundsteuerwerte - flächendeckend für möglichst alle

---

820 Arbeitsgruppe der Länder BE, HB, NS, SN und SH, Machbarkeitsstudie, S. 38; Eisele, StW 2011, 178.

821 Arbeitsgruppe der Länder BE, HB, NS, SN und SH, Machbarkeitsstudie, S. 38f.; Eisele, StW 2011, 178.

822 So auch Bartsch, KStZ 2011, 208.

823 Bericht der länderoffenen Arbeitsgruppe, Grundsteuerreform v 14.01.2011, S. 10.

824 BVerfGE 93, 121 (136); 93, 165 (177); BVerfGE 117, 1 (33); BFH Urt. v 30.06.2010.

825 Bartsch, KStZ 2011, 207.

826 Becker, BB 2011, 537.

827 Diese wäre mit einem erheblichen Verwaltungsaufwand verbunden.

Grundstücke in Deutschland – zu bewältigen, da die Werte entsprechend der Entwicklung des Grundstückmarktes automationsgestützt jährlich fortgeschrieben werden könnten[828]. Das Gesamtaufkommen der bisherigen Grundsteuer würde bei Anpassung des Hebesatzes durch die Gemeinden erhalten bleiben[829].

Das Verkehrswertmodell gehört zu den drei Modellen, mit denen sich die FMK aktuell befasst[830]. Es knüpft an die Verkehrswerte der Grundstücke an und verfolgt damit einen wertorientierten Ansatz, der sich in das bisherige System der Grundsteuer einfügt. Es berücksichtigt zudem die bestehenden Wertverhältnisse des Grundstücksmarktes und führt dadurch zu mehr Akzeptanz bei den Steuerschuldnern. Aufgrund der realitätsnahen Bewertungsmethode wird den verfassungsrechtlichen Vorgaben in besonderer Weise entsprochen. Diskutiert wird, inwieweit eine Abweichung vom tatsächlichen Verkehrswert noch tolerierbar sei[831]. Es wird jedoch davon ausgegangen, dass sich in der praktischen Anwendung die Abweichungen mit der Zeit verringern werden[832]. Der Verwaltungsaufwand würde bei der erstmaligen Erhebung der Verkehrswerte sehr hoch sein und eine fortlaufende Aktualisierung dieser Werte erfordern. Zudem gestaltet sich die exakte Bestimmung der Verkehrswerte für gewerblich und industriell genutzte Grundstücke als schwierig[833]. In ökologischer Hinsicht ist das Verkehrswertmodell geeignet, Anreize zur schnelleren Inanspruchnahme von Brachflächen zu setzen. Soweit es sich jedoch um gewerbliche Brachflächen mit teilweiser Bebauung handelt, fehlt es an einer derartigen Mobilisierung, da an (Roh-) Ertragsfaktoren angeknüpft wird. Die Nutzungsart der Fläche unter ökologischen Aspekten spielt bei diesem Modell nur eine geringe Rolle. Hier wären die Gemeinden gefragt, durch ihr Hebesatzrecht entsprechende Akzente zu setzen.

---

828 Die Ableitung der Daten des Immobilienmarktes sind aufgrund der Novellierung des BauGB ab 2009 für alle Länder zwingend vorgeschrieben. Vgl. Arbeitsgruppe der Länder BE, HB, NS, SN und SH, Machbarkeitsstudie, S. 60.

829 Arbeitsgruppe der Länder BE, HB, NS, SN und SH, Machbarkeitsstudie, S. 55.

830 Bericht der länderoffenen Arbeitsgruppe, Grundsteuerreform v 14.01.2011, S. 2.

831 Das BVerfG hat bei der Erbschaftssteuer eine Abweichung zum tatsächlichen Verkehrswert auf + bzw. - 20% für zulässig erklärt. Bericht der länderoffenen Arbeitsgruppe, Grundsteuerreform v 14.01.2011, S. 11.

832 Wie dies beispielsweise in den Niederlanden bei der Bewertungsmethode der Grundsteuer der Fall war. Bericht der länderoffenen Arbeitsgruppe, Grundsteuerreform v 14.01.2011, S. 10.

833 Spengel/Heckemeyer/Zinn, DB 2011, 14.

6. Äquivalenzorientierte Reformvorschläge

Die nachfolgenden drei Vorschläge richten sich vorrangig am Äquivalenzprinzip aus. Danach rechtfertigt bereits der Äquivalenzgedanke die Belastung des Grundbesitzes, da die Steuerschuldner von den Daseinsvorsorgeleistungen der Gemeinde profitieren[834]. Während es sich bei dem Modell der Länder Baden-Württemberg, Bayern und Hessen um einen weiteren Vorschlag zur Reform der Grundsteuer handelt, stellen der Planungswertausgleich und das zonierte Satzungsrecht Instrumente der Gemeinden dar, ihre Leistungen zumindest teilweise mit auszugleichen.

a) Reformvorschlag der Länder Baden-Württemberg, Bayern und Hessen

Ein Modell der Länder Baden-Württemberg, Bayern und Hessen orientiert sich unabhängig von Wertrelationen am Äquivalenzprinzip[835]. Zugrunde gelegt werden die finanziellen Leistungen der Kommunen an Bürger und Unternehmen, zu denen insbesondere die Infrastrukturkosten zählen. Die Bemessungsgrundlage für die Grundsteuer soll sich künftig aus der Multiplikation von Flächenbezugsgrößen[836] und nutzungsartabhängigen Äquivalenzzahlen zusammensetzen[837]. Aus den Flächenmerkmalen wird die Intensität der Nutzung kommunaler Infrastruktur hergeleitet[838]. Die Rechtfertigung ergebe sich aus dem Äquivalenzprinzip, wenn Grundstücke, die vergleichbare finanzielle Leistungen der Kommune verursachen, auch in gleicher Weise mit der Grundsteuer belastet werden. Land- und forstwirtschaftliche Nutzungsflächen sollen nicht mehr besteuert werden, können aber speziellen Hebesätzen der Gemeinden unterliegen[839]. Zuständig für die Erhebung der Grundsteuer wären künftig die Kommunen, da der Ermittlungsaufwand erheblich vereinfacht würde[840].

Aus finanzverfassungsrechtlichen Erwägungen ist dieser Vorschlag, bei einer Grundsteuer ganz auf Werte zu verzichten, bedenklich[841]. Besteuerungsgegenstand

---

834 FG Nürnberg Urt. v 04.12.2008, Az.: 4 K 632/2008, Rd. 26 ff.

835 Vorschlag der Arbeitsgruppe der Länder BW, BY und HE, Eckpunkte 2010.

836 Hierzu gehören die Grundstücks- und Gebäudefläche.

837 Arbeitsgruppe der Länder BW, BY und HE, Eckpunkte 2010, S. 6; Berechnungsbeispiele bei Eisele, StW 2011, 180.

838 So werden 20 Cent pro Quadratmeter für zu Wohnzwecken genutzte Gebäudeflächen, 40 Cent für nicht zu Wohnzwecken genutzten Gebäudeflächen und 2 Cent je Quadratmeter für die Grundstücksfläche erhoben.

839 Arbeitsgruppe der Länder BW, BY und HE, Eckpunkte 2010, S. 11.

840 Arbeitsgruppe der Länder BW, BY und HE, Eckpunkte 2010, S. 18.

841 Im Ergebnis ebenso Becker, BB 2011, 537; a. A. Zochert, BB 2011, 3105, der den Gleichheitsgrundsatz und das Differenzierungsgebot gewahrt sieht.

der Grundsteuer ist das jeweilige Objekt, d. h. der Grundbesitz. Der zu besteuernde Grundbesitz setzt sich derzeit aus dem Grundvermögen, dem land- und forstwirtschaftlichen Vermögen und dem Betriebsvermögen zusammen[842]. Es handelt sich hierbei um Vermögensgegenstände, die einem Wertgefüge unterliegen[843]. In der Praxis orientiert sich der Grundbesitz an dem gemeinen Wert (Verkehrswert). Dieser Wert wird auch mit bedingt durch das Vorhandensein kommunaler Infrastruktur. Finanzielle Leistungen der Kommunen fließen folglich in den Verkehrswert mit ein. Die Bewertung des Grundbesitzes umfasst somit sämtliche Komponenten, wie öffentliche Infrastruktur, Erschließungs- und Bauinvestitionen, Lage des Grundstückes, vorhandene Gebäude, mögliche Erträge, etc. Diese Wertrelationen blieben unberücksichtigt, wenn sich lediglich an Fläche und standardisierten Äquivalenzzahlen orientiert würde. Insoweit wird auf die Rechtsprechung des BVerfG zu der Einheitsbewertung im Fall der Erhebung der Erbschaftssteuer verwiesen, nach der auf Vermögensgegenstände bezogene Steuerwerte dem gemeinen Wert anzunähern sind[844]. Nur in diesem Fall sind sie gemäß Art. 3 Abs. 1 GG ausreichend belastungsgleich und folgerichtig ausgestaltet. Auch der BFH hat in seinem Urteil vom 3.06.2010 zur Grundsteuer eine realitätsgerechte Bewertung der Objekte gefordert. Die Nichtbeachtung von Werten könnte des Weiteren auch zu sozialen Verwerfungen führen, da der Eigentümer des Grundstücks in der guten Lage in der Regel entlastet, der Grundstückseigentümer in der schlechten Lage belastet würde. Dies würde erhebliche Akzeptanzprobleme zur Folge haben.

Für das Zugrundelegen von Werten spricht auch, dass die bisherige Grundsteuer an ein Wertgefüge auf Grundlage des Bewertungsgesetzes anknüpft, ungeachtet der hier aufgrund Veraltung bestehenden Wertverzerrungen. Dieser wertorientierte Ansatz sollte beibehalten und realitätsgerecht ausgestaltet werden.

Das Modell der Länder Baden-Württemberg, Bayern und Hessen, das derzeit ebenfalls von der FMK diskutiert wird, vermag aufgrund seiner Anknüpfung an nutzungsbezogene Äquivalenzwerte und die jeweilige Flächengröße Anreize für eine verantwortungsvollere Bodennutzung zu setzen. Die Äquivalenzwerte unterscheiden zwischen bebauten und unbebauten Flächen und können die Grundstücksnutzer dazu veranlassen, weniger Boden durch Gebäudeflächen zu versiegeln. Allerdings fehlt eine gesonderte Regelung für Brachflächen in innenstädtischen Bereichen. Die festen, nutzungsartabhängigen Äquivalenzzahlen führen zu mehr

842 Vgl. hierzu Punkt B.I.3.

843 Vgl. hierzu auch die Entscheidung des BVerfG zur Erbschaftssteuer, BVerfGE 117, 1–70.

844 BVerfGE 117, 1–70.

Transparenz und stellen ein konstantes Aufkommen sicher[845]. Mehr Transparenz kann zwar die Akzeptanz beim Steuerschuldner erhöhen. Dieser Bonus wird jedoch durch Belastungsverschiebungen aufgrund fehlender Bodenwerte wieder aufgebraucht. Erhebliche Bedenken bestehen aus finanzverfassungsrechtlicher Sicht, da das Wertesystem unberücksichtigt bleibt.

b) Planungswertausgleich

Der Planungswertausgleich beruht auf dem Gedanken, dass Bodenwertsteigerungen aufgrund von Maßnahmen der Allgemeinheit nicht dem Eigentümer, sondern der Allgemeinheit zufallen sollten[846]. Der Planungsgewinn, den der Grundstückseigentümer durch den Bebauungsplan erhält, soll zugunsten der Gemeinde abgeschöpft werden können[847]. Dieser Ausgleichsgedanke ist in der Praxis nicht neu, wie die Ausgleichsbeträge nach §§ 152 ff. BauGB zeigen. Diese fallen an, wenn aufgrund von Sanierungsmaßnahmen eine Werterhöhung eines Grundstückes eingetreten ist. Die Ausgleichsbeträge bilden die Gegenleistung für den durch die gemeindliche Tätigkeit bewirkten Sanierungs- und Entwicklungsvorteil. Sie dürfen nur in dem genau umschriebenen gesetzlichen Rahmen erhoben werden[848].

Mit dem Planungswertausgleich können die Kosten der Planung zugrunde gelegt und entsprechend auf die Grundstücksnutzer verteilt werden. Zu beachten ist hierbei, dass der Planungswertausgleich auf einer Planung beruht, durch die das Gelände erst einer Bebauung zugänglich gemacht wird. Es geht hierbei nicht um den Schutz des Bodens, sondern um den Ausgleich der bei der Planung der Flächen entstehenden Kosten. Dem Planungswertausgleich fehlt damit die ökologische Ausrichtung, so dass er in dem hier zu erörterten Rahmen als Alternativmodell nicht in Betracht kommt. Er dient lediglich dem kommunalen Interesse und fällt nur einmalig an. Zudem ist er in dem Modell der Bodenwertsteuer und dem Verkehrswertmodell enthalten.

c) Zoniertes Satzungsrecht

Das zonierte Satzungsrecht der Kommunen beinhaltet das Recht der Gemeinden, für Teile des Gemeindegebiets sofort bebaubare Grundstücke ohne Mitwirkung

---

845 Bericht der länderoffenen Arbeitsgruppe, Grundsteuerreform v 14.01.2011, S. 13; Becker, BB 2011, 538; Bartsch, KStZ 2011, 206f.

846 Mohl/Steinfort, ZKF 1993, 172; Groth/Streck, KJ 1998, 323.

847 Mohl/Steinfort, ZKF 1993, 172.

848 Mohl/Steinfort, ZKF 1993, 172.

der Finanzämter zu benennen sowie Grundsteuerhebesätze nach Zonen und Nutzungsarten festzusetzen[849]. Hierdurch wird es den Gemeinden möglich, eine effektivere Grundstücksmobilisierung zu betreiben. Die kommunale Selbstverwaltung wird wesentlich gestärkt. Der einheitliche Steuersatz nach § 25 Abs. 4 Nr. 2 GrStG wäre aufzuheben[850]. Dadurch erhielten die einzelnen Gemeinden die Möglichkeit, differenzierte Hebesätze nach den regionalen Gegebenheiten festzulegen, ausgerichtet an den bereits erbrachten Leistungen, wie Planung und Infrastruktur. Sie könnten zugleich die jeweilige Nutzungsart berücksichtigen. Bei Gemeinden mit starkem Umweltbewusstsein kann sich dies dahingehend positiv auswirken, dass sie für besonders schädigende Nutzungen entsprechend hohe Hebesätze festsetzen. Allerdings besteht ein Interessenkonflikt im Hinblick auf die Höhe der Hebesätze für die verschiedenen Nutzungsarten. Es wäre möglich, dass die Gemeinden im Interesse einer wirtschaftlichen Belebung für Gewerbe- und Industrieflächen günstigere Hebesätze festlegen, was nicht unbedingt einem sparsamen Flächenverbrauch und einer umweltschonenden Nutzung entspricht. Andererseits wird die Gemeinde ihre finanziellen Aufwendungen berücksichtigen, die bei bebauten Grundstücken in der Regel höher ausfallen und daher auch mit einem höheren Hebesatz einhergehen.

Das zonierte Satzungsrecht ist für sich allein betrachtet auch in finanzverfassungsrechtlicher Sicht mit wesentlichen Problemen behaftet. Dies betrifft insbesondere den Gleichheitsgrundsatz nach Art. 3 Abs. 1 GG. Zum einen führt die uneinheitliche Bewertung der einzelnen Gemeinden zu erheblichen Verzerrungen zwischen den Gemeindegebieten und geht mit einer Erhöhung des Verwaltungsaufwands und Akzeptanzproblemen einher. Zum anderen wird es erhebliche Bewertungsschwierigkeiten geben, da es an Wertrelationen in Bezug auf den Boden fehlt. So sind konkrete Abgrenzungen von Stadtteilen aufgrund der oft unterschiedlichen Struktur innerhalb der Stadtteile kaum möglich, da dies zu einer Ungleichbehandlung von Grundstücken in verschiedenen Lagen führt[851]. Hierdurch wird das Prinzip der Lastengleichheit verletzt. Das zonierte Satzungsrecht sollte daher allenfalls Bestandteil einer neuen Grundsteuer werden.

---

849 Drosdzol, DStZ 1999, 836; Mohl/Steinfort, ZKF 1993, 170.
850 Drosdzol, DStZ 1999, 836; Mohl/Steinfort, ZKF 1993, 170.
851 Nagel, in: Reidenbach (Hrsg.), S. 34.

7. Gebäudewertunabhängiges Kombinationsmodell

Das gebäudewertunabhängige Kombinationsmodell, das von Thüringen entwickelt wurde, berücksichtigt die verfassungsrechtlichen Bedenken des am Äquivalenzprinzip orientierten wertunabhängigen Modells und nimmt zusätzlich eine wertorientierte Bodenkomponente mit auf[852]. In der Bemessungsgrundlage werden die Grundstücksfläche mit dem Bodenrichtwert[853] und die Gebäudeflächen mit nutzungsbezogenen Äquivalentwerten verknüpft[854]. Die bisherige Grundsteuer A für land- und forstwirtschaftlich genutzte Flächen soll entfallen[855]. Für unbebaute Grundstücke werden der Bodenrichtwert und die Grundstücksfläche zugrunde gelegt[856]. Der Wert bebauter Grundstücke ergibt sich aus dem Bodenwert und der Summe der Gebäudewerte. Für die Gebäude wird eine unabhängige Äquivalenzzahl für Wohn- und für Nicht-Wohnzwecke gebildet und der Bruttogrundfläche[857] zugeordnet[858]. Dies entspricht dem Äquivalenzmodell der Länder Baden-Württemberg, Bayern und Hessen[859].

Aus ökologischer Sicht ist dieses Modell geeignet, zu einer Verminderung der fortschreitenden Flächeninanspruchnahme und einer verstärkten Nutzung von Brachflächen zu führen. Mit der Fläche wird das Ausmaß der Versiegelung berücksichtigt. Durch das Zugrundelegen von Bodenrichtwerten bei unbebauten Grundstücken in Kombination mit der Flächenkomponente wird das Vorhalten von (Brach-) Flächen verteuert und damit unattraktiv. Allerdings sollten Grünflächen und Flächen, die der Erholung dienen, hiervon explizit ausgenommen werden. Bei bebauten Grundstücken wird durch die Einbeziehung der Bruttogrundfläche in die Bemessungsgrundlage die Versiegelung mit berücksichtigt.

Aus finanzverfassungsrechtlicher Sicht ist dieses Modell ebenfalls nicht unbedenklich, da Art. 3 Abs. 1 GG tangiert sein könnte. Die von der FMK im Jahr 2010 eingesetzte länderoffene Arbeitsgruppe hat in ihrem Bericht darauf hingewiesen, dass die Verwendung von Bodenwerten in einer ansonsten wertunabhängig

852 Land Thüringen, Reform der Grundsteuer 2011.

853 Der mit 0,5 v T. in die Berechnung eingeht.

854 Land Thüringen, Reform der Grundsteuer 2011, S. 11f.

855 Für abgegrenzte Hof- und Gebäudeflächen der Land- und Forstwirtschaft soll die Grundsteuer B zukünftig gelten.

856 Land Thüringen, Reform der Grundsteuer 2011, S. 16.

857 Die Bruttogrundfläche setzt sich aus der Summe der Grundflächen aller Grundrissebenen eines Bauwerks zusammen.

858 Land Thüringen, Reform der Grundsteuer 2011, S. 17f.

859 Bartsch, KStZ 2011, 166.

ausgestalteten Äquivalenz-Grundsteuer nicht folgerichtig sein könne[860]. Das verfassungsrechtliche Gebot besagt, dass der Gesetzgeber seine mit Auswahl des Steuergegenstandes getroffene Belastungsentscheidung folgerichtig umzusetzen habe[861]. Grundlage der Bemessung des Kombinationsmodells ist bei unbebauten wie bebauten Grundstücken die Grundstücksfläche und der Bodenwert. Die gleichzeitige Berücksichtigung dieser beiden Komponenten könnte ebenso wie bei dem Modell einer kombinierten Boden- und Gebäudewertsteuer des Deutschen Instituts für Urbanistik zu einer Wertverzerrung zwischen den Grundstücken führen. Die land- und forstwirtschaftlichen Flächen werden zwar aus der Besteuerung herausgenommen, so dass keine grundlegende Beeinträchtigung der Vermögensverhältnisse und damit keine Verletzung des Art. 14 Abs. 1 GG in Betracht käme. Die Wertverhältnisse werden jedoch insoweit verzerrt, als der Grundsteuerbetrag, zum Beispiel bei einem großflächigen Grundstück im ländlichen Raum, das einen niedrigen Bodenwert aufweist, durch die Flächenkomponente wieder erheblich erhöht wird. Die Belastungsgleichheit wäre hierbei nicht mehr gewahrt. Aus diesen Gründen könnte auch das Gebot der Folgerichtigkeit verletzt sein. Die zusätzlich aufgenommenen Bodenwerte, welche eigentlich die Wertentwicklung berücksichtigen sollen, werden durch die Flächenkomponente wieder aufgeweicht. Folglich bestehen auch gegen dieses Modell finanzverfassungsrechtliche Bedenken.

Das Gebäudewertunabhängige Kombinationsmodell verknüpft die Fläche mit dem Bodenwert und legt für Gebäude Äquivalenzwerte zugrunde. Durch die Aufnahme einer Flächen- und Bodenkomponente können Lenkungswirkungen hin zu einem sparsameren Flächenverbrauch erzeugt werden. Die Ermittlung der Bemessungsgrundlage soll grundsätzlich auf vorhandenen Daten unter Zusammenführung mit den jeweiligen Hebesätzen der Kommunen aufbauen[862]. Nach einem anfänglich erhöhten Verwaltungsaufwand könnte auf ein vollautomatisiertes Verfahren zurück gegriffen werden. Die Aufkommensneutralität soll gewahrt und gegebenenfalls mit Hilfe der Hebesätze durch die Gemeinden angepasst werden[863]. Allerdings bestehen auch gegen dieses Modell verfassungsrechtliche Bedenken aus Gründen der Folgerichtigkeit und der Wahrung der Belastungsgleichheit.

---

860 Bericht der länderoffenen Arbeitsgruppe, Grundsteuerreform v 14.01.2011, S. 15.

861 BVerfGE 117, 1 (31).

862 Land Thüringen, Reform der Grundsteuer 2011, S. 14, 22.

863 Land Thüringen, Reform der Grundsteuer 2011, S. 23f.

III. Ergebnis

Die vorgestellten Modelle einer neuen Grundsteuer weisen in ihren Wirkungsbereichen jeweils Vor- und Nachteile auf. Entscheidend bei ihrer Bewertung sind die finanzverfassungsrechtlichen Anforderungen, die Akzeptanz durch die Steuerschuldner, der Verwaltungsaufwand und ihre ökologische Ausrichtung. Danach kommen als umzusetzende Modelle die reine Bodenwertsteuer und der Vorschlag der Länder Bayern und Rheinland-Pfalz für eine Boden- und Gebäudewertsteuer in Betracht. In ökologischer Hinsicht sind beide Modelle geeignet, Anreize zu einer sparsameren Nutzung des Bodens zu setzen. Aufgrund der durch die Neubewertung erhöhten Grundstückswerte, insbesondere in den Innenbereichen der Gemeinden, wird eine bessere Ausnutzung der Bodenflächen erreicht. Die Chancen, Brachflächen einer erneuten Nutzung zu zuführen, können hierdurch erhöht werden. Wichtig ist jedoch, dass zugleich ein wirksames Flächenmanagement greift, um künftige Versiegelungen auf unbebautem Boden, vor allem im Außenbereich zu vermeiden.

Beide Modelle entsprechen den finanzverfassungsrechtlichen Anforderungen, führen aber dennoch zu erheblichen Belastungsverschiebungen gegenüber der bisherigen Grundsteuer. Nach einer empirischen Untersuchung zu dem Modell der Boden- und Gebäudewertsteuer der Länder Bayern und Rheinland-Pfalz für Mietwohngrundstücke und Ein- und Zweifamilienhäuser in Berlin betrug die durchschnittliche Abweichung der Grundstückswerte im Mittelwert fast 50 %[864]. Dies führt zu erheblichen Akzeptanzproblemen bei den Steuerschuldnern. Die FMK hat dieses Problem erkannt und in ihrem Beschluss vom 5. Mai 2006 Nachbesserungen gefordert. Zur Vermeidung bzw. Verringerung der erheblichen Belastungsverschiebungen werden daher äquivalenzorientierte Zuschlagswerte sowie eine verkehrsorientierte Ausrichtung des Grundsteuermodells diskutiert[865]. Unter den drei aktuell vorgestellten Modellen wird aus finanzverfassungsrechtlichen Erwägungen das Verkehrswertmodell der Länder Bremen, Berlin, Niedersachsen, Schleswig-Holstein und Sachsen präferiert. Es berücksichtigt aktuelle Wertentwicklungen und vermeidet damit Belastungsungleichheiten. Aus ökologischen Gesichtspunkten wird das Halten von Brachflächen kostenintensiver und damit unattraktiver. Im Hinblick auf die dynamische Entwicklung der Bodenrichtwerte ist bei den Modellen der Boden- und Gebäudewertsteuer

864 Broekelschen/Maiterth, 2007.

865 Zwischenbericht der Arbeitsgruppe des Bundes und der Länder BY, RP und TH auf Grundlage des Auftrages der FMK v 05.05.2006.

bzw. der verkehrswertorientierten Steuer weiterhin zu berücksichtigen, dass die Pauschalansätze der Gebäudekomponenten auch fortgeschrieben werden. Ohne eine solche Fortschreibung würde die Gebäudekomponente der Bemessungsgrundlage immer mehr an Gewicht verlieren[866]. Ferner wird im Rahmen einer Grundstückssteuerreform gefordert, auch die grundsteuerspezifischen Befreiungstatbestände auf den Prüfstand zu stellen[867].

Zusammenfassend ist festzustellen, dass die reine Bodenwertsteuer, die Boden- und Gebäudewertsteuer sowie das Verkehrswertmodell grundsätzlich geeignete Alternativen darstellen, um die gegenwärtige Grundsteuer in ökologischer und in bodenpolitischer Hinsicht zu reformieren. Ob sie noch unter die Fortschreibungskompetenz des Bundes gemäß Art. 125a Abs. 2 GG fallen, bleibt abzuwarten[868]. Sollte es zwischen den Bundesländern nicht zu einer Einigung auf ein Modell kommen, werden die Gesetzgebungskompetenzen noch einmal neu diskutiert werden mit der Folge, dass Landesrecht das Bundesrecht ersetzt und verschiedene Ansätze auf Länderebene verfolgt werden[869]. Dies wäre das Ende des Einheitswertkonzepts des Bundes.

C. Umgestaltung der Grunderwerbssteuer in eine Neuversiegelungssteuer

Neben der Reform der Grundsteuer gibt es auch Überlegungen, die Grunderwerbssteuer in eine Neuversiegelungssteuer umzuwandeln[870]. Die Steuer würde in diesem Fall nicht mehr an den wirtschaftlichen Wert eines Grundstücks anknüpfen, sondern an die künftige Nutzung.

I. Struktur der Grunderwerbssteuer

Die Grunderwerbssteuer ist in ihrer Ausgestaltung als Verkehrssteuer in Art. 105 Abs. 2a S. 2 GG verfassungsrechtlich verankert und ihr Steueraufkommen steht

866 Geiger, Der Gemeindehaushalt 2006, 147.
867 Geiger, Der Gemeindehaushalt 2006, 147.
868 Hantzsch, Reform der Grundsteuer, S. 762f.
869 Die Grundsteuer würde dann auch nicht mehr dem bundesstaatlichen Finanzausgleichunterliegen, was sich in der Tendenz nachteilig für strukturschwächere Länder auswirken könnte.
870 Vgl. u. a. Fortschrittsbericht der BReg 2004, S. 202.

den Ländern zu. Mit der im Zuge der Föderalismusreform vorgenommenen Grundgesetzänderung haben die Länder die Befugnis erhalten, den Steuersatz bei der Grunderwerbsteuer selbst zu gestalten[871]. Steuerobjekt ist der „Erwerb der wirtschaftlichen Verfügungsmacht“ über das Grundstück[872]. Nach dem Grundstücksbegriff des bürgerlichen Rechts kann es sich hierbei um unbebaute und bebaute Grundstücke handeln[873]. Der Besteuerung unterliegen nach § 1 Abs. 1 Grunderwerbsteuergesetz (GrEStG)[874] in erster Linie Vorgänge, die auf einen zivilrechtlichen Eigentumsübergang abzielen[875]. Aus „Gründen der Steuererhebung“ knüpft § 1 Abs. 1 Nr. 1 GrEStG bereits an den Abschluss schuldrechtlicher Verträge über inländische Grundstücke an[876]. Ging dem Eigentumserwerb kein schuldrechtliches Geschäft und keine Auflassung nach § 1 Abs. 1 Nr. 2 GrEStG voraus, wird der Eigentumserwerb gemäß § 1 Abs. 1 Nr. 3 GrEStG an sich besteuert. Um Umgehungsmöglichkeiten auszuschließen, erfasst § 1 Abs. 2 GrEStG auch den Übergang der wirtschaftlichen Verwertungsbefugnis ohne Eigentumsübertragung sowie gemäß § 1 Abs. 3 GrEStG Vorgänge, die „auf Übertragung von Anteilen oder die Veränderung im Gesellschafterbestand von Grundstücks besitzenden Gesellschaften“ gerichtet sind[877]. Steuerpflichtig sind in der Regel der Erwerber und der Veräußerer[878]. Als Bemessungsgrundlage wird gemäß § 8 Abs. 1 und § 9 GrEStG grundsätzlich der Wert der Gegenleistung herangezogen. Für den nach §§ 8 Abs. 1, 9 GrEStG maßgebenden Wert spielt der gemeine Wert des Grundstücks grundsätzlich keine Rolle, da nach Sinn und Zweck des Gesetzes entscheidend ist, was für den Erwerb hinzuzugeben ist[879]. Typischerweise wird jedoch der Wert der Gegenleistung auch dem – zeitnahen – gemeinen Wert entsprechen[880]. Für den Fall, dass eine Gegenleistung nicht vorhanden oder zu ermitteln ist, bei unentgeltlichem

---

871 Weil der bundesstaatliche Finanzausgleich eine im Vergleich der Bundesländer unterschiedliche Höhe der Steuereinnahmen je Einwohner nahezu vollständig neutralisiert, war gleichzeitig eine Änderung des FAG erforderlich.

872 Reiß, in: Tipke/Lang, § 15, Rd. 5.

873 Vgl. § 2 Abs. 1 GrEStG „Grundstücke des bürgerlichen Rechts“; Tipke/Lang, § 15, Rd. 29.

874 I. d. F. v 26.02.1997 (BGBl. I 1997, 418, ber. 1804), geändert durch G v 01.11.2011 (BGBl. I, 2131).

875 Vgl. § 1 Abs. 1 Nr. 1–7 GrEStG.

876 Reiß, in: Tipke/Lang, § 15, Rd. 7f.

877 Reiß, in: Tipke/Lang, § 15, Rd. 5, 19 ff.

878 Reiß, in: Tipke/Lang, § 15, Rd. 32.

879 BFH Vorlagebeschlüsse v 02.03.2011, Az.: II R 64/08 und II R 23/10, Teil B I.1, in: BStBl II 2011, 932.

880 BFH II R 23/10 Teil B I.1.

Erwerb oder bei Erwerbsvorgängen auf gesellschaftsvertraglicher Grundlage wird die Steuer nach den Grundbesitzwerten gemäß § 8 Abs. 2 Nr. 1 GrEStG in Verbindung mit § 138 Abs. 2 und Abs. 3 BewG bemessen. Diesen Fall der Bedarfsbewertung hat der BFH aufgrund seiner Bedenken hinsichtlich der Verfassungsmäßigkeit der Bemessungsgrundlage dem BVerfG zur Entscheidung vorgelegt[881]. Er sieht ein gleichheitsgerechtes und folgerichtiges Bewertungssystem nicht mehr gewahrt[882]. Der Senat geht auch für die Grunderwerbssteuer davon aus, dass die Bewertungsvorschriften für das Grundvermögen (§ 138 Abs. 3 i. V. m. §§ 139, 145 bis 150 BewG) in allen Teilbereichen nicht den Vorgaben des Gleichheitssatzes genügen und damit auf der Bewertungsebene verfassungswidrige Besteuerungsergebnisse erzeugen[883]. Hierfür gibt es nach Ansicht des BFH keine Rechtfertigung. Die Typisierung oder Pauschalierung führe zu zufälligen und willkürlichen Ergebnissen, die zwischen weniger als 20 % und mehr als 100 % beim Ertragswertverfahren vom gemeinen Wert abweichen[884]. Der Gesetzgeber habe von vornherein auf eine für eine gleichmäßige Lastenverteilung geeignete Wertfindung verzichtet. Eine relationsgerechte Abbildung der durch den Erwerb vermittelten Leistungsfähigkeit findet nicht statt[885]. Schließlich fehle es auch an der folgerichtigen Umsetzung der Belastungsentscheidung des Grunderwerbssteuergesetzes. Zwischen einem privatautonom gefundenen Wert und einer gesetzlich angeordneten Ersatz-Bemessungsgrundlage beständen grundlegende Unterschiede[886].

Der BFH hat damit seine Rechtsprechung unter Berücksichtigung der Auffassung des BVerfG konsequent weiter geführt, nach der die Einheitsbewertung nicht mehr dem Gleichheitsgrundsatz des Art. 3 Abs. 1 GG standhält.

Den Steuersatz können die Länder nach Art. 105 Abs. 2a GG nunmehr selbst bestimmen, sobald ein Tatbestand des § 1 GrEStG verwirklicht ist[887]. Die Mehrzahl der Länder hat hiervon zugunsten einer Erhöhung des Steuersatzes Gebrauch gemacht[888].

---

881 BVerfG Anhängiges Verfahren Az.: 1 BvL 13/11 (Mitteilungsdatum: 27.04.2011).

882 Näheres hierzu bei Bruschke, UVR 2010, 211–214.

883 BFH II R 23/10 Teil B III.3.

884 BFH II R 23/10 Teil B III.3c).

885 BFH II R 64/08 Teil B III.3c).

886 BFH II R 23/10 Teil B III.3d).

887 Reiß, in: Tipke/Lang, § 15, Rd. 43.

888 Striegel/Kirchhefer, NWB-EV 2012, 20f.; Cloer, StB 2011, I.

II. Ausrichtung der Grunderwerbssteuer in eine Neuversiegelungssteuer

Die Grunderwerbssteuer ist in ihrer gegenwärtigen Struktur nicht dazu geeignet, Lenkungswirkungen zugunsten des Bodenschutzes zu entfalten. Die Bemessungsgrundlage weist weder einen direkten Bezug zur Fläche noch zu deren Nutzarten auf. Aus diesem Grund existieren Überlegungen, die Grunderwerbssteuer in eine Flächennutzungs- bzw. Neuversiegelungssteuer umzugestalten[889].

In finanzverfassungsrechtlicher Hinsicht widerspricht die Ausgestaltung der Grunderwerbssteuer in eine Flächennutzungssteuer bereits ihrer Natur als Verkehrssteuer, bei der Anknüpfungspunkt das Geschäft des Rechtsverkehrs ist. Der Besteuerungszweck ist auf den „Erwerb zu dessen Wert" gerichtet[890]. Maßgeblich ist der wirtschaftliche Wert des Grundstücks. Die Bemessungsgrundlage des § 8 Abs. 2 GrEStG knüpft daher auch an die „Grundbesitzwerte" des § 138 Abs. 2 bzw. 3 BewG an[891]. Wie bereits im Rahmen der Diskussion zur Reform der Grundsteuer dargestellt, lässt die Flächennutzungssteuer dagegen jegliche wertbestimmende Faktoren vermissen. Die jeweiligen Nutzungsarten entsprechen nicht den Nutzwerten der Flächen. In Hinblick auf die Belastungsgleichheit kann es daher zu starken Verzerrungen kommen[892].

Denkbar wären dagegen die Umgestaltung der Grunderwerbssteuer in eine sog. Neuversiegelungssteuer bzw. die Aufnahme einer Versiegelungskomponente in die bisherige Struktur. Im letzteren Fall würde eine Differenzierung bei der Höhe der Steuersätze dergestalt erfolgen, dass eine Anhebung des Steuersatzes für unbebaute baureife Grundstücke vorgenommen wird. Der Vorteil bestände darin, dass die Aufkommensneutralität weitgehend gewahrt bliebe und dadurch eine höhere Akzeptanz auf Durchsetzung gegeben wäre. Allerdings führt die einseitige Erhöhung des Steuersatzes für unbebaute Grundstücke zu Verzerrungen innerhalb der Bemessungsgrundlage, so dass Art. 3 Abs. 1 GG tangiert wäre. Anknüpfungspunkt ist, wie bereits dargelegt, der jeweilige Wert der Gegenleistung, unabhängig davon, ob es sich um bebaute oder unbebaute Grundstücke handelt. Würden unbebaute Grundstücke mit einem höheren Steuersatz belegt, entstände ein Ungleichgewicht unter den Steuerobjekten und eine realitätsnahe Abbildung des Wertes der Gegenleistung wäre nicht mehr gegeben. Dies hätte eine

889 Fortschrittsbericht der BReg 2004, S. 202.

890 Fischer, in: Boruttau, Grunderwerbssteuergesetz, 2007, § 1 Rd. 106.

891 Reiß, in: Tipke/Lang, § 15, Rd. 39.

892 Vgl. Ausführungen zur Flächennutzungssteuer unter Punkt B.II.2.

ungleiche Belastung unter den Steuerschuldnern zur Folge. Die von Art. 3 Abs. 1 GG geforderte Belastungsgleichheit, die aus der gleichmäßigen Anwendung des sich aus der Gegenleistung ergebenen Werts als Regelbemessungsgrundlage auf alle ihr unterfallenden Erwerbsvorgänge verwirklicht wird[893], würde durch einen unterschiedlichen Steuersatz unter den zu erwerbenden Grundstücken nicht mehr gewahrt.

Diese Ungleichbehandlung lässt sich auch nicht aus dem überragenden Belang des Bodenschutzes rechtfertigen. Die Reduzierung der Flächeninanspruchnahme und der Bodenversiegelung sind zwar ein erklärtes Ziel des Bodenschutzes und als überragendes Umweltinteresse nach Art. 20 a GG zu qualifizieren. Allerdings ist ein höherer Steuersatz für unbebaute Grundstücke nicht dazu geeignet, Brachflächen einer erneuten Nutzung zuzuführen, da nicht ihr Vorhalten, sondern ihr Erwerb sich verteuern würde. Dem Modell fehlt zudem jeglicher Bezug zur Fläche, so dass der Versiegelungsumfang und der Versiegelungsgrad unberücksichtigt bleiben. Danach würde der Steuersatz für begrüntes unbebautes Grundstück, auf dem lediglich der Bau eines Bungalows vorgesehen ist demselben Steuersatz unterliegen wie ein Grundstück, auf dem die vollständige Versiegelung geplant wird. Die mangelnde Differenzierung zwischen den beabsichtigen Grundstücksnutzungen wird dem Ziel, Bodenversiegelungen auf das notwendige Maß zu begrenzen und die Flächeninanspruchnahme zu reduzieren, nur unzureichend gerecht. Zu beachten ist ebenfalls, dass bei dem Erwerbsvorgang von unbebauten Grundstücken die späteren Nutzungsmöglichkeiten in der Regel in den Wert der Gegenleistung einfließen. Bauland wird grundsätzlich höher ausgepreist und damit einen höheren Wert erzielen, so dass die Steuerbelastung bei solchen Grundstücken an sich steigt. Auch die Angemessenheit einer Erhöhung des Steuersatzes bei unbebauten Grundstücken ist mit Blick auf andere wirksame Abgabenarten eher zu verneinen. Gegen eine Erhöhung des Steuersatzes bestehen folglich verfassungsrechtliche Bedenken.

Im Fall der Umgestaltung der Grunderwerbssteuer in eine sog. Neuversiegelungssteuer würde der Besteuerung nur die Veräußerung von unbebauten Grundstücken unterliegen, die einer Bebauung zugeführt werden sollen und bei denen es sich nicht um innerstädtische Brachflächen handelt. Ihre bisherige Struktur würde die Grunderwerbssteuer ansonsten beibehalten. Der Erwerb von unbebauten Grundstücken würde an Attraktivität verlieren und könnte zu einem sparsameren Umgang mit dem Naturgut Boden führen. Allerdings fehlt auch hier die Fläche als Anknüpfungspunkt, so dass eine Unterscheidung nach Versiegelungsumfang

893 BFH II R 23/10 Teil B III.3d).

und –grad nicht stattfinden kann. Daneben kann die Aufkommensneutralität der bisherigen Grunderwerbsteuer nicht mehr gewahrt werden, so dass erhebliche Bedenken an der Durchsetzbarkeit der Umgestaltung bestehen. So lag das Steueraufkommen im Jahr 2010 bei rund 5,3 Mrd. €[894]. Nach der gegenwärtigen Finanzlage in den Ländern ist daher wohl kaum mit einer solchen Reform der Grunderwerbssteuer zu rechnen, da diese mit erheblichen Einnahmeverlusten einherginge. Vor diesem Hintergrund wäre einer Versiegelungssonderabgabe der Vorzug zu geben, die zugleich den Vorteil besäße, dass deren Aufkommen zweckgebunden bodenschutzrechtlichen Belangen zugeführt werden könnte[895].

D. Die Einsatzmöglichkeiten von Gebühren und Beiträgen für den Bodenschutz

Neben den steuerrechtlichen Anreizen ist die Steuerung und Finanzierung des Bodenschutzes durch Gebühren und Beiträge näher zu beleuchten. Anders als die Steuern unterliegen Gebühren besonderen verfassungsrechtlichen Voraussetzungen. Dies gilt insbesondere für die Beschränkung der freien Nutzung von Umweltgütern[896]. Der gezielte Einsatz von Gebühren zur Bodenerhaltung und Bodensanierung muss daher den verfassungsmäßigen Anforderungen entsprechen. In der Vergangenheit sind die Vorstöße einiger Länder, das Gebührenaufkommen aus den Abfallaufkommen anteilig der Altlastensanierung zuzuführen, an ihre verfassungsrechtlichen Grenzen gestoßen[897]. Auch der Einsatz von sog. „Vorteilsabschöpfungsabgaben" zugunsten der Flächenerhaltung erweist sich als problematisch. Gleichwohl soll die Lenkungs- und Finanzierungsfunktion von Gebühren für den Bodenschutz einer genaueren Analyse, insbesondere bezüglich in der Praxis eingeführter und in der Theorie diskutierter Gebühren und Beiträge, unterzogen werden.

---

894 StBA Statistik über das Steueraufkommen, unter (Zugriff am 20.01.2012): http://www.destatis.de/.

895 Vgl. hierzu die Ausführungen unter Punkt E.III.3.

896 Beispielhaft Kluth, NuR 1997, 105 ff.

897 Vgl. die nachfolgenden Ausführungen zu den Abfallgebühren sowie zu dem Lizenzentgelt NW.

I. Verfassungsrechtliche Voraussetzungen der Erhebung von Gebühren und Beiträgen

1. Überblick über die finanzverfassungsrechtlichen Maßstäbe bei der Gebühren- und Beitragserhebung

Gebühren und Beiträge gehören als sog. Vorzugslasten zu den nicht-steuerlichen Abgaben, deren Grenzen sich aus der bundesstaatlichen Finanzverfassung ergeben. Das BVerfG hat in seinem „Wasserpfennig-Beschluss" drei grundlegende finanzverfassungsrechtliche Voraussetzungen bezüglich der Zulässigkeit von nicht-steuerlichen Abgaben heraus gearbeitet[898]. Nicht-steuerliche Abgaben bedürfen daher:

- einer besonderen sachlichen Rechtfertigung und müssen sich von der Steuer deutlich unterscheiden, um eine Umgehung der Finanzverfassung zu vermeiden[899].
- Es bedarf eines sachlichen Grundes, warum Einzelne zusätzlich neben ihrer Steuerverpflichtung weitere Abgaben entrichten müssen. Die besondere Rechtfertigung aus Sachgründen erfolgt aus Gründen der Belastungsgleichheit unter den Abgabepflichtigen, die zugleich Steuerpflichtige sind[900].
- Drittens ist der „Verfassungsgrundsatz der Vollständigkeit des Haushaltsplans"[901] zu beachten, der berührt ist, wenn der Gesetzgeber „Einnahme- und Ausgabekreisläufe außerhalb des Budgets organisiert"[902].

Die herkömmlichen nicht-steuerlichen Abgaben, wie Gebühren und Beiträge, unterliegen nach Ansicht des BVerfG keinen grundsätzlichen Bedenken, da sie regelmäßig durch ihre Ausgleichsfunktion legitimiert werden[903]. Die besondere Rechtfertigung ergibt sich aus der Gewährung eines besonderen Vorteils, der durch die öffentliche Leistung in Anspruch genommen wird[904]. Wird jemand durch staatliches Handeln privilegiert, besteht gemäß Art. 3 Abs. 1 GG ein Ausgleichsbedürfnis, das z. B. in Form einer Gebühr erfolgen kann[905].

---

898 BVerfGE 93, 319–352, 342f. Vgl. auch BVerfG in: NVwZ 2003, 1241.

899 BVerfGE 93, 319 (342f.).

900 BVerfGE 93, 319 (343).

901 Nach dem „Grundsatz der Vollständigkeit des Haushaltsplans" untersteht das gesamte staatliche Finanzvolumen der parlamentarischen Kontrolle.

902 BVerfGE 93, 319 (343).

903 BVerfGE 82, 159 (181); BVerfGE 92, 91 (113).

904 BVerfGE 93, 319 (245f.).

905 Nawrath, Emissionszertifikate, S. 60.

Die *Gebühr* findet in den Art. 74 Abs. 1 Nr. 22 und 80 Abs. 2 GG Erwähnung und wird allgemein als „Geldleistung, die als Gegenleistung für eine besondere öffentliche Leistung oder für die Inanspruchnahme öffentlicher Einrichtungen und Anlagen" erhoben wird, definiert[906]. Im ersten Fall handelt es sich um *Verwaltungsgebühren* für die Vornahme von Amtshandlungen oder sonstige Tätigkeiten, im zweiten Fall um *Benutzungsgebühren*[907]. Weitere Gebührenarten sind die kontrovers diskutierten *Ressourcennutzungsgebühr* und die *Verleihungsgebühr*[908].

Der *Beitrag* unterscheidet sich von der Gebühr dadurch, dass nicht der Einzelne, sondern eine Gruppe zur Finanzierung einer besonderen öffentlichen Leistung oder der Inanspruchnahme öffentlicher Einrichtungen und Anlagen in Anspruch genommen wird[909]. Die Wahl der Gebühr oder des Beitrags ist somit oftmals nur Folge von ermittlungs- oder erhebungstechnischen Überlegungen, inwieweit sich der individuelle Leistungsempfänger oder die Gruppe der Leistungsnachfrager tatbestandlich bestimmen lassen[910].

Die Gebühren- und Beitragserhebung erfolgt nach pflichtgemäßem Ermessen[911] und muss sich an dem allgemeinen Verhältnismäßigkeitsprinzip sowie im Besonderen an den Grundrechten der Art. 3, 12 und 14 GG messen lassen. Der Gleichheitssatz spielt hierbei eine besondere Rolle, da die Gebühr jeweils auf einzelne oder abgegrenzte Gruppen abhebt, so dass sich die Frage der Belastungsgleichheit unter den Bürgern stellt[912]. Der Gesetzgeber ist bei seiner Wahl der Sachverhalte, an die er dieselbe Rechtsfolge knüpft, grundsätzlich frei, er muss seine Auswahl nur sachgerecht treffen[913]. Seine Präzisierung erfährt der „normative Gehalt der Gleichheitsbindung" jeweils im Hinblick auf die Eigenart des zu regelnden

---

906 Müller, Verhaltenssteuerung durch Abgaben, S. 139; BVerfGE 50, 217 (226). Vgl. u. a. auch die KAG der Länder, z. B. § 4 Abs. 2 KAG Bbg i. d. F. v 01.02.2004 (GVBl. I S. 174), geändert am 17.05.2009 (GVBl. S. 160); § 4 Abs. 2 KAG NRW v 21.10.1969 (GV NW. S. 721), geändert durch G am 13.12.2011 (GV NRW. S. 687); § 4 Abs. 1 KAG SH v 10.01.2005 (GVOBl. S. 27), geändert durch G v 20.07.2007 (GVOBl. S. 362). Der Gebührenbegriff ist in der Literatur kontrovers diskutiert, da das GG keinen Gebührenbegriff vorgibt. Vgl. Franz, S. 256, 264 m. w. N.

907 Vgl. hierzu insbes. §§ 5 und 6 der KAG.

908 Vgl. hierzu Punkt D.II.

909 Kirchhof, P., in: Kirchhof (Hrsg.), S. 15.

910 Dies zeigt sich beispielsweise im Fall von Anlieger- und Erschließungsbeiträgen oder der Kurtaxe. Vgl. Kirchhof, in: Kirchhof (Hrsg.), S. 16.

911 Hier gilt der Satzungszwang für die Gemeinden. Kaufmann in: Henneke/Pünder/Waldhoff, § 15 Rd. 21.

912 Kirchhof, in: Schriftenreihe Umwelt- und Technikrecht, S. 109.

913 BVerfGE 53 , 313 (329).

Sachbereichs[914]. Eine vom Gesetz vorgenommene unterschiedliche Behandlung muss sich danach auf einen „vernünftigen oder sonst wie einleuchtenden Grund" zurückführen lassen[915]. Soweit die Art. 12 Abs. 1 und Art. 14 Abs. 1 GG betroffen sein können, sind Befreiungstatbestände durch das jeweilige Gesetz vorzusehen, um die Abgabenlast zu mindern oder aufzuheben, wenn sie sich als unzumutbar erweist[916].

2. Bemessungsprinzipien

Die Bemessungsgrundsätze der Gebühren und Beiträge unterliegen vor allem dem Äquivalenzprinzip und dem Kostendeckungsprinzip.

a) Äquivalenzprinzip

Nach dem Äquivalenzprinzip sind die Gebühren und Beiträge so zu bemessen, dass „zwischen der einzelnen Gebühr und dem jeweiligen Wert der besonderen Leistung ein angemessenes Verhältnis" besteht[917]. Der „objektive Wert" einer Leistung lässt sich nur dort bestimmen, wo Marktpreise vorliegen, was selten genug der Fall ist[918]. Der öffentlichen Hand wird hierdurch eine beträchtliche Dispositionsfreiheit hinsichtlich des haushaltsmäßigen Mittelaustausches eingeräumt. Dies liegt darin begründet, dass es kaum möglich ist, den objektiven Wert bzw. Nutzen einer Amtshandlung oder der Inanspruchnahme öffentlicher Einrichtungen sicher zu bestimmen[919].

Das Äquivalenzprinzip sieht bei Benutzungsgebühren im Rahmen einer statthaften Typisierung zwei Maßstäbe vor[920]. Der Wirklichkeitsmaßstab orientiert sich nach Art und Umfang der tatsächlichen Inanspruchnahme der Nutzungsmöglichkeit[921]. Die Bemessung der Gebührenhöhe gestaltet sich aus technischen Gründen oder aufgrund erheblichen Aufwands in der Praxis oft als schwierig. Daher wird, soweit

914 BVerfGE 75, 108 (157); BVerfGE 93, 319 (348f.).

915 BVerfGE 75, 108 (157); BVerfGE 93, 319 (349).

916 BVerfGE 93, 319 (351f.).

917 Die andere Interpretation besagt, dass das Äquivalenzprinzip lediglich ein Missverhältnis zwischen Gebühr und Leistung verbietet. Mittlerweile haben sich beide Definitionen inhaltlich angeglichen. BVerwGE 26, 305 (308f.). Ausführungen in: Sacksofsky, Umweltschutz, S. 101.

918 Sacksofsky, Instrumente des Abgabenrechts, S. 102.

919 Vgl. Brandt, Altlastenrecht, S. 242.

920 Köhler/Meyer, Abwasserabgabengesetz, Einl. Rd. 50.

921 Köhler/Meyer, Abwasserabgabengesetz, Einl. Rd. 50.

die Anwendung eines Wirklichkeitsmaßstabs nicht möglich, nicht zumutbar oder besonders schwierig ist, auf den Wahrscheinlichkeitsmaßstab zurückgegriffen, der auf den Durchschnitts-, den typischen oder Regelfall abstellt unter Zugrundelegung von bestimmten Indikatoren[922].

b) Kostendeckungsprinzip

Das Kostendeckungsprinzip, nach dem die Verwaltungsgebühren nur so hoch zu bemessen sind, dass „sie den sachlichen und persönlichen Verwaltungsaufwand decken“[923], ist nur bei Gebühren und Beiträgen relevant, die an Kosten anknüpfen. Einigkeit besteht darüber, dass die Kostendeckung als Grund für die Gebührenerhebung zulässig ist[924]. Der reinen Kostendeckung dienen vor allem Verwaltungsgebühren[925]. In seinem „Wasserpfennig-Beschluss“ hat das *BVerfG* festgestellt, dass es keinen verfassungsrechtlichen Gebührenbegriff gibt, der „abschließend die als nicht-steuerliche Abgabe zulässigen Abgabearten definiert“[926]. Es schränkt seinen vorangegangenen Beschluss zu einem kostenbezogenen Gebührenbegriff[927] dahingehend ein, dass dieser sich auf eine Verwaltungsgebühr bezogen und keine abschließende Definition einer nicht-steuerlichen Abgabe dargestellt habe[928]. Die bis dahin herrschende Rechtsansicht in der Literatur, nach der eine staatliche Leistung nur dann anzunehmen war, wenn sie mit Kosten verbunden ist bzw. ihr ein staatlicher Kostenaufwand zugrunde liegt, wurde durch diese Entscheidung widerlegt[929]. Nach Ansicht des *BVerfG* ergibt sich die sachliche

922 Vgl. die Regelungen der KAG der Länder, z. B. § 6 Abs. 4 KAG Bbg; § 6 Abs. 1 GebG Hmb i. d. F. v 05.03.1986 (HmbGVBl. 1986, S. 37), geändert durch VO v 14.12.2010 (HmbGVBl. S. 667); § 5 Abs. 3 NKAG i. d. F. v 23.01.2007 (Nds. GVBl. 2007, 41), geändert durch G am 09.12.2011 (Nds. GVBl. S. 471); § 6 Abs. 3 KAG NRW; § 7 Abs. 1 KAG RP v 20.06.1995 (GVBl. 1995, S. 175), geändert durch G v 15.02.2011, (GVBl. S. 25); § 6 Abs. 3 KAG Saarl i. d. F. v 29.05.1998 (Amtsbl. 1998, S. 691), geändert am 21.11.2007 (Amtsbl. 2007, S. 2393); § 14 Abs. 1 SächsKAG i. d. F. v 26.08.2004 (SächsGVBl. 2004, S. 418), geändert durch G v 19.05.2010 (SächsGVBl. S. 142). Vgl. Köhler/Meyer, Abwasserabgabengesetz, Einl. Rd. 50.

923 Müller, Verhaltenssteuerung durch Abgaben, S. 144.

924 Es geht hier um den Ausgleich des Verwaltungsaufwandes, den der Bürger individuell verursacht hat. BVerfGE 50, 217 (226); BVerwGE 95, 188 (200f.).

925 Nawrath, Emissionszertifikate, S. 58.

926 BVerfGE 93, 319 (345).

927 BVerfGE 50, 217 (225 ff.).

928 BVerfGE 93, 319 (345).

929 Zu dem (bis dato bestehenden) Diskussionsstand: Pietzcker, DVBl. 1987, 774–781; Köck, UPR 1991, 10; Sander, DVBl. 1990, 18ff.; Jarass, DÖV 1989, 1015f.

Legitimation der Gebühr „aus ihrem Charakter als Vorteilsabschöpfungsabgabe im Rahmen einer öffentlich-rechtlichen Nutzungsregelung“[930]. Die Gegenleistung bleibt nur erhalten, wenn „deren Höhe den Wert der öffentlichen Leistung nicht übersteigt“[931].

Neben diesen beiden Prinzipien existiert noch das *Prinzip der Leistungsproportionalität*, nach dem die Bemessung nach „Art und Umfang“ der in Anspruch genommenen Leistung erfolgt[932]. Dieses Prinzip findet vor allem bei den Benutzungsgebühren Anwendung, bei denen die Leistungen messbar sind[933]. Die Bemessung der Leistung setzt lediglich eine Ausgewogenheit der Gebührenschuldner untereinander voraus[934].

3. Gebühren- und Beitragszwecke

Als Gebührenzweck sind zwei Tatbestände anerkannt: der Ausgleich des Verwaltungsaufwandes, den der Bürger individuell verursacht hat[935] und die Abschöpfung des Sondervorteils, den der Einzelne durch eine staatliche Maßnahme erlangt hat[936].

Für die hier zu untersuchende Steuerung des Bodenschutzes sind auch Lenkungsabsichten bei Gebühren von Bedeutung. Mit der Gebühren- und Beitragserhebung können auch Lenkungszwecke verfolgt werden[937]. Lenkungszwecke reichen aber allein nicht aus, um einen sachlichen Grund für die Erhebung einer Gebühr zu rechtfertigen[938]. Hintergrund der Argumentation ist, dass Lenkungszwecken nicht zwingend eine ausgleichende Wirkung zugrunde liegt, die jedoch für die gebührenrechtliche Erhebung Voraussetzung ist[939]. Öffentlich-rechtliche

---

930 BVerfGE 93, 319 (345). Eine erhebliche Kostenüberdeckung kann aber ein Indiz dafür sein, dass die Gebühr eine Kostendeckung in Wahrheit nicht bezweckt. Vgl. BVerwG, Beschluss v 06.02.1984 - 3 B 87/82.

931 BVerfGE 93, 319 (346).

932 Wilke, S. 202 ff.; Kaufmann in: Henneke/Pünder/Waldhoff, § 15 Rd. 56.

933 Sacksofsky, Instrumente des Abgabenrechts, 103.

934 Sacksofsky, Instrumente des Abgabenrechts, 103.

935 BVerfGE 50, S. 217 (226); BVerwGE 95, 188 (200).

936 Kluth, NuR 1997, 108.

937 Kirchhof, in: Kirchhof (Hrsg.), Staatsrecht, S. 13; Brandt, Altlastenrecht, S. 242f.; BGHZ 98, 115 (119 ff.).

938 Vgl. u. a. Murswiek, NVwZ 1996, 418; Heimlich, DÖV 1997, 998; Selmer/Brodersen, DVBl. 2000, 1163; Wienbracke, DÖV 2005, 201f.

939 Nawrath, Emissionszertifikate, S. 57.

Vorzugslasten wie Gebühren erfordern zudem das Vorliegen einer staatlichen Leistung, das bedeutet, dass Lenkungsmotive stets mit einer hoheitlichen Leistung verknüpft werden müssen[940]. Danach ergibt sich die besondere Rechtfertigung nicht steuerlicher Abgaben aus der Gewährung eines besonderen Vorteils, der durch die öffentliche Leistung in Anspruch genommen wird[941]. Wird jemand durch staatliches Handeln privilegiert, besteht gemäß Art. 3 Abs. 1 GG ein Ausgleichsbedürfnis, das auch in Form einer Gebühr erfolgen kann[942]. Dieses Erfordernis wäre bei einer Erhebung aus reinem Lenkungszweck nicht gegeben. Zudem darf die abgabenrechtliche Lenkungswirkung nicht zu weit in einen anderen Kompetenzbereich eingreifen[943]. Die Lenkungsabsicht kann sich daher lediglich auf die Bemessung der Abgabenhöhe auswirken[944].

Die Zweckwahl, die durch einfaches Gesetz erfolgt, wird durch die Annex-Sachkompetenz[945] begrenzt[946]. Danach ist ein enger, unlösbarer Zusammenhang zwischen der Gebühren- und Beitragserhebung und dem jeweiligen Sachgebiet erforderlich. Gerade für den Umweltschutz haben lenkende Gebühren und Beiträge eine große Bedeutung, wobei insbesondere das Übermaßverbot den Rahmen für die Möglichkeiten und Grenzen der Gebühren- und Beitragserhebung bildet[947].

II. Verleihungs- und Ressourcennutzungsgebühren und ihre Anwendbarkeit für den Bodenschutz

Die Anerkennung der Verleihungs- bzw. Ressourcennutzungsgebühr als dritter Gebührentyp neben den klassischen Verwaltungs- und Benutzungsgebühren erfolgte erst in den 1990iger Jahren durch den „Wasserpfennig-Beschluss“ des BVerfG[948]. Er findet vor allem in der Wasserwirtschaft Anwendung[949]. Das BVerfG

940 Nawrath, Emissionszertifikate, S. 58.
941 BVerfGE 93, 319 (245f.).
942 BVerfGE 93, 319 (245f.).
943 Kube in: Henneke/Pünder/Waldhoff, § 21 Rd. 19.
944 Vgl. auch Kirchhof, in: Isensee/Kirchhof, Staatsrecht IV, § 88, Rd. 207.
945 Vgl. hierzu Punkt A.II.
946 Brandt, Altlastenrecht, S. 245.
947 Brandt, Altlastenrecht, S. 245.
948 BVerfGE 93, 319ff.
949 Vgl. u. a. § 17 c/e des Wassergesetzes für BW v 20.01.2005 (GBl. S. 219), geändert durch G v 29.07.2010 (GBl. S. 565) sowie das WasEG NRW v 27.01.2004

hat, ohne eine der beiden Gebührenarten ausdrücklich zu nennen, festgestellt, dass sich die sachliche Legitimation der Wasserentnahmeentgelte aus „ihrem Charakter als Vorteilsabschöpfungsabgaben im Rahmen einer öffentlich-rechtlichen Nutzungsregelung" ergibt[950]. Es handelt sich in beiden Fällen um Umweltnutzungsgebühren, bei denen der dem Einzelnen zugeflossene Vorteil in der tatsächlichen Nutzung des Umweltgutes selbst liegt[951]. Kann ein Einzelner ein Gut der Allgemeinheit, um das es sich bei Umweltgütern in der Regel handelt, nutzen, liegt hierin ein vom Staat verschaffter Vorteil[952]. Vorteile, die dem Einzelnen oder Gruppen aufgrund einer derartigen Nutzungsberechtigung zufließen, können ganz oder teilweise abgeschöpft werden[953]. Voraussetzung ist, dass es sich um Güter handelt, über die der Staat als „Sachwalter der Allgemeinheit" zu bestimmen hat[954]. Ob dies im Rahmen eines öffentlich-rechtlichen Bewirtschaftungsregimes zu erfolgen hat, wird ebenfalls zu untersuchen sein.

Erfahrungen in Bezug auf den Boden gibt es bislang nicht. Dieser Teil wird sich daher mit der Frage auseinandersetzen, ob dieser Gebührentyp auch in Bezug auf den Bodenschutz Anwendung finden kann[955].

1. Die Struktur der Verleihungsgebühr

Die Verleihungsgebühr wird für die Verleihung eines besonderen subjektiven Rechts oder einer Berechtigung, die einen wirtschaftlichen Vorteil darstellt, erhoben, wobei die Rechtsverleihung bereits bei der reinen Umweltnutzung ansetzt[956]. Als problematisch wird hierbei angesehen, dass der Staat mit der Verleihungsgebühr die Umweltressourcen zur Kommerzialisierung und Gewinnerzielung nutzen

(GVBl. S. 30), geändert am 25.07.2011 (GVBl. 390). Die Landesregierung NRW sieht ab 2010 eine stufenweise Absenkung des Wasserentnahme-Entgeltes bis zum Jahr 2019 vor (PM MUNLV v 15.09.2009).

950 BVerfGE 93, 319 (345).

951 Sacksofsky, Instrumente des Abgabenrechts, S. 202.

952 Individuelle Zurechenbarkeit, d. h. die kausale Verknüpfung von Leistung und Gegenleistung, ist erforderlich. Sacksofsky, Instrumente des Abgabenrechts, S. 207.

953 Kluth, NuR 1997, 109.

954 Sacksofsky, Instrumente des Abgabenrechts, S. 202.

955 Erschwerend kommt hinzu, dass der Boden oftmals im Eigentum oder in der Verfügungsgewalt Einzelner steht.

956 Kirchhof, in: Schriftenreihe Umwelt- und Technikrecht, S. 112; Müller, Verhaltenssteuerung durch Abgaben, S. 141f.

kann[957]. Zudem wird kritisiert, dass die Gebühr an die Rechtsverleihung statt an den konkreten Entsorgungsaufwand anknüpft[958]. Um die „Verhökerung" von Umweltressourcen durch die Einführung von Verleihungsgebühren zu begrenzen, wurde von den Befürwortern dieser Gebühr vorgeschlagen, zusätzlich die Rechtmäßigkeitsvoraussetzungen von Sonderabgaben anzuwenden[959].

Seit dem „Wasserpfennig-Beschluss" des BVerfG wird in der Rechtsprechung und Teilen der Literatur die Verleihungsgebühr als zulässige Gebührenart anerkannt[960]. Aufgrund der Darstellung des BVerfG, das in der „Eröffnung der Möglichkeit der Wasserentnahme" eine individuell zurechenbare Leistung sieht[961], lässt sich das Wasserentnahmeentgelt durchaus als Verleihungsgebühr interpretieren. Mit „Eröffnung der Möglichkeit der Wasserentnahme" wird eine subjektive Rechtsstellung verliehen, ohne dass es auf die Ausübung des verliehenen Rechts ankommt[962]. Die Rechtfertigung dieser Gebühr liegt in ihrer Ausgleichsfunktion[963].

Die Gegner der Verleihungsgebühr haben die Entscheidung des BVerfG kritisiert[964]. Dem Gericht wird insbesondere eine mangelnde Konkretisierung des Sondervorteils bzw. der Gegenleistung vorgeworfen, wodurch die Abgrenzung zur Steuer unklar werde[965]. Trotz dieser Kritik ist die Verleihungsgebühr als zusätzlicher Gebührentyp anzunehmen, wobei seine weitere Entwicklung abzuwarten bleibt.

2. Die Verleihungsgebühr bei Inanspruchnahme unversiegelter Flächen

Aufgrund des fortschreitenden Bodenverbrauchs ist die Einführung einer Verleihungsgebühr in Form der Versiegelungsgebühr für Flächen, die neu in Anspruch

---

957 Vgl. hierzu die Literaturdarstellung bei Kirchhof, in: Schriftenreihe Umwelt- und Technikrecht, S. 112.

958 Kirchhof, in: Kirchhof (Hrsg.), Staatsrecht, S. 13f.

959 Vgl. hierzu Müller, Verhaltenssteuerung durch Abgaben, S. 146 m. w. N.; Kirchhof, in: Schriftenreihe Umwelt- und Technikrecht, S. 112f.

960 Vgl. VGH BW Urt. v 29.07.1998, Az.: 9 S 1763/97; Heimlich, DÖV 1997, 999; Kloepfer, UPR 1997, 84; Kluth, NuR 1997, 109, der jedoch nicht konkret zwischen Verleihungs- und Ressourcennutzungsgebühren unterscheidet.

961 BVerfGE 93, 319 (346).

962 Vgl. Heimlich, Verleihungsgebühr, S. 999.

963 Heimlich, Verleihungsgebühr, S. 999.

964 Murswiek, NVwZ 1996, 419; Raber, NVwZ 1997, 221.

965 Raber, NVwZ 1997, 222; Mutius/Lünenbürger, NVwZ 1996, 1061.

genommen werden, denkbar. Zweck einer solchen Versiegelungsgebühr wäre die Reduzierung der Neuversiegelung von Flächen zugunsten von Brachflächen innerhalb des Gemeindegebiets bzw. auch die Reduzierung der Versiegelung von Nebenflächen.

Die Erhebung einer solchen Gebühr bedarf einer konkreten Rechtsgrundlage. Die Verwaltungs- und Ertragshoheit richtet sich hierbei grundsätzlich nach Landesrecht[966]. In Betracht kommen eine Regelung eigenständig aus Sachkompetenz nach Art. 70 ff. GG oder die Kommunalabgabengesetze. Die Länder haben ihre Gesetzgebungskompetenz für das Kommunalabgabenrecht nach Maßgabe ihrer Kommunalabgabengesetze auf ihre Kommune übertragen[967]. Da es um die Erhaltung von Freiflächen und die Reaktivierung von Brachflächen im Gemeindegebiet geht, ist die Schaffung einer Rechtsgrundlage erforderlich, aufgrund derer die Gemeinden ihre Gebührenhoheit ausüben können. Die hierfür in Betracht kommenden Kommunalabgabengesetze knüpfen die Gegenleistung bislang aber an die entstehenden Kosten bei der Inanspruchnahme öffentlicher Einrichtungen und Anlagen. Die Kommunalgebühren sind somit auf die Form der Verwaltungs- bzw. Benutzungsgebühr beschränkt. Hier bedarf es einer Ergänzung der bestehenden Gebührentatbestände um die Variante der Versiegelungsgebühr. Die nähere Ausgestaltung der Versiegelungsgebühr könnte im Rahmen der Kommunalabgabengesetze in einem gesonderten Passus erfolgen und durch den Satzungsgeber ausgestaltet werden. Ein spezifisches Gesetz[968] über die Erhebung eines Entgeltes bei Flächenversiegelungen hätte demgegenüber den Vorteil, dass eine umfassende Regelung zur Versiegelungsgebühr vorgenommen wird. Das Gesetz muss dabei dem Prinzip der Bestimmtheit und Normenklarheit entsprechen. Danach hat der Gesetzgeber Ermächtigungen an die Verwaltung zur Regelung eines Einzelfalls so zu formulieren, dass der Eingriff in die Grundrechte des Betroffenen messbar und in gewissem Umfang voraussehbar und berechenbar ist[969]. Das Gesetz müsste daher Aussagen zur Entgeltpflicht in Verbindung mit Ausnahmen und Befreiungen, zur Bemessungsgrundlage, zu Zuständigkeiten, Zahlungs- und Verrechnungsmodalitäten und zur Verwendung des Aufkommens treffen. Des Weiteren ist das Prinzip der Zwecktauglichkeit[970] eines solchen

966 In der Verfassung ist, sieht man von der allgemeinen Aufgabenzuweisung des Art. 30 GG ab, keine spezielle Regelung enthalten. Franz, Daseinsvorsorge, S. 270.

967 Franz, Daseinsvorsorge, S. 269 sowie § 1 der einzelnen KAG der Länder.

968 Wie dies auch mit der Verabschiedung des WasEG NRW v 27.01.2004 der Fall war.

969 BVerfGE 8, 71 (76); BVerwGE 27, 222 (223) und 39, 5 (7).

970 Vgl. hierzu Köhler/Meyer, Abwasserabgabengesetz, Einl. Rd. 81.

Gesetzes zu wahren. Zweck dieses Gesetzes wäre, die Inanspruchnahme unversiegelter Flächen durch die Einführung einer Versiegelungsgebühr zu reduzieren. Dies setzt voraus, dass die Versiegelungsgebühr ein hierfür geeignetes Mittel darstellt, d. h. die Gebührenerhebung müsste Anreize setzen, um die fortschreitende Neuversiegelung zu verringern.

Bei dem Maßstab der Bemessung der Gebührenhöhe wären das Äquivalenzprinzip sowie der Grundsatz der Gleichbehandlung zu beachten. Das Äquivalenzprinzip in seiner Ausgestaltung des Grundsatzes der Verhältnismäßigkeit im Bereich der nichtsteuerlichen Abgaben ermöglicht eine Typisierung des zu bemessenen Entgeltes[971]. Vorliegend könnte als Bemessungsmaßstab die zu bebauende und zu befestigende Grundstücksfläche herangezogen werden, wobei der Versiegelungsgrad mit berücksichtigt werden sollte. In diesem Zusammenhang ist die Belastungsgleichheit nach Art. 3 Abs. 1 GG zu beachten. Die unterschiedlichen Belastungen resultieren aus der jeweiligen zu bebauenden Grundstücksfläche. Die Erhebung nach einem grundstücksbezogenen Maßstab ist grundsätzlich zulässig, sofern ein einheitlicher Gebührensatz zugrunde gelegt wird. Aus Gründen der Praktikabilität kann eine Ungleichbehandlung von Abgabepflichtigen sogar zulässig sein, sofern keine gewichtigen Gründe dagegen sprechen[972]. Dies hängt regelmäßig mit der Höhe des entstehenden Verwaltungsaufwands zusammen. Das Prinzip der Praktikabilität findet seine Grundlage im Rechtsstaatsprinzip[973].

Die Gebührenerhebung setzt als Rechtfertigungsgrund das Vorliegen eines „gebührenfähigen Vorteils" voraus[974]. Ein solcher Vorteil besteht nur dann, wenn der Rechtskreis des Bürgers über den Bereich hinaus geht, der ihm bereits nach den Grundrechten als verfassungsrechtlicher Bestand zugewiesen ist[975]. Ein verliehenes Recht ist insbesondere dann vorteilhaft im o. g. Sinne, wenn es die Befreiung von einem repressiven Verbot beinhaltet, auf den der Einzelne keinen Rechtsanspruch besitzt[976]. Die geplante Tätigkeit ist grundsätzlich verboten und wird nur ausnahmsweise erlaubt, um besondere Härten im Einzelfall zu beseitigen. Bei

971 Köhler/Meyer, Abwasserabgabengesetz, Einl. Rd. 50.

972 Franz, Daseinsvorsorge, S. 341.

973 Köhler/Meyer, Abwasserabgabengesetz, Einl. Rd. 78.

974 Heimlich, Verleihungsgebühr, S. 255.

975 Hendler, NWVBl 2011, 1–6 und 22 unter (Zugriff am 12.11.2013): http://www.kreis-wesel.de/C1257489002C9EAC/files/kurzgutachten_kiesabgabe.pdf/$file/kurzgutachten_kiesabgabe.pdf.

976 Heimlich, Verleihungsgebühr, S. 264. Ein gesetzlicher Anspruch kann ausnahmsweise dann mit einer Verleihungsgebühr belegt werden, wenn der Gesetzgeber verfassungsrechtlich nicht verpflichtet war, diesen einzuräumen.

der Erlaubnis handelt es sich formell um einen begünstigenden Verwaltungsakt, materiell erweitert sie die Freiheit des Bürgers[977]. Bezogen auf die Nutzung von Umweltgütern kann das verliehene Recht somit in der Erlaubnis bestehen, knappe und damit wirtschaftlich wertvolle Ressourcen zu nutzen[978]. Bei dem verliehenen Recht muss es sich dabei um ein wirtschaftlich nutzbares Recht handeln[979]. Fraglich ist, ob auch ein sog. präventives Verbot mit Erlaubnisvorbehalt ausreichend sein kann, sofern mit der Erteilung der Erlaubnis eine Erweiterung der Freiheitssphäre verbunden ist[980]. Präventives Verbot mit Erlaubnisvorbehalt bedeutet, dass eine geplante Tätigkeit erlaubt wird, wenn sie mit dem materiellen Recht in Einklang steht[981]. Die Erlaubnis ist formell ein begünstigender Verwaltungsakt, im Unterschied zum repressiven Verbot stellt sie materiell die grundrechtliche Freiheit des Bürgers wieder her[982]. Für die Bebauung von Flächen ist in der Regel eine Baugenehmigung erforderlich. Hierdurch wird dem zukünftigen Eigentümer oder Nutzer das Recht verliehen, neue Flächen einer Nutzung zuzuführen. Bei der Baugenehmigung handelt es sich um ein präventives Verbot mit Erlaubnisvorbehalt[983]. Mit ihrer Erteilung wird das Recht zum Bauen vorausgesetzt und nicht erst verliehen[984]. Gemäß Art. 14 Abs. 1 GG besteht grundsätzlich Baufreiheit, die durch die Erteilung der Baugenehmigung wiederhergestellt wird[985]. Das Erlaubnisverfahren mit der Möglichkeit eines Verbots dient dazu, eine rechtmäßige Grundrechtsausübung festzustellen[986]. Damit wäre auch keine materielle Erweiterung der Freiheitsphäre verbunden, so dass kein abschöpfbarer Sondervorteil gewährt wird. Eine Versiegelungsgebühr in Form einer Verleihungsgebühr kommt somit nicht in Betracht.

977 Hendler, NWVBL 2011, 1–6 bzw. 22.
978 Heimlich, Verleihungsgebühr, S. 270.
979 Heimlich, Verleihungsgebühr, S. 270.
980 So Sacksofsky, Instrumente des Abgabenrechts, S. 220; a. A. Meyer, NVwZ 2000, 1004; Abgrenzungsfall Heimlich, Verleihungsgebühr, S. 271.
981 Schenke, in: Steiner (Hrsg.), S. 375.
982 Schenke, in: Steiner (Hrsg.), S. 375.
983 Krebs, in: Schmidt-Aßmann (Hrsg.), S. 526.
984 Krebs, in: Schmidt-Aßmann (Hrsg.), S. 526; BGHZ 65, 182 (186).
985 Urt. OVG NRW vom 11.07.2013, Az.: 9 A 249/09, Rd. 57.
986 Urt. OVG NRW vom 11.07.2013, Az.: 9 A 249/09, Rd. 57.

3. Besonderheiten der Ressourcennutzungsgebühr und ihre Anwendbarkeit auf den Boden

Das BVerfG hat sich in seiner „Wasserpfennig-Entscheidung“ auch auf *Murswiek* bezogen, der die Idee der Ressourcennutzungsgebühr weiter entwickelt hat[987]. Das Gericht führt zu einer der Bewirtschaftung unterliegenden knappen Ressource aus, dass dem Einzelnen durch die Nutzung dieser knappen Ressource die Teilhabe an einem Gut der Allgemeinheit verschafft wird[988]. Dieser Sondervorteil gegenüber denen, die dieses Gut nicht oder nicht in gleicher Weise nutzen dürfen, könne ganz oder teilweise durch die öffentliche Hand abgeschöpft werden[989]. Ein derartiger Ausgleichsgedanke liege auch der herkömmlichen Rechtfertigung der Gebühr zugrunde. Die Ressourcennutzungsgebühr findet danach ihren sachlichen Legitimationsgrund - ebenso wie die Verleihungsgebühr - in ihrer Vorteilsabschöpfungsfunktion[990]. Der wesentliche Unterschied zu der Verleihungsgebühr besteht darin, dass die Nutzung öffentlicher Umweltgüter als Teilhabe an den Gütern der Allgemeinheit und nicht nur als Freiheitsausübung verstanden wird[991]. Es wird ein wirtschaftliches Gut bzw. die Duldung der Nutzung dieses Gutes angeboten, wobei von der faktisch vorgegebenen Begrenztheit der Ressourcen ausgegangen wird[992]. Aufgrund der Einschränkung der Ressourcennutzungsfreiheit wird der sachlich vorhandene Teilhabecharakter realisiert[993].

Durch die Rechtsprechung des BVerfG sieht sich *Murswiek* grundsätzlich bestätigt[994], wobei er die Formulierung „Eröffnung der Möglichkeit der Wasserentnahme“ jedoch als problematisch ansieht[995]. Seines Erachtens ist die faktische Nutzung der Ressource ein Belastungstatbestand, so dass das Wasserentgelt sich als Ressourcennutzungsgebühr und nicht als Verleihungsgebühr darstelle.

Weiterhin wird diskutiert, ob die Ressourcennutzungsgebühr einem umfassenden öffentlich-rechtlichen Benutzungsregime unterliegen muss, oder ob auch unabhängig von einem solchen Wirtschaftsregime ein Nutzungsentgelt erhoben

987 Murswiek, NuR 1994, 170–176.
988 BVerfGE 93, 319 (345f.).
989 BVerfGE 93, 319 (345f.).
990 Murswiek, NuR 1994, 175.
991 Murswiek, NuR 1994, 175.
992 Murswiek, NuR 1994, 175f.
993 Murswiek, NuR 1994, 176.
994 BVerfGE 93, 319 (345).
995 Murswiek, NVwZ 1996, 419.

werden kann[996]. Anerkannt hat das BVerfG den allgemeinen Grundsatz, wonach solche nichtsteuerlichen Abgaben erhoben werden dürfen, die den Charakter von „Vorteilsabschöpfungsabgaben im Rahmen einer öffentlich-rechtlichen Nutzungsregelung“ tragen[997]. Hierbei behandelt das Gericht die Konstellation, dass eine knappe natürliche Ressource öffentlich-rechtlicher Bewirtschaftung unterliegt. Das BVerfG hat aber offen gelassen, ob Abgaben auch für Nutzungen erhoben werden dürfen, die überhaupt keiner Erlaubnispflicht unterliegen[998]. Auf dem 63. Deutschen Juristentag Leipzig 2000 ist zwar eine allgemeine Ressourcennutzungsgebühr ohne Bewirtschaftung als verfassungsrechtlich unzulässig abgelehnt worden, da die bloße Nutzung von Umweltgütern nicht als Sondervorteil deklariert werden könne[999]. Nach dem BVerwG ist es jedoch auch ausreichend, wenn die Nutzungsregelung derart ausgestaltet wird, dass neben der hoheitlichen Übertragung begrenzter Nutzungsrechte diese an eine Entgeltzahlung gekoppelt werden[1000]. Danach erhält derjenige einen Sondervorteil, der eine knappe natürliche Ressource, die einer öffentlich-rechtlichen Nutzungsregelung unterliegt, nach Maßgabe dieser Regelung nutzt. Ähnlich wie bei der Verleihungsgebühr muss dem Nutzer darüber hinaus aufgrund der Teilhabe ein wirtschaftlicher Sondervorteil entstehen[1001], um die Gebührenerhebung zu rechtfertigen. Voraussetzung ist, dass die Nutzung dieses Sondervorteils nicht allen möglich ist und daher durch den Staat abgeschöpft werden kann[1002]. Bei der Schaffung der Voraussetzungen für die Teilhabe an der Bodennutzung wird jedoch lediglich eine Unbedenklichkeitsbescheinigung in Form einer Baugenehmigung erteilt[1003] und dadurch gerade kein Sondervorteil gewährt. Dem Boden liegt auch keine öffentlich-rechtliche Benutzungsordnung, wie nach dem Wasserhaushaltsgesetz, zugrunde. Eine durch Hoheitsakt übertragene öffentlich-rechtliche Nutzungsregelung ist jedoch erforderlich, um nicht jedes Verhalten der Bürger abgabenpflichtig zu machen. Vor diesem Hintergrund kommt die Erhebung einer Versiegelungsgebühr in ihrer vorgestellten Form nicht als Instrument für die Reduzierung der Flächeninanspruchnahme in Betracht.

996 Deutscher Juristentag, DVBl. 2000, 1680f. sowie Murswiek, NVwZ 1996, 420.
997 BVerfGE 93, 319 (345).
998 BVerfGE 93, 319 (346).
999 Deutscher Juristentag, DVBl. 2000, 1680f.
1000 Urt. BVerwG v 10.10.2012 Az.: 7 C 9/10 Rd. 23.
1001 BVerfGE 93, 319 (345f.).
1002 BVerfGE 93, 319 (345f.).
1003 Schenke, in: Steiner (Hrsg.), S. 375.

III. Die geteilte Kanalbenutzungsgebühr (Abwassergebühr) und ihr Einfluss auf die Flächenentsiegelung

Die Versiegelung von Flächen führt dazu, dass Niederschlagswasser nicht mehr versickern kann, sondern über die Kanalisation abgeleitet wird. Die notwendige Entwässerung in großen Kanalquerschnitten und Regenwasser- Entlastungsanlagen verursacht bei den Gemeinden erhebliche Kosten. Auf der Grundlage der Kommunalabgabengesetze (KAG) der Länder können die Gemeinden und Kreise für die Benutzung ihrer öffentlichen Einrichtungen Benutzungsgebühren erheben[1004]. Zu diesen Einrichtungen zählen auch öffentlich betriebene Entwässerungsanlagen[1005]. Bei dem in den Kommunalabgabengesetzen der Länder verankerten Äquivalenzprinzip sind die Gebühren nach dem Ausmaß zu bemessen, in dem die Gebührenschuldner die öffentliche Einrichtung benutzen[1006]. Wie mit einer Ausgestaltung dieser Benutzungsgebühr auch gleichzeitig eine flächenbewusstere Bauweise erreicht werden kann, soll im Folgenden dargestellt werden.

Die Gemeinden haben lange Zeit für die Entwässerung der Kanalisation und die Reinigung von Kläranlagen Kanalbenutzungsgebühren erhoben, die sich vorrangig nach dem Volumen der Abwassermenge richteten, die sich nach dem Frischwasserverbrauch bestimmten (Frischwassermaßstab)[1007]. Die Kosten der Beseitigung des von Niederschlägen aus dem Bereich bebauter oder künstlich befestigter Flächen abfließenden und gesammelten Wassers (Niederschlagswasser)[1008] werden hierbei durch den einheitlichen Frischwassermaßstab mit erfasst, ohne dass eine getrennte Abrechnung des tatsächlich eingeleiteten Niederschlagswassers erfolgt. Dieser Frischwassermaßstab wurde als Bemessungsgrundlage für die Erhebung von Entwässerungsgebühren aus Gründen der Praktikabilität

---

1004 Vgl. die einzelnen Regelungen der KAG der Länder.

1005 BayVGH Urt. v 31.03.2003, Az.: 23 B 02.1937, Rd. 26.

1006 Vgl. u. a. Art. 8 Abs. 4 KAG Bayern i. d. F. v 04.04.1993 (GVBl. S. 264), geändert durch G v 25.02.2010 (GVBl. S. 66); § 14 Abs. 1 S. 1 KAG BW i. d. F. v 17.03.2005 (GBl. S. 206), geändert durch G v 04.05.2009 (GBl. S. 185); § 12 Abs. 2 S. 1 ThürKAG i. d. F. v 19.09.2000 (GVBl 2000, 301), geändert durch G v 29.03.2011 (GVBl. S. 61); § 6 Abs. 1 S. 2 KAG MV i. d. F. v 12.04.2005 (GVOBl. M-V 2005, S. 146), geändert durch G v 13.07.2011 (GVOBl. MV S. 777, 833).

1007 Bizer/Ewringmann/Bergmann et. al., S. 38; HessVGH Urt. v 02.09.2009, Az.: 5 A 631/08.

1008 HessVGH Urt. v 02.09.2009, Rd. 30.

grundsätzlich als geeignet angesehen[1009]. Das Prinzip der Praktikabilität ermöglicht eine Typisierung[1010], soweit die damit verbundenen administrativen Vorteile in einem angemessenen Verhältnis zu einer „typisierungsbedingten Lastenungleichheit“ stehen[1011]. Der Gemeinde steht hierbei ein weiter Ermessungsspielraum zu, der durch das Äquivalenzprinzip und den Gleichheitsgrundsatz begrenzt ist. Nach der Rechtsprechung ist die Ermessungsgrenze überschritten, wenn der Kostenanteil der Niederschlagswasserentsorgung nicht als lediglich geringfügig anzusehen ist[1012], bzw. wenn auf den Grundstücken des Entsorgungsgebietes keine weitgehende Vergleichbarkeit zwischen der abzuleitenden Niederschlagswassermenge und der Schmutzwassermenge besteht[1013]. Der Gleichheitsgrundsatz ist nicht mehr gewahrt, wenn die Erheblichkeitsgrenze bei einem 12 % igen Anteil an den zugrunde gelegten Gesamtkosten der Entwässerungseinrichtung liegt[1014]. Vergleichbare Entwässerungsverhältnisse liegen dann nicht mehr vor, wenn der Anteil der vom „Regeltyp“ abweichenden Grundstücksflächen über 10 % aller zu entwässernder Grundstücke liegt[1015]. Zu dem Regeltyp zählen alle Grundstücke, bei denen der Zusammenhang zwischen den nach dem Frischwasserverbrauch ermittelten Schmutzwassermengen und den Niederschlagswassermengen annähernd gleich ist[1016]. Die Anforderungen der Rechtsprechung an eine homogene Bebauung[1017] sind mittlerweile so eng gefasst worden, dass eine die Einheitsgebühr rechtfertigende homogene Wohn- und Siedlungsstruktur unter den modernen Lebensverhältnissen die absolute Ausnahme bildet[1018]. Nach gutachterlichen

1009 BayVGH Urt. v 31.03.2003, Az.: 23 B 02.1937, Rd. 30.

1010 Unter dem Begriff Typisierung wird die Vereinheitlichung von Gleichartigkeiten zur Einordnung in ein System definiert.

1011 BVerfGE 13, 331 (344f.); 31, 119 (130f.)

1012 BVerwG in: DÖV 1972, 722; BayVGH Urt. v 17.04.2008, Az.: 20 B 08.132; VG Würzburg Az.: W 2 K 06.413 und W 2 K 06.1099, Urt. v 17.01.2007 und v 13.06.2007.

1013 HessVGH Urt. v 02.09.2009, Rd. 30.

1014 BVerwG in: DÖV 1972, 722; BayVGH Urt. v 31.03.2003, Az.: 23 B 02.1937, Rd. 26.

1015 HessVGH Urt. v 02.09.2009, Rd. 35.

1016 VGH NRW Urt. v 18.12.2007, Az.: 9 A 3648/04, Rd. 9; HessVGH, Urt. v 02.09.2009, Rd. 36.

1017 Bei einer Stadt ab 80.000 Einwohnern wird grundsätzlich eine Einheitsgebühr mangels homogener Bebauung für unzulässig gehalten, Kaufmann in: Henneke/Pünder/Waldhoff, § 15 Rd. 110.

1018 VGH NRW Urt. v 18.12.2007, Rd. 27; HessVGH, Urt. v 02.09.2009, Rd. 44.

Untersuchungen liegt der Anteil bei der Niederschlagswasserentsorgung in der Regel bei 25 %[1019].

Bei Überschreiten der Erheblichkeitsgrenze wird der Frischwasserverbrauchsmaßstab durch einen Maßstab, der sich an der bebauten und befestigten Fläche orientiert, ergänzt. Dieser Maßstab ist im besonderen Maße für die Beseitigung von Niederschlagswasser geeignet und anerkannt[1020]. So schlägt das OVG Kassel folgende Grundstückskategorien nach Versiegelungsgrad vor: das großflächige Villengrundstück mit geringem Versiegelungsanteil, das „normale" Wohnhausgrundstück, bei dem nach mehreren Kategorien differenziert werden kann und das gewerblich oder industriell genutzte Grundstück mit einer sehr hohen Versiegelung[1021]. Diese, den Versiegelungsgrad berücksichtigende Pauschalisierung kann von den Gemeinden spezifiziert oder den jeweiligen Gegebenheiten angepasst werden und setzt Anreize zur weiteren Entsiegelung von Flächen. Der zusätzliche Verwaltungsaufwand wird für vertretbar gehalten. Zugleich wird dem Verursacherprinzip als umweltpolitischem Prinzip Rechnung getragen, da die Zurechnung der Verantwortung neben der Schmutzwassergebühr auf der Basis von bebauten oder befestigten Flächen mit Kanalanschluss bzw. nach Abflussbeiwerten[1022] Berücksichtigung findet.

Als Folge wird in der Mehrzahl der Gemeinden in ihren Satzungen die Kanalbenutzungsgebühr in einen Schmutz- und einen Niederschlagswasseranteil aufgeteilt. Bemessungsgrundlage der Niederschlagswassergebühr ist die Quadratmeterzahl der versiegelten Flächen, die an das Kanalnetz angeschlossen sind[1023]. Hierbei wird teilweise zwischen wasserundurchlässigen und eingeschränkt wasserdurchlässigen Flächen unterschieden[1024]. Die Grundstücksflächen der zweiten Klasse erhalten einen niedrigeren Gebührensatz[1025]. Damit wird eine qualitative Unterscheidung nach dem Versiegelungsgrad vorgenommen. Das Schmutzwasser wird weiterhin auf der Basis des Frischwasserverbrauches berechnet. Mit dieser

---

1019 Vgl. VGH NRW Urt. v 18.12.2007, Rd. 46 m. w. N.

1020 Kaufmann in: Henneke/Pünder/Waldhoff, § 15 Rd. 112. Es handelt sich hier, wie beim Frischwasserverbrauchsmaßstab, um einen Wahrscheinlichkeitsmaßstab.

1021 HessVGH Urt. v 02.09.2009, Rd. 44.

1022 Ein Faktor, mit dem die Regenmenge pro Zeiteinheit multipliziert wird, um den zu erwartenden Regenabfluss zu berechnen, der für den Zufluss in Abwasserreinigungsanlagen, insbesondere bei Mischkanalisationssystemen bedeutsam ist. Der Abflussbeiwert ist abhängig vom Einzugsgebiet eines Entwässerungssystems.

1023 Bizer/Ewringmann/Bergmann et. al., S. 38.

1024 VG Münster, Urt. v 03.02.2009, Az.: 7 K 2159/08, Rd. 12 ff.

1025 VG Münster, Urt. v 03.02.2009, Rd. 12 ff.

Unterteilung wird eine verursachergerechtere Verteilung der Gebühren erreicht. Hierdurch werden die Eigentümer von versiegelten Flächen stärker in Anspruch genommen als diejenigen von unversiegelten Flächen und damit indirekt ein Anreiz für Entsiegelungsmaßnahmen gesetzt. Mit der qualitativen Unterscheidung nach dem Versiegelungsgrad werden Grundstücksnutzer dazu angehalten, ihr Grundstück möglichst durchlässig zu versiegeln.

IV. Abfallgebühren und ihre Eignung für die Bodensanierung

Die vorhergehenden Ausführungen bezogen sich vor allem auf Lenkungsmöglichkeiten von Gebühren zugunsten der Bodenerhaltung. Das Hauptproblem bei der Bodennachsorge besteht dagegen in der Finanzierung der notwendigen Sanierungsmaßnahmen[1026]. Daher soll untersucht werden, ob über eine Erhöhung der Gebühren für Abfälle[1027] Maßnahmen der Bodensanierung zum Teil finanziert werden können. Hierbei sind die finanzverfassungsrechtlichen Grundsätze der Gebührenerhebung zu beachten.

Die Abfall- oder Müllgebühr ist den Benutzungsgebühren zuzuordnen. Durch sie sollen die Kosten der Abfallentsorgung, die den Gemeinden bzw. Gemeindeverbänden entstehen, gedeckt werden[1028]. Es handelt sich hierbei in erster Linie um Abfälle aus privaten Haushaltungen, für die § 17 Abs. 1 S. 1 KrWG eine Überlassungspflicht an die öffentlich-rechtlichen Entsorgungsträger bestimmt. Die Gebührenhöhe und die Erhebungsmodalitäten sind in den jeweiligen kommunalen Satzungen festgelegt, die ihre Ermächtigungslage in den einzelnen Kommunalgesetzen finden[1029]. Der Ortsgesetzgeber besitzt bei dem Erlass von

---

1026 Näheres hierzu unter Teil 1 Punkt C.II.

1027 Zur Begriffsbestimmung siehe § 3 Abs. 1 i. V m. Anhang 1 KrWG v 24.02.2012 (BGBl. I 212), in Kraft getreten am 01.03.2012 bzw. 01.06.2012.

1028 Brandt, Altlastenrecht, S. 238.

1029 Vgl. die einzelnen Abfallgesetze der Länder, die auf die Vorschriften der jeweiligen KAG Bezug nehmen, z. B.: § 7 Abs. 5 BayAbfG v 09.08.1996 (GVBl. 1996, S. 396), geändert durch G v 24. März 2010 (GVBl. S. 134); § 10 Abs. 1 LAbfG BW v 14.10.2008 (GBl. 2008 S. 370), durch G v 17.12.2009 (GBl. S. 802); § 9 BbgAbfBodG v 06.06.1997 (GVBl. I/97 S. 40), geändert durch G v 15.07.2010 (GVBl. I/10 Nr. 28); § 9 Abs. 1 HAKA i. d. F. v 20.07.2004 (GVBl. I S. 252), geändert durch G vom 24.03.2010 (GVBl. I S. 121); § 12 NAbfG i. d. F. v 14.07.2003 (GVBl. S. 273), geändert durch G v 13.10.2011 (GVBl. S. 353); § 6

Gebührensatzungen eine weitgehende Gestaltungsfreiheit, die aus dem Selbstverwaltungsrecht folgt[1030]. Hierbei sind das Äquivalenzprinzip und der Gleichheitssatz zu beachten. Der Gleichheitsgrundsatz ist dann verletzt, wenn die Gebührenregelung nicht mehr durch sachliche Gründe gerechtfertigt ist[1031]. Der Satzungsgeber kann danach je nach Einzelfall unter den verschiedenen Gebührenmodellen eine Auswahl treffen, ohne dass sich aus Art. 3 Abs. 1 GG eine bestimmte Präferenz für ein bestimmtes Gebührenmodell ergibt[1032]. Dem Leistungsangebot der Abfallentsorgung muss zudem eine angemessene Gegenleistung (Gebühr) gegenüberstehen. Der Satzungsgeber ist daher befugt, zwischen „mengen- oder gewichtsorientierten auch personen-, haushalts- oder grundstücksbezogene Gebührenmaßstäbe zu wählen“[1033]. Als Maßstäbe für die Gebührenhöhe werden vor allem der von der Rechtsprechung anerkannte Personenmaßstab, der sich aus einer Grundgebühr für jede auf dem Grundstück veranlagte Person herleitet, angewandt, sowie der Gefäßmaßstab, der sich aus dem für Restabfall aus Haushaltungen zur Verfügung gestellten Behältervolumen zusammensetzt[1034]. In beiden Fällen findet der sog. Wahrscheinlichkeitsmaßstab Anwendung, der die Beziehung zwischen der Haushaltsgröße und den hieraus verursachten Kosten hinreichend genau beschreibt[1035]. Fraglich ist, ob über eine Erhöhung von Müllgebühren die Altlastensanierung mit finanziert werden kann.

Benutzungsgebühren stellen den Gegenwert aus dem Vorteil der Nutzung einer öffentlichen Einrichtung dar[1036]. Dieser Vorteil muss dem Gebührenschuldner individuell zugerechnet werden können und ist damit Ausfluss des

---

AbfG LSA v 01.02.2010 (GVBl. LSA 2010, 44), geändert durch G v 10.12.2010 (GVBl. LSA S. 569, 577); § 9 Abs. 2 LAbfG NW v 21.06.1988 (GVNW S. 250), geändert durch G v 17.12.2009 (GVNW S. 853); § 3a SächsABG v 15.06.1999 (GVBl. S. 261) geändert durch G v 15.12.2010 (GVBl. S. 387).

1030 Siehe hierzu VG Leipzig Urt. v 21.09.1998, Az.: 6 K 1692/96.

1031 BVerwG, DVBl 2001, 489.

1032 BVerwG, DVBl 2001, 489.

1033 BVerwG, DVBl 2001, 489.

1034 HessVGH Beschl. v 08.09.2005, Az.: 5 N 3200/02, Rd. 28; SächsOVG Urt. v 11.12.2002, Az.: 5 D 13/02, Rd. 97; OVG LSA Urt. v 03.11.2006, Az.: 4 L 284/05, Rd. 40; NdsOVG Urt. v 07.06.2004; Az.: 9 KN 502/02, Rd. 38.

1035 Bei der Abfallgebühr gibt es derzeit, bedingt durch das Einsammeln der Abfälle mit Sammelwagen, keinen praktikablen und zumutbaren Wirklichkeitsmaßstab. Vgl. VG Leipzig Urt. v 21.09.1998, Az.: 6 K 1692/96 sowie v 13.12.1999, Az.: 6 K 1936/97; Kaufmann in: Henneke/Pünder/Waldhoff, § 15 Rd. 120.

1036 Müller, Verhaltenssteuerung durch Abgaben, S. 139.

Verursachungsprinzips[1037]. Dabei ist nicht erforderlich, dass dem unterschiedlichen Maß der Inanspruchnahme staatlicher Leistung genau entsprochen wird, sondern nur, dass „in den Grenzen der Praktikabilität und Wirtschaftlichkeit eine verhältnismäßige Belastungsgleichheit unter den Gebührenschuldnern gewahrt bleibt."[1038] Der einzelne Benutzer kann nicht verlangen, innerhalb einer einheitlichen öffentlichen Einrichtung grundsätzlich nur mit den Kosten belastet zu werden, die er tatsächlich mit verursacht hat[1039]. Er muss es vielmehr hinnehmen, dass „über eine einheitliche Benutzungsgebühr auch Leistungsbereiche refinanziert werden, hinsichtlich derer er zur Kostenentstehung nicht beigetragen hat"[1040]. Allerdings muss der Bezug zum Benutzungsverhältnis, hier zur Abfallentsorgung, vorhanden sein[1041]. In Ansatz können nur solche Kosten gebracht werden, die einrichtungsbezogen und einrichtungsbedingt anfallen[1042].

Ein derartiger Zusammenhang zu der abfallwirtschaftlichen Aufgabenwahrnehmung fehlt im Fall der Altlastensanierung. Es handelt sich hierbei um Sachverhalte, die in der Vergangenheit begründet sind.[1043] Anknüpfungspunkt der Gebührenerhebung sind jedoch gegenwärtige Leistungsverhältnisse, wie die heutige und künftige Abfallentsorgung[1044]. Die Kosten für die Sanierung von Altlasten sind daher keine ansatzfähigen Kosten der Einrichtung, die für die Beseitigung und Verwertung von Abfällen verpflichtet ist. Darüber hinaus handelt es sich, soweit kein Verantwortlicher ausfindig gemacht werden kann, um keine individuell zurechenbare Leistung, da der Einzelne nur als Teil der Allgemeinheit von der Altlastensanierung profitiert[1045]. Eine Erhöhung der Abfallgebühren zum Zwecke der Finanzierung der Altlastensanierung scheidet damit aus.

Aus denselben Gründen bestanden auch gegen die Altlastenfinanzierungsumlage des Landes Hessen, die in der Fassung vom 10. Juli 1989[1046] in § 22a

---

1037 Köhler/Meyer, Abwasserabgabengesetz, Rd. 48.

1038 BVerwG Urt. v 01.12.2005, Az.: 10 C 4.04, Rd. 51.

1039 NdsOVG, Urt. v 26.03.2003, Az.: 9 KN 439/02, Rd. 28.

1040 NdsOVG, Urt. v 26.03.2003, Rd. 28.

1041 VG Leipzig, Urt. v 13.12.1999.

1042 BWVGH Beschl. v 29.10.2003, Az.: 2 S 1019/02, Rd. 59.

1043 So können Abfälle, insbesondere gefährliche Abfälle nach §§ 3 Abs. 5, 48 S. 2 KrWG sowie der AVV v 10.12.2001 (BGBl. I S. 3379), geändert durch G v 15.07.2006 (BGBl. I S. 1619) aufgrund fehlerhafter Entsorgung erst nach längerem Zeitablauf zu schädlichen Bodenveränderungen führen.

1044 Brandt, Altlastenrecht, S. 246; Böhm, NVwZ 1990, 342.

1045 Böhm, NVwZ 1990, 342.

1046 HAbfAG (GVBI. I 1989, S. 247/198).

i. V. mit § 2 Abs. 2 des Hessischen Abfallgesetzes geregelt war, und die auf die Benutzer der öffentlichen Abfalleinrichtungen auf die Abfallgebühren abgewälzt werden konnte, erhebliche verfassungsrechtliche Bedenken[1047]. Die Einstellung der Kosten von Maßnahmen der Altlastensanierung in die kommunale Abfallgebührenbedarfsberechnung verstieß gegen die Grundsätze der Gebührenerhebung, da jeglicher Zusammenhang zu dem zu bewältigenden Problem fehlte[1048]. Die Vorschrift des § 22a a. F. des Hessischen Abfallgesetzes hat in § 14 HAltBodSchG[1049] eine Entsprechung gefunden, wobei eine Abwälzungsmöglichkeit der Finanzierungsumlage und des von den Kommunen zu tragenden Eigenanteils nicht mit aufgenommen wurde. Bezüglich des von den Gemeinden zu tragenden Eigenanteils in Höhe von 10 bis 30 von Hundert werden nunmehr auf der Grundlage der Finanzierungsrichtlinien[1050] durch das Land Hessen Zuschüsse erteilt sowie die Leistungsfähigkeit der kommunalen Sanierungsverantwortlichen durch den kommunalen Finanzausgleich berücksichtigt[1051].

V. Das Lizenzentgelt Nordrhein-Westfalens[1052]

Das Land Nordrhein-Westfalen sah in seinen Vorschriften §§ 10–15 des Landesabfallgesetzes alte Fassung[1053] ein Lizenzentgelt vor, dessen Aufkommen nach

---

1047 Vgl. zu dieser Problematik: Böhm, NVwZ 1990, 340–342.

1048 Böhm, NVwZ 1990, 340ff.; Brandt, Altlastenrecht, S. 246.

1049 HAltBodSchG) v 28.09.2007 (GVBl. I S. 652), gültig bis 31.12.2012.

1050 RL des Landes HE für die Förderung von Untersuchungen, Sicherungs- und Sanierungsmaßnahmen kommunaler Altlasten (Altablagerungen, Altlastenstandorte und Gaswerkstandorte) – Abschlussprogramm kommunale Altlastenbeseitigung - v 26.06.2007, StAnz. 2007 S. 994.

1051 Vgl. hierzu: HLUG, Altlastenbearbeitung in Hessen Finanzierung, in (Zugriff am 15.12.2011): http://www.hlug.de/medien/altlasten/fachdokumente/finanzierungsregelungen.htm.

1052 Die Einordnung des Lizenzentgeltes als Verleihungsgebühr oder Sonderabgabe ist in der Literatur umstritten gewesen. Siehe hierzu u. a. Kloepfer/Follmann, DÖV 1988, S. 580 ff.; Stallknecht, Lizenz und Lizenzentgelt, S. 178 ff. Bedenken gegen die Einordnung als Verleihungsgebühr hatten vor allem diejenigen, die das Rechtsinstitut der Verleihungsgebühr ablehnten. Vgl. u. a. Friauf, Rechtsgutachten, 1987, S. 166, 173. Seit dem „Wasserpfennig-Beschlusses" des BVerfG ist die Verleihungsgebühr aber als neuer Gebührentyp anzuerkennen.

1053 GV NW 1988, S. 250 i. d. F. v 09.05.2000 (GV NRW. S. 439).

§ 15 LAbfG a. F. zweckgebunden für die Altlastensanierung[1054] sowie für die Entwicklung neuer Technologien und für die Planung und Errichtung von Entsorgungsanlagen für die Abfallentsorgung und -vermeidung zu verwenden war. Einer Lizenz bedurfte danach derjenige, der „Abfälle, die nach § 43 Abs. 1 oder 3 KrW-/AbfG der Nachweispflicht"[1055] bedurften, oder Abfälle zur Beseitigung im Sinne der Anlage des Landesabfallgesetzes behandelte oder ablagerte[1056]. Mit dem Lizenz-Modell sollten einerseits die Organisation und dauerhafte Sicherstellung der Sonderabfallentsorgung und andererseits die Altlastensanierung gelöst werden[1057].

1. Kompetenzrechtliche Bewertung

Um die Verfassungsmäßigkeit der Lizenzpflicht hat es in der Vergangenheit eine rege Diskussion gegeben, bei der es insbesondere um kompetenzrechtliche Fragen ging[1058]. Bei Erlass des Nordrhein-Westfälischen Landesabfallgesetzes galt bundesrechtlich das Gesetz über die Vermeidung und Entsorgung von Abfällen (AbfG) vom 27. August 1986[1059], so dass die Lizenzpflicht diejenigen Entsorger traf, die Abfälle, „die entsorgungspflichtige Körperschaften nach § 3 Abs. 3 AbfG von ihrer Entsorgungspflicht ausgeschlossen haben", diese auch zu behandeln und abzulagern hatten[1060]. Bereits bei der Einführung der Lizenzpflicht wurde ihre Vereinbarkeit mit den Vorschriften der § 3 Abs. 3 und 4 sowie den §§ 4, 7, 6 und 8 AbfG angezweifelt[1061].

In seiner Entscheidung vom 29. März 2000 hat das BVerfG die Verfassungswidrigkeit der Lizenzpflicht nach § 10 des Abfallgesetzes des Landes

1054 Sofern kein Verursacher vorhanden ist.

1055 Seit dem 01.03.2012 bzw. 01.06.2012 gilt das neue KrWG v 24.02.2012 (BGBl. I S. 212). Die zitierte Vorschrift entspricht § 50 Abs. 1, 3 KrWG. Es handelt sich hierbei um sog. gefährliche Abfälle. Die als gefährlich einzustufenden Abfälle werden durch die Abfallverzeichnisverordnung festgelegt. Ein Abfall gilt als gefährlich, wenn er eines oder mehrere Gefahrenmerkmale aufweist.

1056 Vgl. § 10 Abs. 1 LAbfGNW a. F.

1057 Kloepfer/Follmann, Lizenzentgelt, S. 573–586.

1058 Vgl. insbesondere: Stallknecht, S. 178 ff.; Kloepfer, Rechtsgutachten 1988; Kloepfer/Follmann, Lizenzentgelt, S. 573–586; Friauf, Rechtsgutachten, 1987.

1059 BGBl. I S. 1410, ber. S. 1501.

1060 Vgl. § 10 Abs. 1 a. F. LAbfGNW.

1061 Zur Diskussion: Stallknecht, S. 178 ff.; Kloepfer/Follmann, Lizenzentgelt, S. 573–586; Friauf, Rechtsgutachten 1988; Peine, NWVBL 1988, 193 ff.; Salzwedel, NVwZ 89, 820 ff.

Nordrhein-Westfalen in der Fassung vom 21. Juni 1988 festgestellt[1062]. Die Vorschrift wurde aufgrund ihrer Unvereinbarkeit mit Art. 74 Abs. 1 Nr. 24 und Art. 72 Abs. 1 GG in Verbindung mit §§ 4 Abs. 1, 6 Abs. 1, 7 Abs. 1 und 2, 8 Abs. 1 und 3 und § 9 des Abfallgesetzes des Bundes von 1986 für nichtig erklärt. Zur Begründung führte das BVerfG aus, dass die betreffende Regelung unter die konkurrierende Gesetzgebungszuständigkeit für die Abfallbeseitigung nach Art. 74 Abs. 1 Nr. 24 GG falle und einen Bereich betreffe, von dem der Bundesgesetzgeber bereits wirksam und erschöpfend Gebrauch gemacht habe[1063]. Soweit sich der Bund und ein Land im Bereich der konkurrierenden Gesetzgebung jeweils auf dieselbe Kompetenzbestimmung des Grundgesetzes stützen, hat die Bundesgesetzgebung gemäß Art. 72 GG Vorrang[1064]. Die Sperrwirkung des Art. 72 Abs. 1 GG trete hierbei unabhängig davon ein, ob „die landesrechtlichen Regelungen den bundesrechtlichen Bestimmungen widerstreiten oder sie nur ergänzen, ohne ihnen sachlich zu widersprechen"[1065]. Im vorliegenden Fall hatte der Bund, gestützt auf Art. 74 Abs. 1 Nr. 24 GG, die Zulassung von Abfallentsorgungsanlagen, in denen - auch gemäß § 3 Abs. 3 AbfG ausgeschlossene - Abfälle „in Erfüllung der Entsorgungspflicht ausschließlich zu behandeln, zu lagern und abzulagern waren", im Abfallgesetz vom 27. August 1986 umfassend geregelt[1066].

Der Landesgesetzgeber hat die Konsequenzen aus dem Urteil des BVerfG gezogen und die §§ 10 bis 15 LAbfG aufgehoben. Dies war unter verfassungsrechtlichen Gesichtspunkten geboten. Obwohl die verfassungsgerichtliche Entscheidung nur den § 10 des LAbfG NW in der Fassung vom 21. Juni 1988 betraf, der sich auf das alte Abfallgesetz bezog, stellte sich die gleiche Konstellation in dem nachfolgenden Kreislaufwirtschafts- und Abfallgesetz (KrW-/AbfG) vom 27. September 1994[1067]. Die Vorschriften der §§ 27 Abs. 1, 31, 32 i. V. mit § 29 KrW-/AbfG[1068] stellen in Bezug auf die Nachweispflicht nach § 43 Abs. 1 oder 3 KrW-/AbfG[1069] bzw. auf

1062 BVerfGE 102, 99–122.
1063 BVerfGE 102, 99 (115).
1064 BVerfGE 102, 99 (114).
1065 BVerfGE 102, 99 (115).
1066 BVerfGE 102, 99 (115f.)
1067 Gesetz zur Förderung der Kreislaufwirtschaft und Sicherung der umweltverträglichen Beseitigung von Abfällen, Art. 1 des G v 27.09.1994, BGBl. I S. 2705, außer Kraft getreten aufgrund G v 24.02.2012, BGBl. I S. 212 m. W. v 01.06.2012.
1068 Entspricht in den wesentlichen Kernpunkten §§ 28 Abs. 1, 35, 36 i. V m. § 30 KrWG.
1069 Entspricht § 50 Abs. 1 und 3 KrWG.

die der Beseitigung unterliegenden Abfälle nach § 10 Abs. S. 1 2. Alt. LAbfG NW abschließende Regelungen dar, so dass die Sperrwirkung des Art. 72 Abs. 1 GG eintritt.

Das Land Nordrhein-Westfalen hatte somit seine landesrechtlichen Kompetenzen überschritten. Aufgrund der Sperrwirkung des Kreislaufwirtschaftsgesetzes war die landesrechtliche Lizenzregelung als verfassungswidrig anzusehen. Die Idee der Mitfinanzierung der Altlastensanierung aus dem Lizenzaufkommen von gewerblichen Abfallentsorgern konnte daher aufgrund der bisherigen Rechtslage zunächst nicht weiter verfolgt werden. Überlegenswert wäre daher die Einführung einer bundeseinheitlichen Regelung. Voraussetzung hierfür ist, dass die Lizenzregelung zunächst in materieller Hinsicht den Anforderungen der Grundrechte aus Art. 12 und 14 GG entspricht.

2. Vereinbarkeit der Lizenzpflicht mit den Grundrechten

Die Lizenzpflicht als Grundlage für die Erhebung des Lizenzentgeltes muss mit den Grundrechten der Art. 12 und 14 vereinbar sein. Der Schutzbereich des Art. 12 Abs. 1 GG umfasst die freie Berufs- und Ausbildungswahl wie auch die Berufsausübung[1070]. Die Einführung der Lizenzpflicht würde die Berufsausübung von gewerblichen Abfallentsorgern tangieren, wenn die Entsorgung von gefährlichen Abfällen zwingend an das Vorliegen einer Lizenz geknüpft wird. Dieser Eingriff nach Art. 12 Abs. 1 S. 2 GG kann aber durch Gesetz eingeschränkt werden[1071]. Nach der Dreistufentheorie[1072] bedarf ein Eingriff in die Berufsausübung zu seiner Rechtfertigung lediglich vernünftiger Gründe des Gemeinwohls[1073], bei denen Zweckmäßigkeitserwägungen ausreichend sind. Ziel der Lizenz ist, eine geordnete, umweltverträgliche Abfallwirtschaft sicherzustellen und Entsorgungskapazitäten und deren gleichmäßige optimale Auslastung zu gewährleisten[1074]. Die zweckgebundene Zuführung des Aufkommens des Lizenzentgeltes auch zur Kostendeckung der Altlastensanierung bildet hierbei nur eine finanzielle Folge.

1070 So schon im Grundsatzurteil des Bundesverfassungsgerichts, BVerfGE 7, 377 (404). Vgl. auch Scholz, in: Maunz/Düring (Hrsg.), Art. 12 Rd. 266.

1071 BVerfGE 7, 377 (404f.). Zur Qualität des Gesetzes Scholz, in: Maunz/Düring (Hrsg.), Art. 12 Rd. 311f., 319, 322. Hierzu gehören neben Bundes- und Landesrecht auch grundsätzlich Rechtsverordnungen und Satzungen.

1072 Scholz, in: Maunz/Düring (Hrsg.), Art. 12 Rd. 335 f.; BVerfGE 7, 377 (405f.).

1073 In st. Rechtsprechung BVerfGE 7, 377 (405); BVerfGE 30, 292 (316). Scholz, in: Maunz/Düring, (Hrsg.), Art. 12 Rd. 335.

1074 BVerfGE 102, 99 (111).

Eine geordnete Entsorgung von gefährlichen Abfällen dient neben dem Umweltschutz auch der Gesundheit der Bevölkerung, da diese nur von zuverlässigen Abfallentsorgern beseitigt bzw. verwertet werden sollen und damit die Gefahr verringert wird, dass gefährliche Abfälle unsachgemäß entsorgt werden. Bereits hier ist fraglich, ob dieses Ziel nicht durch die bestehenden Regelungen des Kreislaufwirtschafts- und Abfallgesetzes erreicht wird. Das KrW-/AbfG sieht in den §§ 4, 5 ff. umfassende Grundsätze und Pflichten einer gemeinwohlverträglichen Abfallbeseitigung vor[1075]. Beauftragte Dritte müssen gemäß § 16 KrW-/AbfG[1076] über die erforderliche Zuverlässigkeit verfügen. Für die Beseitigung von gefährlichen Abfällen können die Länder Andienungs- und Überlassungspflichten zur Sicherstellung einer umweltverträglichen Beseitigung bestimmen, § 13 Abs. 4 KrW-/AbfG[1077]. Dies bedeutet, dass der zu beseitigende Abfall den öffentlich-rechtlichen Entsorgungsträgern zu übertragen ist bzw. nur einer bestimmten zugelassenen Anlage zugewiesen werden darf. Hierdurch wird neben Belangen des Umwelt- und Gesundheitsschutzes auch eine geordnete Abfallentsorgung sichergestellt. Mit der Einführung einer Lizenz werden eben diese Ziele verfolgt. Die Lizenz stellt dabei einen zusätzlichen Erlaubnisvorbehalt für abfallrechtliche Kriterien dar, die in dieser Art bereits durch die Vorschriften des KrW-/AbfG abgedeckt sind[1078]. Der Bundesgesetzgeber hat auf die Nominierung eines solchen Erlaubnisvorbehaltes verzichtet. Einer der Gründe könnte sein, den Markt der Abfallwirtschaft nicht zu stark zu reglementieren und lediglich Rahmenbedingungen für eine geordnete Abfallentsorgung vorzugeben[1079]. Dies entspricht auch der Ausrichtung der EU-Abfallrahmenrichtlinie, die durch das neue Kreislaufwirtschaftsgesetz umgesetzt wurde[1080]. Der Eingriff in die Berufsausübung durch die Lizenzpflicht wäre damit nicht gerechtfertigt[1081].

1075 Entspricht teilweise den Regelungen der §§ 7 ff. KrWG. Neues Steuerungselement ist die fünfstufige Abfallhierarchie, welche die zukünftige Ausrichtung der Kreislaufwirtschaft prägen wird. Vgl. hierzu Näheres bei Petersen/Doumet/Stöhr, NVwZ 2012, 521–530.

1076 Entspricht in Absatz 1 den § 22 KrWG.

1077 Entspricht im ersten Satz § 17 Abs. 4 KrWG.

1078 BVerfGE 102, 99 (118f.).

1079 Zudem bestehen auch, wie nachfolgend noch aufgezeigt wird, weitere verfassungsrechtliche Bedenken.

1080 RL 2008/98/EG des Europäischen Parlaments und des Rates vom 19.11.2008 über Abfälle und zur Aufhebung bestimmter Richtlinien (ABlEU Nr. L 312 vom 22.11.2008).

1081 So im Ergebnis auch Kloepfer/Follmann, Lizenzentgelt, S. 579f.

Neben diesen Ausführungen ist zu berücksichtigen, dass sich dieser Eingriff in die Berufsausübung auch wie ein Eingriff in die Berufswahl darstellen kann, d. h. wird der Beginn der Berufsausübung von einer Lizenz abhängig gemacht, handelt es sich um eine subjektive oder objektive Zulassungsbeschränkung[1082]. Diese Beschränkungen erfordern „wichtige“ bzw. „überragende“ Erwägungen des Gemeinwohls, um den Eingriff zu rechtfertigen[1083]. Dies bedeutet, dass im Rahmen einer Abwägung besonders schützenswerte Güter dem Freiheitsanspruch des Einzelnen vorgehen und der Schutz dieser Güter nicht auf andere, weniger einschränkende Weise erfolgen kann[1084]. Die bereits bestehenden Abfallentsorger würden, soweit die Voraussetzungen zum Betreiben einer ordnungsgemäßen Abfallentsorgung vorliegen, eine Lizenz zugeteilt bekommen. Eine zusätzliche Zugangsbeschränkung bestände aber für Neuzugänge bei der Sonderabfallentsorgung, da diese für die Ausübung ihrer Tätigkeit einer Lizenz bedürften. Eine Lizenz wurde nach dem Landesabfallgesetz Nordrhein-Westfalen a. F.[1085] für die Behandlung und Ablagerung von Abfällen erteilt, die nach § 50 Abs. 1 oder 3 KrWG[1086] der Nachweispflicht unterlagen und soweit die beabsichtigte Nutzung mit den abfallwirtschaftlichen Zielvorstellungen des Landes, insbesondere den Abfallentsorgungsplänen, im Einklang stand. Sie stellt sich damit als Verbot mit Erlaubnisvorbehalt dar. Das Versagen einer solchen Lizenz wäre als eine objektive Zugangsbeschränkung zu werten[1087], zu deren Rechtfertigung überragende Gründe des Gemeinwohls zur Abwehr nachweisbarer oder höchstwahrscheinlicher schwerer Gefahren erforderlich wären[1088]. Der Zweck der Förderung sonstiger Gemeinschaftsinteressen ist hierbei nicht ausreichend[1089]. Auch hier sind die bestehenden Vorschriften des KrWG geeigneter,

1082 Scholz, in: Maunz/Düring (Hrsg.), Art. 12 Rd. 351 ff. Die subjektive Zulassungsvoraussetzung ist an bestimmte Eigenschaften, Voraussetzungen oder Qualifikationen in der Person des Berufsbewerbers geknüpft (Rd. 355). Die objektive Zulassungsvoraussetzung ist an bestimmte Zulassungsbedingungen innerhalb des angestrebten Berufs selbst gebunden (Rd. 363).

1083 Scholz, in: Maunz/Düring (Hrsg.), Art. 12 Rd. 335, 352. Der Konkurrenzschutz ist hiervon nicht umfasst.

1084 BVerfGE 7, 377 (405).

1085 § 10 Abs. 1 und 2 des Gesetzes i. d. F. v 24.11.1998 (GVNW S. 666).

1086 Die Regelung der neuen Fassung des KrWG entspricht § 43 Abs. 1 und 3 KrW-/AbfG.

1087 Die Erfüllung dieser Voraussetzungen ist dem Einfluss des Einzelnen entzogen.

1088 Die Regelung subjektiver Voraussetzungen der Berufsaufnahme ist ein Teil der rechtlichen Ordnung eines Berufsbildes. BVerfGE 7, 377 (408).

1089 BVerfGE 7, 377 (408).

die Interessen des Wohls der Allgemeinheit zu wahren und stellen einen weniger belastenden Eingriff für den Betroffenen dar. Das Schutzgut des Art. 12 Abs. 1 S. 2 GG ist damit verletzt.

Durch die Einführung einer Lizenzpflicht und damit verbunden eines Lizenzentgeltes könnte weiterhin Art. 14 Abs. 1 GG tangiert sein. Der Schutz des Eigentums ergänzt die Handlungs- und Gestaltungsfreiheit, in dem sie dem Einzelnen „vor allem den durch eigene Arbeit und Leistung erworbenen Bestand an vermögenswerten Gütern anerkennt“[1090]. In Abgrenzung zu Art. 12 Abs. 1 GG schützt Art. 14 Abs. 1 GG das Erworbene, während Art. 12 Abs. 1 GG den Erwerb, die Betätigung selbst, schützt[1091]. Bei Erhebung einer Lizenz handelt es sich um eine Inhaltsbestimmung im Sinne des Art. 14 Abs. 1 S. 2 GG, da Rechte und Pflichten, die das Eigentum betreffen, durch den Gesetzgeber festgelegt werden. Vorliegend könnte das Recht am eingerichteten und ausgeübten Gewerbebetrieb betroffen sein[1092]. Der Eigentumsschutz umfasst die Gesamtheit der wirtschaftlichen Werte des konkreten Gewerbebetriebes[1093], d. h. er bezieht sich auf die bereits erworbene Rechtsposition von bereits existierenden Entsorgern gefährlicher Abfälle[1094]. Der Schutz Aussichten auf Gewinne und in Zukunft liegende Chancen aus einem noch zu errichtenden Gewerbebetrieb werden nicht von Art. 14 GG erfasst[1095]. Sofern diese Entsorger eine Lizenz erhalten, die an keine weiteren Bedingungen geknüpft ist, wird ihre bisherige Rechtsposition nicht beeinträchtigt. Sobald Bedingungen an die Lizenzerteilung geknüpft werden, die zu einer Verschlechterung der gegenwärtigen Eigentumssituation führen, könnte Art. 14 Abs. 1 S. 2 GG verletzt sein, sofern diese Auflagen nicht gerechtfertigt sind. Hier wären wiederum die bestehenden Regelungen des KrWG hinzuzuziehen, die bereits in der Rechtfertigungsprüfung des Art. 12 Abs. 1 GG als umfassend und ausreichend angesehen wurden. Bezüglich des Gesetzesvorbehalts besteht insoweit eine schrankenrechtlich wesentliche Identität zwischen beiden Grundrechten[1096]. Eine Lizenzerteilung mit Bedingungen würde folglich bei bestehenden Entsorgern ebenfalls zu einer

1090 BVerfGE 30, 292 (334).

1091 BVerfGE 30, 292 (335).

1092 Beschluss des BVerfG, das in seiner Entscheidung v 29.07.2001, Az.: 1 BvR 868/90, die st. Rechtsprechung des BGH zum eingerichteten und ausgeübten Gewerbebetrieb nicht beanstandet hat, z. B. BGHZ 23, 162f.; 81, 33; 92, 37.

1093 Papier, in: Maunz/Düring, Art. 14 Rd. 95.

1094 Kloepfer/Follmann, Lizenzentgelt, S. 580.

1095 Papier, in: Maunz/Düring (Hrsg.), Art. 14 Rd. 100.

1096 Papier, in: Maunz/Düring (Hrsg.), Art. 14 Rd. 150.

Verletzung des Eigentums am eingerichteten und ausgeübten Gewerbebetrieb führen, ohne dass dieser Eingriff gerechtfertigt wäre.

Eine mögliche Verletzung der allgemeinen Handlungsfreiheit nach Art. 2 Abs. 1 GG tritt hinter die speziellen Grundrechte der Art. 12, 14 GG zurück[1097].

Von einer Einführung des Lizenzmodells ist aufgrund materiellrechtlicher Bedenken auch auf Bundesebene abzuraten.

VI. Gebührenumlage von Wasser- und Bodenverbänden

Die Wasser- und Bodenverbände tragen aufgrund ihrer Aufgabenwahrnehmung mit zum Bodenschutz bei, wobei der Schwerpunkt auf der Gewässerunterhaltung liegt. Gleichzeitig können die Wasser- und Bodenverbände aber auch Maßnahmen zum Schutz des Bodens ergreifen, da die beiden Umweltmedien Wasser und Boden oftmals miteinander verbunden sind. Die aufgrund ihrer Aufgabenwahrnehmung entstehenden Kosten werden durch die Beiträge der Verbandsmitglieder abgedeckt. Den größten Anteil bilden die Kosten, die für den Unterhalt der Gewässer zweiter Ordnung[1098] aufgewendet werden. Diese Beiträge können dann unter bestimmten Voraussetzungen durch Gebühren auf die Begünstigten umgelegt werden. In diesem Zusammenhang ist zu untersuchen, ob und in welcher Weise bei der Umlage der Versiegelungsgrad der jeweiligen Flächen mit berücksichtigt wird.

Die Wasser- und Bodenverbände, die ihre Grundlage im Gesetz über Wasser- und Bodenverbände (Wasserverbandsgesetz - WVG) finden[1099], sind Körperschaften öffentlichen Rechts. Zu ihren Aufgaben gehören gemäß § 2 WVG neben der vorrangigen Gewässerunterhaltung auch Maßnahmen zur Verbesserung landwirtschaftlicher und sonstiger Flächen sowie die Herrichtung, Erhaltung und Pflege von Flächen zum Schutz des Bodens. Wasser- und Bodenverbände können sich entweder gemäß § 7 Abs. 1 Nr. 1 WVG durch Beschluss der in § 8 WVG genannten Beteiligten gründen, zu denen Begünstigte und Eigentümer gehören, oder nach § 10 WVG von Amts wegen errichtet werden. Die Gründung von Wasser- und Bodenverbänden, insbesondere in

---

1097 Scholz, in: Maunz/Düring (Hrsg.), Art. 12 Rd. 122f., 131.

1098 Die Einteilung in den jeweiligen Landeswassergesetzen der Bundesländer geregelt.

1099 Vgl. Wasserverbandsgesetz v 12.02.1991, BGBl. I S. 405 ff., geändert durch das Erste Gesetz zur Änderung des Wasserverbandsgesetz v 15.05.2002 (BGBl. 2002, I S. 1578).

den neuen Bundesländern, unterlag oftmals erheblichen verfahrensrechtlichen Mängeln[1100].

Durch die Mitglieder der Verbände sind, soweit dies zur Erfüllung der Aufgaben erforderlich ist, Beiträge zu leisten. Diese Beiträge können durch Gebühren auf die Begünstigten umgelegt werden. Soweit die Gemeinden, Gemeindeverbände[1101] und Landkreise Mitglieder der Wasser- und Bodenverbände sind, können sie ihre Berechtigung aus den Kommunalabgabengesetzen herleiten[1102]. In den anderen Ländern, wo dies nicht der Fall ist, sind entsprechende Regelungen in Gesetzen über die kommunale Zusammenarbeit[1103] bzw. über die kommunale Gemeinschaftsarbeit[1104] geschaffen worden. Als Gebührenschuldner kommen nach § 7 Abs. 1 des Kommunalabgabengesetzes Nordrhein-Westfalen Personen in Betracht, die „die Einrichtungen und Anlagen des Verbandes in Anspruch nehmen oder denen der Verband durch seine Einrichtungen, Anlagen und Maßnahmen Vorteile gewährt“[1105]. Bei der Heranziehung der Gebührenschuldner ist das Doppelbelastungsverbot zu beachten[1106]. Danach dürfen die Abgabepflichtigen, die bereits die Verbandslasten mit zu tragen haben, nicht mehr als Gebührenschuldner heran gezogen werden.

1100 Vgl. z. B. OVG BerlBr in: LKV 1996, 377–379.

1101 Unter Gemeindeverbänden werden Landkreise, Landschafts- und Zweckverbände gefasst, sofern ihnen ein Abgabenerhebungsrecht zugesprochen wird. Vgl. Driehaus, § 1 KAG, Rd. 24.

1102 So ausdrücklich in § 1 Abs. 1 BbgKAG; § 1 Abs. 1 NW KAG; § 1 Abs. 2 MV KAG; § 1 Abs. 3 KAG RP; § 1 Abs. 1 SKAG; § 1 Abs. 2 KAG SH.

1103 Vgl. § 1 Abs. 2 KommZG i. d. F. v 20.06.1994 (GVBl. S. 555), geändert durch G v 20.12.2011 (GVBl. S. 689); § 1 BW GKZ i. d. F. v 16.09.1974 (GBl. S. 408), geändert am 04.05.2009 (GBl. S. 192); § 2 SächsKomZG v 19.08.1993 (GVBl. S. 815), geändert durch G v 15.12.2010 (GVBl. S. 815, ber. S. 1103).

1104 Vgl. § 1 i. V m. § 5 HKGG v 22.12.1969 (GVBl. I S. 307), geändert durch G v 16.12.2011 (GVBl. I S. 786, 799); § 6 Abs. 1 GKG LSA v 26.02.1998 (GVBl. S. 81), geändert durch G v 08.02.2011 (GVBl. LSA S. 68, 125); § 1 Abs. 2 ThürKGG i. d. F. v 10.10.2001 (GVBl. S. 290), geändert durch G v 21.12.2011 (GVBl. S. 531).

1105 Die erste Alternative setzt die Verwirklichung des Benutzungstatbestandes voraus, während es sich bei der zweiten Alternative um mittelbare Vorteile handelt, die aber tatsächlich zu gewähren sind. Grünewald in: Driehaus (Hrsg.), § 7 KAG Rd. 10. In diesem Fall besteht ein Dreipersonenverhältnis zwischen Abgabepflichtigen, Abgabengläubiger und leistendem Dritten in Gestalt des Wasser- und Bodenverbandes. Der Verband leistet an seine Mitglieder, die hierfür ihre Beiträge zahlen und diese auf die Begünstigten umlegen können, Vgl. hierzu OVG BerlBr Beschl. v 09.03.2010, Az.: 9 N 125.08, Rd. 8. Die Grundstückseigentümer sind nicht Leistungsempfänger, sondern nur mittelbar Begünstigte.

1106 Grünewald in: Driehaus (Hrsg.), § 7 KAG Rd. 12.

Grundlage einer Abwälzungsgebühr ist der Erlass einer sog. Umlagesatzung[1107]. Hierfür ist eine ordnungsgemäße Gebührenkalkulation notwendig, in die alle der Gemeinde auferlegten Verbandslasten in ihrer gesamten Höhe unter Beachtung des Kostendeckungsprinzips einzustellen sind[1108]. Als Gebührenmaßstab sehen die landesrechtlichen Regelungen den Flächenmaßstab[1109] bzw. den nutzungsbezogenen Maßstab vor[1110], sofern sie die Bestimmung der Beitragspflicht nicht den Gemeinden überlassen[1111] oder ganz auf eine konkrete Regelung verzichten[1112].

Das Landeswassergesetz Nordrhein-Westfalen erfordert in § 92 Abs. 1 S. 6 eine vereinfachte nutzungsbezogene Bewertung der Flächen abhängig von der Versiegelung; dabei sollen insbesondere bei Waldgrundstücken die Unterschiede des Wasserabflusses Berücksichtigung finden. Versiegelte Flächen sollen hiernach höher bewertet werden als unversiegelte Flächen. Die Gemeinden können durch Satzung die Einzelheiten regeln und erhalten hierdurch die Möglichkeit, nach dem jeweiligen Versiegelungsgrad zu differenzieren. Einige der Satzungen wurden Gegenstand einer gerichtlichen Überprüfung und mangels unzureichender Differenzierung für nichtig erklärt[1113]. Die Gemeinden konnten sich in diesem Zusammenhang auch nicht mit dem Argument durchsetzen, dass der Verwaltungsaufwand der Ermittlungen trotz Anwendung des Wahrscheinlichkeitsmaßstabs unverhältnismäßig hoch wäre. Ein solches Missverhältnis war für das Gericht nicht erkennbar, das zudem auf den Gedanken der

---

1107 Vgl. daneben § 6 Abs. 1 und 2 WVG, der ein Satzungserfordernis für Rechtsverhältnisse und -beziehungen des Verbands vorsieht.

1108 Grünewald in: Driehaus (Hrsg.), § 7 KAG Rd. 6.

1109 Vgl. u. a. § 80 Abs. 1 BbgWG i. d. F. v 08.12.2004 (GVBl. I, S. 50), geändert durch G v 19.12.2011 (GVBl. Nr. 33); § 64 Abs. 1 NWG v 19.02.2010 (GVBl. S. 64), geändert durch VO v 20.12.2011 (GVBl. S. 597); § 55 Abs. 3 WG LSA v 16.03.2011 (GVBl. S. 492).

1110 Vgl. § 92 Abs. 1 S. 6 WG für das Land NRW (LWG) v 25.06.1995 (GV S. 926), i. d. F. v 16.03.2010 (GV S. 185).

1111 Vgl. § 49 Abs. 2 i. V m. § 58 des WG BW v 20.01.2005 (GBl. S. 219); geändert durch G v 29.07.2010 (GBl. S. 565), in Kraft getreten am 01.01.2011.

1112 Vgl. z. B. Art. 22, 26 Abs. 2 BayWG v 25.02.2010 (GVBl. S. 66) (tritt mit Ablauf des 29.02.2012 außer Kraft); § 63 S. 1 Nr. 2 Wassergesetz MV (LWaG) v 30.11.1992 (GVOBl. S. 669), geändert durch G v 04.07.2011 (GVOBl. S. 759, 765) i. V m. § 3 Abs. 1 GUVG v 04.08.1992 (GVOBl. 1992, S. 458), geändert durch G v 17.12.2008 (GVOBl. S. 499).

1113 OVG NRW Beschl. v 05.02.2009, Az.: 9 A 3953/06 und Urt. v 24.11.2009, Az.: 9 A 1769/08, zur Gewässergebühr.

Gebührengerechtigkeit verwies[1114]. Jedes Grundstück sei danach mit „dem demjenigen Gewicht in die Verteilung der Kostenmasse einzustellen, mit dem es durch das Unterhalten der Gewässer begünstigt werde“[1115].

Das Land Niedersachsen hat den Wasser- und Bodenverbänden die Möglichkeit eingeräumt, sog. Erschwernisbeiträge für die von Versiegelungen ausgehenden Erschwernisse der Gewässerunterhaltung zu erheben[1116]. Voraussetzung ist, dass die Flächen im Liegenschaftskataster mit der entsprechenden Zeichnung und Kennung eingetragen sind, wobei sich der Hektarsatz nach dem Grad der Versiegelungsdichte richtet. Die Vorschrift des § 64 Abs. 1 S. 4 i. V. mit der Anlage 5 sieht drei Versiegelungstypen vor: leicht versiegelte Flächen[1117], mitteldicht versiegelte Flächen[1118] und stärker versiegelte Flächen[1119]. Es kommt somit nicht auf die tatsächlichen Versiegelungsgrößen an, sondern auf die Eintragung der tatsächlichen Nutzung der Gesamtfläche im Liegenschaftskataster. In der Praxis kann dies zum Teil erhebliche Abweichungen hinsichtlich des Versiegelungsgrades unter den Nutzungsarten zur Folge haben[1120]. Das Gleichheitsgebot des Art. 3 Abs. 1 GG ist hierdurch in der Regel noch nicht verletzt, da diese Ungleichbehandlung durch das Prinzip der Praktikabilität und der zulässigen gesetzgeberischen Typisierung gerechtfertigt ist[1121]. Voraussetzung ist, dass die durch die Typisierung entstehende Ungleichbehandlung noch „in einem angemessenen Verhältnis zu den erhebungstechnischen Vorteilen“ liegt und es im Allgemeinen zu einer gleichmäßigen Belastung der Beitragspflichtigen kommt[1122]. Ein Verstoß gegen das Gleichheitsgebot des Art. 3 Abs. 1 GG läge erst dann vor, wenn „die Einstufung eines Grundstücks als stärker versiegelt angesichts der tatsächlichen Verhältnisse sich als unverhältnismäßig erweist“[1123]. Ein solcher Fall ist bei den zu entscheidenden Fällen verneint worden[1124].

1114 OVG NRW Urt. v 24.11.2009, Rd. 53.

1115 OVG NRW Urt. v 24.11.2009, Rd. 53.

1116 Anlage 5 zum Niedersächsischen Wassergesetz (NWG).

1117 Hierzu gehören z. B. Sportflächen und Gartenland.

1118 Hierzu zählen z. B. Betriebsflächen und Strassen.

1119 Hierbei handelt es sich z. B. um Gebäude- und Freiflächen.

1120 VG Oldenburg Urt. v 21.04.2009, Az.: 1 A 1120/08; VG Stade, Urt. v 24.03.2009, Az.: 1 A 1239/08.

1121 VG Oldenburg Urt. v 21.04.2009, Rd. 50; Urteil des VG Stade Urt. v 24.03.2009, Rd. 23.

1122 VG Stade Urt. v 24.03.2009, Rd. 23.

1123 VG Stade Urt. v 24.03.2009, Rd. 26.

1124 VG Oldenburg Urt. v 21.04.2009; Urteil des VG Stade Urt. v 24.03.2009.

Im Grundsatz hält das BVerwG den Flächenmaßstab auch ohne nutzungsbezogene Konkretisierung für ausreichend[1125]. Der Flächenmaßstab basiere auf der Vermutung, dass „ein Grundstück schon wegen seiner Lage in einem Niederschlagsgebiet notwendig Zubringer zu den zu unterhaltenden Gewässern ist"[1126]. Der flächenbezogene Maßstab sei folglich mit dem Gleichheitssatz des Art. 3 Abs. 1 GG vereinbar, da sich bei typisierender Betrachtung die Bestimmung des Wasserabflusses aus der auf ein Grundstück niedergehenden Niederschlagsmenge im Verhältnis zu der Grundstücksfläche zusammensetze[1127]. Dies bedeutet, dass auch unversiegelte Flächen, wie Waldflächen, demselben Maßstab unterliegen wie versiegelte Bereiche. Diesem Ansatz folgt auch die Rechtsprechung der Länder Berlin und Brandenburg[1128] sowie Mecklenburg-Vorpommerns, die sogar Erschwernisbeiträge für Waldflächen aufgrund ihrer Vegetation für gerechtfertigt hält[1129]. Anreize zu mehr Entsiegelungen vermag eine solche Gebührenerhebung nicht zu setzen.

Die Wasser- und Bodenverbände tragen aufgrund ihrer Aufgabenwahrnehmung mit zum Bodenschutz bei, wobei ihr Hauptschwerpunkt in der Gewässerunterhaltung liegt. Im Rahmen der hierauf bezogenen Gebührenerhebung können Versiegelungsaspekte in der Weise berücksichtigt werden, dass der Grad der Versiegelung sich auf die Höhe der Gebührensätze auswirkt. Diese Möglichkeit sehen jedoch nur wenige Länder in ihren Wassergesetzen vor, zwingend ist die Einbeziehung des Versiegelungsgrades in der Mehrzahl der Fälle nicht. Dies ist bedauerlich, da hiermit indirekte Anreize zu mehr Entsiegelung bewusst nicht gesetzt werden.

VII. Ergebnis

Die vorhergehenden Ausführungen haben gezeigt, dass die Einsatzmöglichkeiten von Gebühren und Beiträgen aufgrund der verfassungsrechtlichen Voraussetzungen begrenzt sind. Dies gilt vor allem für Gebühren und Beiträge, die einen unmittelbaren Bezug zum Boden haben. So hat die rechtliche Auseinandersetzung mit den Modellen der Verleihungs- und Ressourcennutzungsgebühr ergeben, dass kein abschöpfbarer Sondervorteil gewährt wird und diese somit keine Anwendung finden. Bedeutung für den Bodenschutz erlangen Gebühren

---

1125 BVerwG Urt. v 11.07.2007, Az.: 9 C 1/07, Rd. 16.

1126 BVerwG Urt. v 11.07.2007, Rd. 16.

1127 VG Cottbus, Beschl. v 13.03.2008, Az.: 6 L 458/07, Rd. 16; OVGBerlBr, Beschl. v 09.03.2010, Az.: 9 N 125.08, Rd. 8.

1128 OVGBerlBr Beschl. v 09.03.2010, Rd. 12; VG Cottbus Beschl. v 13.03.2008, Rd. 16.

1129 VG Greifswald Urt. v 08.02.2006, Az.: 3 A 1943/02, Rd. 19.

und Beiträge somit nur mittelbar, wie bei der geteilten Kanalbenutzungsgebühr, wenn als Bemessungsgrundlage die Quadratmeterzahl der versiegelten Flächen zugrunde gelegt wird oder im Rahmen der Umlage von Wasser- und Bodenverbänden. Anreize für einen wirksamen Bodenschutz können im Bereich des Gebühren- und Beitragsrechts daher nur marginal gesetzt werden. Auch für den nachsorgenden Bodenschutz spielen Gebühren keine Rolle, da ihr Aufkommen den Gebühren- und Beitragsschuldnern zurechenbar bleiben muss und dies bei Altlasten, für die kein Verantwortlicher gefunden werden kann, nicht der Fall ist. Das in der Vergangenheit ebenfalls im Rahmen der Abfallentsorgung diskutierte Lizenzentgelt entspricht weder den formellen noch den materiellen verfassungsrechtlichen Anforderungen und ist daher auch nicht auf Bundesebene einführbar. Dem Einsatz von Gebühren und Beiträgen kommt somit im Bereich der Abgaben für den Bodenschutz nur untergeordnete Bedeutung zu.

E. Umweltsonderabgaben im Bodenschutzrecht

Für die Bodenerhaltung und Bodensanierung und deren Finanzierung können auch Sonderabgaben Bedeutung entfalten. Durch sie wird stets ein Sachzweck verfolgt, so dass sie auf eine Sachkompetenz nach Art. 70 ff. GG zu stützen sind[1130]. Zu dem Begriff Sonderabgabe werden verschiedene Abgrenzungen vorgenommen. So wird zwischen Sonderabgaben im weiteren Sinne und Sonderabgaben im engeren Sinne unterschieden[1131]. Der Begriff der Sonderabgabe im weiteren Sinne wird durch *Jochum* als Auffangtatbestand für all diejenigen Abgaben verstanden, die „weder als Steuer, noch als Gebühr oder Beitrag eingeordnet werden.“[1132] Zu den Sonderabgaben im engeren Sinne gehören diejenigen Abgaben, bei denen nach der Rechtsprechung des BVerfG[1133] darüber hinaus „mangels sonstiger spezieller Sach- und Zweckzusammenhänge eine Konkurrenz zur Steuer nicht von vornherein ausgeschlossen ist.“ Hierzu zählen in erster Linie Sonderabgaben, die Finanzierungszwecken dienen und damit „zwangsläufig in Konkurrenz“ zu der verfassungsrechtlich anerkannten Steuer stehen[1134]. Nicht davon erfasst sind

1130 BVerfGE 67, 256 (275); 108, 186 (212).
1131 Jochum, StuW 2006, 136f.
1132 Jochum, StuW 2006, 136.
1133 BVerfGE 108, 186 (217f.).
1134 Schoch, JURA 2010, S. 198 unter Bezug auf die Entscheidungen des BVerfG: BVerfGE 78, 249 (267).

beispielsweise Ausgleichs- und Lenkungsabgaben und das Ersatzgeld[1135], da hier eine Abgrenzung zur Steuer möglich sei[1136]. Bei dieser Unterscheidung kann es jedoch Abgrenzungsschwierigkeiten in Bezug auf Lenkungsabgaben geben, mit denen ein nicht unerhebliches Abgabeaufkommen erzielt wird. Die Lenkungsabgabe, die darauf angelegt ist, einen Verhaltensbefehl zu überbringen[1137], könnte in Konkurrenz zu den in der Rechtsprechung anerkannten Zweck- und Lenkungssteuern[1138] stehen. Die Zwecksteuer ist nicht ausschließlich auf die Erzielung von Einnahmen ausgerichtet, sondern steht zu bestimmten Leistungen und Verwendungszwecken des Abgabeberechtigten in Beziehung[1139]. Der Lenkungszweck muss dabei hinreichend bestimmt und gleichheitsgerecht ausgestaltet sein[1140]. Ihr Aufkommen wird in der Regel zweckgebunden[1141] verwendet. Unter Zweckbindung des Aufkommens wird die „Reservierung konkreter Einnahmen für bestimmte Ausgabenzwecke“ verstanden[1142]. Das BVerfG selbst wendet die von ihm entwickelten Kriterien in modifizierter Form auf die Lenkungsabgaben an. Daher wird regelmäßig zwischen *Sonderabgaben ohne Finanzierungszweck* und *Sonderabgaben mit Finanzierungszweck* unterschieden[1143]. Die Sonderabgaben, bei denen der Finanzierungszweck untergeordnet ist, sollen als Lenkungsabgaben unter Androhung einer Sanktion ein Verhalten lenken[1144]. Im Rahmen der Sonderabgaben mit Finanzierungsfunktion werden die Mitglieder einzelner Berufsgruppen oder Wirtschaftszweige zu einem „finanziellen Zwangsverbund“

1135 Das Ersatzgeld ist darauf gerichtet, eine „durch ungleichmäßige Erfüllung von Naturalleistungen bzw. sonstige staatliche Intervention verursachte Belastungsungleichheit zu korrigieren.“ Elicker, NVwZ 2003, S. 305.

1136 Jochum, StuW 2006, 137.

1137 Elicker, NVwZ 2003, 305.

1138 Vgl. u. a. BVerfGE 49, 343 (353f.); 55, 274 (305); ausführlich Waldhoff, StuW 2002, 285f.

1139 BVerfGE 49, 343 (353f.).

1140 BVerfGE 93, 121 (148); 99, 280 (296); Elsner, JA 2005, 825.

1141 Hierzu zählen beispielsweise volkswirtschaftliche Ziele.

1142 Waldhoff, StuW 2002, 286 m. w. N. Gegenstand sind nach Haushaltsrecht nur die gesetzlichen Verwendungsbindungen. Waldhoff, StuW 2002, S. 292, 294 sowie die Allgemeinen Verwaltungsvorschriften zur Bundeshaushaltsordnung (VV-BHO) v 14.03.2001, geändert durch RS BMF v 01.04.2010 zu § 8 BHO.

1143 Germelmann, GewArch 2009, 477; Walther, JA 1998, 378.

1144 Germelmann, GewArch 2009, 477. Hierzu gehört beispielsweise die Schwerbehindertenausgleichsabgabe, nach der die Nichtbeschäftigung der gesetzlich vorgesehenen Zahl von Schwerbehinderten in einem Betrieb den Abgabetatbestand darstellt. BVerfGE 57, 139–169.

zusammengefasst und zu Abgaben zur Erfüllung gruppennütziger Aufgaben herangezogen[1145]. Die von dem BVerfG heraus gearbeiteten, strikt auszulegenden Anforderungen an Sonderabgaben sind vor allem für die Abgrenzung zwischen der Steuer und den Sonderabgaben mit Finanzierungsfunktion relevant, werden aber, teilweise in abgeschwächter Form, auch bei Sonderabgaben ohne Finanzierungsfunktion angewandt[1146].

I. Verfassungsrechtliche Voraussetzungen zur Erhebung von Sonderabgaben unter Berücksichtigung der Rechtsprechung des BVerfG

Die Erhebung von Sonderabgaben im engeren Sinn unterliegt besonders strengen verfassungsrechtlichen Voraussetzungen, da sie eine zusätzliche Belastung für den Bürger darstellen[1147]. Die besondere sachliche Rechtfertigung muss eine deutliche Unterscheidung zur Steuer ermöglichen und auch im Hinblick auf die zusätzliche Belastung neben den Steuern geeignet sein, der Belastungsgleichheit der Abgabepflichtigen Rechnung zu tragen[1148]. In seiner Entscheidung zur „Berufsausbildungsabgabe" hat das BVerfG erstmals die begriffliche Abgrenzung der Sonderabgabe zu den anderen Abgabenformen, insbesondere der Steuer, vorgenommen[1149]. Das Gericht weist auf die enge sachliche Verbindung zwischen den Grundrechten und Kompetenznormen hin und leitet hieraus die engen Grenzen für die Auferlegung von Sonderabgaben ab[1150]. Danach kann die Sonderabgabe nur erhoben werden, „wenn sie sich auf einen besonderen Zurechnungsgrund stützen lässt, der vor den Grundsätzen der bundesstaatlichen Finanzverfassung und vor dem Gebot der Gleichheit aller Bürger vor den öffentlichen Lasten Bestand hat"[1151].

1145 So z. B. die „Weinwirtschaftsabgabe" - BVerfGE 37, 1ff.; die „Filmabgabe" - BVerfGE 41, 1ff. oder der „Künstlersozialabgabe" - BVerfGE 75, 108–165.

1146 Vgl. die folgenden Entscheidungen, wie BVerfGE 55, 274–318; 57, 139–169.

1147 Vgl. hierzu den Stand in der Literatur: Schoch, JURA 2010, 197–202; Germelmann, GewArch 2009, 476–481; Hummel, DVBl. 2009, 874–883; Berg, GewArch 2006, 441–446; Jochum, StuW 2006, 134–146; Wahlhäuser, NVwZ 2005, 1389–1391; Ossenbühl, DVBl 2005, 667–575; Elsner/Kaltenborn, JA 2005, 823–828; Elicker, NVwZ 2003, 304–307.

1148 BVerfGE 108, 186 (217f.); BVerfGE 123, 132 (141).

1149 BVerfGE 55, 274–318.

1150 BVerfGE 55, 274 (303).

1151 BVerfGE 55, 274 (303f).

Dem Gesetzgeber ist es verfassungsrechtlich untersagt, eine „öffentliche Aufgabe nach seiner Wahl im Wege der Besteuerung oder durch Erhebung einer parafiskalischen Sonderabgabe zu finanzieren“[1152]. Um die Ordnungsfunktion der Finanzverfassung sowie die Belastungsgleichheit der Abgabenpflichtigen zu wahren, bedürfen nichtsteuerliche Abgaben einer besonderen sachlichen Rechtfertigung[1153]. Der Gesetzgeber kann Sonderabgaben nur dann erheben, wenn diese im Zusammenhang mit einem Sachzweck stehen, für die er die Sachkompetenz besitzt[1154]. Um diese Anforderungen zu wahren, hat das BVerfG in seiner Entscheidung zur „Berufsausbildungsabgabe“ grundlegende Kriterien entwickelt.

Zunächst darf nur eine *homogene Gruppe*, die sich von der Allgemeinheit durch eine vorgegebene Interessenlage oder durch besondere gemeinsame Gegebenheiten abgrenzen lässt, zu einer Sonderabgabe heran gezogen werden[1155]. Diese Gruppe muss eine *besondere Sachnähe* zu dem mit der Abgabenerhebung verfolgten Zweck aufweisen, aus der sich eine spezielle *Gruppenverantwortung* für die Erfüllung der zu finanzierenden Aufgabe ergibt[1156]. Eine solche Sachnähe ist aufgrund des Gleichheitsgrundsatzes des Art. 3 Abs. 1 GG erforderlich[1157]. Demnach muss die zu erfüllende Aufgabe ganz überwiegend in der Sachverantwortung der belasteten Gruppe stehen. Die Zurechnungsgründe, die einer Gruppenverantwortung zugrunde liegen, bestehen im Wesentlichen in einem Gruppensondervorteil und der „Verursachung eines kostenträchtigen Zustandes, der zu Ausgleichsmaßnahmen zwingt.“[1158] Zwischen Gruppenhomogenität und Sachnähe sowie der Finanzierungsverantwortung muss ein rechtfertigender Zusammenhang bestehen[1159]. Das erzielte Abgabeaufkommen ist *gruppennützig* zu verwenden[1160]. Dies ist dann der Fall, wenn zwischen den durch die Sonderabgabe bewirkten Belastungen und Begünstigungen eine sachgerechte Verknüpfung besteht. „Fremdnützige“ Sonderabgaben sind nur zulässig, soweit „eine finanzielle Inanspruchnahme der Abgabenpflichtigen zugunsten fremder Begünstigter aus triftigen Gründen“ eindeutig

1152 BVerfGE 55, 274 (300ff.).

1153 Vgl. u. a. Schoch, JURA 2010, 198.

1154 Ossenbühl, DVBl. 2005, 669; Jochum, StuW 2006, 139.

1155 BVerfGE 55, 274 (305f.); Lang, in: Tipke/Lang, § 3, Rd. 25. Siehe auch v a. Ossenbühl, DVBl. 2005, 670f.

1156 BVerfGE 55, 274 (306); Lang, in: Tipke/Lang, § 3, Rd. 26.

1157 Elsner, JA 2005, 827.

1158 Ossenbühl, DVBl. 2005, 671f.

1159 Hummel, DVBl. 2009, 882 zur Entscheidung BVerfG zum Absatzfondsgesetz v 03.02.2009, BVerfGE 122, 316–341.

1160 BVerfGE 55, 274 (307).

gerechtfertigt ist[1161]. Der Staat tritt hierbei ohne eigenes Finanzinteresse als „Vermittler und Verwalter des Aufkommens" auf[1162]. Das BVerfG nimmt zugleich die Abgrenzung zur Steuer vor, in dem es die Sonderabgaben gruppenorientiert ausgestaltet, während die Steuer an individuelle Gegebenheiten anknüpft[1163].

Obwohl das BVerfG in seinem Urteil zur „Berufsausbildungsabgabe" feststellte, dass das Instrument der Sonderabgabe gegenüber der Steuer die seltene Ausnahme zu sein hat, erfahren die dargestellten Kriterien eine gewisse Relativierung in der Urteilsbegründung. So können auch sehr große Gruppen homogene Gebilde sein und die Tatsache, dass sekundär auch andere Gruppen oder die Allgemeinheit Vorteile von der Abgabenverwendung haben, steht der Gruppennützigkeit nicht entgegen[1164]. Die fortdauernde Legitimation der Sonderabgabenerhebung ist dann gegeben, wenn nicht sicher ist, ob das angestrebte Ziel bereits erreicht ist[1165].

Gemäß Art. 110 Abs. 1 GG sind alle Einnahmen und Ausgaben des Bundes in den Haushaltsplänen einzustellen. Aufgrund der Bildung von Sondervermögen wird der Verfassungsgrundsatz der Vollständigkeit des Haushaltsplans durchbrochen[1166]. Es wurde teilweise befürchtet, dass diese Durchbrechung zur Entstehung sog. Sonder- bzw. Schattenhaushalte führt, die sich der unmittelbaren Kontrolle durch das Parlament entziehen[1167]. Daher hat das BVerfG in seinen weiteren Entscheidungen ein zusätzliches Kriterium aufgenommen, nach dem Sonderabgaben durch den Gesetzgeber haushaltsrechtlich vollständig zu dokumentieren sind[1168]. Zwingende Voraussetzung ist, dass es sich um eine öffentliche Abgabe handelt, hiermit also eine Aufkommenswirkung zugunsten der öffentlichen Hand erreicht wird[1169]. Des Weiteren gilt das besondere Rechtfertigungserfordernis der Abgabenerhebung nicht nur dem Grunde, sondern auch

1161 BVerfGE 55, 274 (307).

1162 Brandt, Altlastenrecht, 257.

1163 Ossenbühl, DVBl. 2005, 669.

1164 BVerfGE 55, 274 (312, 317).

1165 BVerfGE 55, 274 (317).

1166 Germelmann, GewArch 2009, 477; Berg, GewArch 2006, 443f.; Kirchhof, P., in: Kirchhof (Hrsg.), S. 17. Der Grundsatz der Vollständigkeit des Haushaltsplans zielt darauf ab, das gesamte staatliche Finanzvolumen der Budgetplanung und -entscheidung dem Parlament und der Regierung zu unterstellen, BVerfGE 108, 1 (16); 110, 370 (388).

1167 Flockermann, in: Kirchhof (Hrsg.), S. 80f.

1168 BVerfGE 108, 186 (218); 110, 370 (389). Vgl. hierzu Wahlhäuser, NVwZ 2005, 1390f.

1169 OLG Hamm, Urt. v 14.05.2013, Az.: I-19 U 180/12, Rd. 28.

der Höhe nach, um der besonderen Finanzierungsverantwortung der Gruppe der Abgabenpflichtigen zu entsprechen mit der Folge, dass die Abgabenverpflichtung bedarfsorientiert begrenzt sein muss[1170]. Die Finanzierungsverantwortung hat sich nach dem voraussichtlichen Mittelbedarf der mit der Sonderabgabe verfolgten Zwecke zu richten[1171]. Die Erhebung einer Sonderabgabe bedarf folglich als Ausnahmeinstrument der fortdauernden Legitimation durch hinreichende Rechtfertigungsgründe[1172] und ist in angemessenen Zeitabständen auf ihre Fortexistenz zu prüfen[1173].

Die dargestellten Kriterien erfahren bei den Sonderabgaben, die Lenkungszwecken dienen, eine Relativierung. Das BVerfG hat in seiner Entscheidung zur „Schwerbehindertenausgleichsabgabe" zwischen Finanzierungsabgaben und Lenkungsabgaben differenziert[1174]. Als Lenkungsabgaben, bei denen es nicht um die Aufgabenfinanzierung geht, sind solche mit Antriebs- und Ausgleichsfunktion zu qualifizieren[1175]. Das Gericht hält hierbei an dem Erfordernis der Gruppenhomogenität fest, schränkt jedoch die übrigen Voraussetzungen ein[1176]. Dem steht eine Finanzierungsfunktion nicht entgegen, solange sie nach dem gesamten Erscheinungsbild eine untergeordnete Rolle spielt[1177].

In seiner Entscheidung zur „Investitionshilfeabgabe" hat das BVerfG die Anforderungen bezüglich der Lenkungsabgaben wieder verschärft[1178]. Die entwickelten Kriterien der Gruppenhomogenität, Sachnähe und Gruppennützigkeit gelten danach grundsätzlich für alle Sonderabgaben, die einen Finanzierungszweck als Haupt- oder Nebenzweck verfolgen[1179]. Danach sind selbst bei Lenkungsabgaben, bei denen die Lenkung Hauptzweck und die Finanzierungsfunktion lediglich Nebenzweck ist, die Anforderungen uneingeschränkt anzuwenden. Das BVerfG begründet dies mit der Sicherung der Finanzverfassung und dem Abgrenzungserfordernis gegenüber den Steuern[1180]. Die Sonderabgabe soll folglich die seltene Ausnahme bleiben, um die Belastungen der Abgabenpflichtigen in Grenzen zu halten.

1170 BVerfGE 110, 370 (390); 124, 235 (249).
1171 BVerfGE 110, 370 (391); Ossenbühl, DVBl. 2005, 674.
1172 BVerfGE 55, 274 (308).
1173 Schoch, Jura 2010, 201 sowie BVerfGE 82, 159 (181).
1174 BVerfGE 57, 139–169.
1175 BVerfGE 57, 139 (167f.).
1176 Vgl. BVerfGE 57, 139 (167).
1177 BVerfGE 57, 139 (168f.).
1178 BVerfGE 67, 256–278.
1179 BVerfGE 67, 256 (278).
1180 BVerfGE 67, 256 (278).

Dem ist grundsätzlich zuzustimmen. Allerdings empfiehlt sich bei den Lenkungssonderabgaben, bei denen die Finanzierung lediglich Nebenzweck ist, eine differenziertere Betrachtungsweise[1181]. Es handelt es sich in der Regel um Ausgleichsabgaben, die eine Antriebs- und Ausgleichsfunktion besitzen. Zweck ist der Ausgleich einer Belastung, die sich aus einer primär zu erfüllenden öffentlich-rechtlichen Pflicht ergibt[1182]. Selbst wenn ein Antriebseffekt nicht oder kaum einhergeht, rechtfertigt sich die Ausgleichsabgabe allein aus der Erfüllung der Ausgleichsfunktion. Solche Abgaben sind durch einen besonderen unterscheidungskräftigen Belastungsgrund zur Steuer gekennzeichnet[1183]. Daher kommt es auf die Sachnähe der Abgabepflichtigen und die Gruppennützigkeit der Mittelverwendung nicht entscheidend an[1184]. Gerade im Bereich des Umweltschutzes können lenkende und ausgleichende Umweltsonderabgaben eine nicht unerhebliche Bedeutung erlangen. Bei umweltpolitisch veranlassten Sonderabgaben wird die Gruppenverantwortlichkeit für den Finanzierungszweck aus der unmittelbaren Verursachung eines Umweltschadens hergeleitet[1185], so dass die Anforderungen in der Regel erfüllt sein werden. Wenn die Voraussetzungen eingeschränkt werden, weil sie möglichen Lenkungseffekten entgegenstehen, ist streng darauf zu achten, dass nicht der Finanzierungszweck der eigentliche Hauptzweck wird. Für eine solche Beurteilung sind die gesamten Interpretationsregeln, zu denen auch die Beweggründe des Gesetzgebers gehören, heranzuziehen[1186]. Sobald die Umweltsonderabgaben auf umweltschädliche Handlungen, unabhängig von der Verantwortlichkeit, erhoben werden, sind die verfassungsrechtlichen Grenzen der Gruppenverantwortlichkeit grundsätzlich überschritten[1187].

II. Die Verwaltung von Sonderabgaben in Fonds

Das Aufkommen der Sonderabgaben bedarf wegen des Erfordernisses einer zweckgebundenen gruppennützigen Verwendung einer darauf abgestimmten Verwaltung. Fonds bieten hierfür einen entsprechenden Rahmen, da durch sie ein

1181 Vgl. auch Germelmann, GewArch 2009, 479.
1182 BVerfGE 92, 91 (117).
1183 BVerfG Nichtannahmebeschluss v 05.03.2009, Az.: 2 BvR 1824/05, Rd. 25.
1184 BVerfG Nichtannahmebeschluss v 05.03.2009, Rd. 25.
1185 Kirchhof, P., in: Kirchhof (Hrsg.), S. 19f.
1186 Brandt, Altlastenrecht, S. 271.
1187 Kirchhof, P., in: Kirchhof (Hrsg.), S. 20.

relativ geschlossener Kreislauf erzielt werden kann[1188]. Der Fondsbegriff, der sich aus dem lateinischen Wort „fundus“ ableitet, beschreibt ein „privatwirtschaftlich oder staatlich organisiertes, mit oder ohne Rechtsfähigkeit ausgestattetes Sondervermögen zur Erfüllung eines besonderen Zwecks“[1189]. Diese Zweckbindung macht die gezielte Finanzierung von bestimmten, notwendigen Projekten möglich. In verfassungsrechtlicher Hinsicht sind die Fondslösungen durch Art. 110 Abs. 1 S. 1 Hbs. 2 GG als sog. Sondervermögen anerkannt. Die nachfolgende Grafik zeigt den Unterschied zwischen zuschussbasierter Förderung, wie den Förderprogrammen, und revolvierenden[1190] Instrumenten, wie den Fonds.

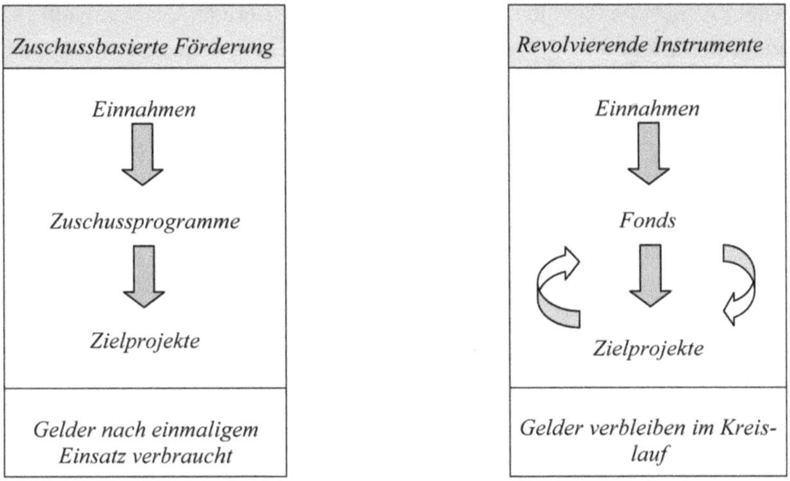

Quelle: Dastig, M., Investitionsbank Berlin, 2006[1191]

Grundlagen der Fondsverwaltung

Im Umweltbereich erfüllt ein Fonds zwei Funktionen: als Entschädigungsfonds, der dem Ausgleich der durch Umweltbelastungen verursachten Schäden dient sowie als Finanzierungsfonds, der die Mittel für einen bestimmten Zweck bereit

1188 Kügel, NVwZ 1994, 537.

1189 Winter, Fondslösungen, S. 29.

1190 Die Fondsidee umfasst den Kreislauf von Kapitalbereitstellung, Investition, Renditeerzielung, Ausschüttung, Rückzahlung und Reinvestition.

1191 Dastig, Vortrag im Rahmen des BBR-Projekts am 28.06.2006 in der KfW Berlin.

stellt[1192]. Es ist nicht erforderlich, dass diese beiden Funktionen kumulativ vorliegen müssen[1193]. Der Entschädigungsfonds sieht als kollektives Entschädigungssystem den Ausgleich von Summations- und Distanzschäden vor[1194] und kommt daher für den Bereich der Sonderabgaben nicht in Betracht.

Die Errichtung von Sondervermögen bedarf einer bestimmten Organisationsform. Als öffentlich-rechtliche Organisationsformen kommen die Anstalt, die Körperschaft und die Stiftung des öffentlichen Rechts in Betracht[1195]. Die Anstalt des öffentlichen Rechts wird als eine „von einer Hoheitsperson gemeinschaftlich getragene, in der Regel mit Hoheitsgewalt ausgestattete Organisation" definiert, die mit eigenem Personal- und Sachmitteln ausgestattet ist, mit denen der Träger eigene oder ihm gesetzlich auferlegte fremde öffentliche Angelegenheiten wahrnimmt[1196]. Die Anstalt des öffentlichen Rechts unterscheidet sich von der Körperschaft des öffentlichen Rechts vor allem durch ihr Benutzungsverhältnis. Die Körperschaft ist eine auf staatlichen Hoheitsakt beruhende, rechtsfähige, mitgliedschaftlich verfasste Organisation des öffentlichen Rechts, die der Wahrnehmung öffentlicher Zwecke dient[1197]. Die Mitgliedschaft kann freiwillig oder als gesetzlich festgelegte Zwangsmitgliedschaft ausgestaltet werden[1198]. Die Stiftung des öffentlichen Rechts wird als rechtsfähige Organisation bezeichnet, einen „mit Hilfe des der Stiftung gewidmeten Vermögens" festgelegten öffentlichen Stiftungszweck dauerhaft zu verfolgen[1199]. Als rechtlich verselbständigter Verwaltungsträger ist sie Bestandteil der öffentlichen Verwaltung[1200], so dass für sie die

1192 Winter, Fondslösungen, S. 30.

1193 Winter, Fondslösungen, S. 30.

1194 Winter, Fondlösungen, S. 31.

1195 Winter, Fondlösungen, S. 108.

1196 Müller, in: Wolff/Bachof/Stober/Kluth, § 86 Rd. 8. Begründet wurde die Anstalt von Otto Mayer. Vgl. hierzu Mayer, S. 331, der die Anstalt des öffentlichen Rechts als einen „Bestand von Mitteln, sächlichen und persönlichen, welche in der Hand eines Trägers öffentlicher Verwaltung einem besonderen öffentlichen Zweck dauernd zu dienen bestimmt sind" umschreibt.

1197 Maurer, Verwaltungsrecht, § 23 Rd. 41; Kluth in: Wolff/Bachof/Stober/Kluth, § 85 Rd. 5.

1198 Maurer, Verwaltungsrecht, § 23 Rd. 41; Kluth in: Wolff/Bachof/Stober/Kluth, § 85 Rd. 47.

1199 Kluth in: Wolff/Bachof/Stober/Kluth, § 87 Rd. 11. Der Träger der Stiftung gehört der Organisation nicht an, Kluth, § 87 Rd. 15.

1200 Maurer, Verwaltungsrecht, § 23 Rd. 55.

öffentlich-rechtlichen Vorschriften gelten. Als Organisationsmodell ist sie in der Praxis für die Verwaltung des Naturschutzfonds gewählt worden[1201].

Die Fondsspeisung auf der Grundlage der Erhebung von Sonderabgaben muss den verfassungsrechtlichen Grundsätzen, die an die Erhebung von Sonderabgaben sowie an die Bildung von Sondervermögen zu stellen sind, entsprechen. Aus dem Erfordernis der „gruppennützigen Verwendung“ ergibt sich, dass eine „sachgerechte Verknüpfung zwischen den Belastungen und Begünstigungen, die die Sonderabgabe bewirkt“, bestehen muss[1202]. Eine gewisse Zweckgebundenheit der Verwendung ist damit in der Regel schon vorgegeben. In den folgenden Ausführungen wird, soweit derartige Modelle vorliegen, auch zu den Fondslösungen Stellung genommen.

III. Sonderabgaben im Bereich der Bodenvorsorge und des Sanierungsrechts

Um die Finanzierung der Bodenerhaltung und Bodensanierung zu gewährleisten, sind in den einzelnen Bundesländern unterschiedliche Typen von Sonderabgaben entwickelt worden. Als problematisch hat sich hierbei insbesondere die verfassungsrechtliche Zulässigkeit erwiesen, so dass einige Sonderabgaben Gegenstand eines Verfahrens vor dem BVerfG geworden sind.

1. „Sonderabfallabgaben“

Zu den verfassungsrechtlich unzulässigen Sonderabgaben gehören die sog. „Sonderabfallabgaben“, mit deren Aufkommen ein Teil der Altlastensanierung hätte finanziert werden können. Die Länder Baden-Württemberg, Bremen, Hessen, Niedersachsen und Schleswig-Holstein hatten im Jahr 1991 Abgabengesetze erlassen, nach denen die Erzeuger von Sonderabfällen[1203] mit Abgaben je nach Vermeidbarkeit und Gefährlichkeit der Abfälle zu belasten waren[1204].

1201 Vgl. Näheres unter Punkt E.III.2c).

1202 BVerfGE 55, 271 (307). Fremdnützige Sonderabgaben sind nur gerechtfertigt, wenn aus der Natur der Sache eine finanzielle Inanspruchnahme der Abgabepflichtigen zugunsten fremder Begünstigter aus triftigen Gründen erfolgt.

1203 Diese werden nunmehr als besonders überwachungsbedürftige Abfälle bezeichnet.

1204 Vgl. die damaligen Fassungen: LAbfAG BW v 11.03.1991 (GBl. S. 133); BremAbfAG v 24.11.1992 (GBl. S. 639, 673); HSondAbfAbG v 26.06.1991 (GVBl. S. 218);NAbfAG v 17.12.1991 (GVBl. S. 373) sowie das LAbfAG SH v 22.07.1994 (GVBl. S. 395).

Das Aufkommen aus diesen Abgaben war zweckgebunden für die Beratung, Erforschung und Entwicklung auf dem Gebiet der Vermeidung und Verwertung von besonders überwachungsbedürftigen Abfällen sowie für die Erkundung und Bewältigung ökologischer Gefahren, Schäden und Folgelasten durch besonders überwachungsbedürftige Abfälle zu verwenden[1205]. Zu den sog. Folgelasten gehören vor allem die Altlasten.

Im Rahmen des Bremer Abfallabgabengesetzes, des baden-württembergischen Landesabfallabgabengesetzes, des Niedersächsischen Abfallabgabengesetzes und des Landesabfallabgabengesetzes Schleswig-Holsteins kam es zur Entstehung der Abgabenpflicht, wenn die abgabepflichtigen „Abfälle zur Entsorgung abgegeben oder in einer Anlage des Erzeugers gelagert oder auf andere Weise entsorgt" wurden[1206]. Ausgenommen von dieser Abgabenpflicht wurden nach § 2 Abs. 1 Nr. 1 des Niedersächsischen Abfallabgabengesetzes und nach § 2 Abs. 2 Nr. 2 des Landesabfallabgabengesetzes Schleswig-Holsteins diejenigen Erzeuger, die die abgabepflichtigen Abfälle stofflich verwerteten. Nach dem Hessischen Sonderabfallabgabengesetz entstand die Abgabenpflicht bei „Übergabe der abgabepflichtigen Abfälle an den Träger der Sonderabfallentsorgung" oder „bei Übergabe zur Behandlung und Ablagerung in betriebseigenen oder sonstigen dafür zugelassenen Anlagen"[1207]. Das BVerfG hat in seiner Entscheidung vom 7. Mai 1998[1208] die Verfassungswidrigkeit der landesrechtlichen Abfallabgaben aufgrund des Widerspruchs der abgabenrechtlichen Lenkung der Abfallabgabengesetze zu dem im Bundes-Immissionsschutzrecht geregelten Kooperationsprinzip festgestellt.

a) Abfallabgabe als Sonderabgabe

Das BVerfG hat offen gelassen, ob es sich bei den Abfallabgaben um eine Sonderabgabe oder Steuer handelt. Im Fall der Ausgestaltung als Sonderabgabe finden sie ihre Kompetenzgrundlage in der Sachgesetzgebungszuständigkeit nach Art. 74 Abs. 1 Nr. 24 GG[1209]. Danach ist der Landesgesetzgeber für die Regelung „einer die Abfallwirtschaft gestaltenden Sonderabgabe" nicht zuständig, soweit der Bund

1205 Vgl. § 10 LAbfG BW a. F.; § 10 Abs. 1 BremAbfAG a. F.; § 9 HSondAbfAbgG a. F.; § 10 Abs. 2 NAbfAbgG a. F.; § 16 Abs. 3 LAbfAG SH a. F.

1206 Vgl. § 1 Abs. 2 S. 2 BremAbfAG a. F.; § 1 Abs. 2 S. 2 NAbfAbgG a. F.; § 1 Abs. 2 LAbfAG BW a. F. und § 3 Abs. 3 LAbfAG SH a. F.

1207 Vgl. § 2 Abs. 2 HSondAbfAbgG a. F.

1208 BVerfGE 98, 83–105.

1209 BVerfGE 98, 83 (101).

von dieser Zuständigkeit abschließend Gebrauch gemacht hat[1210]. Sind die Abfallabgaben als Steuer ausgestaltet, müssen sie sich entweder kompetenzrechtlich auf Art. 106 Abs. 2 GG stützen lassen, oder dieses Recht muss, bei Anerkennung eines Steuererfindungsrechts durch die Länder, die Kompetenz zur gesetzlichen Zuteilung der Ertragshoheit umfassen[1211].

Die Abfallabgaben sind ihrer Rechtsnatur nach den Sonderabgaben zuzuordnen. Das entscheidende Abgrenzungskriterium zur Steuer bei Sonderabgaben mit Finanzierungsfunktion liegt darin, dass die Sonderabgabe nicht an die individuelle Leistungsfähigkeit anknüpft, sondern an die Gruppenverantwortlichkeit, aus der sich eine spezifische Zweckbindung des Aufkommens ergibt[1212]. Die Erzeuger von besonders überwachungsbedürftigen Abfällen bilden aufgrund ihrer durch die Vorschriften des Kreislaufwirtschafts- und Abfallgesetzes begründeten Sonderstellung eine homogene Gruppe, deren Sachnähe zu dem mit der Abgabenerhebung verfolgten Zweck sich aus der besonderen Verantwortung gegenüber der durch die Sonderabfallproduktion hervorgerufenen Umweltbelastung ergibt[1213]. Hieraus folgt auch die besondere Gruppenverantwortung, da die zu erfüllende Aufgabe ganz überwiegend in der Sachverantwortung dieser Gruppe steht. Es handelt sich hierbei um eine Sonderabgabe mit Finanzierungsfunktion, da schwerpunktmäßig die Sachaufgabe durch die Verwendung des Aufkommens bewältigt wird und nicht durch die Belastung des Abgabepflichtigen an sich[1214]. Der Lenkungszweck, nach dem durch die Abgabenbelastung ein Anreiz gesetzt wird, besonders überwachungsbedürftige Abfälle zu vermeiden oder erheblich zu vermindern, ist in der Praxis so gut wie nicht erreichbar und daher dem Finanzierungszweck untergeordnet[1215]. Das erzielte Abgabeaufkommen ist daher gruppennützig zu verwenden, d. h. es muss zwischen den durch die Sonderabgabe bewirkten Belastungen und Begünstigungen eine sachgerechte Verknüpfung bestehen[1216]. Dies ist der Fall, soweit das Aufkommen zweckgebunden der Abfallentsorgung wieder zugeführt wird. Einige der Landesabfallgesetze sahen die Bildung von Fonds vor, mit dem nicht verausgabte Mittel in eine Rücklage überführt und für im jeweiligen Gesetz aufgeführte Maßnahmen verwendet wurden[1217].

1210 BVerfGE 98, 83 (101).
1211 BVerfGE 98, 83 (101).
1212 Schoch, Jura 2010, 198f.
1213 Vgl. auch Brandt, Altlastenrecht, S. 275.
1214 So im Ergebnis auch Kügel, NVwZ 1994, 538 ff.
1215 Kügel, NVwZ 1994, 540.
1216 BVerfGE 55, 274 (307).
1217 Siehe Kügel, NVwZ 1994, 537.

Ob im Fall der Finanzierung der Altlastensanierung noch eine gruppennützige Verwendung vorliegt, ist fraglich. Von einem Sachzusammenhang zwischen der heutigen Sonderabfallerzeugung und dem Altlastenproblem kann nicht mehr ausgegangen werden[1218]. Dies gilt umso mehr, als dass die Abfallerzeuger in der Regel nicht für bestehende Altlasten verantwortlich sind, so dass für diesen Fall eine Gruppenverantwortung nicht gegeben ist. Die Altlastenerkundung und –sanierung liegt damit im Interesse der Allgemeinheit, so dass sich keine Rechtfertigung aus dem überragenden Belang des Bodenschutzes ergibt. Allerdings wird nur ein Teil des Aufkommens der Abgabe der Altlastensanierung zugeführt, während es im Übrigen den Belangen der Abfallentsorgung zugutekommt. Das Kriterium der Gruppennützigkeit erfordert, dass das Aufkommen im überwiegenden Interesse der Gruppe zu verwenden ist. Es kommt folglich darauf an, dass der überwiegende Teil des Aufkommens für Belange der Abfallentsorgung verwendet wird[1219].

b) Widerspruch zum bundesrechtlichen Kooperationsprinzip

Das BVerfG hat zu diesen Fragen keine Stellung genommen, sondern die Verfassungswidrigkeit der „Sonderabfallabgaben" und damit die Gesamtnichtigkeit der Landesabfallabgabengesetze aufgrund des Widerspruchs zum bundesrechtlichen Kooperationsprinzip festgestellt. Es führt hierzu aus, dass nach dem damals eltenden Bundes-Immissionsschutzgesetz (BImSchG) in Verbindung mit der Neunten Durchführungsverordnung die abfallrechtlichen Pflichten im Rahmen eines Kooperationsverfahrens auszugestalten sind[1220]. Das käme durch die Vorschrift des § 5 Abs. 1 Nr. 3 BImSchG zum Ausdruck, nach der die konkrete Verpflichtung zur Abfallvermeidung und -verwertung nach dem individualisierenden Maßstab der Verhältnismäßigkeit, d. h. nach den Möglichkeiten der einzelnen Anlage, ihres Trägers und Betreibers zu bemessen sei[1221]. Dem Anlagenbetreiber stehe die freie Entscheidung über die Art und Weise der Erfüllung der abfallrechtlichen Pflichten zu, so dass er für die einzelnen Handlungsmittel Wahlfreiheit habe. Dies gelte auch, soweit § 5 Abs. 1 Nr. 3 BImSchG nicht eingreift und die Entsorgungspflicht landesrechtlich nicht in eine Benutzungs-, Andienungs- oder Überlassungspflicht umgewandelt wird, da gemäß § 6 Abs. 1 KrW-/AbfG[1222]

1218 So aber Brandt, Altlastenrecht, S. 275.
1219 A. A. Kügel, NVwZ 1994, 541.
1220 BVerfGE 98, 83 (101).
1221 Vgl. hierzu im Einzelnen: BVerfGE 98, 83 (102f.).
1222 Vgl. hierzu die aktuelle Vorschrift des § 8 KrWG.

wiederum der Vorbehalt der wirtschaftlichen Zumutbarkeit bestehe[1223]. Damit sei „die Wahl unter den Handlungsmitteln jedem Anlagenbetreiber bundesweit in gleicher Weise eröffnet und darf um der Wettbewerbsgleichheit willen nicht landesrechtlich verengt werden“[1224].

Diesem bundesrechtlichen Kooperationsprinzip wird nach Ansicht des BVerfG durch die Lenkungswirkungen der Abfallabgabengesetze von Baden-Württemberg, Hessen, Niedersachsen und Schleswig-Holstein widersprochen. Der Widerspruch ergebe sich daraus, dass die abgabenrechtliche Lenkung weder auf die individualisierende Verhältnismäßigkeit noch auf die Besonderheiten der einzelnen Anlage abgestimmt werden könne[1225]. Die Abgabenpflicht führe bei Unzumutbarkeit einer Vermeidung bzw. schadlosen Verwertung zu einer unausweichlichen finanziellen Belastung des Betroffenen, die den Investitionsspielraum auch im Hinblick auf abfallärmere Produktionsverfahren verenge. Soweit der Anlagenbetreiber die Abgabenlast in Kauf nimmt, käme es durch die Abgabe zu einer Veränderung der Rahmenbedingungen der wirtschaftlichen Verhältnismäßigkeit. Folglich vernachlässige die „generelle abgabenrechtliche Lenkung“ die Ermittlung der im Einzelfall bestehenden Handlungsalternativen und ihrer unterschiedlichen Umweltverträglichkeit und greife damit in die Kooperationsoffenheit des Umweltverfahrens ein[1226].

Die Entscheidung des BVerfG hat zusammen mit dem Urteil zur „Verpackungssteuer“[1227] in der Literatur zu einer kontroversen Diskussion geführt[1228]. Die Bedenken richten sich vor allem gegen das Kooperationsprinzip, soweit es die Genehmigungserteilung oder -versagung betrifft[1229]. Die Genehmigungserteilung bzw. –versagung stelle eine einseitige, rechtlich gebundene Entscheidung der Behörde dar, bei der das Kooperationsprinzip nicht greife und folglich durch eine Abgabenerhebung nicht berührt werde[1230]. Dem wird das Prinzip widerspruchsfreier Normgebung entgegen gehalten, wonach der Abgabengesetzgeber nur insoweit in den Kompetenzbereich eines Sachgesetzgebers

---

1223 BVerfGE 98, 83 (103).

1224 BVerfGE 98, 83 (104).

1225 BVerfGE 98, 83 (104).

1226 BVerfGE 98, 83 (105).

1227 BVerfGE 98, 106–134.

1228 Vgl. u. a. Frenz, DÖV 1999, 41–50; Konrad, DÖV 1999, 12–20; Weidemann, DVBl. 1999, 73–78; Schmidt, JZ 1999,1147–1151; Sendler, NJW 1998, 2875 ff.; Hendler, NuR 2000, 661–674.

1229 Schmidt, JZ 1999, 1148; Bothe, NJW 1998, 2335; Weidemann, DVBl. 1999, 76.

1230 Schmidt, JZ 1999, 1148; Bothe, NJW 1998, 2335.

eingreifen darf, als „die Lenkung weder der Gesamtkonzeption der sachlichen Regelung noch konkreten Einzelregelungen zuwiderläuft.“[1231] Im Sinne der Rechtssicherheit bedarf es für die Betroffenen einer klaren und eindeutigen Rechtslage, nach der sie ihr Verhalten ausrichten können[1232].

c) Auswirkungen der Entscheidung BVerfGE 98, 83 auf die Altlastensanierung

Für den Bereich der Altlastensanierung bedeutete diese Entscheidung insoweit einen Rückschritt, als die betroffenen Länder ein Finanzierungsinstrument aufgeben mussten, so dass für die Altlastensanierung weniger Mittel zur Verfügung standen. Ziel der „Sonderabfallabgaben“ war allerdings die Verringerung der besonders überwachungsbedürftigen Abfälle und nicht die Finanzierung von Altlasten. Nach der Entscheidung des BVerfG wurde in den betroffenen Ländern eine Umverteilung der Haushaltsmittel notwendig, ohne dass das Problem der Mittelknappheit bei der Altlastensanierung gelöst werden konnte.

2. Naturschutzrechtliche Ersatzzahlungen

Die naturschutzrechtliche Ersatzzahlung ist im Rahmen der naturschutzrechtlichen Eingriffsregelung des BNatSchG sowie in den Natur- und Landschaftsgesetzen der Länder vorgesehen[1233]. Sie betrifft nicht den Bodenschutz allein, sondern

---

1231 Frenz, DÖV 1999, 41 ff.

1232 Frenz, DÖV 1999, 44.

1233 Vgl. die einzelnen Regelungen in den Landesgesetzen: § 21 Abs. 5, 6 NatSchG BW i. d. F. v 13.12.2005 (GBl. S. 745, ber. 2006 S. 319), geändert durch G am 17.12.2009 (GBl. S. 809); Art. 7 BayNatSchG i. d. F. v 23.02.2011 (GVBl. 2011 S. 82); § 15 BbgNatSchG i. d. F. v 26.05.2004 (GVBl. S. 350), geändert durch G v 15.07.2010 (GVBl. I/10); § 14a Abs. 3, 4 NatSchG Bln i. d. F. v 3.11.2008 (GVBl. S. 378), geändert durch G v 20.05.2011 (GVBl. S. 209); §§ 2, 6 HmbBNatSchAG v 11.05.2010 (HmbGVBl. S. 350); § 9 Abs. 1 HAGBNatSchG v 20.12.2010 (GVBl. I S. 629); § 12 Abs. 4 NatSchAG M-V v 23.02.2010 (GVOBl. S. 66); § 6 Abs. 1 NAGBNatSchG v 19.02.2010 (Nds. GVBl. S. 104); § 5 LandschaftsG NRW i. d. F. v 21. Juli 2000 (GV NRW S. 568), geändert durch G am 16.03.2010 (GV NRW S. 185); § 10 Abs. 4 LNatSchG RLP v 28.09.2005 (GVBl. S. 387); § 9 Abs. 4 LNatSchG S-H v 24.02.2010 (GVOBl. S. 301), geändert durch G am 15.12.2010 (GVOBl. S. 784); § 28 Abs. 3 S. 1 SNG v 05.04.2006 (Amtsbl. S. 726), geändert durch G am 28.10.2008 (Amtsbl. S. 3) sieht keine Ersatzzahlung vor; § 9 Abs. 4 SächsNatSchG i. d. F. v 03.07.2007 (GVBl. S. 321), geändert am 23.10.2010 (GVBl. S. 270); § 7 Abs. 6 ThürNatG i. d. F. v 30.08.2006 (GVBl. S. 421), geändert durch G v 25.10.2011 (GVBl. S. 273).

den Erhalt des ökologischen Systems in seiner Gesamtheit, dem der Boden als Lebensgrundlage dient. In diesem Zusammenhang nimmt der Erhalt der natürlichen Bodenfunktionen eine herausragende Stellung ein. Die naturschutzrechtlichen Ersatzzahlungen stellen das letzte Instrument eines mehrstufigen Verfahrens dar[1234].

a) Begriff und Inhalt der Ersatzzahlung

Eine Ersatzzahlung kann nur im Rahmen der naturschutzrechtlichen Eingriffsregelung erhoben werden[1235]. Das Bundesnaturschutzgesetz trifft hierzu nunmehr unmittelbar geltende Regelungen[1236] und verdrängt damit bestehendes Landesrecht. Die kompetenzrechtliche Einordnung der Eingriffsregelung ist mit der Novelle des Bundesnaturschutzgesetzes 2010 in der Literatur diskutiert worden[1237]. Die Eingriffsregelung wird danach als „abweichungsfest“ von abweichenden Neuregelungen der Länder eingestuft, da hier Grundsätze des Naturschutzes normiert werden[1238]. Voraussetzung für die Erhebung ist ein Eingriff in Natur und Landschaft, der vorrangig zu vermeiden oder, wenn dies nicht möglich ist, zu kompensieren ist[1239]. Sind diese Maßnahmen nicht durchführbar, nicht zweckmäßig oder bedeuten für Dritte eine unzumutbare Härte, wird gemäß § 15 Abs. 6 BNatSchG zur Kompensation der entstandenen Beeinträchtigungen eine Geldleistung in Form einer Ersatzzahlung von dem Verursacher erhoben[1240]. Den Bund gelang es durch diese Regelung die in einigen Ländern beabsichtigte Gleichstellung von Ersatzzahlung und Kompensation zu verhindern[1241].

Vor der Novellierung des Bundesnaturschutzgesetzes, das nunmehr eine Ersatzzahlung (früher Ausgleichsabgabe) für nicht durchführbare Ausgleichs- und

---

1234 Vgl. § 15 Abs. 6 BNatSchG i. d. F. vom 29.07.2009 (BGBl. I S. 2542), in Kraft getreten am 01.03.2010.

1235 Vgl. die Ausführungen unter Teil I B.III.1.

1236 Vgl. §§ 13 ff. BNatSchG im Rahmen der konkurrierenden Gesetzgebung nach Art. 74 Abs. 1 Nr. 29 GG.

1237 Franzius, ZUR 2010, 346–353; Schütte/Kattau, ZUR 2010, 353–358; Mitschang, BauR 2011, 33–54; Louis, NuR 2010, 77–89.

1238 Franzius, ZUR 2010, 349; Mitschang, BauR 2011, 48.

1239 Vgl. §§ 13–15 BNatSchG sowie die Regelungen in den jeweiligen Natur- und Landschaftsschutzgesetzen.

1240 Vgl. hierzu insbesondere Gassner, DVBl. 2011, 1268–1274, der sogar so weit geht, dass er die Ersatzzahlung beim Einhalten des Verfahrens nach der Eingriffsregelung für entbehrlich hält.

1241 Vgl. Franzius, ZUR 2010, 348; Mitschang, BauR 2011, 54; Lau, NuR 2011, 769.

Ersatzmaßnahmen explizit vorsieht, fanden und finden sich teilweise noch in den Landesgesetzen die Begriffe „Ausgleichsabgabe“, „Ausgleichszahlung“[1242] oder „Ersatzgeld“[1243]. In der Literatur ist daher zur Klärung des Verhältnisses der Ausgleichsabgaben zu den Ersatzgeldern zwischen der „alternativen“ und der „subsidiären“ Ausgleichsabgabe unterschieden worden[1244].

Bei der *alternativen Ausgleichsabgabe* handelt es sich nicht um eine Abgabe im eigentlichen Sinn, sondern lediglich um die Kosten der Ersatzmaßnahme, die von der zuständigen Behörde für den Verursacher durchgeführt wurde[1245]. Eine derartige Ersatzvornahme war in § 12 Abs. 2 des Niedersächsischen Naturschutzgesetzes[1246] oder in § 10 Abs. 3 Landesnaturschutzgesetz Rheinland-Pfalz[1247] vorgesehen. Die Zahlung erfolgt in diesen Fällen nicht als Ausgleich für Beeinträchtigungen in Natur und Landschaft, sondern für eine vorgenommene Leistung der zuständigen Behörde. Der Vorteil einer alternativen Ausgleichsabgabe liegt darin, dass ihr Aufkommen der durchgeführten Ausgleichsmaßnahme direkt zugutekommt.

Die *subsidiäre Ausgleichsabgabe* wird erst dann erhoben, wenn die Ersatzmaßnahmen nicht durchführbar sind[1248]. Ihr Aufkommen ist zweckgebunden für Maßnahmen des Natur- und Landschaftsschutzes zu verwenden. Um eine subsidiäre Ausgleichsabgabe handelt es sich unzweifelhaft in den Landesgesetzen, die unter dem Begriff „Ausgleichsabgabe“ die vorgenannten Voraussetzungen zu ihrer Erhebung bestimmen. Es war aber auch in den Fällen von einer Ausgleichsabgabe auszugehen, in denen die Landesgesetze die Formulierung „Ausgleichszahlungen“ oder „Ersatzgeld“ verwendet haben[1249]. Erforderlich ist, dass die Abgabe für die *unterbliebene* Ersatzmaßnahme zu entrichten ist

---

1242 Vgl. § 15 Abs. 6 LNatG MV i. d. F. v 22.10.2002 (GVOBl. 2003 S. 1), geändert am 11.07.2005 (GVOBl. M-V S. 326) a. F.; § 8b LNatSchG S-H i. d. F. v 18.07.2003 (GVOBl. Sch.-H. 2003 S. 339), geändert am 03.01.2005 (GVBl. S. 21) a. F.

1243 Art. 6a Abs. 3 BayNatSchG i. d. F. v 23.12.2005 (GVBl. 2006 S. 2); § 5 LandschaftsG NRW.

1244 Vgl. Kloepfer, Umweltrecht, S. 559 ff.; Marticke, NuR 1996, 387f.

1245 Marticke, NuR 1996, 388.

1246 I. d. F. v 11.04.1994 (Nds. GVBl. S. 155, ber. 267), geändert 27.01.2003 (Nds. GVBl. S. 39).

1247 I. d. F. v 05.02.1979 (GVBl. S. 36), geändert durch § 67 G v 28.09.2005 (GVBl. S. 387).

1248 Vgl. Marticke, NuR 1996, 388, der allerdings objektive Unmöglichkeit fordert, die jedoch selbst in den Ländern, die ausdrücklich eine Ausgleichsabgabe erheben, nicht vorausgesetzt wird.

1249 Anderer Ansicht Marticke, NuR 1996, 388.

und eine Wiedergutmachungsfunktion erfüllt. Die Abgabe ist in all diesen Fällen zweckgebunden für Maßnahmen des Natur- und Landschaftsschutzes, zu denen auch der Bodenschutz gehört, zu entrichten, im günstigsten Fall an einen eigens dafür eingerichteten Naturschutzfonds.

b) Einordnung der naturschutzrechtlichen Ersatzzahlung als Sonderabgabe eigener Art und die an sie zu stellenden Anforderungen

Die Rechtsnatur der Ersatzzahlung ist in Rechtsprechung und Literatur nicht eindeutig geklärt[1250]. Das BVerwG ordnet die naturschutzrechtliche Ersatzzahlung bzw. Ausgleichsabgabe als Sonderabgabe eigener Art ein[1251], da diese weder mit den vom BVerfG entwickelten Sonderabgaben mit Finanzierungszweck noch mit den Lenkungssonderabgaben zu vergleichen sei[1252]. Die Einordnung als Finanzierungssonderabgabe komme deswegen nicht in Betracht, weil dem Finanzierungszweck im Vergleich zu der naturschützenden Aufgabe nur untergeordnete Bedeutung zukomme. Ziel der gesetzlichen Regelung sei die „Leistung einer Entschädigung für den in Natur und Landschaft zugefügten Schaden“[1253]. Die Ersatzzahlung erfüllt nach dem BVerwG auch keine typische Lenkungsfunktion, denn sie trete nicht wahlweise an die Stelle von Ausgleichs- und Ersatzmaßnahmen, sondern werde erst dann erhoben, wenn diese vorrangigen Mechanismen nicht zu dem naturschutzrechtlich gewünschten Ziel führten[1254]. Die Lenkungsfunktion bestehe allenfalls darin, dass der Verursacher durch die Abgabe von einem Eingriff abgehalten oder zumindest angehalten wird, andere, die Natur weniger beeinträchtigende Eingriffsarten zu wählen. Das BVerwG hält deshalb eine als „Entschädigung für den erfolgten Eingriff in Natur und Landschaft konzipierte Abgabe in (finanz-) verfassungsrechtlicher Hinsicht“ für zulässig[1255]. Es nimmt aber eine zusätzliche Prüfung der naturrechtlichen Ersatzzahlung als Sonderabgabe mit Lenkungs- oder Antriebsfunktion nach den Vorgaben des BVerfG vor.

1250 Lorz/Müller/Stöckel, Naturschutzrecht, § 19 Rd. 41; Kloepfer, Umweltrecht, § 11 Rd. 106f.; BVerwGE 74, 308–314.

1251 Vgl. BVerwGE 74, 308–314 in seiner Entscheidung zu der Ausgleichsabgabe nach dem Naturschutzgesetz Baden-Württemberg; Lorz/Müller/Stöckel, Naturschutzrecht, § 19 Rd. 41.

1252 BVerwGE 74, 308 (309f.).

1253 BVerwGE 74, 308 (310).

1254 BVerwGE 74, 308 (310).

1255 BVerwGE 74, 308 (311).

Die Ersatzzahlung erfülle danach auch die Anforderungen an Lenkungsabgaben[1256]. Die Verursacher bilden eine homogene Gruppe, bei der bereits die Verursachung selbst ausreiche, um die Sachnähe der Abgabepflichtigen zu dem Erhebungszweck zu bejahen. Die Gruppennützigkeit liege in der Verwendung des Abgabeaufkommens für Zwecke des Naturschutzes und der Landschaftspflege, so dass damit nicht auszugleichende bzw. nicht ersatzfähige Eingriffe zugunsten der „Gruppe der Eingreifenden" hingenommen werden können[1257]. Schließlich würden die Mittel aus der Ersatzzahlung nicht dem allgemeinen Staatshaushalt zufließen, sondern dem Naturschutzfonds als Stiftung des öffentlichen Rechts zugeführt[1258].

Die Einordnung der Ersatzzahlung als Sonderabgabe eigener Art ist rechtlich nicht unproblematisch, da sie von der Sonderabgabenjudikatur des BVerfG teilweise abweicht[1259]. So wird in der Literatur zu dem Urteil des BVerwG die Auffassung vertreten, dass die Ersatzzahlung in ihrem Typus einer Verleihungs- bzw. Ressourcennutzungsgebühr entspricht[1260]. Dieser Auffassung kann nicht gefolgt werden[1261]. Voraussetzung hierfür wäre, dass es sich bei der naturschutzrechtlichen Ersatzzahlung um eine Vorteilabschöpfungsabgabe handelt[1262]. Es geht hierbei um die Verleihung eines besonderen Nutzungsrechts bzw. die Verschaffung eines Sondervorteils. Im Fall der naturschutzrechtlichen Ersatzzahlung wird jedoch weder ein besonderes subjektives Recht verliehen, noch ein Sondervorteil zum Zweck der Bewirtschaftung verschafft. Es handelt sich stattdessen um eine Ausgleichszahlung einer nicht vornehmbaren Kompensations- bzw. Ersatzvornahme[1263].

Die naturschutzrechtliche Ersatzzahlung ist nicht als Sonderabgabe im engeren Sinne einzuordnen. Dagegen spricht in erster Linie ihre Schadensausgleichsfunktion. Es geht um die „Wiedergutmachung" von verursachten Beeinträchtigungen

---

1256 BVerwGE 74, 308 (311 ff.).

1257 BVerwGE 74, 308 (312).

1258 BVerwGE 74, 308 (313). Vgl. hierzu § 15 Abs. 6 S. 7 BNatSchG (zweckgebunden für Maßnahmen des Naturschutzes und der Landschaftspflege) sowie beispielhaft folgende Landesbestimmungen: § 21 Abs. 5 S. 4 NatSchG BW; Art. 7 BayNatSchG; §§ 15 Abs. 2, 59 BbgNatSchG; §§ 14a Abs. 3 S. 3, 39 NatSchG Bln; § 9 Abs. 2 S. 3 HAGBNatSchG; § 12 Abs. 4 NatSchAG M-V; §§ 9 Abs. 4 S. 3, 47 SächsNatSchG; § 7 Abs. 6 S. 3 ThürNatG.

1259 Kloepfer, Umweltrecht, § 11 Rd. 107.

1260 Kloepfer, Umweltrecht, § 11 Rd. 107; Messerschmidt, DVBl. 1987, 931 ff.; Rehbinder, NuR 1989, 163.

1261 So im Ergebnis auch Gassner, DVBl. 2011, 1271.

1262 BVerfGE 93, 319 (345).

1263 Vgl. hierzu auch die Ausführungen unter Punkt D.II.2.

in Natur und Landschaft. Bei Sonderabgaben mit Finanzierungsfunktion steht die Aufgabenfinanzierung im Vordergrund[1264]. Eine solche Finanzierung ist im Rahmen der naturschutzrechtlichen Eingriffsregelung allenfalls Nebenzweck[1265]. Eine Lenkungsabgabe soll den Betroffenen zu einem bestimmten Verhalten veranlassen. Hier ist dem BVerwG zuzustimmen, dass eine derartige Lenkung mit der naturschutzrechtlichen Ersatzzahlung ebenso wenig bezweckt ist[1266] wie eine Finanzierung von naturschutzrechtlichen Belangen. Der Ersatzzahlung ist vielmehr ein mehrstufiges Verfahren vorgeschaltet, das verschiedene Maßnahmen und eine Abwägung der einzelnen Belange beinhaltet. In diesem Verfahren muss der Eingriff als zulässig genehmigt und Ausgleichs- wie Ersatzmaßnahmen nicht möglich sein. Die Abgabe dient somit nicht dazu, Anreize für die vorrangigen Kompensationsmaßnahmen zu schaffen, sondern kommt erst dann in Betracht, wenn der zulässige Eingriff weder zu vermeiden noch auszugleichen ist. Allenfalls im Verhältnis zu den vorrangig durchzuführenden Ersatzmaßnahmen kann die Höhe der Ersatzzahlung eine gewisse Lenkungsfunktion dahingehend erfüllen, dass der Verursacher doch Ersatzmaßnahmen vornimmt oder ganz auf den Eingriff verzichtet. In diesem Fall erscheint es aber äußerst zweifelhaft, dass ein Rückgriff auf Ersatzmaßnahmen erfolgt, da die Erhebung der Ersatzzahlung voraussetzt, dass Ersatzmaßnahmen nicht durchführbar sind. Ein Verzicht auf einen zulässigen Eingriff wird durch die Ersatzzahlung ebenfalls nicht bezweckt. Die Lenkungsfunktion spielt damit, ebenso wie die Finanzierungsfunktion, eine untergeordnete Rolle.

Die naturschutzrechtliche Ersatzzahlung ist damit als Sonderabgabe im weiteren Sinn einzuordnen. Entsprechend der Argumentation des BVerwG, das die Abgabe inhaltlich als Entschädigungsregelung bezeichnet, handelt es sich um eine abgabenrechtliche Sonderform. Dies korrespondiert auch mit der Sprachregelung des BNatSchG, das von einer „Ersatzzahlung" spricht und damit den Sinn und Zweck konkret benennt. Das Ersatzgeld ist darauf gerichtet, eine „durch ungleichmäßige Erfüllung von Naturalleistungen bzw. sonstige staatliche Intervention verursachte Belastungsungleichheit" zu korrigieren"[1267]. Es besitzt damit eine Ausgleichsfunktion, so dass eine klare Abgrenzung zur Steuer möglich ist.

1264 Schoch, JURA 2010, 201.

1265 So auch Sparwasser/Wöckel, NVwZ 2004, 1193.

1266 Anderer Ansicht Marticke, NuR 1996, 389 sowie Gassner, NuR 1985, 182, der jedoch zugleich die Ausgleichsabgabe als Entschädigung qualifiziert.

1267 Elicker, NVwZ 2003, 304ff.

Die naturschutzrechtliche Ersatzzahlung ist auch mit der bundesstaatlichen Finanzverfassung gemäß Art. 104a ff. GG vereinbar[1268]. Als „systemgerechter Bestandteil des naturschutzrechtlichen Instrumentariums" ist sie durch die Sachkompetenz des Gesetzgebers nach Art. 74 Abs. 1 Nr. 29 GG legitimiert[1269]. Die Höhe der Ersatzzahlung bemisst sich nach den geschätzten Kosten der Ersatzmaßnahme oder nach der Dauer und Schwere des Eingriffs bzw. dem aus ihm erwachsenden Wert[1270]. Sie hat sich am konkreten Einzelfall zu orientieren[1271]. Die Mehrzahl der Länder hat die Höhe und das Erhebungsverfahren dieser Abgabe in Rechtsverordnungen geregelt[1272]. Dieses Recht bleibt bestehen, solange der Bund nicht von seiner Ermächtigung nach § 15 Abs. 7 Nr. 2 BNatSchG Gebrauch macht und das Landesrecht nicht den übrigen Regelungen des § 15 BNatSchG im Rahmen der konkurrierenden Gesetzgebung nach Art. 72 Abs. 1, 74 Abs. 1 Nr. 29 GG widerspricht. Bei der Festlegung der Höhe der Ersatzzahlung ist der Verhältnismäßigkeitsgrundsatz zu beachten[1273]. Die Erhebung der Abgabe als Ersatz für nicht durchführbare Kompensationsmaßnahmen und ihre zweckgebundene Aufkommensverwendung ist für natur- und landschaftsschützende Maßnahmen erforderlich. Für die Geeignetheit der Ersatzzahlung spielt die Bewertungsmethode eine wichtige Rolle. Die Bewertungskriterien müssen den gesetzlichen Vorgaben und Wertungen des Bundesnaturschutzgesetzes entsprechen[1274]. Das Bundesnaturschutzgesetz gibt in § 1 Abs. 1 und 3 Nr. 2 als Schutzgüter u. a. die Leistungs- und Funktionsfähigkeit des Naturhaushalts, die Erhaltung der Böden in ihrer Funktionsfähigkeit sowie die Renaturierung bzw. natürliche Entwicklung von nicht mehr genutzten Flächen vor. Die Ausdifferenzierung dieser gesetzlichen Wertungen und ihr Verhältnis zueinander bedarf

---

1268 BVerwGE 81, 220–226.

1269 BVerwGE 81, 220 (225f.).

1270 Lorz/Müller/Stöckel, Naturschutzrecht, § 19 Rd. 42; Gassner, DVBl. 2011, 1272f., der bei dem Kriterium der Dauer und Schwere des Eingriffs die Bestimmtheit vermisst.

1271 Lorz/Müller/Stöckel, Naturschutzrecht, § 19 Rd. 42.

1272 Vgl. die entsprechenden Rechtsgrundlagen: § 21 Abs. 6 S. 1 NatSchG BW; Art. 8 Abs. 3 Nr. 2 BayNatSchG; § 34 Nr. 2 a dd) HAGBNatSchG i. V m. RVO; § 9 Abs. 6 Nr. 3 LNatSchG SH; § 9 Abs. 5 SächsNatSchG; 7 Abs. 7 S. 1 ThürNatG i. V m. ThürNatAVO.

1273 Vgl. zur hessischen naturschutzrechtlichen Ausgleichsabgabe: HessVGH Urt. v 12.02.1993, Az.: 4 UE 2744/90 und v 29.09.1994, Az.: UE 24/92.

1274 Marticke, NuR 1996, 390.

der Konkretisierung durch den Verordnungsgeber[1275]. Den Ländern steht hierbei ein erheblicher Gestaltungsspielraum zu. Enthält die Bewertung jedoch „widersprüchliche, unlogische oder nicht nachvollziehbare" Bewertungsschritte, ist die Eignung der Ersatzzahlung zu verneinen[1276]. Die Verhältnismäßigkeit im engeren Sinne verbietet eine Festsetzung, die für den Verursacher unzumutbar ist. Die Ersatzzahlung kann an Umfang und Schwere des Eingriffs ausgerichtet werden[1277]. Aus dem Übermaßverbot folgt dabei, dass keine Erdrosselungswirkung erzeugt werden darf, d. h. die Abgabe darf nicht so hoch angesetzt werden, dass ein Eingriff praktisch ausgeschlossen wird[1278].

Die Bewertung nach den - in der Praxis nicht durchführbaren - Kosten der Ersatzvornahme wird im besonderen Maße der Wiedergutmachungsfunktion der Ersatzzahlung gerecht, da regelmäßig an die tatsächlichen Kosten angeknüpft wird[1279]. Sie wird nachvollziehbar und ist damit besser zu überprüfen. Das Bundesnaturschutzgesetz und die Mehrzahl der Landesgesetze stellen jedoch ergänzend auf die Schwere des Eingriffs bzw. dem aus ihm erwachsenden Wert ab[1280]. Schwierigkeiten ergeben sich in diesen Fällen bei der Bestimmung des ökologischen Werts der in Anspruch genommenen Flächen[1281]. Hierzu gibt es verschiedene Bewertungsmethoden[1282]. Hervorzuheben sind die biotoptyporientierten Ansätze, die an den Biotoptyp anknüpfen[1283]. Der Biotoptyp erfasst die Bodenart und den Bodentyp, das Kleinklima, die Pflanzen- und die

---

1275 Vgl. die Kompensationsverordnungen sowie Hinweise zur Eingriffsregelung der Länder, insbes. ÖKVO BW v 19.12.2010 (GBl. 2010 S. 1089); Hess KV v 29.12.2010 (GVBl. I 2005, 624); SächsÖKoVO v 02.07.2008 (SächsGVBl. S. 498); Ökokonto-Verordnung ST v 21.01.2005 (GVBl. S. 24), geändert durch G v 15.06.2011 (GVBl. S. 609); ÖkokontoVO SH v 23.05.2008 (GVOBl. S. 276), geändert durch G v 06.03.2011 (GVOBl. S. 76).

1276 Marticke, NuR 1996, 390.

1277 Vgl. hierzu HessVGH Urt. v 29.09.1994, Az.: UE 24/92.

1278 Kritisch hierzu Franzius, ZUR 2010, 352, der anmerkt, dass hierdurch der Zahlende in der Regel günstiger gestellt wird als derjenige, der Kompensationsmaßnahmen durchführt.

1279 Vgl. § 15 Abs. 6 S. 2 BNatSchG. Kritisch hierzu Gassner, DVBl. 2011, 1272.

1280 Vgl. § 15 Abs. 6 S. 3 BNatSchG.

1281 Vgl. Marticke, NuR 1996, 392 m. w. N.

1282 Vgl. Teil 1 Punkt B.III.4a).

1283 Vgl. hierzu u. a. ÖKVO BW, die in ihrer Anlage 2 (Abschnitt 3) Bewertungsklassen für Bodenfunktionen verzeichnet hat. Die höchste Bewertungsklasse erreicht die Bodenfunktion „Sonderstandort für naturnahe Vegetation". Vgl. auch Teil 1 Punkt B.III.4a).

Tierwelt[1284]. Im Rahmen des Bewertungsverfahrens sind die einzelnen Eingriffstypen bzw. die festgelegten Komponenten zu bewerten.

c) Naturschutzfonds

Das Aufkommen der Ersatzzahlung ist gemäß § 15 Abs. 6 S. 7 BNatSchG zweckgebunden für „Maßnahmen des Naturschutzes und der Landschaftspflege möglichst in dem betroffenen Naturraum" zu verwenden. Das bedeutet, dass die Maßnahmen „sowohl sachlich als auch räumlich" so eng wie möglich mit den Eingriffsfolgen zusammenhängen[1285]. Hier bietet sich die Fondslösung mit ihrer Zweckbindung an. Der Naturschutzfonds dient u. a. dem vorsorgenden Bodenschutz in seinen natürlichen Funktionen und wird aus dem Aufkommen der naturschutzrechtlichen Ausgleichsabgabe gespeist. Die Mehrzahl der Länder haben auf Grundlage ihrer Naturschutzgesetze die Rechtsform der Stiftung gewählt[1286]. Beispielgebend soll auf den Naturschutzfonds Brandenburg eingegangen werden.

Der Naturschutzfonds Brandenburg ist gemäß § 59 Abs. 1 Brandenburgisches Naturschutzgesetz (BbgNatSchG)[1287] bei der obersten Naturschutzbehörde als rechtsfähige Stiftung des öffentlichen Rechts errichtet worden und steht unter der Rechtsaufsicht des Landes Brandenburg, § 59 Abs. 7 BbgNatSchG[1288]. Er verfolgt gemäß § 59 Abs. 2 Nr. 1 BbgNatSchG u. a. den Zweck, Maßnahmen zum Schutz, zur Pflege und zur Entwicklung von Natur und Landschaft durchzuführen und zu fördern und den „Aufbau von Flächen- und Maßnahmenpools für die Eingriffsregelung vorzunehmen oder zu unterstützen". Des Weiteren können „Grundstücke, die für den Naturschutz, die Landschaftspflege oder die Erholung besonders geeignet sind", erworben, langfristig gepachtet oder gefördert werden, § 59 Abs. 2 Nr. 2 BbgNatSchG. Zur Erfüllung dieser Aufgaben verwendet die Stiftung Erträge aus

---

1284 Vgl. Marticke, NuR 1996, 393.

1285 Sparwasser/Wöckel, NVwZ 2004, 1195.

1286 Vgl. u. a. die Landesbestimmungen in: § 21 Abs. 5 S. 4 NatSchG BW sowie die Stiftung Naturschutzfonds unter (Zugriff am 31.08.2011): http://www.stiftung-naturschutz-bw.de/; Art. 7 Abs. 1 BayNatSchG; §§ 15 Abs. 2, 59 BbgNatSchG; §§ 37 f. NatSchAG M-V; §§ 9 Abs. 4 S. 3, 47 SächsNatSchG.

1287 BbgNatSchG v 26.05.2004 (GVBl. I S. 350), geändert durch G v 15.07.2010 (GVBl. I S. 10).

1288 Die Verwaltung der Stiftung erfolgt durch den Stiftungsrat, der sich gemäß § 59 Abs. 5 S. 2 BbgNatSchG aus den zuständigen Fachministern bzw. den von ihnen bestimmten Vertretern, einem Landtagsmitglied des Ausschusses für Landesentwicklung und Umwelt sowie drei Vertretern der obersten Naturschutzbehörde zusammensetzt.

dem Stiftungsvermögen, zweckgebundene Zuweisungen aus dem Landeshaushalt sowie Zuwendungen Dritter[1289]. Das Nähere regelt die Satzung der Stiftung „Naturschutzfonds Brandenburg" vom 31. Mai 2006[1290]. Den Etat des Fonds füllen vor allem die Zuweisungen aus der Ersatzzahlung[1291], die insbesondere für Rodungen und Flächenversiegelungen beim Autobahnbau erhoben wird.

Das Stiftungskapital, von dem lediglich die Zinsen verwendet werden dürfen, beträgt nach der Satzung in seiner Grundausstattung 1.073.713 €[1292]. Die Vergabe der Stiftungsmittel erfolgt nach der Richtlinie über die Gewährung von Finanzhilfen des Naturschutzfonds Brandenburg zur Förderung von Maßnahmen im Bereich des Naturschutzes und der Landschaftspflege vom 14. Juni 1996, die auf dem Brandenburgischen Naturschutzgesetz sowie den §§ 23, 44 Landeshaushaltsordnung[1293] beruht[1294]. Die Gewährung der Zuschüsse muss den in § 59 Abs. 2 Nr. 1 bis 4 BbgNatSchG genannten Zweckbestimmungen entsprechen. Die Zuwendung kann nach Nummer 5.2 der Richtlinie bis zu 100 % der zuwendungsfähigen Gesamtausgaben betragen, wobei die Mindestfördergrenze bei 5.000 € liegt. Bislang sind durch den Naturschutzfonds Brandenburg vor allem Naturschutzprojekte sowie Maßnahmen der Sollrenaturierung, durch die für den Naturkreislauf wichtige Feuchtbiotope geschaffen werden sollen, gefördert worden[1295]. Viele der Projekte erfolgen in Zusammenarbeit mit der Flächenagentur Brandenburg GmbH im Hinblick auf die Entwicklung regionaler Flächenpools[1296] im Rahmen der Eingriffsregelung[1297].

1289 Das Land bringt in das Stiftungsvermögen eine einmalige Grundausstattung ein. Vgl. § 59 Abs. 4 BbgNatSchG sowie § 59 Abs. 3 Nr. 1 bis 3 BbgNatSchG.

1290 Stiftung Naturschutzfonds Brandenburg unter (Zugriff am 31.08.2011): http://www.naturschutzfonds.de/wir-ueber-uns/satzung.html.

1291 § 4 Abs. 2 Nr. 2 der Satzung.

1292 Stiftung Naturschutzfonds Brandenburg.

1293 LHO i. d. F. v 21.04.1999 (GVBl. I/99 S. 106), geändert durch G v 19.12.2011 (GVBl. I Nr. 35 S. 1).

1294 Vgl. RL unter (Zugriff am 24.11.2011): http://www.naturschutzfonds.de/fileadmin/naturschutzfonds.de/filebase/Publikationen_Downloads/Projektfoerderung/Foerderrichtlinie.pdf.

1295 Vgl. die einzelnen Projekte der Stiftung Naturschutzfonds unter (Zugriff am 24.11.2011): http://www.naturschutzfonds.de/unsere-arbeit/stiftungsprojekte.html.

1296 Diese werden allerdings bei Inanspruchnahme vom Vorhabenträger refinanziert.

1297 Stiftung Naturschutzfonds Brandenburg.

d) Ergebnis

Die naturschutzrechtlichen Ersatzzahlungen werden für nicht kompensierbare Eingriffe in Natur und Landschaft erhoben und deren Aufkommen gemäß § 15 Abs. 6 S. 7 BNatSchG zweckgebunden für Maßnahmen des Naturschutzes und der Landschaftspflege verwendet. Darin liegt auch ihre Bedeutung für den vorsorgenden Bodenschutz. Zu den wesentlichen Zielsetzungen des Naturschutzes gehören der Erhalt der Böden in ihrer natürlichen Funktion sowie die weitgehende Vermeidung der Inanspruchnahme bislang unversiegelter Flächen. Diese Zielsetzungen können mit Hilfe der zweckgebundenen Verwendung der Ersatzzahlung unterstützt werden. Die Anwendung bereitet aufgrund langjähriger Verwaltungserfahrungen kaum noch Probleme. Die naturschutzrechtlichen Ersatzzahlungen sind zugleich ein Beispiel für eine sinnvolle Kombination des Abgaben- mit dem Planungsrecht im Interesse eines wirksamen Bodenschutzes.

Bei ihrer Erhebung und Bemessung ist allerdings darauf zu achten, dass keine sog. „Flucht" in die naturschutzrechtliche Ersatzzahlung erfolgt, wenn es für den Verursacher attraktiver wird, anstelle der notwendigen Kompensations- und Ersatzmaßnahmen die Abgabe zu zahlen. Zu niedrig angesetzte oder verschwommene Bewertungsmaßstäbe können ebenfalls zu einer solchen Verzerrung führen. In diesem Zusammenhang ist zu überprüfen, ob den vorrangig anzuwendenden Maßnahmen der Eingriffsregelung auch wirklich der Vorrang eingeräumt wird und es zu keiner Verwischung dieser Verfahrensmaßstäbe bei der Genehmigungserteilung kommt. Bodenschützende Aspekte, wie der Erhalt der Bodenqualität oder die Erhaltung zusammenhängender Flächen, sollten noch stärker in die Bewertung mit eingehen. Wenn diesen Punkten in genügender Weise Rechnung getragen wird, können die naturschutzrechtlichen Ersatzzahlungen ihre Funktion in der ihnen zugedachten Weise erfüllen.

3. Die Erhebung einer Versiegelungsabgabe

Auf der Suche nach Lösungen für eine Reduzierung des Flächenverbrauchs wurde die Einführung einer sog. Versiegelungsabgabe kontrovers diskutiert[1298], allerdings

1298 Vgl. bejahend: Cames et al., ZfU 1999, 243–269; Bizer/Linscheidt, ZfU 1999, 235 ff.; Ekardt, VR 2001, 399; Umweltrat, Umweltgutachten 2000, S. 5f.; Enquete-Kommission, Abschlussbericht 1998; Bundestagswahlprogramm 1998 v Bündnis 90/Die Grünen, Umwelt- und Naturschutz sowie deren Positionspapier zum Flächenverbrauch 2005 unter (Zugriff am 04.04.2011): http://www.toni-hofreiter.de/dateien/Positionspapier_Flaechenverbrauch.pdf; Timm/Seiche, Eckpunktepapier BUND;

ist es in letzter Zeit still um sie geworden[1299]. In der Praxis hat sie im Rahmen des Baugenehmigungsverfahrens nach der Bauordnung des Landes Berlin auf Grundlage der *Bodenversiegelungsausgleichsverordnung* bis zum 1. Januar 1998 für anderthalb Jahre Anwendung gefunden[1300]. Mit in Kraft treten der Baurechtsnovelle 1998[1301] entfiel die Rahmenbestimmung, auf der diese Verordnung beruhte, so dass die Bodenversiegelungsausgleichsverordnung wieder aufgehoben wurde[1302]. Mit Hilfe der Bodenversiegelungsausgleichsverordnung war es möglich, viele Bauvorhaben ökologischer zu gestalten, beispielsweise durch minimale Versiegelungen und einen hohen Begrünungsgrad[1303]. Die Abgabe wurde erst dann erhoben, wenn der Bauherr die erforderlichen ökologischen Maßnahmen nicht ausführen konnte, folglich subsidiär. Ihr Aufkommen wurde in diesem Fall zweckgebunden für andere ökologische Maßnahmen eingesetzt. Sie war als Antriebs- und Ausgleichsabgabe ausgestaltet und fand im beplanten Bereich im Rahmen des Baugenehmigungsverfahrens gemäß der Bauordnung des Landes Berlin ihre Anwendung. Obwohl die Dauer dieser Abgabe relativ kurz war, um ausreichende Rückschlüsse daraus ziehen zu können, wurden die mit ihr gemachten Erfahrungen, vor allem aufgrund des persönlichen Kontakts mit dem Bauherrn, positiv bewertet[1304].

a) Finanzverfassungsrechtliche Voraussetzungen der Erhebung

Die Neuversiegelungsabgabe ist in Abgrenzung zur Versiegelungsgebühr als Sonderabgabe mit Lenkungsfunktion zu qualifizieren. Ziel beider Abgabenformen ist die Reduzierung der weiteren Flächeninanspruchnahme. Sie verfolgen jedoch einen unterschiedlichen Erhebungszweck. Während die Versiegelungsgebühr für die Gewährung eines Vorteils in Form der Nutzung eines Allgemeinguts erhoben

verneinend: Heintz, BauR 1995, 1–20; Haack, BWGZ 1996, 38–39; Schliepkorte/Stemmler, BBauBl 1996, 827–832; Preisler-Holl et. al., Eingriffsregelung.

1299 Die BReg sieht in ihrer Antwort auf die KA der Fraktion BÜNDNIS 90/Die Grünen, Drs. 17/8478, S. 12 keine Rechtfertigung für eine zusätzliche bundesweite Abgabe, begründet dies aber nicht näher.

1300 VO über Geldleistungen zum Ausgleich von Bodenversiegelung und Vegetationsverlust (Bodenversiegelungsausgleichsverordnung), in Kraft getreten am 18.04.1996, geändert am 04.07.1997.

1301 Gesetz v 18.08.1997 (BGBl. I, S. 2081); Bekanntmachung der ab 01.01.1998 geltenden Fassung am 03.09.1997 (BGBl. I, S. 2141).

1302 Cloos, Landschafts- und Artenschutzprogramm, S. 24.

1303 Cloos, Landschafts- und Artenschutzprogramm, S. 24.

1304 Cloos, Landschafts- und Artenschutzprogramm, S. 24.

wird[1305], beruht die Sonderabgabe auf der Grundlage einer besonderen Gruppenverantwortung bzw. rechtfertigt sich aus einer zugrundeliegenden Ausgleichsfunktion.

Aus finanzverfassungsrechtlicher Sicht ist die Erhebung der Neuversiegelungsabgabe vor allem an das Gebot der Abgabengerechtigkeit in Form der Belastungsgleichheit als Ausprägung des allgemeinen Gleichheitsgrundsatzes des Art. 3 Abs. 1 GG gebunden[1306]. Dieser allgemeine Grundsatz gilt insbesondere auch für Sonderabgaben, da diese ohne individuelle Gegenleistung erhoben werden[1307]. Soweit die Sonderabgabe als Lenkungsabgabe ausgestaltet wird, d. h. sie wird nicht subsidiär für Ausgleichszwecke erhoben, setzt sie zunächst voraus, dass eine homogene Gruppe betroffen ist, die durch eine gemeinsame Interessenlage oder durch besondere gemeinsame Gegebenheiten von der Allgemeinheit oder anderen Gruppen abgrenzbar ist[1308]. Hieraus muss der Gruppe eine besondere Verantwortung für die Erfüllung der mit der Abgabe zu finanzierenden Aufgabe zukommen[1309]. Ein Allgemeininteresse reicht nicht aus, stattdessen muss eine Sachnähe zu der zu finanzierenden Aufgabe gegeben sein[1310]. Umwelt- und Bodenschutz liegen zwar grundsätzlich im allgemeinen Interesse; vorliegend werden jedoch durch die Gruppe der Bauwilligen selbst Eingriffe in den Bodenschutz vorgenommen. Die erforderliche Sachnähe liegt bereits dann vor, wenn sich die zu finanzierende Aufgabe aus der „Verantwortlichkeit der Gruppenangehörigen für die Folgen gruppenspezifischer Zustände und Verhaltensweisen ergibt."[1311] Bei der Bestimmung des Abgabenmaßstabes obliegt dem Gesetzgeber ein durch Typisierung und Pauschalisierung geprägter weitreichender Gestaltungsspielraum, der jedoch auf sachgerechten Erwägungen beruhen muss[1312]. Hinzu kommt, dass die Neuversiegelungsabgabe im Hauptzweck die Lenkung eines bestimmten Verhaltens beinhaltet, was bei der Festlegung des Maßstabs ebenfalls zu berücksichtigen ist.

1305 Siehe hierzu Punkt D.II.
1306 BVerwGE 133, 165 (179f.).
1307 BVerwGE 133, 165 (180).
1308 Lang, in Tipke/Lang, § 3 Rd. 25.
1309 Lang, in Tipke/Lang, § 3 Rd. 26.
1310 BVerfGE 91, 186 (205f.).
1311 OVG RP, Urt. v 08.12.2010, Az.: 8 A 10882/10, Rd. 57; Ossenbühl, DVBl. 2005, 671f.
1312 BVerwGE 133, 165 (180).

Die künftigen Nutzer baulicher Anlagen, in der Regel die Eigentümer[1313], bilden eine homogene Gruppe, bei der bereits die Verursachung in Form der Versiegelung bislang ungenutzter Flächen ausreicht, um die Sachnähe der Abgabepflichtigen zu dem Erhebungszweck zu bejahen. Grundlage für die besondere Verantwortlichkeit ist die Sicherung der Erhaltung natürlicher unversiegelter Flächen, für die die Verantwortlichen in die Pflicht genommen werden. Das Erfordernis der gruppennützigen Verwendung sieht vor, dass die Abgabe unmittelbar oder mittelbar überwiegend im Interesse der Gruppe der Abgabepflichtigen zu verwenden ist[1314]. Eine Lockerung erfährt dieses Erfordernis bei Sonderabgaben mit Lenkungsfunktion, da Anlass der Abgabe nicht die Finanzierung einer besonderen Aufgabe ist[1315]. Die Gruppennützigkeit liegt in der Verwendung des Abgabeaufkommens für Zwecke des Boden- bzw. des Hochwasserschutzes, so dass die weitere Bodenversiegelung zugunsten der Verursacher eher hingenommen werden kann[1316]. Denkbar wäre auch eine zweckgebundene Mittelverwendung für Entsiegelungstätigkeiten zugunsten der Schaffung von naturbelassenen Flächen. Die sachgerechte Verknüpfung zwischen den durch die Sonderabgabe bewirkten Belastungen und der Begünstigung, neue Flächen in Anspruch zu nehmen, ist damit gegeben.

Die Neuversiegelungsabgabe ist auch mit Art. 14 Abs. 1 S. 2 GG vereinbar. Der Schutz der Eigentumsgarantie ist dann berührt, wenn ein Eingriff in ein konkretes vermögenswertes Recht vorliegt[1317]. In der Zukunft liegende Chancen und Verdienstmöglichkeiten werden hiervon nicht umfasst. Ein Eingriff könnte darin liegen, dass zukünftig die Bebauung eines Grundstückes nur in Zusammenhang mit der Entrichtung einer Neuversiegelungsabgabe genehmigt wird. Dies könnte zu Einschränkungen des Nutzungsrechtes des Grundstückseigentümers führen, wenn dieser die Abgabe nicht zahlt bzw. nicht zu zahlen in der Lage ist. Grundsätzlich berühren Geldleistungspflichten nicht die Eigentumsgarantie nach Art. 14 Abs. 1 GG, es sei denn, der Pflichtige wird übermäßig belastet, so dass eine Existenzgefährdung zu befürchten ist[1318]. Bei der Bestimmung der Höhe der Versiegelungsabgabe ist eine derartige Belastung daher zu vermeiden. Ob es in Einzelfällen soweit kommt, dass der bauwillige Eigentümer oder Besitzer eines Grundstücks

---

1313 Ekardt, Zertifikatsmärkte, S. 399.

1314 Lang, in Tipke/Lang, § 3 Rd. 27.

1315 Lang, in Tipke/Lang, § 3 Rd. 29; HessVGH Urt. v 14.07.2009, Az.: 3 A 1584/08, Rd. 37.

1316 Cames et al., ZfU 1999, 265.

1317 BSG Urt. v 29.04.2010, Az.: B 3 KR 11/09 R, Punkt 5 c) ff) 6.

1318 BVerfGE 14, 221 (241); BVerfGE 70, 219 (230).

finanziell nicht in der Lage sein sollte, die Neuversiegelungsabgabe zu zahlen, erscheint vor dem Hintergrund der erheblichen notwendigen finanziellen Aufwendungen, die mit einem Bauvorhaben verbunden sind, eher unwahrscheinlich. In Einzelfällen kann aber unverhältnismäßigen Härten durch Billigkeitsmaßnahmen begegnet werden[1319].

Die Berufsausübungsregelung des Art. 12 Abs. 1 GG ist nicht tangiert, da die Neuversiegelungsabgabe nicht in die individuelle Erwerbs- und Leistungsfähigkeit[1320] eingreift. Eine Verletzung des Art. 2 Abs. 1 GG, der auch die wirtschaftliche Betätigungsfreiheit umfasst, scheidet ebenfalls aus, da es bereits an dem Eingriffscharakter fehlt. Die freie Entfaltung der Unternehmer wird hierdurch nicht tangiert. Schließlich kann der Bürger grundsätzlich nicht darauf vertrauen, dass der Gesetzgeber von der Erhebung zusätzlicher Abgaben absieht[1321].

b) Anwendungsbereich der Neuversiegelungsabgabe

Die Finanzverfassung sieht die Erhebung von Sonderabgaben nicht vor, verbietet diese aber explizit auch nicht. Die Gesetzgebungskompetenz obliegt gemäß Art. 70 ff. GG den Ländern, soweit der Bund nicht tätig geworden ist. Im Bereich des Bauplanungsrecht hat der Bund nach Art. 74 Abs. 1 Nr. 18 i. V. m. Art. 72 Abs. 1 GG von seiner Zuständigkeit Gebrauch gemacht. Die Bauleitplanung ist im Baugesetzbuch des Bundes geregelt, mit der die künftige bauliche oder sonstige Nutzung von Grundstücken vorbereitet wird. Bei dem erforderlichen Abwägungsprozess sind auch die Belange des Umweltschutzes, die u. a. die Begrenzung der Flächenversiegelung umfassen, zu berücksichtigen. Voraussichtlich erhebliche Beeinträchtigungen der Leistungs- und Funktionsfähigkeit des Naturhaushalts sind durch geeignete Darstellungen und Festsetzungen nach § 1 a Abs. 3 i. V. mit §§ 5, 9 BauGB auszugleichen. Nicht geregelt ist die Möglichkeit einer Versiegelungsabgabe. Die Erhebung einer Versiegelungsabgabe sollte im Rahmen des Bauordnungsrechts erfolgen. Dieser Bereich liegt nach Art. 70 Abs. 1 GG in der ausschließlichen Gesetzgebung der Länder. Sinnvollerweise sollte die Erhebung an die Erteilung der Genehmigung gekoppelt werden. Bei genehmigungsfreien Vorhaben, die zu einer Versiegelung führen, wäre die Abgabe nach Kenntniserlangung der zuständigen Behörde zu erheben. Bauliche Anlagen, bei denen die Versiegelungsfläche nur sehr gering ist[1322] und bauliche

1319 BFH Urt. v 25.04.2001, Az.: II R 14/98, Rd. 54.

1320 BVerfGE 85, 360 (383).

1321 BVerfGE 63, 312 (331).

1322 Hierzu zählen in der Regel Flächen unter 10 qm.

Anlagen, die aufgrund gesetzlicher Auflagen versiegelt werden müssen, sollten von der Versiegelungsabgabe befreit sein[1323]. Soweit es zu einer im Zuge von Baumaßnahmen durchgeführten Entsiegelung kommt, könnte diese mit der Neuversiegelung saldiert werden[1324].

Der Anwendungsbereich der Neuversiegelungsabgabe bleibt auf den Siedlungsbereich beschränkt, für den Außenbereich gilt die naturschutzrechtliche Ausgleichsregelung, welche ihrerseits die Erhebung einer Ersatzzahlung vorsieht[1325]. Das Verhältnis der naturschutzrechtlichen Eingriffsregelung zum Baurecht war bis zur Novellierung des Baugesetzbuchs im Jahr 1998 und dem Naturschutzrecht im Jahr 2002[1326] nicht eindeutig geregelt[1327]. Mit der Novelle des Bundesnaturschutzgesetzes 2002 wurde in § 21, der in § 18 der aktuellen Fassung seine Fortführung findet, ausdrücklich der Anwendungsbereich der naturschutzrechtlichen Eingriffsregelung festgelegt. Danach findet die Eingriffsregelung gemäß § 18 Abs. 2 S. 1 BNatSchG keine Anwendung auf Vorhaben in Gebieten mit Bebauungsplänen, während der Planaufstellung und auf den Innenbereich. Der Ausgleich richtet sich für diese Gebiete nach § 1 a Abs. 3 i. V. mit §§ 5, 9 BauGB. Die Gemeinden haben danach die Anliegen der naturschutzrechtlichen Eingriffsregelung zu berücksichtigen sowie mögliche Ausgleichsmaßnahmen im Rahmen der Bauleitplanung in Betracht zu ziehen, um den status quo von Natur und Landschaft so weit wie möglich zu erhalten[1328]. Um eine Doppelbelastung zu vermeiden, ist bei der Refinanzierung für durchgeführte Ausgleichsmaßnahmen der Gemeinde nach § 135a Abs. 3 BauGB die Versiegelungsabgabe nicht zu erheben. Für Vorhaben im Außenbereich sowie für Bebauungspläne, soweit sie eine Planungsfeststellung ersetzen, bleibt die Eingriffsregelung gemäß § 18 Abs. 2 S. 2 BNatSchG anwendbar.

1323 Cames et al. ZfU 1999, 265.

1324 Cames et al. ZfU 1999, 265.

1325 Vgl. hierzu die vorhergehenden Ausführungen.

1326 Novelle v 01.02.2002, BT-Drs. 14/7469 v 14.11.2001 sowie BT-Drs. 14/8095 v 29.01.2002; Gesetz über Naturschutz und Landschaftspflege (BNatSchG) v 25.03.2002.

1327 BGBl. I S. 466. Vgl. zum damaligen Diskussionsstand: Peine, in: Carlsen (Hrsg.); Lange, DÖV 1994, 313–320; Metz, BauR 1996, 610–622; Kuchler, NuR 1994, 209–218.

1328 Krautzberger, in: Ernst/Zinkahn/Bielenberg, § 1a Rd. 71f.

c) *Höhe der Neuversiegelungsabgabe*

In Bezug auf die festzulegende Höhe der Neuversiegelungsabgabe wurden von *Cames et al.* zwei Varianten untersucht[1329]. Variante 1 geht von einem Abgabensatz von rd. 12,8 €/qm versiegelter Fläche aus. Dieser Abgabensatz entspricht dem Grundbetrag, der in der Berliner Bodenversiegelungsausgleichsverordnung für die Versiegelung von Flächen zwischen 30 qm und 200 qm erhoben wurde. Bei dieser Höhe wird erwartet, dass es bei Erhebung der Abgabe zu einer Verringerung der Neuversiegelung zwischen 64,6 ha und 213,7 ha bzw. 2,2 % und 7,3 % der jährlich neuversiegelten Fläche kommt[1330]. Die jährliche Aufkommenshöhe wird zwischen 366,6 und 375,8 Mio. € angegeben.

In *Variante 2* wird ein Abgabensatz in Höhe von rd. 51 €/qm gewählt. Danach lägen bei Erhebung die entsprechenden Werte zwischen 165,7 und 423,4 ha bzw. 5,6% und 14,4 %, mit denen sich das wahrscheinliche Abgabenaufkommen abschätzen lässt[1331]. Das jährliche Aufkommen aus der Abgabe würde in diesem Fall zwischen 1,35 und 1,48 Mrd. € liegen und damit sehr hoch sein.

Im Hinblick darauf, dass die Abgabenvariante 2 zu erheblichen Belastungen bei gewerblichen und privaten Neuansiedlungen, vor allem im Zusammenspiel mit anderen Abgabenerhebungen führen würde, ist die erste Variante zu bevorzugen. Ein höherer Abgabensatz führt zwar zu einem stärkeren Anreiz, Neuansiedlungen zu unterlassen; allerdings kann hier bereits die Schwelle der Zumutbarkeit überschritten sein.

Bei der Bemessung der Abgabe ist auch die Leistungsfähigkeit des Einzelnen zu berücksichtigen, um die Lastengleichheit und den existenznotwendigen Bedarf zu gewährleisten[1332]. Die Abgabenlast darf nicht dazu führen, dass Neuansiedlungen nur in Ausnahmefällen möglich werden. Das Abgabenrecht soll als „Überbringer umweltschützender Verhaltensanordnungen" dienen, nicht jedoch verbindliche Verhaltungsanordnungen treffen. Zudem handelt es sich bei der Neuversiegelungsabgabe um eine Lenkungs- und nicht um eine Finanzierungsabgabe, d. h. der Finanzierungszweck darf nur untergeordnete Bedeutung haben.

Daneben besteht die Sorge, dass Neuinvestoren ausbleiben. Zur Entlastung der Unternehmen wird deshalb eine Abgabenbefreiung für solche Flächen, die

---

1329 Cames et al. ZfU 1999, 265f.

1330 Cames et al. ZfU 1999, 265.

1331 Cames et al. ZfU 1999, 265.

1332 BVerfGE 55, 274 (302); 82, 60 (83ff.); 82, 198 (206ff.). Vgl. auch Deutscher Juristentag, DVBl. 2000 S. 1680f.

vorwiegend der gewerblichen Nutzung dienen sollen, vorgeschlagen[1333]. Derartige Ausnahmen führen jedoch zu Ungleichgewichtungen zwischen den Belasteten und laufen dem Sinn und Zweck der Abgabe zuwider. Gerade gewerbliche Neuansiedlungen „auf der grünen Wiese" sind für den zunehmenden Flächenverbrauch verantwortlich. Aus diesem Grund wäre es sinnwidrig, gerade diese Neuansiedlungen aus der Abgabe herauszunehmen. Ein niedriger angesetzter Abgabensatz, mit dem eine gleichmäßige Verteilung auf alle Neuversiegelungen gewährleistet wird, entspricht damit eher den Erfordernissen einer Neuversiegelungsabgabe.

d) Ergebnis

Zusammenfassend ist festzustellen, dass die Neuversiegelungsabgabe als Lenkungsinstrument eines vorsorgenden Bodenschutzes in den Ländern durchaus Anwendung finden sollte. Durch sie können Anreize einer besseren Ausnutzung der in Anspruch genommenen Flächen durch Planung von Gebäuden mit geringerem Flächenverbrauch und durch die Minimierung der Versiegelung von Nebenflächen gesetzt werden[1334]. Dies wird durch die Beispielrechnung bei *Cames et. al.* nachvollziehbar belegt[1335]. Bei der Bemessung der Abgabenhöhe ist jedoch der Verhältnismäßigkeitsgrundsatz zu beachten. Die Mittel aus der Erhebung der Neuversieglungsabgabe können zweckgebunden für die Förderung von Entsiegelungsmaßnahmen, z. B. in einer Fondsstruktur[1336], verwendet werden.

Die ebenfalls diskutierte Altversiegelungsabgabe, die auf bereits versiegelte Flächen zu erheben wäre, ist dagegen als Lenkungsinstrument eines vorsorgenden Bodenschutzes abzulehnen. Die Abgabe kann keine Lenkungswirkungen zur Verringerung des Flächenverbrauchs hervorrufen, da sie sich lediglich auf versiegelte Flächen beschränkt und die Inanspruchnahme neuer Flächen nicht zu verhindern vermag. Soweit Anreize im Hinblick darauf angenommen werden, dass Abdeckungen von Straßen und Wegen bzw. Höfen entfernt werden[1337], kann diesem Erfordernis durch ordnungsrechtliche Maßnahmen effektiver begegnet werden. Hierbei handelt es sich auch nicht um eine Versiegelung, unter der „jede auf Dauer gedachte, künstliche Oberflächenabdichtung des Bodens" verstanden wird[1338]. Es fehlt somit

1333 Cames et al. ZfU 1999, 266.
1334 Vgl. auch Umweltrat, Umweltgutachten, S. 5f.
1335 Cames et al. ZfU 1999, 265.
1336 Vgl. zu den Fondslösungen Punkt E.II.
1337 So aber Vorschlag des Umweltrates, S. 5.
1338 Schönfeld, in: Oerder/Numberger/Schönfeld, § 5 Rd. 9.

bereits an der Zweckmäßigkeit einer solchen Abgabe. Zudem werden gegenüber der Altversiegelungsabgabe eine Bodenwertsteuer, eine Boden- und Gebäudewertsteuer bzw. das Verkehrswertmodell den Erfordernissen eines wirksamen Bodenschutzes weitaus eher gerecht.

IV. Ergebnis

Der Anwendungsbereich von Sonderabgaben ist aus verfassungsrechtlichen Gründen sehr begrenzt. Es handelt sich um außerfiskalische Abgaben, die engen verfassungsrechtlichen Voraussetzungen unterliegen. Für den Boden sind drei Sonderabgaben diskutiert worden: die Sonderabfallabgabe, die naturschutzrechtliche Ersatzzahlung und die Neuversiegelungsabgabe. Die Sonderabfallabgaben, die von einigen Ländern für besonders überwachungsbedürftige Abfälle erhoben wurden und deren Aufkommen teilweise der Altlastensanierung zugutekam, sind durch das BVerfG für verfassungswidrig erklärt worden[1339]. Die Verfassungswidrigkeit ergab sich aus dem Widerspruch der abgabenrechtlichen Lenkung der Abfallabgabengesetze zu dem im Bundes-Immissionsschutzrecht geregelten Kooperationsprinzip. Den Ländern ging damit ein wichtiges Finanzierungsinstrument der Altlastensanierung verloren.

Bei der naturschutzrechtlichen Ersatzzahlung handelt es sich um ein anerkanntes und nunmehr in das BNatSchG aufgenommenes Abgabeninstrument im Rahmen der naturschutzrechtlichen Eingriffsregelung. Die Rechtsnatur ist nicht ganz geklärt. Das BVerwG hat die Ersatzzahlung als Sonderabgabe eigener Art ausgelegt[1340]. Das Aufkommen der Ersatzzahlung wird zweckgebunden für natur- und landschaftsschützende Maßnahmen verwendet und kommt somit auch dem Bodenschutz zugute. Unmittelbar bodenschützende Lenkungswirkungen entfaltet die Abgabe nicht, da sie erst bei Eingriffen, z. B. in den Bodenschutz, erhoben wird.

Die Neuversiegelungsabgabe soll zum einen Lenkungswirkungen hin zu weniger Versiegelungen entfalten, zum anderen würde ihr Aufkommen zweckgebunden flächenschützenden Maßnahmen zugeführt. In der Praxis wurde sie auf Grundlage der Bodenversiegelungsausgleichsverordnung des Landes Berlin, allerdings nur für kurze Zeit, erhoben. Aus finanzverfassungsrechtlicher Sicht wäre sie zulässig und könnte auf der Grundlage der Bauordnungen im Rahmen des Genehmigungsverfahrens erhoben werden. Sie stellt eine ernstzunehmende Abgabenform für den Bodenschutz dar.

1339 BVerfGE 98, 83–105.

1340 BVerwGE 74, 308–314.

F. Zertifikatslösung – Ergänzung oder Alternative zum Abgaben- und Planungsrecht

Als Pendant zu den Umweltabgaben werden, vor allem in der Wirtschaftswissenschaft, Zertifikatslösungen diskutiert[1341] und haben mittlerweile Eingang in die Praxis gefunden. Sie lassen sich auf das sog. „Coase-Theorem" zurückführen, das bestehende Umweltprobleme über die Vergabe von Eigentumsrechten zu regeln versucht[1342]. Dieses Theorem setzt eine klare Spezifizierung der Eigentumsrechte voraus, die übertragbar und dadurch handelbar sind und keine Transaktionskosten verursachen. Die Idee der Umweltzertifikate wurde von *Th. D. Crocker* und *J. H. Dales* als Maßnahme gegen die fortschreitende Luftverschmutzung entwickelt[1343]. Daneben gibt es aber auch Überlegungen, die Möglichkeiten der Umweltzertifikate zur Verringerung der Flächeninanspruchnahme zu nutzen[1344]. Im Folgenden wird ein kurzer Überblick zu der Praxis und den Rahmenbedingungen bei Emissionszertifikaten gegeben, bevor auf die sog. Flächenzertifikate und ihre Anwendbarkeit auf den Boden eingegangen wird.

I. Begriff und Rechtsnatur der Emissionszertifikate[1345]

Der Vorschlag von *Dales* sieht eine Institutionalisierung von Märkten für Umweltzertifikate vor, bei denen der Staat eine Höchstmenge für die Emission eines bestimmten Schadstoffes in einer bestimmten Region festlegt[1346]. Die festgelegte Gesamtmenge wird in viele Teilmengen gespalten, die in Form von übertragbaren, d. h. handelbaren Umweltzertifikaten verbrieft werden. In rechtlicher Hinsicht stellt das Emissionszertifikat den übertragbaren Anspruch bzw. das übertragbare subjektive Recht auf eine nach Art und Ausmaß definierte Emission

---

1341 Weise, in: Libbe (Hrsg.), S. 57–70; Bizer, Flächenausweisungsrechte, S. 286.

1342 Vgl. zum Coase-Theorem Weimann, Umweltökonomik, S. 22 ff.

1343 Vgl. Kemper, S. 41. Die Definition gilt für den Anwendungsfall der Luftreinhaltung, ist aber durchaus auf die Wasserwirtschaft übertragbar.

1344 Ritter, DÖV 2009, 425–434; Senftleben, ZUR 2008, 64–72; Bovet, NuR 2006, 473–479; SRU, Umweltgutachten 2004, S. 169 ff.; Kriese, S. 297–306; Fortschrittsbericht der BReg 2008, S. 203; Weise, in: Libbe (Hrsg.), S. 57–70.

1345 Als weitere Synonyme werden für diesen Begriff „Umweltlizenzen" oder „Verschmutzungsrechte" verwendet.

1346 Kabelitz, S. 190.

dar[1347]. Zur Emission ist nur berechtigt, wer im Besitz einer entsprechenden Menge von Zertifikaten ist. Auf diese Weise soll ein Markt für Emissionen bzw. daran bestehenden Eigentumsrechten entstehen, in dem der Preis einer Emissionseinheit endogen bestimmt wird[1348].

1. Rahmenbedingungen für die Emissionszertifikate

Auf der dritten Vertragsstaatenkonferenz zur Klimarahmenkonvention in Kyoto im Jahre 1997 wurde für die Reduzierung von Treibhausgasemissionen als besonderes Instrument der Handel mit Emissionszertifikaten hervorgehoben[1349]. Die Fortführung einer zweiten Verpflichtungsperiode des Kyoto-Protokolls ist auf der UN-Klimakonferenz von Doha Ende 2012 vereinbart worden[1350]. Die Europäische Union hat sich nach dem Protokoll verpflichtet, ihre Treibhausgasemissionen in dem Zeitraum 2008 bis 2012 um 8 % gegenüber dem Stand von 1990 zu senken[1351]. In Umsetzung dieses Ziels haben das Europäische Parlament und der Rat der Europäischen Union am 13. Oktober 2003 die Richtlinie 2003/87/EG über ein System für den Handel mit Treibhausgasemissionszertifikaten in der Europäischen Union und zur Änderung der Richtlinie 96/61/EG des Rates[1352] erlassen, die bis zum 1. Januar 2005 durch die

---

1347 Vgl. bereits Blankenagel, in: Wenz/Issing/Hofmann (Hrsg.), S. 78.

1348 Weimann, Umweltökonomik, S. 158.

1349 Kyoto-Protokoll. Dieses Protokoll umfasst eines der wichtigsten Ergebnisse der internationalen Klimaschutzpolitik der letzten Jahre. Neben dem Handel mit Emissionszertifikaten wurden als neue Mechanismen die „Joint Implementation" (Investition in ein Emissionsreduktionsprojekt in einem anderen Industriestaat), der „Clean Development Mechanism" (Joint Implementation für Entwicklungsländer) sowie die Einbeziehung von bestimmten Senken für Kohlendioxid (insbesondere durch Einbeziehung der Forstwirtschaft für den Klimaschutz) festgeschrieben.

1350 UN-Klimakonferenz von Doha vom 26. November bis 7. Dezember 2012, die in ihren Ergebnissen kritisch beurteilt wird. Das Kyoto-Protokoll wird ab 1. Januar 2013 verlängert mit dem Ziel der Unterzeichnerstaaten, bis 2020 ihre Emissionen an Treibhausgasen um 25 bis 40 % zu reduzieren. Vgl. die einzelnen Presseverlautbaren sowie das UNFCC-Dokument (Zugriff am 10.12.2012): http://unfccc.int/files/meetings/durban_nov_2011/decisions/application/pdf/awgkp_outcome.pdf.

1351 Vgl. hierzu die Gründe (Punkt 4) der nachfolgende RL.

1352 In der durch die RL 2004/101/EG des EP und des Rates v 27.10.2004 geänderten Fassung (ABl. L 275/32). Dieser RL liegt das im März 2000 von der Kommission verabschiedete „Grünbuch zum Handel mit Treibhausgasemissionen" v 08.03.2000 zugrunde. Vgl. auch KOM (2000) 88 endg. v 08.03.2000.

Mitgliedstaaten umzusetzen war[1353]. Das Handelssystem der Emissionsrechte beinhaltet drei Handelsperioden: In den ersten beiden Phasen liegt es im Ermessen der Mitgliedstaaten, den Zertifikatsmarkt zu steuern (Testphase von 2005 bis 2007 und Phase 2 von 2008 bis 2012), ab der dritten Phase wird die Vergabe zentral von der Europäischen Kommission geregelt und das Modell der Versteigerung als Grundprinzip der Zuteilung angewandt[1354]. Bislang sind die Mehrzahl der Zertifikate im Rahmen der Erstzuteilung kostenfrei auf der Grundlage bisheriger Emissionen zugeteilt worden, nur etwa 4 % der Emissionsrechte aller Mitgliedstaaten wurden versteigert[1355]. In der Bundesrepublik werden seit Anfang 2010 Versteigerungen mit einer durchschnittlich jährlichen Menge von 40 Mio. € (rund 9% des Gesamtvolumens) durchgeführt[1356]. Ziel der Europäischen Union ist es, ihrer Verpflichtung, die Treibhausgase bis 2020 gegenüber dem Niveau von 1990 um mindestens 20 % zu verringern, in effektiver Weise nachzukommen[1357]. Die Einführung wird im Hinblick auf die Erreichung der Klimaschutzziele von der Europäischen Kommission trotz erheblicher Preisschwankungen überwiegend positiv bewertet[1358]. Der Einsatz der Emissionszertifikate führt mittel- bis langfristig auch dazu, dass sich der Eintrag von bestimmten Schadstoffen über den Luftpfad[1359] in den Boden verringert und hat damit auch Anteil am qualitativen Bodenschutz.

2. Finanzverfassungsrechtliche Einordnung

Das Treibhausgas-Emissionshandelsgesetz[1360] (TEHG) in der Fassung vom 21. Juli 2011 bildet in Deutschland die gesetzliche Grundlage für den Handel mit

---

1353 Vgl. zu der RL aus deutscher Sicht: Schlüter, NVwZ 2003, 1213–1215. Siehe hierzu auch die Entscheidung des EuGH zum Gleichheitsgrundsatz in: NVwZ 2009, 382 ff.

1354 Chlistalla/Zähres, S. 5, 8; Ziffer 19 der RL 2009/29/EG zur Änderung der RL 2003/87/EG zwecks Verbesserung und Ausweitung des Gemeinschaftssystems für den Handel mit Treibhausgasemissionszertifikaten sowie die VO (EU) Nr. 1031/2010 v 12.11.2010 über den zeitlichen und administrativen Ablauf sowie sonstige Aspekte der Versteigerung von Treibhausgasemissionszertifikaten gemäß der RL 2003/87/EG.

1355 Chlistalla/Zähres, S. 1, 6f.

1356 Chlistalla/Zähres, S. 7.

1357 Ziffer 5 und 13 der RL 2009/29/EG.

1358 KOM, Das Emissionshandelssystem der EU 2009, S. 6ff. sowie KOM, EU- Emissionshandelssystem 2007.

1359 Storm, DVBl. 1985, 319; Schlabach, UPR 1996, 1; Peine, DVBl. 1998, 161.

1360 BGBl. I S. 1475.

Berechtigungen zur Emission von Treibhausgasen in einem gemeinschaftsweiten Emissionshandelssystem[1361]. Die Zuteilung der Berechtigungen richtet sich nach dem Gesetz über den nationalen Zuteilungsplan für Treibhausgas- Emissionsberechtigungen in der Zuteilungsperiode 2008 bis 2012[1362]. Danach stehen jährlich insgesamt 973,6 t Kohlendioxid als Äquivalent für die Emission von Treibhausgasen in Deutschland zu Verfügung. Den Betreibern der erfassten Anlagen wurden für ihre CO_2-Emissionen kostenfrei[1363] handelbare Berechtigungen für die Handelsperioden 2005 bis 2007 bzw. 2008 bis 2012 nach Maßgabe des Zuteilungsgesetzes und der Zuteilungsverordnung (ZuV)[1364] in einer gewissen Höhe zur Verfügung gestellt[1365]. Diese Berechtigungen sind nach § 6 Abs. 1 TEHG in der Anzahl wieder abzugeben, die den im vorangegangenen Jahr verursachten Emissionen entspricht. Die Pflichten nach den §§ 5 und 6 Abs. 1 TEHG treffen den Betreiber einer immissionsschutzrechtlich genehmigungsbedürftigen Anlage unmittelbar kraft Gesetzes[1366]. *Rebentisch* qualifiziert diese Abgabepflicht als Erfüllung des immissionsschutzrechtlichen Vorsorgegebots nach § 5 Abs. 1 Nr. 2 BImSchG[1367]. Danach stelle das Emissionshandelsrecht eine instrumentelle Alternative zur Durchsetzung der Vorgaben des Immissionsschutzrechts dar[1368]. Dieser Einschätzung ist zuzustimmen, da der Emissionshandel das Vorsorgeziel verfolgt, den Ausstoß von CO_2-Gasen in die Luft zu verringern. Die Verzahnung ergibt sich auch aus § 4 Abs. 6 TEHG, nach der bei genehmigungsbedürftigen Anlagen die Emissionsgenehmigung in der immissionsschutzrechtlichen Genehmigung des § 4 BImSchG enthalten ist.

Das BVerfG hat die Rechtmäßigkeit eines Wechsels „von einem ordnungsrechtlich geprägten System zu einem neuen Bewirtschaftungssystem" bejaht

---

1361 Vgl. die früheren Diskussionen in der Literatur hierzu: Bothe, NVwZ 1995, 937–943; Huckestein, ZfU 1993, 1–29. Zu dem laufenden Emissionshandel: Elpas/Salje/Stewig, Emissionshandel; Adam/Hentschke/Kopp-Assenmacher, Emissionshandelsrecht.

1362 ZuG 2012 v 07.08.2007 (BGBl. I, S. 1788), geändert durch G v 21.07.2011 (BGBl. I, S. 1475).

1363 Zur kostenfreien Vergabe: Rebentisch, NVwZ 2006, 747ff.

1364 VO über die Zuteilung von Treibhausgas-Emissionsberechtigungen in der Zuteilungsperiode 2008–2012 v 13.08.2007 (BGBl. I S. 1941), geändert durch G v 21.07.2011 (BGBl. I S. 1475).

1365 Vgl. hierzu im Einzelnen: Weidemann, DVBl. 2004, 727 ff.; Burgi, NVwZ 2004, 1162ff.; Begemann/Lustermann, NVwZ 2004, 1292ff.

1366 BVerwGE 124, 47 (51).

1367 Rebentisch, NVwZ 2006, 748f.

1368 Rebentisch, NVwZ 2006, 749.

und mit dem Grundgesetz für vereinbar angesehen[1369]. Es hat dabei in Übereinstimmung mit dem vorinstanzlichen Urteil des BVerwG eine Tangierung des Rechts auf Berufsfreiheit sowie dem Recht auf Eigentum durch die Einführung eines Emissionshandelssystems in Deutschland verneint[1370]. Maßgebend waren hierbei die auf Gemeinschaftsebene geltenden Grundrechte. Diese finden dann Anwendung, wenn sie dem nationalen Grundrechtsstandard entsprechen[1371]. Der Eigentumsschutz, der „alle von der Rechtsordnung einem privaten Rechtsträger zugeordneten Rechte und Güter" umfasst[1372], findet seine Grundlage in Art. 17 der Charta der Grundrechte der Europäischen Union[1373]. Art. 17 der Charta unterscheidet zwischen einer Enteignung im öffentlichen Interesse aufgrund Gesetzes, sowie gesetzlichen Nutzungsregelungen zum Wohl der Allgemeinheit[1374]. Im vorliegenden Fall wurden die Benutzbarkeit der dem Anlagenbetreiber eigentumsrechtlich zugeordneten Gegenstände seiner Anlage und der Fortbestand des eingerichteten und ausgeübten Gewerbebetriebs[1375] geprüft[1376]. Die Rechtfertigung des Eingriffs wurde am Wohl der Allgemeinheit an Hand des Verhältnismäßigkeitsgrundsatzes[1377] vorgenommen. Das Gericht kam in seiner Prüfung zu dem Ergebnis, dass die Einführung des Emissionshandelssystems ein geeignetes, erforderliches und angemessenes Mittel zum Erreichen der Klimaschutzziele sei und Rechtspositionen aus der immissionsschutzrechtlichen Genehmigung weder entzogen noch geändert wurden[1378]. Dies gelte ebenso für die europarechtlich gewährleistete Berufsfreiheit nach Art. 15 der Charta der Grundrechte[1379].

1369 BVerfGK 11, 189–203. Vgl. auch Günther/Schnutenhaus, NVwZ 2007, 1140ff.

1370 BVerwGE 124, 47–69.

1371 Solange II Entscheidung des Bundesverfassungsgerichts, BVerfGE 73, 339 (378; 384f.).

1372 BVerwGE 124, 47 (58).

1373 Die Charta vom 12.12.2007 ist in Art. 6 Abs. 1, 3 EU-Vertrag verankert. Hierzu Schorkopf, in: Grabitz/Hilf/Nettesheim, EUV nach Art. 6 Rd. 19ff.; Geiger, in: Geiger/Khan/Kotzur, Art. 6 EUV Rd. 23ff.

1374 BVerwGE 124, 47 (58); BVerfGK 11, 189 (200) sowie Mayer, in: Grabitz/Hilf/Nettesheim, EUV nach Art. 6 Rd. 204, 212.

1375 Dieses Recht ist noch nicht ausdrücklich durch den EuGH anerkannt worden. Vgl. Mayer, in: Grabitz/Hilf/Nettesheim, EUV nach Art. 6 Rd. 210.

1376 BVerwGE 124, 47 (59).

1377 In st. Rspr. des EuGH, Urt. v 13.12.1979, Rs. 44/79 (Hauer./.Land Rheinland-Pfalz), Slg. 1979, 3727ff., Rd. 19; Mayer, in: Grabitz/Hilf/Nettesheim, EUV nach Art. 6 Rd. 204, 213.

1378 BVerwGE 124, 47 (61).

1379 Vgl. zur Berufsfreiheit nach der Grundrechtscharta: Mayer, in: Grabitz/Hilf/Nettesheim, EUV nach Art. 6 Rd. 180ff. (Rd. 185 zur Rechtfertigung).

Neben der grundsätzlichen verfassungsrechtlichen Frage der Einführung eines Emissionshandelssystems setzt sich *Desens* mit der Finanzierung der Vollzugskosten des Emissionshandels auseinander[1380]. Sie beleuchtet die verschiedenen Abgabeformen und kommt zu dem Ergebnis, dass die in § 5 Abs. 3 ZuG 2012 normierte Geldleistungspflicht (Erlöse aus der Veräußerung) weder als Steuer, noch als Gebühr, noch als Sonderabgabe zu qualifizieren ist. Aufgrund dieser Einschätzung, der grundsätzlich zuzustimmen ist, empfiehlt sie die Erhebung von Verwaltungsgebühren, solange die Berechtigungen noch staatlich zugeteilt werden[1381]. Voraussetzung hierfür ist, dass diese die Kosten der erbrachten Verwaltungsleistung abbilden. Bei der möglichen Einführung von Umweltzertifikaten auf den Boden wären diese Überlegungen ebenfalls zu berücksichtigen.

II. Beurteilung der Umweltzertifikate im Hinblick auf den Boden

Die rechtlichen Rahmenbedingungen, die für Emissionszertifikate gelten, sind nicht ohne Weiteres auf Flächenzertifikate übertragbar, da es sich in ihrer Konsistenz um unterschiedliche Umweltgüter handelt. Boden ist nicht vermehrbar und unterliegt unterschiedlichen Nutzungen, so dass kein unbegrenzter Handel mit Flächenzertifikaten möglich ist. Ziel ist die mengenmäßige Begrenzung der Flächeninanspruchnahme, die dadurch flexibilisiert werden soll, dass die Planungsträger mit den Zertifikaten handeln können[1382]. Eine knappe Besiedlungsfläche induziert einen entsprechend hohen Preis mit der Folge eines sparsameren Flächenverbrauchs. Bei den Flächenkontingenten werden zwei Ansätze diskutiert: die Flächenausweisungsrechte und die Versiegelungsrechte.

1. Die Idee der Flächenausweisungsrechte

Die Flächenausweisungsrechte knüpfen an das Ausweisungsrecht der Kommunen an, auf unversiegelten Flächen Versiegelungen zuzulassen[1383]. In diesem Rahmen findet eine verbindliche Bauleitplanung Anwendung[1384]. Handelspartner sind

1380 Desens, DVBl. 2010, 228–237.

1381 Desens, DVBl. 2010, 237.

1382 Bizer/Bovet et. al., in: UBA-Texte, S. 5.

1383 Peine/Spyra/Hüttl, S. 117.

1384 Nicht abhängig von den Ausweisungsrechten sind die Erstellung der Flächennutzungspläne sowie die Fachplanungen. Peine/Spyra/Hüttl, S. 117.

allein die Gemeinden. Zweck der Flächenausweisungsrechte ist die mengenmäßige Begrenzung der Flächenausweisung sowie eine optimale Reallokation zwischen den Kommunen und anderen Akteuren[1385].

Für den Einsatz der Flächenausweisungsrechte werden verschiedene Vorgehensweisen vorgeschlagen[1386]. Zunächst ist der räumliche Geltungsbereich der zu besiedelnden Fläche festzulegen[1387]. Die Obergrenze sollte sich an dem in dem Bodenschutzbericht der Bundesregierung vom 19. Juni 2002 angestrebten Wert von 30 ha pro Tag im Jahr 2020 orientieren. Dies bedeutet, dass die Zunahme der Siedlungs- und Verkehrsfläche in dem Zeitraum von 2004 bis 2020 höchstens 400.000 bis 450.000 ha betragen darf[1388]. *Kriese* schlägt daher vor, sich bei der Verteilung der Kontingente zunächst an den Darstellungen in den Flächennutzungsplänen zu orientieren, die bereits Ergebnis von Abwägungen unterschiedlicher Belange waren[1389]. Dabei sind die Darstellungen vor allem in Hinblick auf die übergreifende Raumordnung zu prüfen. Der Erwerb von Zertifikaten folgt damit der Planung[1390]. Diesem Ansatz ist auch mit Rücksicht auf die Planungshoheit der Gemeinden[1391] zu folgen. Brachflächen sollten von der Pflicht zum Erwerb von Flächenausweisungsrechten ausgenommen werden, da hier eine Wiedernutzung angestrebt wird.

Die Erstzuteilung sollte – wie bei den Emissionszertifikaten – kostenfrei erfolgen, um das Recht der Planungshoheit zu wahren und Konflikten mit den Gemeinden vorzubeugen[1392]. Überlegenswert ist auch eine zweistufige Zuteilung, indem ein festzulegendes Kontingent den Gemeinden kostenfrei zur Verfügung gestellt wird und die übrigen Ausweisungsrechte auf Landes- oder Bundesebene versteigert werden[1393]. Darüber hinaus wird vorgeschlagen, die Kosten des Erwerbs als eine Art Neubaulandgebühr auf die Eigentümer der Flächen umzulegen, um finanzielle

---

1385 Weise, in: Libbe (Hrsg.), S. 57–70.

1386 SRU, Umweltgutachten 2004, S. 176 ff.; NABU, Flächenkontingente, unter: (Zugriff am 24.11.2011): http://www.nabu.de/themen/siedlungsentwicklung/innovation/02944.html; Weise, in: Libbe (Hrsg.), S. 57–70.

1387 Weise, in: Libbe (Hrsg.), S. 57–70.

1388 Die Kommunen haben allerdings bereits in ihren Flächennutzungsplänen einen Planungsvorrat dargestellt, der diese Zielmarke erheblich übersteigt. NABU, Flächenkontingente.

1389 Kriese, S. 299.

1390 Kriese, S. 299.

1391 Vgl. hierzu Näheres unter Punkt F.II.2.a).

1392 Einig, S. 284.

1393 Hier wäre auf Landesebene eine Art Börse einzurichten. Peine/Spyra/Hüttl, S. 117.

Mehrbelastungen der Gemeinden zu vermeiden[1394]. Diskutiert wird schließlich die Dauer der Flächenausweisungsrechte[1395]. Die Befristung dieser Rechte ist nur dann sinnvoll, wenn eine Grunddauer von mindestens fünf Jahren nicht unterschritten wird und eine Fortführung rechtlich abgesichert wird, um den Gemeinden eine gewisse Planungssicherheit zu gewährleisten.

2. Rechtliche Voraussetzungen zur Einführung von Flächenausweisungsrechten

Die Einführung von Flächenausweisungsrechten für das Gebiet der Bundesrepublik Deutschland muss den formellen und materiellen Anforderungen der Rechtsordnung entsprechen. Formell bedarf sie zunächst einer möglichst bundeseinheitlichen gesetzlichen Grundlage, in der die Zielsetzungen und einzelnen Modalitäten festgelegt sind. Als Kompetenzgrundlage eines solchen Gesetzes kommt Art. 74 Abs. 1 Nr. 31 GG in Betracht[1396], da die raumgestalterische Wirkung von Flächenausweisungsrechten betroffen ist[1397]. Demgegenüber bezieht sich Art. 74 Abs. 1 Nr. 18 auf die Bodennutzung und damit örtliche Planung. Als Kompetenzgrundlage ebenfalls diskutiert wird Art. 74 Abs. 1 Nr. 11, 72 Abs. 2 GG, die das Recht der Wirtschaft betrifft und damit auch den Handel umfasst[1398]. Ziel des Gesetzes ist jedoch in erster Linie die Reduzierung des gegenwärtigen Flächenverbrauchs, zu deren Erreichung sich des Handels bedient wird. Daher ist schwerpunktmäßig die Kompetenzgrundlage des Art. 74 Abs. 1 Nr. 31 GG betroffen[1399]. Für den Bereich der Gesetzgebung hat dies besondere Konsequenzen. Hat der Bund von seiner Gesetzgebungszuständigkeit Gebrauch gemacht, so können die Länder im Fall des Art. 74 Abs. 1 Nr. 31 GG in Verbindung mit Art. 72 Abs. 3 Nr. 4 GG durch Gesetz hiervon abweichende Regelungen treffen. Die Notwendigkeit, den Handel mit Zertifikaten bundeseinheitlich zu organisieren, um beispielsweise Mengenziel, Zuteilung und Bewertung der Zertifikate, Handelstätigkeit und Überwachung einheitlich zu regeln, wäre hierdurch gefährdet. Vor diesem Hintergrund wäre im Wege des kooperativen Föderalismus eine Abstimmung mit den Bundesländern

1394 Das Konnexitätsprinzip wird hierdurch gewahrt. Peine/Spyra/Hüttl, S. 118, 121f.

1395 Peine/Spyra/Hüttl, S. 118f.; Michaelis, ZUR 2002, 132; Bizer/Ewrigmann et. al, S. 76.

1396 Siehe Marty, ZUR 2011, 400; Senftleben, ZUR 2008, 66; Bovet, NuR 2006, 477.

1397 Peine/Spyra/Hüttl, S. 120.

1398 Senftleben, ZUR 2008, 66; Bovet, NuR 2006, 476.

1399 So auch im Ergebnis Senftleben, ZUR 2008, 66; Bovet, NuR 2006, 476.

bereits im Vorfeld der Gesetzgebung empfehlenswert[1400]. In den grundlegenden Fragen zur Ausgabe und zum Handel der Flächenausweisungsrechte sowie der Festlegung einer Höchstgrenze besteht ohnehin eine ausschließliche Bundeskompetenz kraft Natur der Sache[1401]. Den Ländern obliegt es dann, die Unterteilung ihrer Gebiete vorzunehmen und die Zertifikatszuteilung zu überwachen und ggf. anzupassen.

Das Gesetz ist derart auszugestalten, dass es konkrete Regelungen zu Umfang, Art und Vergabemodalitäten des Handels sowie Ausgleichs- und Übergangsbestimmungen vorsieht. Es hat den Gesamtumfang der zu besiedelnden Fläche festzulegen. Gleichzeitig ist die Einbindung in die Bau- und Fachplanung sicherzustellen. Die einzelnen Nutzungen unterliegen den Bestimmungen des Planungs- und Umweltrechts[1402]. Hier bietet sich die Verknüpfung mit der Bauleitplanung an[1403]. So könnte die Vorlage von Zertifikaten Voraussetzung für die Aufstellung eines Bebauungsplans sein, in dem in § 1 Abs. 3 BauGB ein entsprechender Passus zum Nachweis aufgenommen wird[1404]. Die voraussichtliche Anzahl der Flächenausweisungsrechte wäre beim unbeplanten Innen- und Außenbereich nach den §§ 34, 35 BauGB z. B. anhand der vorhandenen Flächennutzungspläne abzuschätzen. Das Gesetz sollte ebenfalls einen Preiskorridor beinhalten, um einen zu hohen Werteverlust für die Gemeinden und deren Vermögen zu vermeiden[1405]. Die Einführung der Zertifikate hat des Weiteren den verfassungsrechtlichen Voraussetzungen zu entsprechen.

a) Eingriff in die Planungshoheit

Die Einführung von Flächenausweisungsrechten schränkt die flächenmäßige Gestaltungsmöglichkeit der Gemeinden ein und könnte daher deren Planungshoheit tangieren. Unter der Planungshoheit wird die Befugnis verstanden, „voraussehbare Entwicklungen“, vor allem im Hinblick auf die Festlegung der Bodennutzung für das eigene Gebiet, längerfristig zu steuern[1406]. Die Planungshoheit gehört zu den Gemeindehoheiten, die als Angelegenheiten der örtlichen Gemeinschaft

1400 Marty, ZUR 2011, 401.
1401 Marty, ZUR 2011, 401.
1402 SRU, Umweltgutachten, S. 178.
1403 Bovet, NuR 2006, 475.
1404 Bovet, NuR 2006, 475.
1405 Marty, ZUR 2011, 404.
1406 BVerfGE 56, 298 (317).

von der Selbstverwaltungsgarantie des Art. 28 Abs. 2 S. 1 GG umfasst werden[1407]. Die Selbstverwaltung der Gemeinden besteht darin, die Angelegenheiten der örtlichen Gemeinschaften in eigener Verantwortung zu regeln, ohne weisungsgebunden zu sein[1408]. Der in Art. 28 Abs. 2 S. 1 GG normierte Gesetzesvorbehalt überlässt dabei dem Gesetzgeber die Ausgestaltung des Bereichs gemeindlicher Selbstverwaltung nicht beliebig, sondern findet am Kernbereich der Selbstverwaltungsgarantie seine Grenze[1409]. Ob und in welchem Umfang die Planungshoheit zu dem Kernbereich der Selbstverwaltungsgarantie gehört, ist vom BVerfG bislang offen gelassen worden[1410]. Der Kernbereich wäre jedenfalls dann betroffen, wenn die kommunale Selbstverwaltung vollkommen beseitigt bzw. derart ausgehöhlt wird, dass der betroffenen Gemeinde kein Spielraum zu ihrer Ausübung mehr verbliebe, die Selbstverwaltung somit nur noch ein „Scheindasein“ führt[1411]. Zu beachten ist, dass der Kernbereich nur institutionell gilt, d. h. eine Verletzung des Kernbereiches ist ausgeschlossen, wenn „die Planungshoheit einzelner Gemeinden in räumlich abgegrenzten Gebieten eingeschränkt wird“[1412].

Mit der Einführung der Flächenausweisungsrechte wäre die Planungshoheit aller Gemeinden berührt. Das BVerfG hat jedoch auch für diese Fälle die Verletzung des Kernbereiches relativiert[1413]. Danach könne für den Fall, dass der Kernbereich der Selbstverwaltung die Planungshoheit umfassen sollte, dies „wiederum nur für deren Wesensgehalt und nicht für die Planungshoheit in vollem Umfang und in all ihren Erscheinungsformen gelten“[1414]. Die Einführung der Flächenausweisungsrechte würde im Extremfall zu einem Systemwechsel vom Planungsrecht hin zu einer „Ökonomie des Handels mit Flächenausweisungszertifikaten“ führen[1415]. In einem derartigen Fall wäre die Planungshoheit aufgehoben. Diese Art von Umsetzung wird für die Praxis nicht angestrebt und ist daher unwahrscheinlich. Stattdessen soll das

---

1407 Vgl. Pieroth, in: Jarass/Pieroth, Art. 28 Rd. 13; Tettinger/Schwarz in: von Mangoldt/Klein/Starck (Hrsg.), Art. 28, Rd. 181.

1408 Vgl. Pieroth, in: Jarass/Pieroth, Art. 28, Rd. 16.

1409 BVerfGE 76, 107 (118); 79, 127 (143); 107, 1 (15).

1410 BVerfGE 56, 298 (313); 76, 107 (118f).

1411 BVerfGE 56, 298 (312).

1412 BVerfGE 56, 298 (313).

1413 BVerfGE 103, 332 (365f.).

1414 BVerfGE 103, 332 (366).

1415 Vgl. Bachmann, Umsetzung einer nachhaltigen Siedlungs- und Stadtentwicklung - wirtschaftliche und soziale Prioritäten, Vortrag im Rahmen der Veranstaltung des Bundesamtes für Bauwesen und Raumordnung „Mosaiksteine nachhaltiger Entwicklung“ am 27./28.10.2003, Wasserwerk im Bundeshaus Bonn.

Umwelt- und Planungsrecht weiterhin Grundlage der mengenmäßigen Steuerung handelbarer Flächenausweisungsrechte bleiben[1416]. Der Erwerb der Rechte folgt der (überregionalen) Planung, auch um Spekulativgeschäfte auszuschließen[1417]. Flächen, die als ökologisch wertvoll eingestuft sind, werden vom Flächenhandel ausgeschlossen[1418]. Der Handel mit Flächenausweisungsrechten ist daher durch das Planungsrecht begrenzt. Dadurch könnte wiederum die Gefahr bestehen, dass nicht genügend Zertifikate auf dem Markt angeboten werden. Dieser Effekt ist einerseits erwünscht, andererseits können Gemeinden durch den Ausschluss von Flächen überproportional in ihrer Bautätigkeit gehemmt werden[1419]. In Anbetracht dessen, dass das Ziel der Bundesregierung, den Landschaftsverbrauch bis zum Jahr 2020 auf 30 ha pro Tag zu senken, trotz erheblichen Handlungsbedarfes nach gegenwärtigem Stand kaum noch realisierbar scheint[1420], ist eine Reduzierung der Bautätigkeit hinnehmbar. Zudem greift der Handel mit Flächenausweisungsrechten nicht in den Planungsvorgang selbst und in die Wahl der Planungsalternativen ein[1421].

Die Planungshoheit darf auch außerhalb ihres Wesensbereichs nicht beliebig eingeschränkt werden, sondern muss durch „überörtliche Interessen von höherem Gewicht" gerechtfertigt sein[1422]. Dies gilt ebenfalls, wenn der Gesetzgeber abstrakt-generell in die Planungshoheit eingreift, indem er „für alle Gemeinden unmittelbar regelnde Vorgaben für die Art und Weise der Ausübung der Planungshoheit – außerhalb eines eventuell geschützten Kernbereichs – setzt"[1423]. Zunächst ist festzuhalten, dass die Gemeinden im beplanten Innenbereich auch ohne Ausweisungsrechte planerisch tätig bleiben können[1424]. Die Einschränkung gilt somit für den Außenbereich, in dem ohne den entsprechenden Nachweis an Flächenausweisungsrechten ein Bebauungsplan nicht in Kraft treten kann[1425]. Diese Einschränkung ist durch die Notwendigkeit einer sparsamen Flächennutzung und dem Erhalt des Bodens, vor allem in seinen natürlichen Bodenfunktionen, nach Art. 20 a GG gerechtfertigt. Den Gemeinden verbleibt zudem die

1416 Kriese, S. 177.
1417 NABU, Flächenkontingente.
1418 Siehe SRU, Umweltgutachten 2004, S. 178.
1419 SRU, Umweltgutachten 2004, S. 178.
1420 Ritter, DÖV 2009, 431.
1421 Marty, ZUR 2011, 402.
1422 BVerfGE 103, 332 (366).
1423 BVerfGE 83, 363 (382).
1424 Marty, ZUR 2011, 402.
1425 NABU, Flächenkontingente.

Möglichkeit, bei Bedarf Flächenausweisungsrechte zuzukaufen[1426]. In Härtefällen sollte jedoch ein Ausgleich mit der nachträglichen Zuteilung von Zertifikaten gewährleistet sein[1427]. Flächenausweisungsrechte sind geeignet, eine nachhaltige Gestaltung der Siedlungsentwicklung in Deutschland und zugleich eine Verringerung der Flächeninanspruchnahme zu erreichen. Ein Verstoß gegen die Planungshoheit der Gemeinden ist daher zu verneinen.

b) Eingriff in die Eigentumsgarantie

Die Einführung der Flächenausweisungsrechte könnte des Weiteren die Eigentumsgarantie nach Art. 14 GG tangieren. Ein Eingriff in die Eigentumsgarantie ist dann gegeben, wenn die Zertifikate zu einer Nutzungseinschränkung des Grundeigentums führen. Das Privateigentum im Sinne der Verfassung ist durch seine Privatnützigkeit und die grundsätzliche Verfügungsbefugnis über den Eigentumsgegenstand gekennzeichnet[1428]. Es soll jedoch „zugleich dem Wohl der Allgemeinheit dienen“, soweit es einen sozialen Bezug und/oder eine soziale Funktion aufweist[1429]. In diesem Zusammenhang ist zwischen der Enteignung im Sinne des Art. 14 Abs. 3 GG[1430] und der Inhaltsbestimmung[1431] nach Art. 14 Abs. I S. 2 GG zu unterscheiden. Inhaltsbestimmung, Legalenteignung und

1426 Senftleben, ZUR 2008, 67; Bovet, NuR 2006, 479.

1427 Vgl. hierzu Näheres: Senftleben, ZUR 2008, 68; Bovet, NuR 2006, 479.

1428 BVerfGE 31, 229 (240).

1429 BVerfGE 37, 132 (140).

1430 Unter Enteignung wird der staatliche Zugriff auf das Eigentum des Einzelnen, der auf die vollständige oder teilweise Entziehung konkreter subjektiver Rechtspositionen gerichtet ist, verstanden. Diese Enteignung kann *durch* Gesetz (Legalenteignung) oder *aufgrund* Gesetzes (Administrativenteignung) vorgenommen werden. Nach der Legalenteignung hat der Gesetzgeber die Möglichkeit, durch Gesetz – ohne weiteren Vollzugsakt - einem bestimmten oder bestimmbaren Personenkreis rechtmäßig erworbene konkrete Eigentumsrechte zu entziehen. Die Enteignung aufgrund Gesetzes erfordert einen behördlichen Vollzugsakt, der mit Rechtsmitteln angefochten werden kann. Vgl. BVerfGE 38, 175 (180); 45, 297 (326); 52, 1 (27).

1431 Die Inhaltsbestimmung ist gemäß Art. 14 Abs. 1 S. 2 GG „auf die Normierung objektiv-rechtlicher Vorschriften gerichtet, die den Inhalt des Eigentumsrechts vom Inkrafttreten des Gesetzes an für die Zukunft bestimmen“, vgl. BVerfGE 52, 1 (27). Regelungen im Sinne des Art. 14 Abs. 1 S. 2 GG müssen – ebenso wie die Enteignung nach Art. 14 Abs. 3 GG – aber den jeweiligen Normen der Verfassung entsprechen, vgl. BVerfGE 52, 1 (28).

Administrativenteignung sind jeweils eigene Rechtsinstitute, die durch das Grundgesetz voneinander abgegrenzt werden[1432].

Mit der Einführung von Flächenausweisungsrechten für unbebaute Grundstücke könnten einem bestimmbaren Kreis von Personen individuelle Rechte entzogen werden. Für die Prüfung, ob eine solche Regelung als Enteignung zu qualifizieren ist, ist entscheidend, ob dem Betroffenen im Zeitpunkt des Zugriffs eine enteignungsfähige Rechtsposition zusteht[1433]. Der durch Art. 14 Abs. 1 S. 1 GG gewährleistete Bestandsschutz wird dabei durch die Gesamtheit der verfassungsmäßigen Gesetze bestimmt[1434]. Eine Legalenteignung im Verhältnis zum früheren Recht ist nicht gegeben, da den Grundstückseigentümern keine konkret erworbene Eigentumsposition entzogen wird. Nach seinem zeitlichen Geltungsbereich betrifft das Gesetz zur Einführung von Flächenausweisungsrechten nur solche Flächen, die zukünftig einer Bebauung zugeführt werden sollen.

Bei dem Gesetz zur Einführung der Flächenausweisungsrechte handelt es sich folglich um eine Inhaltsbestimmung nach Art. 14 Abs. 1 S. 2 GG, durch welche die Nutzbarkeit eines Grundstücks situationsbedingt eingeschränkt werden kann[1435]. Begrenzungen der Eigentümerbefugnisse sind als Ausfluss der Sozialgebundenheit des Eigentums grundsätzlich entschädigungslos hinzunehmen[1436]. Führt eine hoheitliche Maßnahme jedoch unmittelbar zu einer Beeinträchtigung des Eigentums und wird dem Berechtigten dadurch ein „besonderes, anderen nicht zugemutetes Opfer für die Allgemeinheit" auferlegt, so ist ein Entschädigungsanspruch gegeben[1437]. Den Grundstückseigentümern unbesiedelter Flächen könnte insofern eine unmittelbar verfassungsrechtlich geschützte Rechtsposition entzogen werden, soweit sie in ihrer Baufreiheit verletzt wären[1438]. Fraglich ist bereits, ob diese Rechtsposition durch eine hoheitliche Maßnahme unmittelbar entzogen wird. Dies ist zu verneinen, da eine Beeinträchtigung erst infolge des Flächenhandels selbst erfolgen kann. Das Modell des handelbaren Ausweisungsrechts stellt lediglich eine Ergänzung zu dem geltenden Bauplanungsrecht dar, indem es für eine verbindliche Bebauungsplanung zunächst erworben werden muss[1439]. Mögliche künftige Erwerbsaussichten werden nicht geschützt. Eine Verletzung

1432 BVerfGE 52, 300 (331).
1433 BVerfGE 52, 300 (332).
1434 BVerfGE 52, 300 (336).
1435 BVerwGE 112, 373, Rd. 16.
1436 BVerfGE 100, 226, Rd. 53.
1437 BGH in: NJW 2002, 1050.
1438 Vgl. hierzu Peine/Spyra/Hüttl, S. 125f.
1439 Vgl. auch Peine/Spyra/Hüttl, S. 117.

der Eigentumsgarantie durch die Einführung der Flächenausweisungsrechte liegt demnach nicht vor[1440].

c) Tangierung des Gleichheitsgrundsatzes

Die Einführung von Flächenausweisungsrechten kann schließlich auch den Gleichheitsgrundsatz nach Art. 3 Abs. 1 GG berühren. Das Willkürverbot ist verletzt, wenn gleiche Sachverhalte ungleich und ungleiche Sachverhalte gleich behandelt werden[1441]. Durch das Gesetz zur Einführung von Flächenausweisungsrechten wird eine neue Rechtslage eingeführt. Die Gemeinden, die Grundstücke nach der Vergabe bebauen wollen, müssen Flächenausweisungsrechte zu einem Marktpreis erwerben. Es ist davon auszugehen, dass die Gesamtmenge so festgelegt wird, dass nicht alle unbebauten Grundstücke erfasst werden. Gerade die Flächen, die „ökologisch wertvoll“ sind, sollten einem Handel der Flächenausweisungsrechte nicht unterliegen, da mit dem Erwerb die Gefahr einer Überbauung besteht. Gemeinden mit vielen naturbelassenen Flächen könnten daher bei der Zuteilung der Flächenausweisungsrechte benachteiligt werden. Aus diesem Grund sind Vergleichsgruppen unter den Kommunen zu bilden, die ähnliche Beschaffungsmerkmale aufweisen bzw. bereits Anstrengungen zur Reduzierung des Flächenverbrauchs vorgenommen haben[1442]. Voraussetzung ist, dass der Gesetzgeber die Vergleichsgruppen anhand sachlicher Kriterien bildet, die zugrunde liegenden Faktoren entsprechend würdigt und damit eine sachlich begründete Entscheidung trifft[1443]. Hier bedarf es des Zusammenspiels mit der räumlichen Planung, durch die auch die qualitativen Erfordernisse berücksichtigt werden[1444]. Die Planung weist bestimmte Gebiete aus, in denen der Handel mit Flächenausweisungsrechten nicht oder nur in bestimmten Grenzen erfolgen darf[1445]. Der Gleichheitsgrundsatz nach Art. 3 Abs. 1 GG wäre damit nicht verletzt.

Des Weiteren könnte der Gleichheitsgrundsatz durch eine eventuell zu erhebende Neubaulandgebühr, die Eigentümer neu beplanter Grundstücke im Umlageverfahren auferlegt wird, im Vergleich zu den Bauherren, die ihr Projekt auf der Grundlage von § 35 BauGB durchführen, tangiert sein[1446]. Hier ist bereits

1440 Siehe auch Senftleben, ZUR 2008, 69.
1441 Vgl. Katz, § 25, 26; Hesse, § 9.
1442 Bizer/Bovet et. al., in: UBA-Texte, S. 13.
1443 Bizer/Bovet et. al., in: UBA-Texte, S. 13.
1444 SRU, Umweltgutachten 2004, S. 176.
1445 SRU, Umweltgutachten 2004, S. 176.
1446 Peine/Spyra/Hüttl, S. 123.

fraglich, ob es sich um vergleichbare Sachverhalte handelt, da die Bebauung im Außenbereich besonderen Voraussetzungen unterliegt und für die anderen Eigentümer ein Bebauungsplan aufgestellt ist. Das Vorhaben darf zu keiner Beeinträchtigung öffentlicher Belange führen und die Erschließung muss gesichert sein, § 35 Abs. 2, 3 BauGB. Die Bauherren sind gemäß § 35 Abs. 5 S. 1, 2 BauGB des Weiteren dazu verpflichtet, zulässige Vorhaben „in einer flächensparenden, die Bodenversiegelung auf das notwendige Maß begrenzenden und den Außenbereich schonenden Weise auszuführen“ sowie dauerhaft aufgegebene Vorhaben zurückzubauen und Bodenversiegelungen zu beseitigen. Es handelt sich somit um eine überschaubare Gruppe, so dass die Ungleichbehandlung auch unter dem Gesichtspunkt des „typisierenden Verhaltens des Gesetzgebers“ zulässig ist[1447]. In finanzieller Hinsicht rechtfertigt sich die unterschiedliche Behandlung daraus, dass die Grundstücksinhaber im Außenbereich bei der Bebauung grundsätzlich den naturschutzrechtlichen Ausgleichspflichten unterliegen, die ebenfalls ganz erheblich sein können[1448]. Eine Verletzung des Gleichheitsgrundsatzes ist daher auch hier zu verneinen.

3. Anwendbarkeit der Flächenausweisungsrechte in der Praxis

Mit der Einführung der Flächenausweisungsrechte wird ein zusätzliches Instrumentarium geschaffen, um den fortschreitenden Flächenverbrauch zu reduzieren. Hierbei ist eine Verzahnung mit dem Planungsrecht unabdingbar. Dies führt zu einer gewissen Schwerfälligkeit des Handels, da sich dieser an der bestehenden Planung auszurichten hat. Im Zusammenhang damit steht auch der räumliche Umfang des Handels. Aufgrund der Planungshoheit der Gemeinden ist davon auszugehen, dass nur regionale Märkte entstehen werden. Die Erfahrungen bei den Emissionszertifikaten haben zudem gezeigt, dass deren Einführung mit einem sehr hohen Verwaltungsaufwand verbunden ist, der doppelte Kosten und Regulierungen zur Folge hat. Dieser Aufwand würde sich bei den Flächenausweisungsrechten noch erhöhen, da keine bundeseinheitliche Verwaltung erfolgt, sondern die Ausführung den Ländern obliegt. Die erste Handelsperiode der Emissionszertifikate erwies sich des Weiteren in der Zuteilung zu komplex[1449]. Bei den Flächenausweisungsrechten ist daher ein Zuteilungsverfahren zu wählen, das nicht durch

1447 Peine/Spyra/Hüttl, S. 123.
1448 Peine/Spyra/Hüttl, S. 123.
1449 Kobes, NVwZ 2007, 858.

Sonderregelungen aufgeweicht wird. Es sollte sich vorzugsweise an flächen- und bevölkerungsbezogenen oder nutzungsstrukturellen Kriterien ausrichten[1450].

Die ökologische Wirksamkeit von Flächenausweisungsrechten hängt von einem funktionierenden Handel ab und richtet sich vor allem nach deren Nachfrage. Bleibt die Nachfrage niedrig, ist dies ein Zeichen dafür, dass nur ein geringer Bedarf zum Flächenerwerb besteht und sich die Frage der Erforderlichkeit dieser Rechte stellt. Zugleich würde dies einen Preisverfall bedeuten, der unter Umständen auch die Gefahr des Hortens von Rechten nach sich ziehen könnte. Hier ist eine gezielte Steuerung notwendig, um Ausweichmöglichkeiten zu verhindern. So bestände die Möglichkeit, mittel- bis langfristig die regionale Obergrenze der Flächeninanspruchnahme zu senken. Im Hinblick auf die Preisbildung haben die Erfahrungen aus den Handelsperioden der Emissionszertifikate starke Schwankungen gezeigt. Einem Preisanstieg folgte ein Preisverfall, bedingt durch die abnehmende Nachfrage[1451]. Dieser Umstand wäre im Fall der Flächenausweisungsrechte bei der Festlegung der Handelsperioden zu beachten. Neben der Wahl eines einfachen und handhabbaren Zuteilungsverfahrens, das klare Verteilungsregelungen beinhaltet, wären zugleich Handelsregeln zu schaffen, um den unterschiedlichen Wettbewerbssituationen Rechnung zu tragen[1452].

Hinsichtlich der Finanzierung des Handels mit Flächenausweisungsrechten ist die Deckung der Kosten durch einen verpflichtenden Umlagemechanismus oder Verwaltungsgebühren denkbar[1453]. Verwaltungsgebühren werden erhoben, wenn eine Leistung der Verwaltung vorliegt, die beantragt wurde oder den Beteiligten unmittelbar begünstigt, d. h., sie muss individuell zurechenbar sein[1454]. Die mit der Leistung verbundenen Verwaltungskosten sollen durch diese Gebühren gedeckt werden. Die Erhebung der Verwaltungsgebühren bei den Flächenausweisungsrechten hat sich folglich der Höhe nach an dem „konkret durch die Veräußerung verursachten Aufwand" zu orientieren[1455]. Dies gilt ebenfalls für die Umlegung der Zertifikatskosten. Nur die der Kommune tatsächlich entstandenen oder entstehenden Kosten sind umlagefähig[1456]. Die Kosten bestimmen sich nicht nur nach dem Marktpreis, sondern auch nach dem gemeindlichen Flächenverbrauch der

1450 Zu den einzelnen Zuteilungskriterien: Bizer/Bovet et. al., in: UBA-Texte, S. 11.

1451 DIW Berlin, Preisverfall im Emissionshandel, Pressemitteilung vom 13.03.2013

1452 Bizer/Bovet et. al., in: UBA-Texte, S. 11, 14.

1453 Im Einzelnen hierzu: Bizer/Bovet et. al., in: UBA-Texte, S. 130f.

1454 Vgl. die einzelnen Regelungen der Kommunalabgabengesetze sowie Gebührengesetze der Bundesländer.

1455 Desens, DVBl. 2010, 232.

1456 Bizer/Bovet et. al., in: UBA-Texte, S. 131.

Gemeinden im festgelegten Zeitrahmen[1457]. Vor diesem Hintergrund ist es erforderlich, dass sich die Preisbildung aus den jeweiligen Vorjahren und dem laufenden Jahr errechnet[1458]. Beide Kostendeckungsmodelle bedürfen einer rechtlichen Ausgestaltung. Durch die Gemeinden müssen weiterhin die verwaltungstechnischen Voraussetzungen für einen funktionierenden Handel geschaffen werden. Dies erfordert die Einrichtung von zuständigen Stellen mit entsprechend geschultem Personal, deren Kosten allein durch die Verwaltungsgebühren nicht gedeckt werden können. Eine Deckung der Verwaltungskosten durch die Erlöse, soweit diese erzielt werden, ist finanzverfassungsrechtlich bedenklich[1459].

Im Hinblick auf den erheblichen Aufwand und die Kosten, die mit der Einführung von Flächenausweisungsrechten verbunden wären, würde sich zunächst eine Pilotphase nur in bestimmten, von der Flächeninanspruchnahme besonders betroffenen Gemeinden, anbieten. Aus den dort gewonnenen Erfahrungen könnte in einem zweiten Schritt über das „Ob" sowie die Modalitäten einer bundesweiten Einführung von Flächenausweisungsrechten entschieden werden. Die Bundesregierung plant die Erprobung des Handels von Flächenausweisungsrechten in einem Modellversuch der Kommunen auf freiwilliger Basis[1460]. Die fachliche Vorbereitung erfolgte durch ein Forschungsvorhaben, mit dem die Möglichkeiten und Grenzen eines bundesweiten überregionalen Handels geprüft und ein Gestaltungsvorschlag für ein Modellprojekt unterbreitet wurden[1461]. Auf der Grundlage dieses Konzeptes soll der Modellversuch direkt starten können[1462]. Die Ergebnisse des Forschungsvorhabens sowie des Modellversuchs bleiben abzuwarten.

4. Die Idee der Versiegelungsrechte

Die handelbaren Versiegelungsrechte sind in wesentlichen Zügen mit den Flächenausweisungsrechten vergleichbar, auch was deren Anwendbarkeit in der Praxis betrifft. Im Gegensatz dazu wird nicht ein Recht zur Ausweisung von Bauland, sondern das Recht zur unmittelbaren Versiegelung des Bodens übertragen[1463].

1457 Bizer/Bovet et. al., in: UBA-Texte, S. 132.

1458 Bizer/Bovet et. al., in: UBA-Texte, S. 132.

1459 Es fehlt die Vornahme einer Amtshandlung für eine besondere öffentliche Leistung. Siehe Desens, DVBl. 2010, 228ff.

1460 BReg, Entwurf des Fortschrittsberichts 2012, S. 232.

1461 UBA, Planspiel Flächenhandel, unter (Zugriff am 02.11.2013) http://www.flaechenhandel.de/.

1462 Marty, ZUR 2011, 404.

1463 Peine/Spyra/Hüttl, S. 127.

Handelspartner sind nicht allein die Gemeinden, sondern alle Grundstücksnutzer. Ziel ist, die Flächenversiegelung durch die Einführung einer festgelegten Mengenbegrenzung zu reduzieren. Es bietet sich eine Unterteilung in ländliche und verstädterte Regionen an, um einen Verdrängungswettbewerb zu vermeiden[1464]. Ökologisch wertvolle Flächen wären vom Handel wieder auszunehmen. Die Erfordernisse des Bauplanungs- und Bauordnungsrecht bleiben hiervon unberührt.

a) Zuteilung der Versiegelungsrechte

Versiegelungsrechte sind frei handelbar, soweit sie sich auf Flächen beziehen, die unversiegelt sind und sich im Rahmen der bau- und naturschutzrechtlichen Vorgaben bewegen. Sofern es sich um versiegelte Flächen handelt, ist die Anzahl der Zertifikate an dieses Grundstück gebunden[1465]. Erst durch eine Entsiegelung des Bodens werden die Zertifikate wieder handelbar. Hierdurch wird ein Anreiz geschaffen, bebaute oder befestigte Flächen, die dauerhaft nicht mehr genutzt werden, zu entsiegeln. Inwieweit diese Flächen wieder einer Renaturierung zugeführt werden, ist gesondert zu bewerten und sollte nicht unmittelbarer Bestandteil des Handels sein.

Für die Zuteilung bedeutet dies, dass rechtmäßig bestehende Versiegelungen Bestandsschutz genießen. Die Eigentümer der versiegelten Grundstücke erhalten eine nach der Größe des versiegelten Grundstücks bemessene Anzahl von Versiegelungsrechten kostenfrei zugeteilt[1466]. Ähnlich wie bei den Ausweisungsrechten sollte die Erstzuteilung bei unversiegelten Flächen mehrheitlich kostenfrei erfolgen, um die Planungshoheit der Gemeinden zu wahren. Überlegenswert ist in diesem Zusammenhang, ob bei der Erstzuteilung ein Teil der Zertifikate an einer durch das jeweilige Land einzurichtenden Börse versteigert werden sollte. Der Vorteil ist, dass eine wirtschaftlich effizientere Verteilung der Versiegelungsrechte hierdurch erreicht werden kann[1467]. Eine zweistufige Zuteilung der Zertifikate in diesem Sinne ist daher zu bejahen. Die Dauer der Zertifikate sollte dabei nicht beschränkt werden[1468].

Der Grad der Versiegelung wird durch die Versiegelungsrechte nicht bestimmt. Hier muss das Planungsrecht Akzente setzen.

1464 Peine/Spyra/Hüttl, S. 128.
1465 Peine/Spyra/Hüttl, S. 128.
1466 Peine/Spyra/Hüttl, S. 128.
1467 Peine/Spyra/Hüttl, S. 119.
1468 Peine/Spyra/Hüttl, S. 128.

b) Rechtliche Rahmenbedingungen

Wie die Ausweisungsrechte bedürfen auch die Versiegelungsrechte einer gesetzlichen Kompetenzgrundlage. In Betracht kommen Art. 74 Abs. 1 Nr. 18 GG sowie Art. 74 Abs. 1 Nr. 31 GG. Das Recht der Raumordnung ist zwar betroffen, der Schwerpunkt liegt jedoch auf der Bodennutzung[1469]. Die Nutzung des Bodens ist unter Beachtung des Planungsrechts davon abhängig, ob ein Versiegelungsrecht hieran besteht. Es sind zudem die für den Bereich der Gesetzgebung unterschiedlichen Konsequenzen zu berücksichtigen. Hat der Bund von seiner Gesetzgebungszuständigkeit Gebrauch gemacht, so können die Länder im Fall des Art. 74 Abs. 1 Nr. 31 GG in Verbindung mit Art. 72 Abs. 3 Nr. 4 GG durch Gesetz hiervon abweichende Regelungen treffen. Vor diesem Hintergrund erscheint es sinnvoll, dass der Bund auf der Grundlage von Art. 74 Abs. 1 Nr. 18 GG übergreifende Regelungen zu den Rahmenbedingungen, insbesondere in Bezug auf die Zuteilung der Zertifikate, trifft. Der Bund sollte somit im Rahmen der konkurrierenden Gesetzgebung nach Art. 74 Abs. 1 Nr. 18 GG tätig werden.

Bei der Einführung der Versiegelungsrechte sind weiterhin die verfassungsrechtlichen Voraussetzungen zu beachten. Hinsichtlich der Tangierung des Art. 28 Abs. 2 S. 1 GG wird auf die vorhergehenden Ausführungen zu den Flächenausweisungsrechten verwiesen. Der Eingriff beschränkt sich auch hier auf die Notwendigkeit, in genügender Anzahl Versiegelungsrechte zu erwerben, bevor beispielsweise ein Bebauungsplan für ein bestimmtes Gebiet erlassen werden kann. Aufgrund der gezielten Steuerung der Flächeninanspruchnahme mit dem Ziel der Verringerung ist dieser Eingriff aber gerechtfertigt.

Entsprechend der obigen Ausführungen zu Art. 14 Abs. 1 S. 2 GG wird die Nutzung eines Grundstücks durch die Zertifikate situationsbedingt eingeschränkt, da eine Versiegelung nur durch den Erwerb von Versiegelungsrechten künftig möglich wird. Diese Neugestaltung des Gesetzgebers zur Grundstücksnutzung ist aber durch Art. 20a GG, der den Schutz der natürlichen Lebensgrundlagen beinhaltet, wie den Belangen des Bodenschutzes, gerechtfertigt, um das Ziel, den Verbrauch von unversiegelten Flächen zu minimieren, besser zu erreichen. Voraussetzung ist jedoch, dass (im Rahmen der festzulegenden Gesamtmenge) genügend Versiegelungsrechte auf dem Markt erhältlich sind, damit ein Handel stattfinden kann. Sollte es zu Härtefällen kommen, sind für diese Sonderregungen zu schaffen. Der Handel könnte aber zur Folge haben, dass in Gebieten mit Bebauungsplänen im Vorfeld Versiegelungsrechte durch die Gemeinde erworben und anschließend

1469 Peine/Spyra/Hüttl, S. 130.

zusätzliche Zertifikate von den bauwilligen Grundstückseigentümern gekauft werden. Dieser zweifache Erwerb ist nicht gerechtfertigt. Daher sollte für solche Gebiete das oben genannte Umlageverfahren angewandt werden, nach dem die Gemeinde, welche die Rechte erworben hat, diese auf das jeweilige Grundstück gegen Entgelt überträgt. Befindet sich der Grundstückseigentümer bereits im Besitz von Versiegelungsrechten, wäre überlegenswert, ob diese im Rahmen der Umlage angerechnet werden können. Die Nutzer bereits bebauter Grundstücke erhalten die erforderliche Anzahl der Zertifikate kostenlos zugeteilt, so dass hier kein Eingriff in die Eigentumsgarantie vorliegt.

Der Gleichheitsgrundsatz ist nicht tangiert, da alle Grundstücksnutzer gleichermaßen betroffen wären. Die generelle kostenlose Zuteilung von Zertifikaten an Grundstückseigentümer bereits bebauter Grundstücke widerspricht diesem Sachverhalt nicht, da diese nicht mit den Eigentümern unversiegelten Flächen vergleichbar sind und Bestandsschutz genießen.

Hinsichtlich der Anwendbarkeit der Versiegelungsrechte in der Praxis wird auf die vorhergehenden Ausführungen zu den Flächenausweisungsrechten verwiesen. Da ein größerer Teilnehmerkreis betroffen ist, steigt die Wahrscheinlichkeit, dass ein effektiverer Handel möglich wird. Allerdings ist diese Variante mit einem noch höheren Verwaltungsaufwand verbunden.

III. Ergebnis

Zusammenfassend ist festzustellen, dass die Einführung von Flächenausweisungs- sowie Versiegelungsrechten geeignet ist, den Bodenverbrauch nachhaltig zu reduzieren, soweit die rechtlichen Voraussetzungen geschaffen werden. Bedingung ist jedoch, dass ein funktionierender Markt entsteht. Eine nachhaltige Entwicklung der Flächennutzung bedarf einer quantitativen und qualitativen Steuerung[1470]. Die quantitative Steuerung beinhaltet das Zurückführen der Flächenversiegelung, die qualitative den gezielten Erhalt der natürlichen Bodenfunktionen. Die Flächenzertifikate führen zu einer mengenmäßigen Begrenzung der Flächeninanspruchnahme. Um auch die qualitativen Aspekte zu berücksichtigen, ist das Zusammenspiel mit den planerischen Instrumenten erforderlich. Es könnte möglich sein, dass der Handel schwerfälliger verläuft, als dies bei den Emissionszertifikaten der Fall ist. Dies ist den Beschränkungen durch das Planungsrecht geschuldet. Die Bildung eines entsprechenden Marktes wird daher zunächst regional auf „kleinräumige

---

1470 Vgl. Bodenschutzbericht der BReg 2002, S. 16.

Formen des interkommunalen Austauschs von Flächenausweisungsrechten"[1471] begrenzt sein. Die in diesen Pilotregionen gesammelten Erfahrungen hinsichtlich Verwaltungsaufwand und -strukturen, Marktbildung, Effizienz und Effektivität der Flächenzertifikate sind dann bei der flächendeckenden Einführung zu berücksichtigen.

Für die Phase der Einführung sind die Flächenausweisungsrechte die übersichtlichere und leichter zu handhabende Variante aufgrund weniger Akteure. Welche der beiden Varianten der Flächenzertifikate letztlich zur Anwendung kommt und sich bewährt, wird die Praxis zeigen. Die Flächenzertifikate bilden in ihren beiden Ausformungen eine sinnvolle Ergänzung zum Planungsrecht und einer Grundsteuerreform. Eine gesetzliche Aufnahme in die Raumordnung ist allerdings bislang nicht erfolgt[1472]. Begrüßenswert ist, dass die Bundesregierung ein Forschungsvorhaben zum Handel mit Flächenzertifikaten initiiert hat, um einen überregionalen Modellversuch vorzunehmen[1473].

G. Schlussfolgerungen und Ausblick

Der Boden, der neben den Naturgütern Luft und Wasser zu den zentralen Lebensgrundlagen gehört, ist aufgrund der hohen Nutzungsintensität durch menschliche Einflussnahme erheblich belastet. Naturbelassene, durch Verkehrswege unzerschnittene Flächen verringern sich kontinuierlich aufgrund der fortschreitenden Flächeninanspruchnahme. Die Belastung des Bodens durch Schadstoffeintrag ist weiterhin hoch und Altlasten stellen die Handlungsverantwortlichen immer wieder vor neue Herausforderungen. Insgesamt betrachtet ist der gegenwärtige Zustand des Bodens sehr besorgniserregend. Die zentrale Problemstellung der Arbeit bezog sich daher auf die Untersuchung von monetären Lösungsansätzen und Instrumentarien, mit denen der fortschreitende Bodenverbrauch und die bestehenden Bodenverunreinigungen verringert werden können. Den Schwerpunkt bilden hierbei die bodenbezogenen Abgaben in ihrer Funktion als Lenkungs- und Finanzierungsabgaben.

Die Untersuchung hat gezeigt, dass in der Praxis überwiegend auf die vorhandenen planungsrechtlichen und ordnungsrechtlichen Instrumentarien zur Lösung der Problemlagen des Bodenschutzes zurück gegriffen wird. Dies ist

1471 BReg, Fortschrittsbericht 2004, S. 213.
1472 Siehe hierzu kritisch: Ritter, DÖV 2009, 431.
1473 BReg, Entwurf des Fortschrittsberichts 2012, S. 232.

grundsätzlich nicht zu beanstanden, lässt aber andere, auch unterstützende Alternativen unberücksichtigt. Das Planungsrecht, das verschiedene Handlungsmöglichkeiten für einen zielgerichteten Bodenschutz bietet und dem Boden im Rahmen des Abwägungsgebotes der im Baurecht verankerten Bodenschutzklausel hohe Priorität einräumt, hat es bislang nicht vermocht, eine Umkehr beim Flächenverbrauch zu erwirken. Und das, obwohl die Verringerung des Flächenverbrauchs als Bestandteil des Bodenschutzes in die Umweltpolitik, Stadtentwicklung und Landesplanung aufgenommen worden ist und eine Reihe von Projekten und Maßnahmen durchgeführt wurden und werden[1474]. Hauptursache hierfür sind oftmals entstehende Finanzierungslücken und divergierende Interessen im Rahmen der planerischen Abwägung.

Bei Eingriffen von Vorhaben in Natur und Landschaft erlangt die naturschutzrechtliche Ausgleichsregelung für die Finanzierung von Kompensationsmaßnahmen im Außenbereich immer mehr an Bedeutung. Mit der Einführung und Vorhaltung von Flächenpools bzw. Ökokonten können größere zusammenhängende naturnahe Flächen geschaffen und unterhalten werden. Dasselbe gilt auch für die innerstädtischen Bereiche, in denen es den Kommunen obliegt, Ökokontos bzw. Flächenpools einzurichten und zu betreiben. Das Baurecht sieht für Flächenpools Möglichkeiten der Refinanzierung auf der Grundlage des Verursacherprinzips als auch Kooperationsprinzips in Form des städtebaulichen Vertrages vor. Die erforderliche Vorfinanzierung der Planung und Errichtung der Flächen- und Maßnahmenpools sowie die dauerhafte Pflege und Unterhaltung der Kompensationsmaßnahmen sind allerdings in vielen Fällen durch die kommunalen Haushalte zu erbringen[1475].

Desgleichen können durch das BBodSchG und die Bodenschutz- und Altlastengesetze der Länder, die einen ordnungsrechtlichen Ansatz verfolgen, nicht die notwendigen Anreize für einen umfassenden Bodenschutz gesetzt werden. Sie sehen zudem für die Fälle, in denen eine Verursacher- oder Zustandshaftung nicht durchgreift, keine ausreichenden Finanzierungsgrundlagen vor. Einzig der Wertausgleich nach § 25 BBodSchG, der als öffentliche Last auf dem Grundstück ruht, bietet die Möglichkeit, die Sanierungskosten zumindest teilweise zu refinanzieren. Bedeutung erlangt der Wertausgleich vor allem bei der Übertragung von Grundstücken. In der Praxis findet der Wertausgleich regelmäßig nur bei

1474 Vgl. u. a. BReg, Entwurf des Fortschrittsberichts 2012 sowie Fortschrittsbericht 2008.

1475 Statusbericht Flächen- und Maßnahmepools in: Difu-Berichte 2/2003, S. 12; Bunzel, NuR 2004, 17.

solchen Grundstücken statt, die bereits einen entsprechend hohen Wert aufgrund ihrer Lage und Beschaffenheit besitzen. Sobald die Kosten den Wert des Grundstücks übersteigen, führt die Verwertung der Flächen zu einem Verlustgeschäft.

Durch die Anwendung des städtebaulichen Vertrages bzw. des Sanierungsvertrages im Rahmen des kooperativen Verwaltungshandelns können Kostenrisiken übersichtlich und kalkulierbar gestaltet werden[1476]. Der Sanierungspflichtige kann in einem solchen Fall eine Kostenanalyse durchführen und bei nicht ausreichender Leistungsfähigkeit gegebenenfalls einen Dritten in die Kostenbeteiligung mit einbeziehen[1477]. Voraussetzung ist allerdings, dass die Kooperationspartner die erforderlichen finanziellen Möglichkeiten besitzen und die Sanierungskosten den Grundstückswert nicht übersteigen[1478].

Die mangelnde Steuerungskraft sowie die unzureichenden Finanzierungsgrundlagen von planungs- und ordnungsrechtlichen Instrumenten erfordern im Bereich des vor- und nachsorgenden Bodenschutzes eine Ergänzung durch ökonomische Instrumente. Aus diesem Grund kommt dem Abgabenrecht im Rahmen des Bodenschutzes zunehmende Bedeutung zu. Bodenrelevante Abgaben sind dazu geeignet, die notwendigen Anreize für einen sparsamen Umgang mit dem Boden zu setzen.

So kann eine ökologisch ausgestaltete Grundsteuer Lenkungswirkungen zugunsten des Bodenschutzes entwickeln. Die Grundsteuer beruht als einzige Steuerart auf dem System der Einheitsbewertung. Diese hält der BFH in seinen Urteilen von 2010 nicht mehr mit dem allgemeinen Gleichheitssatz nach Art. 3 Abs. 1 GG für vereinbar. Als Reformmodelle der Grundsteuer werden u. a. die Flächennutzungssteuer, die Flächensteuer, die Boden- und Gebäudewertsteuer, die reine Bodenwertsteuer, die Bodenwert- und Grundstücksflächensteuer, die am Verkehrswert ausgerichtete Grundsteuer sowie die an Äquivalenzwerten orientierte Flächensteuer diskutiert. Obwohl die Flächennutzungssteuer, die Flächensteuer und die Bodenwert- und Grundstücksflächensteuer geeignet sind, bodenschützende Lenkungswirkungen zu entfalten, entsprechen sie nicht den sozialen und bodenpolitischen Anforderungen und lassen jegliche Wertrelationen vermissen. Unter ökologischen und bodenpolitischen Aspekten werden daher die reine Bodenwertsteuer sowie die Boden- und Gebäudewertsteuer den an eine reformierte Grundsteuer zu stellenden Anforderungen am ehesten gerecht.

1476 Sahm, UPR 1999, 376; Knopp/Löhr, Bundes-Bodenschutzgesetz, Rd. 204.

1477 Sahm, UPR 1999, 376.

1478 Fischer, BauR 2000, 834.

Das von der Finanzministerkonferenz diskutierte Verkehrswertmodell besitzt den Vorteil, dass die Grundsteuer reformiert wird, ohne die ihr zugrundeliegende Struktur aufzubrechen. Es handelt sich um ein vereinfachtes Grundsteuerbemessungsverfahren, das auf die veraltete Einheitsbewertung verzichtet und stattdessen auf individuelle Grundstücksdaten und die amtlichen Vergleichsdaten aus den Kaufpreissammlungen zurückgreift. Daraus folgen allerdings ein erheblicher Verwaltungsaufwand und die Notwendigkeit einer laufenden Aktualisierung. Über die Gestaltung der Hebesätze wird es den Kommunen ermöglicht, bodenpolitische und ökologische Ziele zu verfolgen. Die verkehrswertorientierte Grundsteuer vermag daher auch Anreize für eine Verringerung des Flächenverbrauchs zu setzen.

Auch die reine Bodenwertsteuer entfaltet in ökologischer Hinsicht Wirkungen für einen sorgsameren Umgang mit den verfügbaren Bodenflächen. Das betrifft in erster Linie die Innenbereiche der Gemeinden und Städte, da hier die Bodenwerte entsprechend hoch bemessen werden können. Da sich die Hortung von Grundstücken nicht mehr lohnt, können Brachflächen oder Bauruinen schneller wieder einer erneuten Nutzung zugeführt werden. Um die umweltrechtlichen Lenkungswirkungen der reinen Bodenwertsteuer zu verstärken, können nutzungsorientierte Zonen mit unterschiedlichen Hebesätzen durch die Gemeinden gebildet werden.

Das Modell einer Boden- und Gebäudewertsteuer besitzt ebenfalls eine ökologische Ausrichtung, die vor allem durch die Einführung eines Gewichtungsfaktors für Brachflächen in Form einer erhöhten Steuermesszahl verstärkt wird. Die Kosten der Bodenhaltung werden im Hinblick auf Brachflächen erhöht und damit Bodenspekulationen vorgebeugt. Die Einbeziehung der Gebäudefläche kann zu einer effektiveren Ausnutzung der Grundstücksfläche führen. Dem Effekt der Nutzung „auf der grünen Wiese“ kann durch ein entsprechendes Flächenmanagement wirksam begegnet werden. Der Verwaltungsaufwand, der durch die Ermittlung der Bodenrichtwerte entsteht, stellt gegenüber der gegenwärtigen Grundsteuer ebenfalls eine Vereinfachung dar[1479].

Alle drei Modelle besitzen gute Chancen, in der Praxis umgesetzt zu werden, allerdings ist davon auszugehen, dass der Bund sich aus der Gesetzgebung zurückzieht und die Länder unterschiedliche Modelle einer Grundsteuer neuer Art einführen.

Als weitere Steuerart wurde die Grunderwerbssteuer hinsichtlich möglicher bodenschützender Lenkungswirkungen untersucht. Im Ergebnis entfaltet sie keine

---

1479 Dies hat sich auch im Rahmen des Praxistestes gezeigt. Vgl. Coulmas/Lehmbrock, S. 295.

Anreize für den Bodenschutz, da sie an den Grundstückserwerb anknüpft. Die Umgestaltung in eine Neuversiegelungssteuer begegnet erheblichen verfassungsrechtlichen Bedenken.

Ein gezielter Bodenschutz durch Gebühren und Beiträge lässt sich nur im Rahmen der vorgegebenen verfassungsrechtlichen Voraussetzungen durchführen und ist dadurch nur begrenzt möglich. Entsprechende Initiativen, wie das Lizenzentgelt Nordrhein-Westfalens, konnten sich in verfassungsrechtlicher Hinsicht nicht durchsetzen. Auch scheiden die durch das BVerfG anerkannte Ressourcennutzungs- bzw. Verleihungsgebühr als Lenkungsabgaben für die Bodenerhaltung und -sanierung aus rechtlichen Gründen aus. Bodenerhaltende Akzente im kommunalen Bereich kann dagegen die sog. geteilte Abwassergebühr setzen, da die Eigentümer von versiegelten Flächen stärker in Anspruch genommen werden als diejenigen von unversiegelten Flächen. Mit Hilfe einer qualitativen Unterscheidung nach dem Versiegelungsgrad werden Grundstücksnutzer dazu angehalten, ihr Grundstück möglichst durchlässig zu versiegeln. Bedeutung für den Bodenschutz erlangen Gebühren und Beiträge somit nur mittelbar, wie auch im Rahmen der Umlage von Wasser- und Bodenverbänden.

Mit den Umweltsonderabgaben können Lenkungseffekte zugunsten des Bodenschutzes erzielt und mit ihrem zweckgebundenen Aufkommen ein Teil der Kosten im Rahmen der Bodenerhaltung und Bodensanierung gedeckt werden. Als außersteuerliche Geldleistungspflichten unterliegen sie engen kompetenzrechtlichen Grenzen. In der Praxis werden sie vor allem in Form des naturschutzrechtlichen Ersatzgeldes angewendet. Die sog. Landes-Sonderabfallabgaben, mit deren Aufkommen ein Teil die Altlastensanierung hätte finanziert werden können, standen im Widerspruch zu dem bundesrechtlichen Kooperationsprinzip und wurden daher durch das BVerfG für verfassungswidrig erklärt. Demgegenüber kommt das Modell der Neuversiegelungsabgabe hinsichtlich der Verringerung des fortschreitenden Flächenverbrauchs in Betracht. Mit diesem Modell können Anreize zu einer besseren Ausnutzung der in Anspruch genommenen Flächen, zum Beispiel durch Planung von Gebäuden mit geringerem Flächenverbrauch und durch die Minimierung der Versiegelung von Nebenflächen im Innenbereich, gesetzt werden. Die Mittel aus der Erhebung der Neuversiegelungsabgabe können zweckgebunden für die Förderung von Entsiegelungsmaßnahmen verwendet werden.

Neben den bodenrelevanten Abgaben, die im Wesentlichen auf eine Verhaltenssteuerung ausgerichtet sind, ist eine zielgerichtete Finanzierung der Bodenerhaltung und Bodensanierung erforderlich. So können aus dem Aufkommen der steuerlichen Abgaben unterschiedliche Förderprogramme finanziert werden. In den Bundesländern bestehen verschiedene Finanzierungsprogramme zur

Altlastensanierung und zum Brachflächenrecycling, die durch Finanzhilfen des Bundes und durch Fördermittel der Europäischen Union unterstützt werden. In diesem Zusammenhang sind die Reaktivierung von Brachflächen im Rahmen von städtebaulichen Sanierungsmaßnahmen, die Finanzierung von Großprojekten ökologischer Altlasten in den neuen Bundesländern sowie Altlastensanierungsmaßnahmen durch Kooperationsvereinbarungen und im Rahmen des kommunalen Finanzausgleichs erwähnenswert.

Besonders hervorzuheben sind die Fondslösungen, durch die zweckgebunden bodenschützende Maßnahmen gefördert werden können. So haben sich auf Landesebene vor allem Altlastensanierungs- und Grundstücksfonds bewährt.

Zusätzlich zu den Abgaben wurde die Anwendbarkeit von Flächenausweisungs- und Versiegelungsrechten in Hinblick auf eine Verringerung des Flächenverbrauchs diskutiert. Ihre Einführung stellt ein geeignetes Instrument zur mengenmäßigen Begrenzung der Flächeninanspruchnahme dar, soweit die hierfür erforderlichen Voraussetzungen geschaffen werden. Um auch die qualitativen Aspekte zu berücksichtigen, ist das Zusammenspiel mit den planerischen Instrumenten notwendig. Die praktische Anwendung der Flächenzertifikate wird derzeit erprobt[1480]. Aus einem Modellvorhaben zu Zertifikatslösungen kann auch abgeleitet werden, bei welcher Preishöhe – ob Zertifikats- oder Abgabepreis - es zu welchen Anpassungsmaßnahmen durch die Kommunen kommt. So ist auch für Abgabelösungen von zentraler Bedeutung, wie Akteure auf einen bestehenden Preisimpuls reagieren[1481].

Ausblickend ist festzustellen, dass die Gewährleistung eines effektiven Bodenschutzes der Steuerung durch bodenrelevante Abgaben bedarf. Dazu ist es erforderlich, dass die Einsatzmöglichkeiten von Abgaben durch Verwaltung und Politik erkannt und in der Praxis Anwendung finden werden. Daneben ist die zielgerichtete Gewährung von Finanzierungshilfen und Schaffung von Fördermodellen notwendig, um den Finanzierungsbedarf beim Bodenschutz zu decken. Das Ziel, die Flächeninanspruchnahme auf 30 ha pro Tag bis zum Jahr 2020 zu verringern[1482], bedarf dem Zusammenspiel verschiedener Instrumentarien. Nur durch eine konsequente Anwendung sämtlicher Instrumentarien kann der Boden auch in Zukunft weiter erhalten und geschützt werden.

1480 UBA, Planspiel Flächenhandel, unter (Zugriff am 02.11.2013) http://www.flaechenhandel.de/.

1481 Bizer/Bovet et. al., in: UBA-Texte, S. 187.

1482 BReg, Bodenschutzbericht, S. 16.

Literaturverzeichnis

Adam, Michael/ Hentschke, Helmar/ Kopp-Assenmacher, Stefan	Handbuch des Emissionshandelsrechts (Berlin: Hentschke, Helmar/Springer Verlag 2006).
Albrecht, Martin/ Hering, Peter	Letzte Hürde genommen. Bodenschutzverordnung, Umwelt- Magazin 1999, S. 30–31
Albrecht, Eike	in: Knopp/Löhr, Bundes-Bodenschutzgesetz in der betrieblichen und steuerlichen Praxis (Heidelberg: Verlag Recht und Wirtschaft GmbH 2000).
Andres, Stefan et. al.	Die Novellierung der derzeitigen Grundsteuer - Immobilienwirtschaftliche Auswirkungen. Marktbericht VII der Westdeutschen ImmobilienHolding GmbH Düsseldorf 1999.
Arnold, Helmut	Bundes-Bodenschutzgesetz – Licht am Ende des Tunnels? Geospektrum 2 /98, S. 38–39.
Bach, Thomas/ Zehrfeld, Hans	Altlastensanierung und Gewässerschutz in den neuen Bundesländern Anspruch und Verwirklichung des Grundwasserschutzes, ZUR 1996, S. 242–247.
Bachmann, Günther/ Holzwarth, Fritz/ Radtke, Hansjörg/ Hilger, Bernd	Bundes-Bodenschutzgesetz/Bundesbodenschutz- und Altlastenverordnung, Kommentar (2. Auflage, Berlin Bielefeld München: Erich-Schmidt Verlag 2000).
Bachmann, Günther/ Thoenes, Hans-Willi	Wege zum vorsorgenden Bodenschutz, Band 8 (Berlin Bielefeld München: Erich Schmidt Verlag 2000).
Bareis, Peter/ Elser, Thomas	Anforderungen an Lenkungssteuern und Beurteilung der „ökologischen Steuerreform“ aus ökonomischer Sicht. DVBl. 2000, S. 1176–1185.

Bartsch, Sebastian	Die Reformmodelle der Grundsteuer (Teil 1), KStZ 2011, S. 164–170.
Bartsch, Sebastian	Die Reformmodelle der Grundsteuer (Teil 2), KStZ 2011, S. 205–208.
Bassenge, Peter	in: Palandt, Otto Bürgerliches Gesetzbuch. Kommentar (71. Auflage, München: Verlag C. H. Beck 2012).
Battis, Ulrich/ Krautzberger, Michael/ Löhr, Rolf-Peter	Gesetz zur Erleichterung von Planungsvorhaben für die Innenentwicklung der Städte („BauGB 2007“), NVwZ 2007, S. 121–129.
Battis, Ulrich/ Krautzberger, Michael/ Löhr, Rolf-Peter	Die Neuregelungen des Baugesetzbuches, NVwZ 1997, S. 1145–1167.
Beck, Hans-Joachim	Die Reform der Grundsteuer, Grundeigentum 2011, S. 465–466.
Becker, Julia	Grundsteuerreformmodelle im Vergleich – Konzeption und Praxisfolgen, BB 2011, S. 535–539.
Becker, Bernd	Das neue Umweltschadensgesetz und das Artikelgesetz zur Umsetzung der Richtlinie über die Umwelthaftung zur Vermeidung und Sanierung von Umweltschäden, NVWZ 2007, S. 1105–1112.
Begemann, Arndt/ Lustermann, Henning	Emissionshandel: Probleme des Anwendungsbereichs und Auslegungsfragen zu Härtefallregelungen des ZuG 2007, NVwZ 2004, S. 1292–1297.
Berg, Wilfried,	Sonderabgaben – Möglichkeiten und Grenzen im Wirtschaftsverwaltungs- und Umweltrecht, GewArch 2006, S. 441–446.
Bickel, Christian	Hessisches Altlastengesetz. Kommentar (2. Auflage, Wiesbaden Selbstverlag, 1996).
Bickel, Christian	Bundes-Bodenschutzgesetz. Kommentar (4. Auflage, Köln Berlin Bonn München: Carl Heymanns Verlag KG 2004).

Bickel, Christian,	Der Einfluss des Allgemeinen Polizeirechts auf die Auslegung des Bundes-Bodenschutzgesetzes, NVwZ 2004, S. 1210–1212.
Bielfeldt, Carsten	Rechtliche Probleme der Bebauung von Altlasten – Amtshaftung der Gemeinden?, DÖV 1989, S. 67–73.
Bizer, Kilian	Flächenbesteuerung mit ökologischen Lenkungswirkungen – Zum Mythos der Grundsteuer und den Anforderungen an eine ökologische Flächensteuer. NuR 1995, S. 385–391.
Bizer, Kilian	Die Flächennutzungssteuer, in: Die Novellierung der derzeitigen Grundsteuer – Immobilienwirtschaftliche Auswirkungen, Marktbericht VII der Westdeutschen ImmobilienHolding Juni 1999, S. 26–37.
Bizer, Kilian/ Ewringmann, Dieter/ Bergmann, Eckardt et. al.	Mögliche Maßnahmen, Instrumente und Wirkungen einer Steuerung der Verkehrs- und Siedlungs-Flächennutzung (Springer Verlag 1998).
Bizer, Kilian/ Lang, Joachim	Ansätze für ökonomische Anreize zum sparsamen und schonenden Umgang mit Bodenflächen, in: Umweltbundesamt–Texte Nr. 21/00, Forschungsbericht 101 03 196, 1998.
Bizer, Kilian/ Linscheidt, Bodo	Umweltabgaben in Nordrhein-Westfalen - Rechtfertigung und Wirkungen einer Landesabgabenpolitik, ZfU 1999, S. 215–241.
Bizer, Kilian/ Bovet, Jana et. al.	in: Umweltbundesamt (Hrsg.), Projekt Forum: Handel mit Flächenzertifikaten. Fachliche Vorbereitung eines überregionalen Modellversuchs. Juli 2012.
Blankennagel, Alexander	Umweltzertifikate – Die rechtliche Problematik in: Wenz, Edgar Michael/Issing, Otmar/Hofmann, Hasso (Hrsg.), Ökologie, Ökonomie und Jurisprudenz. (München: Verlag V. Florentz GmbH, 1987).

Blossey u. a. — Entsiegelung von Böden im Rahmen der naturschutzrechtlichen Eingriffsregelung, Bodenschutz, 2005, S. 36–41.

Böckem, Alexandra — Umweltabgaben und die Bedeutung der Aufkommensverwendung aus Sicht der Neuen Politischen Ökonomie, ZfU 1999, S. 413–432.

Böhm, Monica — Kommunale Abfallgebühren und Altlastensanierung, NVwZ 1990, S. 340–342.

Bonus, Holger — Umweltschutz und Wettbewerb aus ökonomischer Sicht. In: Marburger/Reinhardt/Schröder (Hrsg.) Umweltschutz und Wettbewerb. 12. Trierer Kolloquium zum Umwelt- und Technikrecht vom 22. bis 24. September 1996 (Berlin: Erich Schmidt Verlag 1997).

Boruttau, Ernst Paul — Grunderwerbsteuergesetz. Kommentar. 15. Auflage, C. H. Beck Verlag München 2002

Bothe, Michael — Zulässigkeit landesrechtlicher Abfallabgaben, NJW 1998, S. 2333–2335.

Bothe, Michael — Rechtliche Voraussetzungen für den Einsatz von handelbaren Emissionszertifikaten am Beispiel von SO2, NVwZ 1995, S. 937–943.

Bothe, Michael — Zulässigkeit landesrechtlicher Abfallabgaben, NJW 1998, S. 2333–2335.

Bovet, Jana, — Handelbare Flächenausweisungsrechte als Steuerungsinstrument zur Reduzierung der Flächeninanspruchnahme, NuR 2006, S. 473–479.

Brandner, Thilo — Gefahrenerkennbarkeit und polizeirechtliche Verhaltensverantwortlichkeit: zur Störerverantwortlichkeit insbesondere bei Altlasten. Berlin: Duncker und Humblot 1990.

Brandner, Thilo	Bodenschutz in Wissenschaft und Praxis: Probleme eines Bundes-Bodenschutzgesetzes – Bericht über eine Tagung des Forschungszentrums Umweltrecht an der Humboldt-Universität zu Berlin, UPR 1997, S. 21–24.
Brandt, Edmund (Hrsg.)	Altlasten. Bewertung, Sanierung, Finanzierung (2. Auflage, Taunusstein: Eberhard Blottner Verlag 1990).
Brandt, Edmund	Altlastenrecht – Ein Handbuch (Heidelberg: C. F. Müller, Juristischer Verlag, 1993).
Brandt, Edmund	Die Finanzierung der Altlastensanierung - eine offene Flanke der Bodenschutzgesetzgebung? in: Oldiges, Martin (Hrsg.), Das neue Bundes-Bodenschutzgesetz –Fragen und Erwartungen Band 1 (Leipzig: Universitätsverlag1996, S. 91–103).
Brandt, Edmund/ Sanden, Joachim	Verstärkter Bodenschutz durch die Verzahnung zwischen Bau- und Raumordnungsrecht und Bodenschutzrecht, UPR 1999, S. 367–374.
Breuer, Rüdiger	Rechtsprobleme der Altlasten, NVwZ 1987, S. 751–761.
Breuer, Rüdiger/ Kloepfer, Michael/ Marburger, Peter/ Schröder, Meinhard	Umweltschutz durch Abgaben und Steuern. 7. Trierer Kolloquium zum Umwelt- und Technikrecht vom 22. bis 24. September 1991. Schriftenreihen des Instituts für Umwelt und Technikrecht der Universität Trier, Bd. 16 (Heidelberg: R. v. Decker's Verlag, G. Schenk, 1992).
Breuer, Rüdiger	Empfehlen sich ergänzende gesetzliche oder untergesetzliche Regelungen der Altlasten, und welchen Inhalt sollten sie haben? DVBl. 1994, S. 890–901.

Broekelschen, Wiebke/ Maiterth, Ralf, — Zur Forderung einer am Verkehrswert orientierten Grundstücksbewertung, Eine empirische Analyse, Diskussionsbeitrag zur Quantitativen Steuerlehre, 2007.

Bruschke, Gerhard — Einheitsbewertung – letzter Akt? StC 2010, S. 25–27.

Bruschke, Gerhard — Nicht verfassungskonformer Ansatz des Bedarfswertes bei der Grunderwerbsteuer – Aussetzung der Vollziehung? UVR 2010, S. 211–214.

Bruschke, Gerhard — Einheitsbewertung als Bemessungsgrundlage der Grundsteuer? Wege zur Neustrukturierung, ErbStB 2010, S. 348–352.

Buck, Matthias/ Kraemer, R. Andreas/ Wilkinson, Davis — Der „Cardiff-Prozess" zur Integration von Umweltschutzbelangen in andere Sektorpolitiken. Aus Politik und Zeitgeschichte – Beilage zur Wochenzeitung Das Parlament vom 26. November 1999, S. 12–20.

Bückmann, Walter — Bodenschutzrecht. Rechtliche und verwaltungsmäßige Grundlagen des Bodenschutzes unter besonderer Berücksichtigung der Altlastensanierung. (Köln/Berlin/Bonn/ München: Carl Heymanns Verlag KG, 1992).

Bückmann, Walter — Bodenschutz – Länderübergreifender Vergleich bestehender Gesetze und Gesetzentwürfe anhand des rechts- und naturwissenschaftlichen Forschungsstandes, UPR 1996, S. 132–135.

Bückmann, Walter/ Hepperle, Erwin/ Lee, Yeong Heui/ Lendi, Martin — Rechtsprobleme eines Bodenschutzgesetzes, UPR 1991, S. 321–327.

Bückmann, Walter/ Lee, Yeong Heui/ Zieschank, Roland — Bodenschutz: Steuerungsfunktion von Recht, Politik, Planung und Information im Bereich des Umweltschutzes, UPR 1999, S. 81–85.

Bückmann, Walter/ Lee, Yeong Heui/	Reader zum internationalen Symposium: Europäischer Bodenschutz – Schlüsselfragen des nachhaltigen europäischen Bodenschutzes, 2008.
Bull, Hans Peter	Allgemeines Verwaltungsrecht (8. Auflage, Heidelberg: C. F. Müller, Juristischer Verlag, 2009).
Bunzel, Arno	Kompensationsverpflichtung und Pflegemaßnahmen bei Eingriffen in Natur und Landschaft - Empirische Erfahrungen und rechtliche Bewertung, NuR 2004, S. 15–19.
Burgi, Martin	Die Rechtsstellung der Unternehmen im Emissionshandelssystem, NJW 2003, S. 2486–2492.
Burgi, Martin	Grundprobleme des deutschen Emissionshandelssystems: Zuteilungskonzept und Rechtsschutz. NVwZ 2004, S. 1162–1168.
Busse, Jürgen	Das Investitionserleichterungs- und Wohnbaulandgesetz: Überblick der wichtigsten Neuregelungen für die alten Bundesländer, BayVBl. 1993, S. 193–231.
Cames, Martin/ Dopfer, Jaqui/ Gebers, Betty/ Uricher, Angelika/ Wätzold, Frank/	Potentiale für Umweltentlastungen durch Abgaben auf Landesebene. Ergebnisse einer ökonomischen und ökologischen Wirkungsanalyse für das Bundesland Nordrhein-Westfalen. ZfU 1999, S. 243–270.
Chlistalla, Michael/ Zähres, Meta	Bieten für das Klima, Emissionshandelssystem der EU stellt um auf Aktionen, Deutsche Bank Research vom 20.12.2010.
Cloer, Adrian	Erhöhung der Grunderwerbsteuer auf Länderebene um mehr als 40 % - Wunderwaffe oder Eigentor? StB 2011, Nr. 1–2, I.
Cloos, Ingrid	Das Landschafts- einschließlich Artenschutzprogramm in Berlin und seine Umsetzung, TU International 46/47 Dezember 1999.

von Cölln, Ira — BFH-Urteil setzt Signal für Grundsteuerreform, FWW 2010, S. 159.

Coulmas, Diana/ Lehmbrock, Michael — Grundsteuerreform – Ws kommt nach dem Praxistest? Vhw FW 6/Dezember 2001, S. 289–295.

Czybulka, Detlef — Kompetenzverteilung im Bodenschutz- und Altlastenrecht, UPR 1997, S. 15–19.

Dannecker, Marcus/ Klink, Thomas — Beseitigung von DDR-Umweltschäden durch Investoren. Zwischenbilanz und neue Aspekte der Altlastenfreistellung nach Art. 1 § 4 III DDR-URG, LKV 2003, S. 159–164.

Dastig, Martin — Vortrag „EFRE-Fonds bei der Investitionsbank Berlin zur Finanzierung von KMU" im Rahmen des BBR-Projekts „Innovativer Einsatz von Strukturfondsmitteln mit Stadtentwicklungsfonds" am 28.06.2006 in der KfW Berlin, Investitionsbank Berlin.

Desens, Sabrina — Finanzierung des Emissionshandels, DVBl. 2010, S. 228–237.

Dickertmann, Dietrich — Erscheinungsformen und Wirkungen von Umweltabgaben aus ökonomischer Sicht, in: Kirchhof (Hrsg.), Umweltschutz im Abgaben- und Steuerrecht. Deutsche Steuerjuristische Gesellschaft e. V., Bd. 15 (Köln: Verlag Dr. Otto Schmidt, 1993).

Di Fabio, Udo — Rechtliche Instrumente zum Schutz von Boden, Wasser und Luft vor landwirtschaftlichen Umweltbelastungen, NuR 1995, S. 123–129.

Dieckmann, Jochen — Zur Kennzeichnung von Altlasten in der Bauleitplanung, DSt 1987, S. 516–519.

Diederichsen, Lars — Rechtsfragen der Ökokontierung und des Ökopunktehandels, NuR 2010, S. 843–847.

Diehr, Uwe — Der Sanierungsplan nach dem Bundes-Bodenschutzgesetz, UPR 1998, S. 128–131.

Dieterich, Hartmut/ Dieterich-Buchwald, Beate	Lösung der Bodenprobleme durch eine Bodenwertsteuer? Das dänische Beispiel, Teil 1 ZfBR 1983, S. 113–119, Teil 2 ZfBR 1983, S. 180–185, Teil 3 ZfBR 1983, S. 213–220.
Dieterich, Hartmut	Neues Bodenrecht? KStZ 1991, S. 121–126.
Dieterich, Hartmut	Bodenpolitik in Deutschland, NZM 1998, S. 289–295.
Dieterich, Hartmut/ Josten, Rudolf	Die Bodenwertsteuer, in: Die Novellierung der derzeitigen Grundsteuer - Immobilienwirtschaftliche Auswirkungen, Markbericht VII der Westdeutschen ImmobilienHolding, Juni 1999, S. 12–23.
Diederichsen, Lars	Rechtsfragen der Ökokontierung und des Ökopunktehandels, NuR 2010, S. 843–847.
Dieterich, Hartmut	Reform der Grundsteuer – zum Stand der Diskussion, vhw FW 6, Dezember 2001, S. 281–283.
Dombert, Matthias	Der Sanierungsvertrag nach § 13 Abs. 4 BodSchG: Vorzüge, Praxisprobleme und aktuelle Rechtsfragen. ZUR 2000, S. 303–307.
Drasdo, Michael	Bodenschutzrechtliche Ausgleichsansprüche (§ 24 II BBodSchG), NJW-Spezial 2007, S. 97–98.
Dreißigacker, Hans-Ludwig	Bodenschutz in Europa (Köln Berlin Bonn München: Carl Heymanns Verlag KG, 1997).
Driehaus, Hans J.	Kommunalabgabenrecht. Kommentar. (Herne, Berlin: Verlag Neue Wirtschaftsbriefe, Stand: März 2010).
Droese, Julia	Die Erweiterung des Kreises der Zustandsverantwortlichen nach dem Bundes-Bodenschutzgesetz, UPR 1999, S. 86–92.
Drosdzol, Wolf-Dietrich	Baulandsteuer und Bodenwertsteuer – Neue Perspektiven für die Grundsteuer? DStZ 1994, S. 205–207.

Drosdzol, Wolf-Dietrich	Grundsteuer – Möglichkeiten einer Neuregelung, DStZ 1999, S. 831–837.
Drosdzol, Wolf-Dietrich	Bodensteuer und Verkehrswert/Bodenrichtwert – Ein Beitrag zur geplanten Grundsteuerreform, in: Landesvermessung und Geobasisinformation Brandenburg, Januar 2000.
Eckhoff, Johann/ Lemmer, Astrid	Grundsteuersysteme, vhw FW 6/Dezember 2001, S. 308–315.
Eichhorn, Peter	Verwaltungslexikon (2. Auflage, Baden-Baden: Nomos Verlagsgesellschaft, 1991).
Einig, Klaus	Integration des Marktmechanismus in die Regionalplanung, Informationen zur Raumentwicklung 2005, S. 281–295.
Eisele, Dirk	Die Grundsteuer im verfassungsrechtlichen Fokus, SteuerStud 2007, S. 268–270.
Eisele, Dirk	Reform der Grundsteuer – Aktuelle Entwicklungen und Tendenzen, StW 2011, S. 175–182.
Eisele, Dirk	Bodenrichtwertrelevanz bei der Grundbesitzbewertung, NWB 2011, S. 2289–2300.
Ekardt, Felix,	Zertifikatsmärkte, Abgaben oder Subventionsreduktion als finanzrechtliches Instrument? VR 2001, S. 397–403.
Elicker, Michael,	Der Grundsatz der Lastengleichheit als Schranke der Sonderabgaben, Inpflichtnahmen und Dienstleistungspflichten, NVwZ 2003, S. 304–307.
Elspas, Maximilian/ Salje, Peter/ Stewig, Clemens	Emissionshandel. Ein Praxishandbuch (Köln, Berlin, Bonn, München: Carl Heymanns Verlag KG 2006).
Elsner, Bernd/ Kaltenborn, Markus	Sonderabgaben im Steuerstaat, JA 2005, S. 823–828.
Enderle, Martin	Restauration im städtischen Umweltschutz, ZUR 1994, S. 70–74.

Endres, Alfred	Umweltzertifikate – Die marktwirtschaftliche Lösung? in: Wenz, Edgar Michael/Issing, Otmar/Hofmann, Hasso (Hrsg.), Ökologie, Ökonomie und Jurisprudenz (München: Verlag V. Florentz GmbH, 1987, S. 57–69).
Erbguth, Wilfried	Rechtsfragen des Bodenschutzes, UPR 1984, S. 241–249.
Erbguth, Wilfried	Weiterentwicklungsbedarf im Bodenschutzrecht?, NuR 1986, S. 137–141.
Erbguth, Wilfried	Umweltrecht im Gegenwind: die Beschleunigungsgesetze. JZ 1994, S. 477–495.
Erbguth, Wilfried/ Stollmann, Frank	Zum Stand des Bodenschutzrechts – dargestellt unter Berücksichtigung der Altlastenproblematik, NuR 1994, S. 319–330.
Erbguth, Wilfried/ Stollmann, Frank	Einzelfragen der Sanierung und des Altlastenmanagements im Bundes-Bodenschutzgesetz, NuR 1999, S. 127–134.
Erbguth, Wilfried/ Stollmann, Frank	Die Bodenschutz- und Altlastengesetze der Länder vor dem Hintergrund des Entwurfs eines Bundes-Bodenschutzgesetzes, UPR 1996, S. 281–294.
Erbguth, Wilfried	Unternehmensprivatisierung in den neuen Bundesländern und Altlastenverantwortlichkeit, ThürVBl. 1996, S. 97–105.
Erichsen, Hans-Uwe/ Ehlers, Dirk	Allgemeines Verwaltungsrecht (14. Auflage, Berlin- New York: Walter de Gruyter 2010).
Ewringmann, Dieter	Flächennutzungssteuer, in: Reidenbach (Hrsg.), Bodenpolitik und Grundsteuer – Bericht über ein Expertengespräch (Berlin: Deutsches Institut für Urbanistik, Februar 1999).
Falke, Josef	Aktuelles zum Schutz von Boden, Wasser und Luft der EU, ZUR 1999, S. 93–97.
Falke, Josef	Aktuelles zum Vorsorgeprinzip und anderen programmatischen Orientierungen im Europäischen Umweltrecht, ZUR 2000, S. 265–271.

Feldmann, Franz-Josef	Umwelthaftung aus umweltpolitischer Sicht – zum Inkrafttreten des Gesetzes über die Umwelthaftung am 1. Januar 1991, UPR 1991, S. 45–50.
Flockermann, Paul	Stellenwert des Umweltschutzes im Rahmen der Steuerpolitik, in: Kirchhof (Hrsg.) Umweltschutz im Abgaben- und Steuerrecht. Deutsche Steuerjuristische Gesellschaft e. V., Bd. 15 (Köln: Verlag Dr. Otto Schmidt, 1993).
Finger, Werner	Neues von den Altlasten, NVwZ 1288–1291.
Fischer, Hartmut	Sanierungsverträge in der Praxis, BauR 2000, S. 833–845.
Franz, Thorsten	Gewinnerzielung durch kommunale Daseinsvorsorge (Tübingen: Mohr Siebeck 2005).
Franzius, Claudio	Die Zukunft der naturschutzrechtlichen Eingriffsregelung, ZUR 2010, S. 346–353.
Freisburger, Anke	Gesetzgeberische Reaktionen der Länder auf das Bundes-Bodenschutzgesetz, UPR 1999, S. 318–384.
Frenz, Walter	Das Prinzip widerspruchsfreier Normgebung und seine Folgen, DÖV 1999, S. 41–50.
Frenz, Walter	Bundes-Bodenschutzgesetz. Kommentar. (München: Verlag C. H. Beck 2000).
Friauf, Karl-Heinrich	Altlastensanierung durch „Lizenzabgaben" auf die Sonderabfallentsorgung? Verfassungsrechtliche Aspekte des Nordrhein-Westfalen-Modells (Rechtsgutachten, Dezember 1987).
Fritsch, Michael/ Wein, Thomas/ Ewers, Hans-Jürgen	Marktversagen und Wirtschaftspolitik (7. Auflage, Verlag Franz Vahlen 2007).
Fugmann-Heesing, Annette	Die Überplanung von Altlasten – Ein Investitionshindernis in den neuen Ländern?, LKV 1996, S. 113–119.

Funke, Hans Friedrich — Die Lenkbarkeit von Abwägungsvorgang und Abwägungsergebnis zugunsten des Umweltschutzes, DVBl. 1987, S. 511–517.

Funke, Susann — Die Sächsische Ökokonto-Verordnung, SächsVBl. 2009, S. 277–281.

Gassner, Erich — Zur Verfassungswidrigkeit naturschutzrechtlicher Ersatzzahlungen, DVBl. 2011, S. 1268–1274.

Gassner, Erich — Systematische Aspekte der naturschutzrechtlichen Ausgleichsabgabe, NuR 1985, S. 180–186.

Gaßner, Hartmut/ Willand, Achim/ Fischer, Jochen/ Pippke, Nicole — Anforderungen an die Wiederherstellung von Bodenfunktionen nach Entsiegelung (Texte des Umweltbundesamtes 2001).

Gawel, Erik — Umweltallokation durch Ordnungsrecht. (Tübingen: J. C. B. Mohr (Paul Siebeck), 1994).

Gawel, Erik — Akzeptanzbarrieren für Marktlösungen im Umweltschutz – Der Fall handelbarer Umweltnutzungsrechte. Staatswissenschaften und Staatspraxis (SuS) 1997, S. 485–529.

Gawel, Erik — Steigerung der Kosteneffizienz im Umweltordnungsrecht. Instrumentelle Alternativen, Erfolgsaussichten und Grenzen. Die Verwaltung 1999, S. 179–215.

Gawel, Erik — Umweltabgaben zwischen Steuer- und Gebührenlösung. Eine finanzwissenschaftliche Kritik der Rechtsreformrestriktionen für administrative Umweltpreise (Baden-Baden: Nomos Verlagsgesellschaft, 1999).

Gawel, Erik — Umweltabgaben zwischen Steuer- und Gebührenrecht. NuR 2000, S. 669–674.

Geiger, Christian A. — Reform des Grundsteuerrechts, Gemeindehaushalt 2006, S. 145–148.

Geiger, Rudolf/ Khan, Daniel-Erasmus/ Kotzur, Markus — EUV/AEUV Vertrag über die Europäische Union und Vertrag über die Arbeitsweise der Europäischen Union, Kommentar (München: Verlag C. H. Beck 2010).

Gelen, Timur — Das Rückwirkungsgebot im Altlastenrecht, UPR 1996, S. 212–216.

Gellermann, Martin — Naturschutzrecht nach der Novelle des Bundesnaturschutzgesetzes, NVwZ 2010, S. 73–79.

Germelmann, Friedrich, — Präzisierungen in der Sonderabgaben-Rechtsprechung des Bundesverfassungsgerichts, GewArch 2009, S. 476–481.

Gern, Alfons — Deutsches Kommunalrecht (3. Auflage, Nomos Verlagsgesellschaft 2003).

Ginzky, Harald — Gesamtrechtsnachfolge von Unternehmen im Bodenschutzrecht - unter Berücksichtigung der Zeit des Nationalsozialismus und der Kontrolle der Alliierten, NuR 2003, S. 727–734.

Göb, Rüdiger — Gibt es eine neue Baulandsteuer? KStZ 1982, S. 81–85.

Goldschmidt, Jürgen — Das Rückbau- und Entsiegelungsgebot nach § 179 BauGB, UPR 2012, S. 50–54.

Götz, Volkmar — Allgemeines Polizei- und Ordnungsrecht (12. Auflage, Göttingen: Vandenhoeck und Ruprecht, 1995).

Grabitz, Eberhard/ Hilf, Meinhard/ Nettesheim, Martin — Das Recht der Europäischen Union Band 1 EUV/AEUV (München: Verlag C. H. Beck Stand Mai 2011).

Grünewald — in: Driehaus (Hrsg.) Kommunalabgabenrecht. Kommentar. (Herne, Berlin: Verlag Neue Wirtschaftsbriefe, Stand: März 2010).

Grziwotz, Herbert — in: Spannowsky/Uechtritz (Hrsg.) Baugesetzbuch Kommentar (München: Verlag C. H. Beck 2009).

Groth, Klaus-Martin/ Streck, Charlotte — Abschöpfung leistungsloser Bodenwertsteigerungen, KJ 1998, S. 218–224.

Guckelberger, Annette — Abbruch verfallender baulicher Anlagen, NVwZ 2010, S. 743–748.

Günther, Julia/ Schnutenhaus, Jörg — Die Rechtsprechung zum Emissionshandelsrecht, NVwZ 2007,S. 1140–1147.

Gusy, Christoph — Polizei- und Ordnungsrecht (8. Auflage, Tübingen: Mohr Siebeck, 2011).

Haack, Wulf — Der versiegelte Boden, BWGZ 1996, S. 38–39.

Haekel, Wolfgang — Durch die Brille des Sanierers, UmweltMagazin 1999, S. 26–27.

Hager, Günter — Haftung für reine Umweltschäden, NuR 2003, S. 581–585.

Hager, Günter — Der Vorschlag einer europäischen Richtlinie zur Umwelthaftung, JZ 2002, S. 901–911.

Haller, Robert — Zivilrechtlicher Ausgleich unter öffentlichrechtlichen Störern. Zur Anwendung des § 426 BGB auf die Kosten der Inanspruchnahme im Umweltrecht, ZUR 1996, S. 21–26.

Hantzsch, Dieter — Reform der Grundsteuer durch den Bundesgesetzgeber? DStZ 2012, S. 758–767.

Häde, Ulrich — Zur Föderalismusreform in Deutschland, JZ 2006, S. 930–940.

Hecht, Gottfried — Grundsteuern vom Einheitswert oder Ersatzbemessungsgrundlage? BB 2000, S. 1168–1173.

Heckmann, Götz/ Grögler, Astrid — Der Sanierungsplan nach Bundes- Bodenschutzgesetz als Werkzeug für die Bearbeitung komplexer Altlasten, BWGZ 2001, S. 56.

Heilmann, Friedrich — Die staatliche Verantwortlichkeit für die Sanierung ökologischer Altlasten in den neuen Ländern, LKV 1994, S. 305–312.

Heimlich, Jörn	Die Verleihungsgebühr als Umweltabgabe (Berlin: Duncker & Humblot 1996).
Heimlich, Jörn	Die Anerkennung der Verleihungsgebühr durch den „Wasserpfennig-Beschluß" des Bundesverfassungsgerichts, DÖV 1997, S. 996–1000.
Heinz, Kersten	Flächenrecycling und Immobiliendevelopment: Die Industriebrache im Spannungsfeld zwischen Leuchtturmprojekt und Unveräußerlichkeit, NZBau 2005, S. 79–84.
Heintz, Detlef	Zum Vollzug der naturschutzrechtlichen Eingriffsregelung durch die Vorhaben - Genehmigungsbehörden in Nordrhein-Westfalen, BauR 1995, S. 1–20.
Held, Martin/ Kümmerer, Klaus	Vorschlag für ein „Übereinkommen zum nachhaltigen Umgang mit Böden" (Bodenkonvention), UWSF-Z. Umweltchem. Ökotox. 9 (6) S. 421–433 (1997).
Hellriegel, Mathias	Unbegrenzte „Ewigkeitshaftung" nach § 4 VI BBodSchG? Ausschluss des Sanierungsrisikos bei Immobilientransaktionen. NVwZ 2012, S. 541–545.
Hendler, Reinhard/ Brockhoff, Sven	Die Eingriffsregelung des neuen Bundesnaturschutzgesetzes, NVwZ 2010, S. 733–738.
Hendler, Reinhard	Zur Entwicklung des Umweltabgabenrechts, NuR 2000, S. 661–668.
Hendler, Reinhard	Möglichkeiten zur Einführung einer Abgabe auf die Entnahme von Kiesen in Nordrhein-Westfalen (Kiesabgabe). Rechtliches Kurzgutachten im Auftrag des Regionalverbands Ruhr und des Kreises Wesel, in: NWVBl 2011, S. 1–6.
Henkel, Michael, J.	Altlasten in der Bauleitplanung, UPR 1988, S. 367–376.
Herlinghaus, Andreas	Bewertung eines Lebensmittelmarktes als Warenhaus – Verfassungsmäßigkeit der Einheitsbewertung, BFH/PR, S. 392–396.

Heselhaus, Sebastian — Rechtsprechung Öffentliches Recht, JA 1999, S. 635–638.

Hesse, Konrad — Grundzüge des Verfassungsrechts der Bundesrepublik Deutschland (20. Auflage, Heidelberg: C. F. Müller, Juristischer Verlag, 1999).

Heun, Werner — in: Dreier (Hrsg.), Grundgesetz Kommentar, Band 3 (2. Auflage, Tübingen: Mohr Siebeck 2008).

Hirche, Walter — Das neue Bodenschutzgesetz und seine Auswirkungen auf die Landwirtschaft. Umwelt Nr. 7–8, 1997, S. 297–301.

Horschitz, Harald/ Groß, Walter/ Schnur, Peter — Bewertungsrecht, Grundsteuer, Erbschafts- und Schenkungssteuer (14. Aufl., Stuttgart: Schäffer-Poeschel 1999).

Hösch, Ulrich — Zustandsverantwortlichkeit und Sozialbindung bei Altlastengrundstücken, VBlBW 2004, S. 7–14.

Hötling, Franco — Referentenentwurf zur Änderung des Baugesetzbuches. Stärkung der Innenentwicklung und Entbürokratisierung. FWW 2012, S. 24–25.

Hofmann-Hoeppel, Jochen/ Schumacher, Jochen — Neue Regelungen in Kraft, UmweltMagazin 1999, S. 23–25.

Hübler, Karl-Hermann/ Schablitzki, Gerd — Volkswirtschaftliche Verluste durch Bodenbelastung in der Bundesrepublik Deutschland (Erich Schmidt Verlag Berlin 1991).

Huckestein, Burkhard — Umweltlizenzen – Anwendungsbedingungen einer ökonomisch effizienten Umweltpolitik durch Mengensteuerung, ZfU 1993, S. 1–29.

Hummel, Lars — Das Merkmal der Finanzierungsverantwortung in der Sonderabgaben-Rechtsprechung des Bundesverfassungsgericht, DVBl. 2009, S. 874–883.

Jakubowski, Peter — Stadtentwicklungsfonds im Sinne der JESSICA-Initiative – Idee und Organisation, Informationen zur Raumentwicklung, Heft 9.2007, S. 579–589.

Jäde, Henning — Das Wohnungsbau-Erleichterungsgesetz: planungsrechtliche Probleme/baurechtliche Genehmigungsverfahren, UPR 1991, S. 50–56.

Jakubowski, Peter — Stadtentwicklungsfonds im Sinne der JESSICA-Initiative – Idee und Organisation, Informationen zur Raumentwicklung, Heft 9, 2007.

Janka, Wolfgang/ Eggers, Andrea — Akute Gefahren im Freistellungsverfahren für ökologische Altlasten, LKV 1995, S. 390–391.

Jarass, Hans D. — Verfassungsrechtliche Grenzen für die Erhebung nicht-steuerlicher Abgaben, DÖV 1989, S. 1013–1022.

Jarass, Lorenz/ Obermair, Gustav — Steuer- und Abgabebelastung seit 1970 im internationalen Vergleich, in: Internationales Steuerrecht (München: C. H. Beck-Verlag 1994).

Joachim, Norbert/ Niels, Lange — Haftungsbeschränkung des Erben für bodenschutzrechtliche Sanierungspflichten, ZEV 2011, S. 53–59.

Jobs, Thorsten — Zur Gesetzgebungskompetenz für Umweltsteuern – Konsequenzen aus den Urteilen des BVerfG v. 07.05.1998 für eine „Ökologische Steuerreform" im Bund, DÖV 1998, S. 1039–1048.

Jochum, Heike — Die polizei- und ordnungsrechtliche Störermehrheit und die beschränkte Kostentragungspflicht des „Nicht-So-Störers", NVwZ 2003, S. 526–531.

Jochum, Heike — Neustrukturierung der Sonderabgabendogmatik – gewidmet Herrn Prof. Dr. Rudolf Wendt in herzlicher Verbundenheit -, StuW 2006, S. 134–146.

Joneck, Michael — Das Bundes-Bodenschutzgesetz, UWSF – Z. Umweltchem. Ökotox. 9 (6), 1997, S. 417–420.

Junker, Andy/ Weiler, Andreas — Die Bilanzierung von Ökopunkten, StB 2010, S. 268–274.

Kabelitz, Klaus Robert	Eigentumsrechte und Nutzungslizenzen als Instrumente einer ökonomisch rationalen Luftreinhaltepolitik (Ifo-Institut für Wirtschaftsforschung e. V. München, 1984).
Kantzow, Wolfgang	Grundrente und Bodenpolitik. Zur ökonomischen und politischen Relevanz der Naturressource Boden (Berlin: VWF Verlag für Wissenschaft und Forschung GmbH, 1995).
Kasper, Andreas	Die Grundsteuer, KommJur 2005, S. 241–245
Katz, Alfred	Staatsrecht (17. Auflage, Heidelberg: C. F. Müller Juristischer Verlag 2009).
Kauch, Petra	Bodenschutz: Die Steuerung des Land- und Freiflächenverbrauchs im geltenden Recht, DVBl. 1993, S. 1033–1042.
Kaufmann, Marcel	in: Henneke/Pünder/Waldhoff (Hrsg.), Recht der Kommunalfinanzen (München: Verlag C. H. Beck 2006).
Keding, Carl Friedrich	Das künftige Bundes-Bodenschutzgesetz – Fragen und Erwartungen. Bericht über ein Symposium des Instituts für Umwelt- und Planungsrecht der Universität Leipzig am 17. Und 18. April 1996, DVBl. 1996, S. 975–980.
Kemper, Manfred	Das Umweltproblem in der Marktwirtschaft (2. Aufl., Berlin: Duncker & Humblot GmbH, 1993).
Kiene, Andreas	Die Berücksichtigung des Bodens in der naturschutzrechtlichen Eingriffsregelung in der Freien und Hansestadt Hamburg, Bodenschutz 2005, S. 17– 22.
Kirchhof, Ferdinand	Die Tauglichkeit von Abgaben zur Lenkung des Verhaltens. DVBl. 2000, S. 1166–1175.
Kirchhof, Paul	Leistungsfähigkeit und Wirkungsweisen von Umweltabgaben an ausgewählten Beispielen, in: Umweltschutz durch Abgaben und Steuern, (Heidelberg: Schriften zum Umwelt und Technikrecht 1992).

Kirchhof, Paul — in: Kirchhof (Hrsg.), Umweltschutz im Abgaben- und Steuerrecht. Deutsche Steuerjuristische Gesellschaft e. V., Bd. 15 (Köln: Verlag Dr. Otto Schmidt, 1993).

Kirchhof, Paul — in: Isensee/Kirchhof (Hrsg.), Handbuch des Staatsrechts, Band 5 (3. Auflage, Heidelberg, München, Landsberg, Berlin: C. F. Müller: 2007).

Klages, Christoph — Praktisch bedeutsame Entwicklungen im Abfallrecht einschließlich des Abfallgebührenrechts. ZfW 2001, S. 1–17.

Kleiber, Wolfgang — Die Verkehrsermittlung verunreinigter Flächen (Altlasten) als Rechtsproblem, ZfBR 1988, S. 168–179.

Kleiber, Wolfgang — Anmerkungen zum Baulandbericht 1993, BBauBl. 1994, S. 420–424.

Klein, Ulrich — Europäisches Bodenschutzrecht – Auf dem Weg zu einer Bodenschutzrahmenrichtlinie, UPR 2007, S. 2–12.

Kloepfer, Michael/ Follmann, Werner — Lizenzentgelt und Verfassungsrecht. – Zur Verfassungsmäßigkeit des sog. Nordrhein-Westfalen-Modells für die Altlastensanierung -, DÖV 1988, S. 573–586.

Kloepfer, Michael — Lizenzpflicht als Finanzquelle? Rechtsgutachten zu den Gesetzesentwürfen der Landesregierung Nordrhein-Westfalen betreffend die Einführung einer Lizenzpflicht und einer Lizenzgebührenregelung zur Sonderabfallentsorgung und Altlastensanierung (Trier 1988).

Kloepfer, Michael — Abfallverbringungsabgabe und Verfassungsrecht, UPR 1997, S. 81–88.

Kloepfer, Michael — Umweltrecht (3. Auflage, München: C. H. Beck, 2004).

Kloepfer, Michael/ Kröger, Heribert — Haftungsfreistellung für „Altlasten" in den neuen Bundesländern, DÖV 1991, S. 989–1002.

Kluth, Winfried — Verfassungs- und abgabenrechtliche Rahmenbedingungen der Ressourcenbewirtschaftung, NuR 1997, S. 105–112.

Kniesel, Michael — in: Lisken/Denninger (Hrsg.), Handbuch des Polizeirechts (4. Auflage, München: Verlag C. H. Beck 2007).

Knopp, Lothar — Zur Neufassung der „Altlastenfreistellungsklausel“ in den neuen Bundesländern, BB 1991, S. 1356–1359.

Knopp, Lothar — Erstes Gesetz zur Abfallwirtschaft und zum Bodenschutz im Freistaat Sachsen, LKV 1992, S. 215–218.

Knopp, Lothar — Bundes-Bodenschutzgesetz: Katalog der Sanierungsverantwortlichen und Wertausgleichsregelung, ZUR 1999, S. 210–216.

Knopp, Lothar/ Löhr, Dirk — Bundes-Bodenschutzgesetz in der betrieblichen und steuerlichen Praxis (Heidelberg: Verlag Recht und Wirtschaft GmbH 2000).

Kobes, Stefan — Die Untersuchung, Bewertung und Sanierung von Altlasten nach dem Bundes-Bodenschutzgesetz, NVwZ 2000, S. 261–268.

Kobes, Stefan — Emissionshandel 2008–2012, NVwZ 2007, S. 857–867.

Köck, Wolfgang — Der „Wasserpfennig“ und das Abgabenrecht, UPR 1991, S. 7–11.

Köck, Wolfgang — Organisation und Finanzierung kollektiver Ausgleichssysteme für Umweltschäden, KV 1991, S. 311–323.

Köck, Wolfgang — Sanierung von Altstandorten als Eingriffkompensation, Anmerkung zu BVerwG, Urt. v. 26.1.2005 (9 A 7/04), ZUR 2005, S. 308–310.

Köck, Wolfgang — Die städtebauliche Eingriffsregelung. Ausgewählte Probleme unter besonderer Berücksichtigung der Auswahl und Sicherung von Ausgleichsflächen und -maßnahmen, NuR 2004, S. 1–6.

Köhler, Helmut/ Meyer, Cedric	Abwasserabgabengesetz. Kommentar (2. Auflage München: Verlag C. H. Beck 2006).
Köhler, Stefan/ Wagner, Johann	Die Debatte um die Reform der Grundsteuer gewinnt an Fahrt, BB 2010, S. 2483–2484.
Köhler, Stefan/ Wagner, Johann	BFH verlangt Reform der Grundsteuer, ZfIR 2010, S. 829–831.
Kohls, Malte	Vertrauensschutz für Erben von Altlastengrundstücken? Zur nachwirkenden Sanierungsverantwortlichkeit der Erben von Altlastengrundstücken gemäß § 4 Abs. 6 BBodSchG, ZUR 2001, S. 183–188.
König, Wilhelm	Bodenschutzrechtliche Vorschriften und ihre Bedeutung für die Bodennutzung, Vortrag anlässlich der 51. Hochschultagung der Landwirtschaftlichen Fakultät der Universität Bonn vom 23.02.1999.
Konrad, Karlheinz	Umweltlenkungsabgaben und abfallrechtliches Kooperationsprinzip, DÖV 1999, S. 12–20.
Köppel, Alfred	in: Oldiges, Das neue Bundes-Bodenschutzgesetz – Fragen und Erwartungen (Leipzig: Leipziger Universitätsverlag: 1996.
Körner, Raimund	Bodenschutzrechtlicher Wertausgleich und Altlastenfreistellung, NVwZ 2004, S. 699–700.
Kothe, Peter	Die altlastenbedingte Rückbesinnung auf die Funktionsnachfolge, LKV 1997, S. 73–77.
Kothe, Peter	Was ändert sich im Umgang mit Altlasten und Verdachtsflächen? Ausgewählte Probleme im Lichte des neuen Bundes-Bodenschutzgesetzes, UPR 1999, S. 96–100.
Kotulla, Michael	Umweltschutzgesetzgebungskompetenzen und „Föderalismusreform", NVwZ 2007, S. 489–495.
Kratzenberg, Rüdiger	Bodenschutz in der Bauleitplanung, UPR 1997, S. 177–183.

Krautzberger, Michael	Behandlung von Altlasten im Städtebaurecht, UPR 1989, S. 14–18.
Krautzberger, Michael	in: Battis/Krautzberger/Löhr, Baugesetzbuch Kommentar (11. Auflage, München: Verlag C. H. Beck, 2009).
Krautzberger, Michael	in: Ernst/Zinkhahn/Bielenberg/Krautzberger (Hrsg.) Baugesetzbuch Kommentar Band 1 (München: Verlag C. H. Beck Stand September 2011).
Krautzberger, Michael/ Stüer, Bernhard	Städtebaurecht 2004: Was hat sich geändert? DVBl 2004, S. 781–791.
Krebs, Walter	in: Schmidt-Aßmann (Hrsg.), Besonderes Verwaltungsrecht (13. Auflage, Berlin: De Gruyter Recht 2005).
Kriese, Ulrich	Handelbare Flächenfestsetzungskontingente, Informationen zur Raumentwicklung, Heft 4/5, 2005, S. 297–306, hrsg. vom Bundesamt für Bauwesen und Raumordnung, Bonn.
Kube, Hanno	Henneke/Pünder/Waldhoff (Hrsg.) Recht der Kommunalfinanzen (München: Verlag C. H. Beck 2006).
Kuchler, Ferdinand	Naturschutzrechtliche Ausgleichsabgaben und Geldleistungspflichten – Rechtsfragen der Umsetzung des § 8b Abs. 2 BNatSchG in Landesrecht - NuR 1994, S. 209–218.
Kügel, Wilfried	Sonderabfallabgaben und Altlasten, NVwZ 1994, S. 535–544.
Kügel, Wilfried	Die Entwicklung des Altlastenrechts, NJW 1996, S. 2477–2485.
Kügel, Wilfried	Die Entwicklung des Altlasten- und Bodenschutzrechts, NJW 2000, S. 107–118.
Kühn, Wolfgang	Amtshaftung der Gemeinden wegen der Überplanung von Altlasten (Berlin: Duncker & Humblot 1993).
Kühnold, Jörg/ Stöckel, Reinhard	Einheitsbewertung und Grundsteuer verfassungswidrig, NWB Fach 11 2007, S. 767–782.

Landel, Christoph/ Vogg, Reiner/ Wüterich, Christoph — Bundes-Bodenschutzgesetz. Textausgabe mit Einführung und Lexikon zum neuen Bodenrecht (Heidelberg: C.-F. Müller Verlag 1998).

Lang, Joachim — Verwirklichung von Umweltschutzzwecken im Steuerrecht, in: Kirchhof (Hrsg.), Umweltschutz im Abgaben- und Steuerrecht. Deutsche Steuerjuristische Gesellschaft e. V., Bd. 15 (Köln: Verlag Dr. Otto Schmidt, 1993).

Lange, Klaus — Auswirkungen der §§ 8 a bis 8 c BNatSchG auf naturschutzrechtliche Ausgleichsabgabenregelungen der Länder - dargestellt am Beispiel des § 6 Abs. 3 HENatG, DÖV 1994, S. 313–320.

Langguth, Gerd — in: Lenz/Borchardt (Hrsg.), EU-Verträge Kommentar (5. Aufl., Köln: Bundesanzeiger Verlagsgesellschaft Rechtsstand 2010).

Lau, Marcus — Die naturschutzrechtliche Eingriffsregelung (Teil 2) NuR 2011, S. 762–771.

Lehmbrock, Michael/ Coulmas, Diana — Grundsteuerreform im Praxistest. Verwaltungsvereinfachung, Belastungsänderung, Baulandmobilisierung (Deutsches Institut für Urbanistik Bd. 33, 2001).

Lendi, Martin/ Pikalo, Alfred (Hrsg.) — Die Entwicklung von Bodenpreisen in Europa (Frankfurt/Main: Verlag Peter Lang 1995).

Lenz, Wolfgang — Die Behandlung von Altlasten im Baugesetzbuch, BauR 1987, S. 391–396.

Leuchtenberg, Peter — Grundsteuer im Brennpunkt des Verfassungsrecht, DStZ 2006, S. 36–39.

Lieber, Hans-Joachim — Politische Theorien von der Antike bis zur Gegenwart (Bonn: Bundeszentrale für politische Bildung, 1991).

Lisken, Hans — in: Lisken/Denninger (Hrsg.), Handbuch des Polizeirechts (4. Auflage, München: Verlag C. H. Beck 2007).

Lienbacher, Georg	in: Schwarze/Becker u. a. (Hrsg.), EU-Kommentar (2. Auflage, Baden-Baden: Nomos Verlagsgesellschaft 2009).
Löhr, Rolf-Peter	in: Battis/Krautzberger/Löhr (Hrsg.), Baugesetzbuch Kommentar (10. Auflage München: Verlag C. H. Beck, 2007).
Lorz, Albert/ Müller, Markus H./ Stöckel, Heinz	Naturschutzrecht. Kurzkommentar (2. Auflage, München: Verlag C. H. Beck 2003).
Louis, Hans Walter	Das neue Bundesnaturschutzgesetz, NuR 2010, S. 77–89.
Ludwiszewski, Raymond B.	Superfund: The United States Response to Hazardous Waste Sins of the Past, in: Rowe, G. C./Seidler, S. (Hrsg.), Contaminated Sites in Australia – Challenges for Law and Public Policy, Australian Fulbright Papers Volume 3 (Sydney: Allen & Unwin 1993, S. 56–65).
Marticke, Hans-Ulrich	Zur Methodik einer naturschutzrechtlichen Ausgleichsabgabe, NuR 1996, S. 387–399.
Marty, Michael	Der Handel mit Flächenausweisungsrechten - Rechtliche Fragen an ein ökonomisches Instrument ZUR 2011, S. 395–405.
Maurer, Hartmut	Allgemeines Verwaltungsrecht (18. Auflage, München: Verlag C. H. Beck 2011).
Mayer, Otto	Deutsches Verwaltungsrecht, I. und II. Band (Berlin: Duncker & Humblot 1924).
Mayer, Franz/ Kopp, Ferdinand	Allgemeines Verwaltungsrecht (5. Auflage, Stuttgart München Hannover: Boorberg 1985).
Meier, Norbert	Grundsteuer – quo vadis? ZKF 2006, S. 73–75.
Merkel, Angela	Umweltmedium Boden bundesrechtlich geschützt, Umwelt Nr. 4, 1998, S. 145–146.
Meyer, Susanne	Die Gebühr als finanzverfassungsrechtliches Instrument zur Erhebung von Umweltabgaben, NVwZ 2000; S. 1000–1004.

Meisch, Günter — Rechtslage und Vertragsgestaltungen zur Altlastenregelung zwischen Sanierungsverantwortlichen i. S. des § 4 BBodSchG, unter: http://www.juracafe.de/ressourcen/beitraege/altlasten.htm.

Metz, Dieter — Das neue hessische Naturschutzrecht in der baurechtlichen Praxis. BauR 1996, S. 610–622.

Michel, Thomas — Altlastenfreistellung in der Rechtsprechung, LKV 2000, S. 465–468.

Michler, Hans-Peter — Auswirkungen des Bodenschutzgesetzes auf das Anlagenzulassungsrecht, UPR 1999, S. 100–105.

Mitschang, Stephan — Die heutige Bedeutung der Flächennutzungsplanung: Aufgaben, Stand und Perspektiven für ihre Weiterentwicklung, LKV 2007, S. 102–109.

Mitschang, Stephan — Auswirkungen der naturschutzrechtlichen Eingriffsregelung nach §§ 13 ff. BNatSchG auf die kommunale Bauleitplanung, BauR 2011, S. 33–54.

Mohl, Helmut/ Steinfort, Frank — Abgaben auf Grundstücke und Gebäude als bodenpolitisches Instrument, ZKF 1993, S. 170–174.

Mohl, Helmut — Neue Überlegungen zur Grundsteuerreform, KStZ 1999, S. 121–122.

Mohl, Helmut — Zum Stand der Diskussion über Grundsteuerreform und Bodenpolitik, KStZ 2000, S. 110–111.

Mohr, Hellmuth — Zur Begrenzung der Zustandshaftung bei Altlasten, NVwZ 2003, S. 686–688.

Mohr, Hellmuth — Die Haftungsbegrenzung des Mieters im Bodenschutzrecht, ZMR 2013, S. 518–520.

Morgenthaler, Gerd	Umweltschutz im Abgaben- und Steuerrecht – Resümee, in: Kirchhof (Hrsg.), Umweltschutz im Abgaben- und Steuerrecht. Deutsche Steuerjuristische Gesellschaft e. V., Bd. 15 (Köln: Verlag Dr. Otto Schmidt, 1993).
Müller, Astrid	Die Altlastenfreistellungsklausel und ihre Finanzierung, ZUR 1993, S. 170–172.
Müller, Christian	Möglichkeiten und Grenzen der indirekten Verhaltenssteuerung durch Abgaben im Umweltrecht. (Köln, Berlin, Bonn, München: Carl Heymanns Verlag KG 1994).
Müller, Gerhard	In-Kraft-Treten der Ökokonto-Verordnung und der Kompensationsverzeichnis-Verordnung am 1. April 2011, BWGZ 2011, S. 291–293.
Müller, Reinhard/ Rindfleisch, Silke	Zur Reichweite von Gefahrenabwehr- und Sanierungspflichten für Spätfolgen des Bergbaus der ehemaligen DDR, LKV 2000, S. 476–479.
Murswiek, Dietrich	Die Ressourcennutzungsgebühr. Zur rechtlichen Problematik des Umweltschutzes durch Abgaben. NuR 1994, S. 170–176.
Murswiek, Dietrich	Ein Schritt in Richtung auf ein ökologisches Recht. Zum „Wasserpfennig"-Beschluss des BVerfG, NVwZ 1996, S. 417–421.
Mutius/Albert von Lünenbürger, Simone	Verfassungsrechtliche Aspekte einer umfassenden ökologischen Ressourcenwirtschaft, NVwZ 1996, 1061–1065.
Nagel, Johannes	Einführungsreferat zu den Modellen der FMK, in: Reidenbach (Hrsg.) Bodenpolitik und Grundsteuer – Bericht über ein Expertengespräch (Berlin: Deutsches Institut für Urbanistik, Februar 1999).

Nicklas, Cornelia — Der Vollzug des Bundes-Bodenschutzgesetzes (BBodSchG) und der Bundes-Bodenschutz- und Altlastenverordnung (BBodSchV) im Land Brandenburg, LKV 2000, S. 376–380.

Nawrath, Jens — Emissionszertifikate und Finanzverfassung (Berlin: Duncker & Humblot 2008).

Niederstadt, Frank — Ökosystemschutz durch Regelungen des öffentlichen Umweltrechts (Berlin: Duncker & Humblot 1998).

Nies, Volkmar — in: Landmann/Rohmer (Hrsg.), Umweltrecht. Kommentar. Loseblattsammlung Band IV (München: C. H. Beck Stand Juli 2011).

Niewerth, Johannes — Kostenumlegung bei der Altlastensanierung. Zu § 24 Abs. 2 des neuen Bundes-Bodenschutzgesetzes. Nur 1999, S. 558–562

Nolte, Martin — Erste Rechtsprechung zum Bundes- Bodenschutzgesetz. Anmerkung zum Beschluss des VG Frankfurt a. M. vom 23.7.1999. NuR 2000, S. 258–260.

Numberger, Ulrich — Hat der Beschluss des BVerfG zur Begrenzung der Zustandsstörerhaftung praktische Konsequenzen? NVwZ 2005, S. 529–531.

Oehmen, Klaus — in: Spannowsky/Uechtritz (Hrsg.) Baugesetzbuch Kommentar (München: Verlag C. H. Beck 2009).

Oerder, Michael — Ordnungspflichten und Altlasten, NVwZ 1992, S. 1031–1039.

Oerder, Michael/ Numberger, Ulrich/ Schönfeld, Thomas — Bundes-Bodenschutzgesetz, Kommentar. (Stuttgart: Boorberg Verlag 1999).

Ossenbühl, Fritz — Zur Rechtfertigung von Sonderabgaben mit Finanzierungszweck, DVBl 2005, S. 667–575.

Pahlke, Arnim — BFH bezweifelt Verfassungsmäßigkeit der Einheitswerte als Bemessungsgrundlage der Grundsteuer, NWB 2010, S. 3172–3176.

Palme, Christoph	Das Urteil des BVerwG zur bodenschutzrechtlichen Haftung des Gesamtrechtsnachfolgers, NVwZ 2006, S. 1130–1133.
Pape, Kay Artur	Die Bewältigung von Altlasten in der Praxis, NJW 1992, S. 2661–2668.
Papier, Hans-Jürgen	Altlasten- und polizeirechtliche Störerhaftung, (Köln: Carl Heymanns Verlag 1985).
Papier, Hans-Jürgen	Anmerkung zum BGH – Urteil BGHZ 106, S. 323 ff., DVBl. 1989, S. 508–509.
Papier, Hans-Jürgen	Empfehlen sich ergänzende gesetzliche oder untergesetzliche Regelungen der Altlasten, und welchen Inhalt sollten sie haben? JZ 1994, S. 810–822.
Papier, Hans-Jürgen	in: Münchener Kommentar zum Bürgerlichen Gesetzbuch, Band :3 Schuldrecht Besonderer Teil (5. Auflage, München: Verlag C. H. Beck 2009).
Papier, Hans-Jürgen	Maunz/Düring (Hrsg.) Grundgesetz. Loseblatt-Kommentar Band 5 (56. Auflage, München: Verlag C. H. Beck 2010).
Peine, Franz-Joseph/ Spyra, Wolfgang/ Hüttl, Reinhard	Vorschläge zur Aktivierung des flächenhaften Bodenschutzes (Endbericht eines Forschungs-vorhabens im Auftrag der LABO 2006).
Peine, Franz-Joseph	Der Spielraum des Landesgesetzgebers im Abfallrecht, NWVBL 1988, S. 193–198.
Peine, Franz-Joseph	Die Bodenschutzkonzeption der Bundesregierung, UPR 1997, S. 53–60.
Peine, Franz-Joseph	Risikoabschätzung im Bodenschutz, DVBl. 1998, S. 157–164.
Peine, Franz-Joseph	Das Bundes-Bodenschutzgesetz, NuR 1999, S. 121–127.
Peine, Franz-Joseph	Bodensanierungen und Übergangsrecht. Das Verhältnis des Bundes-Bodenschutzgesetzes zum Altlastensanierungsrecht bei der Erhebung des Wertausgleichs für Bodensanierungen. NuR 2000, S. 255–258.

Peine, Franz-Joseph	Die Bedeutung des § 8a Abs. 1 S. 1 BNatSchG für die Bauleitplanung, in: Carlsen (Hrsg.), Naturschutz und Bauen – Eingriffe in Natur und Landschaft und ihr Ausgleich, insbesondere in der Bauleitplanung (Berlin-Wien: Blackwell- Wissenschafts- Verlag: 1995).
Petersen, Frank/ Doumet, Jean/ Stöhr, Günter	Das neue Kreislaufwirtschaftsgesetz, DVBl. 2012, S. 521–530.
Pfaffenberger, Katrin/ Sedlak, Manuel	Die Ökokonto-Verordnung des Landes Baden-Württemberg und das Dienstleistungsangebot der Flächenagentur Baden-Württemberg GmbH, BWGZ 2011, S. 294–297.
Pieroth, Bodo	in: Jarass/Pieroth (Hrsg.), Grundgesetz für die Bundesrepublik Deutschland. Kommentar (München: C. H. Beck'sche Verlagsbuchhandlung 2009).
Pietzcker, Jost	Abgrenzungsprobleme zwischen Benutzungsgebühr, Verleihungsgebühr, Sonderabgabe und Steuer, DVBl. 1987, S. 774–781.
Pigou, Arthur C.	The Economics of Welfare, (London: Macmillan & Co 1920).
Pohl, Andreas	Die Altlastenregelungen der Länder, NJW 1995, S. 1645–1650.
Preisler-Holl, Luise/ Ammermann, Kathrin/ Böhme, Christa/ Henkel, Michael J./ Meyer, Ulrike	Planerische Vorsorge für Ausgleich und Ersatz. in Bauleitplänen. (Berlin: Deutsches Institut für Urbanistik - Beiträge zur Stadtforschung 1996).
Raber, Georg	Wassernutzungsentgelte und das Grundgesetz, NVwZ 1997, S. 219–223.
Raeschke-Kessler, Hilmar	Amtshaftung, vertragliche Haftung und Störerausgleich bei Altlasten, NJW 1993, S. 2275–2282.

Ramsauer, Ulrich — in: Kopp/Ramsauer (Hrsg.), Verwaltungsverfahrensgesetz Kommentar (10. Auflage, München: Verlag C. H. Beck 2008).

Rebentisch, Manfred — Rechtfragen der kostenlosen Zuteilung von Berechtigungen im Emissionshandelsrecht, NVwZ 2006, S. 747–753.

Rech, Burghard/ Henke, Andreas — Die Abgrenzung von Boden und Grundwasser und die Verzahnung des Bundes-Bodenschutzgesetzes mit dem Wasserrecht, LKV 2000, S. 369–376.

Rehbinder, Eckard — Altlasten: Amtshaftung für fehlerhafte Bauleitplanung – BGH, NJW 1989, 976, JuS 1989, S. 885–890.

Rehbinder, Eckard — Die Freistellung von Anlagenerwerbern von der Verantwortlichkeit für die Sanierung von Altlasten in den neuen Bundesländern, DVBl. 1991, S. 421.

Rehm, Martin — Jetzt ist es Gesetz! UmweltMagazin 1998, S. 22–23.

Reidenbach, Michael — in: Reidenbach (Hrsg.), Bodenpolitik und Grundsteuer – Bericht über ein Expertengespräch (Berlin: Deutsches Institut für Urbanistik, Februar 1999).

Riese, Christoph/ Karsten, Nora — Bodenschutzrechtliche Ordnungspflichten im Insolvenzverfahren, NuR 2005, S. 234–239.

Rid, Urban/ Petersen, Frank — Konzeption für ein Bundes-Bodenschutzgesetz, NVwZ 1994, S. 844–849.

Riedel, Ulrike — Anforderungen an die Sanierung und der Umfang der Vorsorgepflicht nach dem Bundes-Bodenschutzgesetz, UPR 1999, S. 92–96.

Ritter, Wolfgang — in: Schriftenreihe des Instituts für Umwelt- und Technikrecht, Umweltschutz durch Abgaben und Steuern, (Berlin: Erich Schmidt Verlag 1992).

Ritter, Ernst-Hasso	Das Gesetz zur Neufassung des Raumordnungsgesetzes (ROG 2009): Weiterentwicklung oder beginnendes Siechtum? DÖV 2009, S. 425–434.
Rodi, Michael	Umweltsteuern. Das Steuerrecht als Instrument der Umweltpolitik (Baden-Baden: Nomos Verlagsgesellschaft 1993).
Rodi, Michael	Ökonomische, ökologische und andere öffentliche Zwecke im Abgabenrecht, JZ 2000, S. 827–836.
Rogler, Silvia	Risikomanagement im Industriebetrieb: Analyse von Beschaffungs-, Produktions- und Absatzrisiken (Deutscher Universitätsverlag 2002).
Rosenbohm, Katja	Altlasten – noch immer in der Planungsphase, UmweltMagazin 1999, S. 36.
Ruff, Erwin	Der Hebesatz für die Grundsteuer B – Erhöhung auf einer nach oben offenen Skala? ZKF 2010, S. 222–227.
Sacksofsky, Ute	Umweltschutz durch nicht-steuerliche Abgaben, (Tübingen: Mohr Siebeck Verlag 2000).
Sacksofsky, Ute	Verfolgung ökologischer und anderer öffentlicher Zwecke durch Instrumente des Abgabenrechts, NJW 2000, S. 2619–2626.
Sahm, Christoph	Der öffentlich-rechtliche Sanierungsvertrag nach dem Bundes-Bodenschutzgesetz, UPR 1999, S. 374–380.
Salzwedel, Jürgen	Probleme der Abfallentsorgung, NVwZ 89, S. 820–828.
Sanden, Joachim/ Schoeneck, Stefan	Bundes-Bodenschutzgesetz. Kurzkommentar. Band 1 (Heidelberg: C. F. Müller Verlag 1998).
Sander, Eberhard	Der „Wasserpfennig“ - Eine Abgabe mit oder ohne staatliche Gegenleistung? DVBl. 1990, S. 18–23.

Schachel, Jens	Instrumente des Umweltschutzes, NuR 1982, S. 206–214.
Schäfer, Martin/ Schwalfenberg, Wilfried	Bewertung, Erbschafts- und Schenkungssteuer, Grundsteuer (4. Auflage München: Verlag C. H. Beck 2002).
Schäling, Yorck	Grenzen der Haftung des Inhabers der tatsächlichen Gewalt für schädliche Bodenveränderungen und Altlasten nach dem Bundes-Bodenschutzgesetz, NuR 2009, S. 693–697.
Schapmann, Carsten	Der Sanierungsvertrag, (Baden-Baden: Nomos Verlagsgesellschaft 1998).
Scheidler, Alfred	Umweltschutz durch Umweltverantwortung, NVWZ 2007, S. 1113–1119.
Schenke, Wolf-Rüdiger	in: Steiner (Hrsg.), Besonderes Verwaltungsrecht (7. Auflage, Heidelberg: C. F. Müller Verlag 2003).
Schimikowski, Peter	Umwelthaftungsrecht und Umwelthaftpflichtversicherung (6. Auflage, Karlsruhe: Verlag Versicherungswirtschaft 2002).
Schink, Alexander	Altlasten im Baurecht, BauR 1987, S. 397–409.
Schink, Alexander	Amtshaftung bei der Bebauung von Altlasten?, DÖV 1988, S. 529–538.
Schink, Alexander	Konfliktbewältigung und Amtshaftung bei der Bauleitplanung auf Altlasten, NJW 1990, S. 351–357.
Schink, Alexander	Vollzugsdefizite im kommunalen Umweltschutz. Bestandaufnahme – Ursachen – Lösungsvorschläge, ZUR 1993, S. 1–10.
Schink, Alexander	Bodenschutz in der Bauleitplanung (Teil 2), ZfBR 1995, S. 234–239.
Schink, Alexander	Die Altlastenregelungen des Entwurfs des Bundesbodenschutzgesetzes, DÖV 1995, S. 213–225.

Schink, Alexander	Beeinträchtigung der Umwelt in Deutschland durch landwirtschaftliche Produktion, UPR 1999, S. 8–17.
Schink, Alexander	Der Bodenschutz und seine Bedeutung für die nachhaltige städtebauliche Entwicklung, DVBl. 2000, S. 221–232.
Schiwy, Peter	Baugesetzbuch Kommentar, Band I (Verlag R. S. Schulz, Stand: September 2011).
Schlabach, Erhard/ Heck, Matthias	Bodenschutz- und Altlastenrecht – Rechtsprechungsübersicht, VBlBW 2005, S. 214–229.
Schlabach, Erhard	Bundes-Bodenschutzgesetz. Gesetz zum Schutz vor schädlichen Bodenveränderungen und zur Sanierung von Altlasten, UPR 1996, S. 1–5.
Schliepkorte, Jörg/ Stemmler, Johannes	Novellierung des Städtebaurechts, BBauBl 1996, S. 827–832.
Schmidt, Reiner	Neuere höchstrichterliche Rechtsprechung zum Umweltrecht, JZ 1999, S. 1147–1150.
Schmidt, Simon	Rüstungsaltlasten – ein zweifelhaftes Erbe der Weltkriege, UBWV 9/2004, S. 344–352.
Schlüter, Jochen	Emissionsrechtehandel ante portas, NVwZ 2003, S. 1213–1216.
Schneider, Bernd Jürgen	Reform der Grundsteuer, Vortrag auf der Sitzung des Vorstandes des Fachverbandes der Kämmerer in NRW e. V. am 16. November 2000 in Brühl, unter http://www.kaemmerer-nrw.de/Material/reformgrundsteuer.rtf.
Schoch, Friedrich	Verfassungsrechtliche Anforderungen an die Erhebung von Sonderabgaben, JURA 2010, S. 197–202.
Scholz, Rupert	Maunz/Düring (Hrsg.) Grundgesetz. Loseblatt-Kommentar Band 5 (56. Auflage, München: Verlag C. H. Beck 2010).
Schrader, Christian	Altlasten und Grenzwerte, NuR 1989, S. 288–295.

Schröter, Frank	Zum Verhältnis zwischen Entsiegelungsverordnung und -gebot nach Bodenschutz- und Baurecht, Fachbeitrag im Internet: http://www.dr-frank-schroeter.de/veroeffentlichungen.htm.
Schrödter, Hans	Baugesetzbuch. Kommentar (7. Auflage, Verlag Franz Vahlen 2005).
Schütte, Bernd/ Kattau, Sandra	Die Neuordnung des Naturschutzrechts in den Bundesländern, ZUR 2010, S. 353–358.
Schwartmann, Rolf	Rechtsschutz gegen unzureichende Altlastenfreistellungsbescheide nach dem Umweltrahmengesetz, WiB 1997, S. 286–290.
Schwarze, Reimund	Klimaschutzzertifikate. Diskussionspapier (Technische Universität Berlin – Wirtschaftswissenschaftliche Dokumentation 1997/18).
Seibert, Max-Jürgen	Bodenschutz durch Begrenzung von Emissionen und Immissionen nach dem Bundes-Immissionsschutzgesetz, NVwZ 1993, S. 16–22.
Seer, Roman	in: Tipke/Lang (Hrsg.) Steuerrecht. Ein systematischer Grundriss (20. Auflage, Köln: Otto Schmidt Verlag 2010).
Selmer, Peter	Verfassungsrechtliche und finanzrechtliche Rahmenbedingungen, in: Umweltschutz durch Abgaben und Steuern, (Heidelberg: Schriften zum Umwelt und Technikrecht 1992).
Selmer, Peter	Die Föderalismusreform - Eine Modernisierung der bundesstaatlichen Ordnung? JuS 2006, S. 1052–1060.
Selmer, Peter	Zur Reform der bundesstaatlichen Finanzverfassung, NVwZ 2007, S. 872–880.
Selmer, Peter/ Brodersen, Carsten	Die Verfolgung ökonomischer, ökologischer und anderer öffentlicher Zwecke durch Instrumente des Abgabenrechts. DVBl. 2000, S. 1153–1166.

Sendler, Horst — Grundrecht auf Widerspruchsfreiheit der Rechtsordnung? - Eine Reise nach Absurdistan? NJW 1998, S. 2875–2877.

Senftleben, Diana — Rechtliche Anforderungen an handelbare Flächenausweisungsrechte zur Reduzierung des Flächenverbrauchs, ZUR 2008, S. 64–72.

Simon, Alfons — Altlasten und ihre bauplanungsrechtliche Bewältigung – eine drängende und schwierige Aufgabe nach dem neuen Baugesetzbuch, BayVBl. 1988, S. 617–622.

Sparwasser, Reinhard/ Wöckel, Holger — Zur Systematik der naturschutzrechtlichen Eingriffsregelung, NVwZ 2004, S. 1189–1195.

Spengel, Christoph/ Heckemeyer, Jost, H./ Zinn, Benedikt — Reform der Grundsteuer: Ein Blick nach Europa, DB 2011, S. 10–14.

Spieth, Wolf Friedrich — Erwartungen und Probleme aus der Sicht der Industrie, in: Oldiges, Martin (Hrsg.), Das neue Bundes-Bodenschutzgesetz – Fragen und Erwartungen, (Leipzig: Universitätsverlag 1996).

Spieth, Wolf Friedrich — Bundes-Bodenschutzgesetz - Wer muß das bezahlen? UmweltMagazin 1999, S. 28.

Stallknecht, Hartmut — Lizenz und Lizenzentgelt – Verfassungsrechtliche Überlegungen zu §§ 10 ff. LAbfG NW (Berlin Duncker & Humblot 1992).

Starck, Christian — Das Bonner Grundgesetz. Kommentar (6. Auflage, München: Verlag Franz Vahlen 2010).

Stein, Verena — Die Bodenschutzrahmenrichtlinie und die Auswirkungen auf das deutsche Recht, Berliner Wissenschafts-Verlag: 2007.

Stich, Rudolf — Berliner Kommentar zum Baugesetzbuch (11. Auflage, Köln; Berlin; Bonn; München: Carl Heymanns Verlag KG, 2008).

Stöckel, Reinhard — Die Einheitsbewertung und Grundsteuer für Wohngrundstücke und sonstige bebaute Grundstücke in den neuen Ländern, DStZ 1999, S. 447–450.

Stöckel, Reinhard — Zur Verfassungsmäßigkeit der Einheitswerte nach dem 1.1.2007 - Anmerkung zum BFH-Urteil v. 30.06.2010 – II R 60/08, NWB 2010, S. 3177–3181.

Stöckel, Reinhard — Wegfall der Einheitswerte und Reform der Grundsteuer? NWB 2011, S. 1708–1714.

Streinz, Rudolf — Europarecht (8. Auflage, Heidelberg: C. F. Müller Juristischer Verlag, 2008).

Streinz, Rudolf — in: Streinz (Hrsg.) EUV/AEUV, Kommentar (2. Auflage, München: Verlag C. H. Beck 2012).

Striegel, Andreas/ Kirchhefer, Frank — Höhe und Zeitpunkt der Verwirklichung von grunderwerbsteuerlichen Tatbeständen, NWB-EV 2012, S. 20–23.

Storm, Peter-Christoph — Bodenschutzrecht, DVBl. 1985, S. 317–322.

Stüer, Bernhard — Refinanzierung von Ausgleichsmaßnahmen unter besonderer Berücksichtigung von Pflegemaßnahmen, NuR 2004, S. 11–15.

Stüer, Bernhard/ Hönig, Dietmar — Umweltrecht: Immissionsschutzrecht, Abfallrecht, Bodenschutzrecht und Bergrecht. Rechtsprechungsbericht 2001-2003– DVBl 2004, S. 282–293.

Süßkraut, Georg/ Visser, Wilma/ Burgers, Albert — Ökonomische Aspekte der Altlastensanierung. Leitfaden über Finanzierungsmöglichkeiten und -hilfen in der Altlastenbearbeitung und im Brachflächenrecycling (Umweltforschungsplan des Bundesministeriums für Umwelt, Naturschutz und Reaktorsicherheit – Forschungsbericht 2000).

Tettinger, Peter J./ Schwarz, Kyrill-Alexander	in: v. Mangoldt/Klein/Starck (Hrsg.), Kommentar zum Grundgesetz, Band 2 (6. Auflage, München: Verlag Franz Vahlen 2010).
Thiel, Fabian	Die Etablierung einer kommunalen Flächenkreislaufwirtschaft – strategische Ansätze und bodenpolitische Hemmnisse-, UPR 2005, S. 212–217.
Thum, Randi	Chancen und Risiken von Flächenbevorratung und Ökokonto: Ein Praxistest, UPR 2006, S. 289–296.
Tiedemann, Michael	Die Subsidiarität der bodenschutzrechtlichen Einstandsverantwortlichkeit bei der Auswahl zwischen mehreren Störern, NVwZ 2003, S. 1477–1479.
Timm, Gerhard/ Seiche, Matthias	Eckpunkte zur Weiterentwicklung der ökologischen Steuerreform, Eckpunktepapier BUND 2001.
Tomerius, Stephan	Bundes-Bodenschutzgesetz und kommunales Flächenrecycling, ZUR 1999, S. 78–87.
Tomerius, Stephan	Flächenrecycling als Instrument nachhaltiger Stadtentwicklung - Strategien und Rechtsfragen in der kommunalen Praxis, NuR 2005, S. 14–20.
Tremel, Ulrike	Notwendigkeit einer künftigen Neubewertung bei der Einheitsbewertung – zugleich Besprechung des BFH-Urteils vom 30.06.2010, II R 60/08, SteuK 2010, S. 492–495.
Triebswetter, Ursula/ Franke, Angela/ Sprenger, Rolf-Ulrich	Ansatzpunkte für eine ökologische Steuerreform: Überlegungen zum Abbau umweltpolitisch kontraproduktiver Einzelregungen im deutschen Steuerrecht, in: ifo Institut für Wirtschaftsforschung München 1994.

Troll, Max/ Eisele, Dirk	Grundsteuergesetz. Kommentar (9. Auflage, München: Verlag Franz Vahlen 2006).
Uechtritz, Michael	in: Spannowsky/Uechtritz (Hrsg.) Baugesetzbuch Kommentar (München: Verlag C. H. Beck 2009).
Uhle, Arnd	in: Maunz/Düring (Hrsg.), Grundgesetz. Loseblatt-Kommentar Band 5 (56. Auflage, München: Verlag C. H. Beck 2010).
Vierhaus, Hans-Peter	Abgabenerhebungsrecht von Zweckverbänden in den neuen Bundesländern? LKV 1996, S. 322–324.
Vierhaus, Hans-Peter	Das Bundes-Bodenschutzgesetz, NJW 1998, S. 1262–1269.
Vierhaus, Hans-Peter	Altlastenfreistellung als Wirtschaftsförderung, NVwZ 2004, S. 418–425.
Vierhaus, Hans-Peter	Ab wann haftet der Gesamtrechtsnachfolger? NVwZ 2006, S. 45–46.
Vogt, R.	Möglichkeiten ziviler Nachnutzung großer Militärflächen (Brandenburgische Umwelt Berichte (BUB) 1 S. 7–16, 1997).
Wagner, Simon	Das Ökokonto als Kompensationsmodell in Baden-Württemberg – Eine Bestandsaufnahme unter besonderer Berücksichtigung des Entwurfs des neuen Landesnaturschutzgesetzes, VBlBW 2006, S. 50–59.
Wahlhäuser, Jens	Wird die „heimliche Steuer unheimlich“? NVwZ 2005, S. 1389–1391.
Waldhoff, Christian	in: Isensee/Kirchhof (Hrsg.), Handbuch des Staatsrechts, Band 5 (3. Auflage, Heidelberg, München, Landsberg, Berlin: C. F. Müller: 2007).
Waldhoff, Christian	Die Zwecksteuer Verfassungsrechtliche Grenzen der rechtlichen Bindung des Aufkommens von Abgaben, StuW 2002, S. 285–313.

Wasmeier, Martin	Umweltabgaben und Europarecht. Schranken des staatlichen Handlungsspielraumes bei der Erhebung öffentlicher Abgaben im Interesse des Umweltschutzes (München: Verlag C. H. Beck 1995).
Weidemann, Clemens	Rechtsstaatliche Anforderungen an Umweltabgaben – Zu den beiden Urteilen des Bundesverfassungsgerichts vom 7. Mai 1998 - DVBl. 1999, S. 73–78.
Weidemann, Clemens	Emissionserlaubnis zwischen Markt und Plan. Rechtsstaatsrelevante Probleme des Emissionshandels. DVBl 2004, S. 727–736.
Weise, Peter	Ökonomische Anreizinstrumente zur Vorhaltung ökologischer Flächenleistungen, in: Libbe (Hrsg.), Neue Instrumente zur Steuerung des Flächenverbrauchs, Difu 1999, S. 57–70.
Weidenfeld, Werner/ Wessels, Wolfgang (Hrsg.)	Europa von A bis Z. Taschenbuch der europäischen Integration (7. Auflage, Bonn: Europa Union Verlag GmbH 2000).
Weimann, Joachim	Umweltökonomik. Eine theorieorientierte Einführung (Berlin/Heidelberg/New York/ Tokio: Springer-Verlag 1995).
Weise, Peter/ Brandes, Wolfgang/ Eger, Thomas/ Kraft, Manfred	Neue Mikroökonomie (5. Auflage, Heidelberg: Physica-Verlag 2004).
Weise, Peter	Ökonomische Anreizinstrumente zur Vorhaltung ökologischer Flächenleistungen, in: Libbe, Jens (Hrsg.), Neue Instrumente zur Steuerung des Flächenverbrauchs, Seminardokumentation „Forum Stadtökologie“ Nr. 10 (Berlin: Deutsches Institut für Urbanistik 1999, S. 57–70).
Wien, Andreas	Das Jahressteuergesetz 1997 und die neue Grundstücksbewertung, DStZ 1997, S. 674–677.

Wienbracke, Mike — Die verfassungskräftige Verankerung des gebührenrechtlichen Kostendeckungsprinzips – Dargestellt am Beispiel der Verwaltungsgebühr, DÖV 2005, S. 201–205.

Wilke, Dieter — Gebühren und Grundgesetz (München: Verlag C. H. Beck 1973).

Winter, Stephan — Fondslösungen im Umweltrecht. Können Fondsmodelle die Lücken im Umweltrecht schließen? Eine Untersuchung aus verfassungs- und verwaltungsrechtlicher Sicht (Heidelberg: C. F. Müller Juristischer Verlag 1993).

Wolf, Rainer — Entwicklungslinien der Eingriffsregelung, NuR 2004, S. 6–11.

Wolf, Rainer — Bodenfunktionen, Bodenschutz und Naturschutz. Zum Verhältnis von Bodenschutz- und Naturschutzgesetz. NuR 1999, S. 545–554.

Wolff, Hans J./ Bachof, Otto/ Stober, Rolf/ Kluth, Winfried/ — Verwaltungsrecht I (12. Auflage, München: C. H. Beck'sche Verlagsbuchhandlung 2010).

Wrede, Sabine — Die bodenschutzrechtliche Konzernhaftung nach BBodSchG im Lichte der „Bremer Vulkan“ - Entscheidung des BGH, NuR 2003, S. 593–598.

Zimmerling, — in: Herberger/Martinek/Rüßmann/Weth (Hrsg.) juris PraxisKommentar-BGB, 5. Auflage 2010.

Zochert, Maik — Zur Reform des Grundsteuergesetzes. Replik zum Beitrag „Leitlinien zum verfassungsrechtlichen Rahmen des Steuerrechts am Beispiel des zu reformierenden Grundsteuergesetzes“ von Frau Dr. Julia Becker, BB 2011, S. 535ff. und 2391ff., BB 2011, S. 3105–3106.

Dokumente und Stellungnahmen

Ausschuss für Umweltfragen, Volksgesundheit und Verbraucherschutz	Bericht über die Mitteilung der Kommission: Umweltsteuern und –gebühren im Binnenmarkt (KOM (97) 9 – C4-179/97) vom 26. Mai 1998, Berichterstatter Karl Erik Olsson, A4-200/98.
Baden-Württemberg, Bayern und Hessen	Eckpunkte für eine vereinfachte Grundsteuer nach dem Äquivalenzprinzip, Arbeitsgruppe der Länder August 2010.
Bayrisches Staats-Ministerium der Finanzen	Der kommunale Finanzausgleich in Bayern. Die Finanzierung der bayerischen Gemeinden, Landkreise und Bezirke, Stand Januar 2001.
Bayern/Rheinland-Pfalz	Reform der Grundsteuer, Bericht des Bayerischen Staatsministers der Finanzen und des Ministers der Finanzen des Landes Rheinland-Pfalz an die Finanzministerkonferenz, Januar 2004.
Brandenburg	Hinweise zum Vollzug der Eingriffsregelung (HVE) des Ministeriums für Umwelt, Gesundheit und Verbraucherschutz des Landes Brandenburg 2009.
Brandenburg	Joint Programming Document – Regionalprogramm INTERREG III A – PHARE/ CBC II 2000-2006 zur Entwicklung des deutsch-polnischen Grenzraumes des Landes Brandenburg und der Wojewodschaft Lubuskie.
Bremen, Berlin, Niedersachsen, Sachsen und Schleswig-Holstein	Bericht der Arbeitsgruppe: „Grundsteuer auf der Basis von Verkehrswerten“ Machbarkeitsstudie 2009.
Bericht der länderoffenen Arbeitsgruppe	„Bewertung der Ansätze einer Grundsteuerreform und weitere Verfahrensvorschläge“ vom 14.01.2011.

Bund und die Länder Bayern, Rheinland-Pfalz, Thüringen	Zwischenbericht der Arbeitsgruppe auf Grundlage des Auftrages der FMK vom 05.05.2006, April 2009.
BUND/NABU	Stellungnahme des Bundes für Umwelt und Naturschutz Deutschland (BUND) und des Naturschutzbundes Deutschland (NABU) zum Bundes-Bodenschutzgesetz anlässlich der öffentlichen Anhörung des Ausschusses für Umwelt, Naturschutz und Reaktorsicherheit am 19. Februar 1997.
Bundesrat/Bundestag	Abschlussbericht der gemeinsamen Kommission von Bundestag und Bundesrat zur Modernisierung der Bund-Länder-Finanzbeziehungen, Berlin 2010.
Bundesverband Boden	Entsiegelung von Böden im Rahmen der naturschutzrechtlichen Eingriffsregelung, 2005.
Deutsche Bundesregierung	Fortschrittsbericht. Perspektiven für Deutschland. Unsere Strategie für eine nachhaltige Entwicklung. 2004.
Deutsche Bundesregierung	Fortschrittsbericht 2008 zur nationalen Nachhaltigkeitsstrategie „Für ein nachhaltiges Deutschland“ vom 29.10.2008.
Deutsche Bundesregierung	Entwurf Fortschrittsbericht 2012 zur nationalen Nachhaltigkeitsstrategie.
Deutsche Bundesregierung	Bodenschutzbericht für die 14. Legislaturperiode vom 19. Juni 2002.
Deutsche Bundesregierung	Umweltprogramm 1971, Deutscher Bundestag – 6. Wahlperiode, BT-Drs. VI/2710.
Deutsche Bundesregierung	Bodenschutzkonzeption der Bundesregierung vom 7. März 1985, Deutscher Bundestag – 10. Wahlperiode, BT-Drs. 10/2977.
Deutsche Bundesregierung	Maßnahmen zum Bodenschutz vom 12. Januar 1988, Deutscher Bundestag 11. Wahlperiode, BT-Drs. 11/1625.

Deutscher Bundestag — Antwort der Bundesregierung auf die Kleine Anfrage der Abgeordneten Dorothea Steiner, Cornelia Behm, Harald Ebner, weiterer Abgeordneter und der Fraktion BÜNDNIS 90/DIE GRÜNEN – Drucksache 17/8295- Aktivitäten der Bundesregierung zum konsequenten Schutz des Bodens auf nationaler, europäischer und internationaler Ebene vom 25.01.2012.

63. Deutscher Juristentag Leipzig 2000 — Die Beschlüsse des 63. Deutschen Juristentages Leipzig 2000 zu dem Thema: Inwieweit ist die Verfolgung ökonomischer, ökologischer und anderer öffentlicher Zwecke durch Instrumente des Abgabenrechts zu empfehlen? DVBl. 2000, S. 1680–1682.

Deutsches Institut für Urbanistik — Statusbericht Flächen- und Maßnahmepools in: Difu-Berichte 2/2003.

Enquete-Kommission — Schutz des Menschen und der Umwelt – Ziele und Rahmenbedingungen einer nachhaltig zukunftsverträglichen Entwicklung. Konzept Nachhaltigkeit – Vom Leitbild zur Umsetzung. Abschlussbericht vom 9. Juli 1998, BT-Drs. 13/11200.

Europarat — Europäische Bodencharta – Resolution (72) 19 vom 30. Mai 1972.

Europäischer Rat in Berlin vom 24. und 25. März 1999 — Schlussfolgerungen des Vorsitzes, Teil I – Agenda 2000.

Europäische Kommission — Mitteilung der Kommission an das Europäische Parlament, den Rat, den Europäischen Wirtschafts- und Sozialausschuss und den Ausschuss der Regionen vom 27.09.2006 „Thematische Strategie für den Bodenschutz", KOM (2006) 231 endgültig/2.

Europäische Kommission — Begleitdokument zur Mitteilung der Kommission an das Europäische Parlament, den Rat, den Europäischen Wirtschafts- und Sozialausschuss und den Ausschuss der Regionen vom 27.09.2006 „Thematische Strategie für den Bodenschutz - Zusammenfassung der Folgenabschätzung“, S. 3, SEK (2006) 1165.

Europäische Kommission — Mitteilung der Kommission an den Rat, das Europäische Parlament, den Wirtschafts- und Sozialausschusses sowie an den Ausschuss der Regionen vom 16. April 2002, Hin zu einer spezifischen Bodenschutzstrategie, KOM (2002) 179 endgültig.

Europäische Kommission — Umweltsteuern und Gebühren im Binnenmarkt. Mitteilung der Kommission vom 26. März 1997, KOM (97) 9 endgültig.

Europäische Kommission — Generaldirektion Wettbewerb, Wettbewerbsrecht in den Europäischen Gemeinschaften, Band IIA, Wettbewerbsregeln für staatlichen Beihilfen vom 30. Juni 1998, Luxemburg: Amt für amtliche Veröffentlichungen der Europäischen Gemeinschaften, 1999.

Europäische Kommission — Mitteilung der Kommission an den Rat, das Europäische Parlament, den Wirtschafts- und Sozialausschusses und den Ausschuss der Regionen vom 27. Januar 1999, Wegweiser zur nachhaltigen Landwirtschaft, KOM (1999) 22 endgültig.

Europäische Kommission — Weißbuch zur Umwelthaftung vom 9. Februar 2000, Generaldirektion Umwelt, KOM (2000) 66 endgültig.

Europäische Kommission — Grünbuch zum Handel mit Treibhausgasemissionen in der Europäischen Union vom 8. März 2000, KOM (2000) 87 endgültig.

Europäische Kommission	Mitteilung der Kommission an den Rat und das Europäische Parlament vom 8. März 2000. Politische Konzepte und Maßnahmen der EU zur Verringerung der Treibhausgasemissionen: zu einem Europäischen Programm zur Klimaänderung (ECCP), KOM (2000) 88 endgültig.
Europäische Kommission	Mitteilung der Kommission an den Rat, das Europäische Parlament, den Wirtschafts- und Sozialausschusses und den Ausschuss der Regionen vom 24. Januar 2001 zum sechsten Aktionsprogramm der Europäischen Gemeinschaft für die Umwelt. „Umwelt 2010: Unsere Zukunft liegt in unserer Hand", KOM (2001) 31 endgültig.
Europäische Kommission	Vorschlag für eine Richtlinie des Europäischen Parlaments und des Rates über Umwelthaftung betreffend die Vermeidung von Umweltschäden und die Sanierung der Umwelt vom 23. Januar 2002, KOM (2002) 17 endgültig, 2002/0021 (COD).
Europäische Kommission	EU-Emissionshandelssystem: die geprüften Emissionen der EU-EHS-Betriebe im Jahr 2007, IP/08/787.
Europäische Kommission	Bemerkungen der Europäischen Kommission zu einer Stellungnahme des Deutschen Bundesrates vom 18.04.2007, KOM(2009) 504.
Europäisches Parlament und Rat der Europäischen Union	Beschluss Nr. 2179/98/EG vom 24. September 1998 über die Überprüfung des Programms der Europäischen Gemeinschaft für Umweltpolitik und Maßnahmen im Hinblick auf eine dauerhafte und umweltgerechte Entwicklung „Für eine dauerhafte und umweltgerechte Entwicklung", Abl. L 275/1 vom 10. Oktober 1998.

Europäisches Parlament	Entschließung zu der Mitteilung der Kommission: Umweltsteuern und –gebühren im Binnenmarkt (KOM (97) 9 – C4-179/97) vom 15. Juli 1998, A4-200/98.
Europäischer Wirtschafts- und Sozialausschusses	Stellungnahme zu dem Vorschlag für eine Richtlinie zur Schaffung eines Ordnungsrahmens für den Bodenschutz und zur Änderung der Richtlinie 2004/35/EG, S. 5, KOM (2006) 232 endgültig, NAT/302.
Fachkommission Städtebau der ARGEBAU	Mustererlass zur Berücksichtigung von Flächen mit Bodenbelastungen, insbesondere Altlasten, bei der Bauleitplanung und im Baugenehmigungsverfahren vom 26.09.2001.
Food and Agriculture Organisation (1981)	World Soil Charta. Rom: C 81/27 FAO.
Kyoto-Protokoll	United Nations Framework Convention on Climate Change, Doc. FCCC/CP/1997/7/ Add.1.
Niedersachsen	Niedersächsisches Innenministerium, Neue Nutzung für alte Strukturen: Revitalisierung von Brachflächen, Planungshilfe für niedersächsische Städte und Gemeinden, 2002.
Niedersachsen	Niedersächsisches Ministerium für Soziales, Frauen, Familie und Gesundheit, Neue Nutzung für alte Strukturen, Konversion militärischer Liegenschaften, Planungshilfe für niedersächsische Städte und Gemeinden, Beispielprojekte aus Niedersachsen.
Rat der Europäischen Union	Überarbeiteter Entwurf von Schlussfolgerungen des Rates über einen integrierten Bodenschutz vom 5. Juni 2002, Dok. Nr. 9277/3/02 REV 3.

Rat für nachhaltige Entwicklung	Empfehlungen an die Bundesregierung. Mehr Wert für die Fläche: Das „Ziel-30-ha“ für die Nachhaltigkeit in Stadt und Land (Juli 2004).
Sachverständigenrat für Umweltfragen	Sondergutachten Altlasten I, 1990.
Sachverständigenrat für Umweltfragen	Umweltgutachten 2000. Schritte ins nächste Jahr- tausend. Drucksache 14/3363.
Sachverständigenrat für Umweltfragen	Umweltgutachten. Umweltpolitische Handlungsfähigkeit sichern (Baden-Baden: Nomos-Verlag 2004).
Thüringen	Thüringer Ministerium für Landwirtschaft, Natur und Umwelt, Die Eingriffsregelung in Thüringen. Kostendateien für Ersatzmaßnahmen, Dezember 2003.
Thüringen	Reform der Grundsteuer - Gebäudewertunabhängiges Kombinationsmodell, Januar 2011.
Umweltbundesamt	Texte UBA15/98, „Revitalisierung von Altstandorten versus Inanspruchnahme von Naturflächen“.
Umweltbundesamt	Forschungsvorhaben „Anforderungen an die Altlastensanierung im Rahmen des Flächenrecyclings“ der Arbeitsgemeinschaft Deutsche Bahn AG, Zentralbereich Bodensanierung, und der Gesellschaft für Projektmanagement und Grundstücksentwicklung mbH Dortmund, 1999.
Umweltbundesamt	Altlastensanierung im Rahmen des Flächenrecycling, Umwelt Nr. 5/2000 (WA I 7 (Z)/ UBA).
Vereinte Nationen (1994)	Übereinkommen der Vereinten Nationen zur Bekämpfung der Wüstenbildung in den von Dürre und/oder Wüstenbildung schwer betroffenen Ländern, insbesondere Afrika (Wüstenkonvention) Resolution 47/188 vom 17. Juni 1994.

Vereinte Nationen (1992) Agenda 21. Abgedruckt in: Bundesministerium für Umwelt, Naturschutz und Reaktorsicherheit (Hrsg.): Umweltpolitik. Konferenz der Vereinten Nationen für Umwelt und Entwicklung im Juni 1992 in Rio de Janeiro. Bonn: BMU, Kapitel 10–14.

Vereinte Nationen (1997) Das Protokoll von Kyoto zum Rahmenübereinkommen der Vereinten Nationen über Klimaänderungen (A/AC.237/81; FCCC/CP/1996/12/Add.2 und FCCC/SB/1997/6).

FSC
www.fsc.org
MIX
Papier | Fördert gute Waldnutzung
FSC® C083411

Kolibri 360 GmbH
Ferdinand-Jühlke-Straße 7
99095 Erfurt, Deutschland
produktsicherheit@kolibri360.de